Vitrokeramik

Prof. Dr. sc. techn. N. M. Pavluškin

Vitrokeramik

Grundlagen der Technologie

Mit 80 Bildern, 76 Tabellen und 4 Anlagen

VEB Deutscher Verlag für Grundstoffindustrie · Leipzig

Distributed by Springer-Verlag Wien – New York

Lizenzausgabe von der 2. Auflage der Originalausgabe
mit Genehmigung des Verlages »Strojisdat«, Moskau

Übersetzung aus dem Russischen: Dr.-Ing. *Ralf Bruntsch*
Herausgeber der deutschsprachigen Ausgabe:
Prof. Dr.-Ing. Dr. oec. *Dagmar Hülsenberg*

ISBN-13:978-3-211-95836-0 e-ISBN-13:978-3-7091-9527-7
DOI: 10.1007/978-3-7091-9527-7

1. Auflage

Softcover reprint of the hardcover 1st edition 1986

Distributed by Springer-Verlag Wien – New York
VLN 152-915/53/86
Lektor: Dipl.-Krist. Karin-Barbara Köhler
Redaktionsschluß: 31. 10. 1984
LSV 3385

Vorwort

Der vorliegende Titel ist die zweite Auflage eines Buches, das für Studenten und Praktiker vorgesehen ist, die sich auf dem Gebiet der chemischen Technologie der Silicate spezialisieren. Es wurden unterschiedliche Literaturquellen aus der UdSSR und anderen Ländern verwendet, die nach der Erfindung der katalysierten Kristallisation (1957) erschienen, und auch einige frühere Arbeiten, die sich mit dem Problem der Keimbildung und des Kristallwachstums beschäftigen. Die Notwendigkeit einer Systematisierung und Verallgemeinerung der Literatur, die in der vergangenen Zeit zu Fragen der Herstellung von Vitrokeramiken erschienen ist, ergab sich durch das allgemeine Interesse an diesem neuen Konstruktionswerkstoff.
Nicht nur die Entwicklung neuer effektiver Konstruktionswerkstoffe, sondern auch die Verwendung von Sekundärrohstoffen in Form von Industrieanfallstoffen zur Herstellung von Baumaterialien ist von großer Wichtigkeit. In Verbindung damit besitzen die Forschungen auf dem Gebiet der Vitrokeramiken und Schlackenvitrokeramiken eine große wirtschaftliche Bedeutung.
Die historische Entwicklung führte dazu, daß weder die Metallurgen noch die Kristallphysiker die Methode der katalysierten Kristallisation erfanden, sondern die Wissenschaftler auf dem Gebiet der Silicatchemie, die die Temperprozesse von Glas untersuchten. Außerdem ist bekannt, daß es Metallurgen und Kristallphysiker waren, die jahrzehntelang die größten Anstrengungen zur Klärung der Erscheinungen unternahmen, die mit den Prozessen der Keimbildung und des Kristallwachstums einhergehen. Obwohl diese Anstrengungen bis zum heutigen Zeitpunkt noch keine endgültige Kristallisationstheorie brachten, erlaubten sie es doch, unsere Kenntnisse auf dem genannten Gebiet stark zu erweitern. Durchaus erklärbar ist das besondere Interesse an theoretischen Problemen des kristallinen und amorphen Zustandes bei der Analyse von Erscheinungen, die mit der Herstellung von Vitrokeramiken verbunden sind. Ausgehend davon erachtet es der Autor als notwendig, im Buch einige in extrem gedrängter Form dargestellte Angaben über den kristallinen und den amorphen Zustand anzuführen.
Das Buch beinhaltet auch eine kurze Information über die Vorgänger der Vitrokeramiken. Große Aufmerksamkeit schenkte der Autor Fragen der katalysierten Kristallisation, der Betrachtung eines möglichen Wirkungsmechanismus der Katalysatoren und der Beschreibung einzelner Arten dieser Katalysatoren.
Besonders soll auf die Schwierigkeiten bei der Erarbeitung des Kapitels zur Technologie und zu den Grundlagen der Entwicklung von Vitrokeramiken hingewiesen werden. Diese Schwierigkeiten ergaben sich dadurch, daß in der Literatur vorwiegend nur Angaben über Zusammensetzung, Eigenschaften und Anwendung der Vitrokeramiken veröffentlicht werden. Informationen zur Technologie werden in der Regel sehr allgemein gehalten, ohne Beschreibung wichtiger technologischer Details. Noch geringer sind die Informationen zu Grundlagen der Entwicklung von neuen Vitrokeramiken.
Dadurch, daß gerade dieses Kapitel von großem Interesse für Studenten, Praktiker und Forscher ist, wurde der Auswahl und kritischen Sichtung der entsprechenden

Materialien besondere Aufmerksamkeit geschenkt. Der Autor ist sich darüber völlig im klaren, daß sich einige Empfehlungen als diskussionswürdig oder ungenügend effektiv erweisen können. Im gegenwärtigen Stadium der »*Vitrokeramikkunde*« muß man bedenken, daß die Prinzipien der Entwicklung der Zusammensetzungen sogar von längst bekannten Materialien, wie den Gläsern, noch nicht erarbeitet wurden.

N. Pavluškin

Inhaltsverzeichnis

6. Technologie und Entwicklung der Vitrokeramiken

7. Vitrokeramiktypen

8. Struktur und Eigenschaften der Vitrokeramiken

9. Anwendungsgebiete der Vitrokeramiken und Schlacken-vitrokeramiken

1. Einführung

Vor 20 Jahren wurde festgestellt, daß sich Glas nach der Kristallisation nicht nur rein äußerlich ändert, sondern daß bei Verwendung einiger Zusätze und durch eine bestimmte Temperung auch verbesserte thermomechanische Eigenschaften erhalten werden.

Die ersten kristallisierten Gläser entstanden bekanntlich 1956/57. In verschiedenen Ländern erhielten sie unterschiedliche Bezeichnungen: »*Rumänisches Porzellan*« – Rumänien, »*Pyroceram*« – USA, »*Vitrokeram*« – DDR, »*Kriston*« – ČSSR, »*Devitroceram*« – Japan, »*Quasiglas*« – Polen, »*Minelbit*« – Ungarn u. a. In der UdSSR werden polykristalline Materialien, die auf der Basis von Glas hergestellt wurden, auf Vorschlag vonP rof. *I. I. Kitajgorodskij* als Sitalle bezeichnet. (Der Terminus wurde aus den ersten und den letzten Buchstaben der drei Wörter »steklo« (deutsch: Glas), »i« (deutsch: und) und Kristall gebildet.)

Die Entdeckung der katalysierten Kristallisation von Glas wird von den Spezialisten als eine der wichtigsten Errungenschaften des 20. Jahrhunderts in der Glastechnik eingeschätzt. Es werden verschiedene Parallelen mit der Technikgeschichte gezogen. So wird z. B. die Bedeutung dieser Entdeckung mit der der Erfindung der Technologie zur Stahlherstellung gleichgesetzt. Man kann sagen, daß diese Einschätzung nicht übertrieben ist. Der Hauptgrund dafür besteht in der Möglichkeit der Steuerung der Eigenschaften des angestrebten polykristallinen Werkstoffs.

Mit dem bisherigen Erkenntnisstand können wir zwar eine Vielzahl von polykristallinen Materialien herstellen, aber nur in geringem Maße ihre Eigenschaften steuern. Trotzdem verlangen aber neue Industriezweige, wie Raketen- und Kerntechnik, Mikroelektronik u. a., Werkstoffe, die eine unübliche Kombination der notwendigen Eigenschaften besitzen. In Verbindung damit stehen vor der modernen Werkstoffwissenschaft viele Aufgaben. Die wichtigsten davon sind bekanntlich folgende:

- Erhöhung der realen Festigkeit der Werkstoffe bis zur theoretischen Grenze,
- Beseitigung oder wesentliche Verringerung der Oxydation bei Erwärmung,
- Eliminierung oder wesentliche Verringerung der Sprödbruchanfälligkeit.

Metalle für Konstruktionselemente und ihre Legierungen nichtoxydierbar zu machen, eine plastische Keramik zu erhalten, die Festigkeit der Werkstoffe um das Hundert- bis Tausendfache zu erhöhen, damit beschäftigen sich viele Wissenschaftler in allen technisch entwickelten Ländern. Diese Aufgaben sind ohne Zweifel die schwierigsten, die je vor der Werkstoffwissenschaft gestanden haben. Bei ihrer Lösung wurden jedoch von den Wissenschaftlern verschiedener Länder bereits einige optimistisch stimmende Ergebnisse erhalten.

Durch Anwendung verschiedener Wirkmechanismen auf den Prozeß der Mikrostrukturbildung, wie Temperatur, Druck, Zusätze, entsprechende Behandlung, Gasatmosphäre u. a., gelang es, für die moderne Technik wichtige Werkstoffe mit verbesserten Eigenschaften zu erhalten und neue Wege ihrer Herstellungstechnologie zu eröffnen. Zur Illustration kann man folgende Beispiele anführen:

Schon vor mehr als 100 Jahren wurde versucht, ein relativ seltenes Naturprodukt, aber technisch sehr wichtiges Mineral, den Diamanten, künstlich herzustellen. Für die technische Bedeutung der Diamanten spricht schon der Fakt, daß mehr als 90 % ihrer Weltförderung für industrielle Belange genutzt werden (Schleifmittel, Bohrgestänge, Spinndüsen, Schneidwerkzeuge, Bohrer u. a.). Die Naturvorkommen von Diamanten sind begrenzt, und ihre Verteilung ist sehr ungleichmäßig. Bis zur Entdeckung der neuen sowjetischen Diamantvorkommen in Jakutien wurden 95 % der Weltproduktion in Afrika gefördert. Diamanten sind ein strategischer Rohstoff, da ihre Anwendung das Industriepotential eines Landes bedeutend verstärkt. Auf dem ersten Platz bezüglich des »Diamantenpotentials« befinden sich die USA, die mehr als die Hälfte der in der Welt geförderten Diamanten in der Industrie anwenden.
1955 wurden in den USA – und wenig später in der UdSSR – die ersten künstlichen Diamanten hergestellt, was einen vollen Erfolg für die langjährigen Forschungen der Wissenschaftler darstellte. Für die Synthese von Diamanten mußten ein sehr hoher Druck und eine hohe Temperatur (10 GPa und 2000 °C) angewendet sowie eine komplizierte Anlage geschaffen werden.
Unter ähnlichen Bedingungen (etwa 6,5 GPa und 1500 °C) gelang es, eine Verbindung zu synthetisieren, die in der Natur nicht vorkommt, das kubische Bornitrid (Borason), dessen Härte größer als die des Diamanten ist. Auch verdient die Tatsache Beachtung, daß es außerdem ein hexagonales Bornitrid gibt, das mit seinen Eigenschaften dem Graphit ähnelt, d. h., es besitzt eine überaus niedrige Härte. Also kann ein und derselbe Stoff in Abhängigkeit davon, wie seine Atome oder Ionen im Kristallgitter angeordnet sind, weich und auch hart sein. Dieser Sachverhalt war den Wissenschaftlern schon lange bekannt. Aber solch eine Umstrukturierung des Kristallgitters wie beim Diamanten und Borason auf künstlichem Wege zu erzeugen, gelang erst in den letzten Jahren.
Folgender Zusammenhang wurde ebenfalls erst in jüngster Zeit festgestellt. Wenn die Wachstumsbedingungen einiger Kristalle so gestaltet werden, daß sich Fäden oder Nadeln ausbilden, dann besitzen diese fadenförmigen Kristalle keine Defekte, und ihre Festigkeit nähert sich der errechneten, d. h. der theoretischen. Die hohe Festigkeit von dünnen amorphen Fäden war schon lange bekannt. So erreicht z. B. ein dünner Kieselglasfaden von 1 μm Dicke eine Zugfestigkeit von 8 GPa. Bekannt ist auch die erstaunlich hohe Schlagzähigkeit des Nephrits, eines Minerals mit einer verfilzten Faserstruktur. Jetzt sind unter Laborbedingungen Kristallfasern gezüchtet worden, die eine größere Festigkeit als die amorphen Fasern besitzen. So beträgt z. B. die Zugfestigkeit von fadenförmigen Saphirkristallen 15 und von ebensolchen Graphitkristallen 20 GPa. Kurzzeitig beträgt die Festigkeit von Saphirfasern auch bei 2000 °C noch 1 GPa. Diese Fakten erlauben es zu hoffen, daß bei weiteren Untersuchungen neue Werkstoffe mit erhöhter Festigkeit und verringerter Sprödigkeit erhalten werden ähnlich dem Nephrit oder Verbundwerkstoffen, die mit hochfesten, fadenförmigen Kristallen armiert sind.
Verbundwerkstoffe, wie Cermets, Metallminerale, zwei- und mehrschichtige Komposite mit nicht oxydierbaren Schutzschichten, finden schon jetzt in der modernen Technik Anwendung. Diese Materialien erlauben es, eine annehmbare Lösung bei der Schaffung von besonders hitzebeständigen und plastischen Konstruktionen zu finden. Die Rolle dieser Werkstoffe wächst in dem Maße, wie es gelingt, neue Materialkombinationen zu finden, wobei der Mangel bezüglich der Eigenschaft einer Komponente durch den Überschuß derselben Eigenschaft bei der anderen Komponente kompensiert wird (z. B. die geringere Hitzebeständigkeit einiger Metalle einerseits und die hohe Hitzebeständigkeit der Metalloxide andererseits).
Experimente, die in der UdSSR, den USA und anderen Ländern durchgeführt wurden, offenbarten eine interessante Besonderheit im Widerstand speziell bearbeiteter

Gläser gegenüber mechanischer Zerstörung. Wenn die Oberfläche von Glasproben thermisch gehärtet und danach in Flußsäure geätzt wird, überlagert sich dem thermischen Härtungseffekt der Verfestigungseffekt, der durch Entfernung der Oberflächendefekte entsteht. Die Biegebruchfestigkeit eines derart behandelten Glases erreicht relativ hohe Werte (2 bis 3 GPa), d. h., sie wächst um ein Vielfaches. (Die Festigkeit eines gewöhnlichen Glases beträgt 70 MPa, die eines frisch gezogenen mit unverletzter Oberfläche etwa 1 GPa.) Entsprechende Untersuchungen wurden vom Autor mit Sinterkorund durchgeführt und zeigten, daß dieses Verfestigungsverfahren auch bei polykristallinen Materialien angewendet werden kann.
Schon lange hat die Metallogie festgestellt, daß die Metallstruktur starken Einfluß auf die Festigkeit der Metalle ausübt. Je feinkörniger das Metall oder die Legierung ist, desto größer ist die Festigkeit. Es wurden einige Theorien zur Erklärung dieses Faktes aufgestellt, von denen folgende am wahrscheinlichsten sind:

- kleine Kristallkörner besitzen weniger Defekte als große,
- die Zwischenkristallschicht von feinkörnigen Materialien ist dünner und dichter als von grobkörnigen,
- bei feinkörnigen Materialien verläuft der Bruch entlang den Korngrenzen und bei grobkörnigen hauptsächlich durch die Zwischenkristallschicht,
- die Verkleinerung der Abmessungen der Kristallkörner führt zu einer Verringerung der inneren Spannungen im Material.

Spezialisten auf dem Gebiet der Keramik maßen lange Zeit den Abmessungen der Kristallkörner verschiedener Materialien keine Bedeutung bei. Gesinterte keramische Werkstoffe waren in der Regel grobkristallin mit einer Korngröße von 50 bis 100 μm und mehr. Hierzu trug noch die Tatsache bei, daß der Sinterprozeß aus technologischen Gründen immer sehr lang war (nicht selten einige Tage). Die Lage änderte sich nur wenig, als gesinterte, reine Oxide in die Reihe der keramischen Materialien aufgenommen wurden. Die Kristallgröße fand weiterhin wenig Aufmerksamkeit. Als Hauptziel des Sinterprozesses wurde die Herstellung eines Materials mit geringer Porosität und großer Dichte betrachtet.
Da interessierte sich die spanende Formgebung von Metallen für keramische Werkstoffe. Diese Materialien mußten außer einer hohen Hitzebeständigkeit eine hohe Abriebfestigkeit und eine erhöhte Biegefestigkeit besitzen. Die Suche nach solchen Werkstoffen zwang die Keramikspezialisten, die althergebrachten Vorstellungen zu überarbeiten und die Aufmerksamkeit nicht nur auf die Chemie, sondern auch auf die Physik des Sinterprozesses zu lenken, d. h. auf jene Strukturbesonderheiten, die eine erhöhte Festigkeit bedingen. Letzten Endes mußten sich die Wissenschaftler, die sich mit der Entwicklung des neuen Werkstoffes beschäftigten, mit der allgemeinen Theorie der Werkstoffestigkeit auseinandersetzen und die Fakten analysieren, die in angrenzenden Werkstoffbereichen bereits bekannt waren.
Auf der Grundlage der beschriebenen theoretischen und großer experimenteller Arbeiten wurde 1950 in der UdSSR die Aufgabe zur Entwicklung eines verbesserten keramischen Werkstoffes zum Metallschneiden gelöst. Die Hauptbesonderheit dieses in der UdSSR entwickelten keramischen Werkzeugmaterials, des Sinterkorunds (Mikrolit), besteht in seiner sehr feinkörnigen Struktur. Die Größe der Kristallkörner des Mikrolits beträgt nicht mehr als 1 bis 2 μm. Diese Mikrostruktur bedingte auch die unerwartet hohe Abriebfestigkeit des Mikrolits beim Schneiden von Metall und seine hohe Biegebruchfestigkeit (bis 600 MPa). Um diese Mikrostruktur zu garantieren, wurde eine spezielle Technologie entwickelt. Sie besteht hauptsächlich in der superfeinen Aufmahlung der Ausgangstonerde, dem Zusatz eines Mineralisators zur Tonerde und in der Kurzzeitsinterung.

So wurde anhand der Korundkeramik gezeigt, daß eine feinkörnige Struktur des Sintermaterials seine mechanischen Eigenschaften um ein Vielfaches verbessert und damit eine gewöhnliche Feuerfestkeramik in einen Werkzeugwerkstoff, der in der Abriebfestigkeit fast ungeschlagen ist, umwandelt. Weiterführende Untersuchungen zeigten, daß der feinkristalline Sinterkorund auch andere verbesserte Eigenschaften besitzt (chemische, elektrische u. a.). Ein grundsätzlicher Nachteil aller keramischen Materialien konnte jedoch nur wenig überwunden werden – die Sprödigkeit. Sie wurde zwar etwas verringert, begrenzt aber noch immer die Anwendungsbreite des Sinterkorunds als Werkstoff für Werkzeuge und Konstruktionselemente.
Die Erfahrungen, die bei der Schaffung von hochfesten keramischen Materialien durch Steuerung ihrer Mikrostruktur gewonnen wurden, erhielten weltweite Anerkennung. In allen Ländern wurden die weiteren Untersuchungen bei der Entwicklung von Werkzeug- und Konstruktionskeramik unter Beachtung der Notwendigkeit des Einsatzes solcher Formen der Rohstoffaufbereitung und Sinterung durchgeführt, die es erlauben, eine feinkörnige Struktur bei entsprechender Phasenzusammensetzung (Korund, Zirkondioxid, Mullit, Spinell u. a.) zu erhalten.
Der entscheidende Einfluß der Mikrostruktur und der Phasenzusammensetzung auf die Eigenschaften des polykristallinen Materials wurde breit und eindeutig am Beispiel der Vitrokeramiken bewiesen. Die guten mechanischen und anderen Eigenschaften im Vergleich mit denen des gewöhnlichen Glases, aus dem sie hergestellt wurden, sind nicht einfach mit der Umwandlung des amorphen in den kristallinen Zustand zu erklären. In der Glastechnik sind genügend Fälle bekannt, wo die Kristallisation mechanische und andere Eigenschaften nicht verbessert, sondern verschlechtert. Das beste Beispiel hierfür ist das Kieselglas. Nach einer normalen Kristallisation ist es leicht zerstörbar, da seine Festigkeit minimal geworden ist.
Die Grundbesonderheit der Vitrokeramiken ist ihre feinkörnige Struktur. Die Größe der Kristalle einer Vitrokeramik beträgt gewöhnlich nicht mehr als 1 μm. Gerade die feinkörnige Struktur des kristallisierten Glases ist es, die zum größten Teil die verbesserten mechanischen Eigenschaften bestimmt, obwohl diese auch noch von einer Reihe anderer Faktoren abhängen. Verschiedene Eigenschaften (thermische, elektrische u. a.) sind durch die Phasenzusammensetzung der Kristalle und die Zusammensetzung der Restglasphase bedingt.
Die Herstellung von feinkörnigen polykristallinen Materialien durch katalysierte Kristallisation des Glases unterscheidet sich prinzipiell in der Mikrostruktur von Herstellungsverfahren ähnlicher keramischer Materialien. Jedoch unterscheidet sich die Herstellung von Vitrokeramiken nach der Pulvermethode im technologischen Sinne nicht von der Herstellung polykristalliner Werkstoffe durch Sinterung der entsprechenden Pulver.
Schlußfolgernd kann man feststellen, daß die Vitrokeramiken nicht nur deshalb das Bindeglied zwischen Glas und Keramik sind, weil man jetzt polykristalline Werkstoffe einerseits über die Keramiktechnologie und andererseits über die Glastechnologie, die mit Ausrüstungen für die Kristallisation ergänzt wurde, herstellen kann. Glas und Keramik verbindet auch die Tatsache, daß reine keramische Herstellungsmethoden jetzt in der Glastechnik angewandt werden. Das zeigt z. B. die Herstellung von Vitrokeramiken nach der Pulvermethode und auch die Herstellung des sogenannten Sinterglases.

2. Kristalliner Zustand

Das Problem der Kristallisation zieht schon lange die Aufmerksamkeit der Wissenschaftler auf sich, da es nicht nur theoretische, sondern auch große praktische Bedeutung besitzt.

Der kristalline Zustand ist durch eine gesetzmäßige Verteilung der Atome (Moleküle, Ionen) im Raum charakterisiert. Diese Gesetzmäßigkeit bestimmt die gegenseitige Lage der genannten Teilchen und ihre Packungsdichte im Kristallgitter. Die Hypothese, daß die Teilchen des Kristalles gesetzmäßig angeordnet sind, wurde schon 1860 von *E. S. Fjodorov* aufgestellt. Die experimentelle Bestätigung erhielt sie jedoch bedeutend später nach Entdeckung der Röntgenstrahlen im Jahre 1895 und ihrer Anwendung zur Entschlüsselung der Kristallstruktur durch *M. v. Laue* im Jahre 1912. Mit Hilfe der Röntgenstrahlen ist es möglich, mit einer hohen Genauigkeit (bis 10^{-3} Å) die Parameter oder Perioden verschiedener Kristallgitter zu ermitteln, die die Abmessungen dieser Gitter bestimmen und es erlauben, den Gittertyp festzulegen.

Parallel zum Zusammentragen von experimentellen Angaben entwickelte sich die Theorie der Kristallgitter, die es möglich machte, einige wichtige physikalische Größen, wie z. B. die Zugfestigkeit, zu errechnen. Die ermittelten theoretischen Werte waren um viele Male größer als die experimentell bestimmten. So liegt zum Beispiel die theoretische Zugfestigkeit von Steinsalzkristallen bei 2 GPa, die wirkliche Festigkeit ist aber um 400mal kleiner (etwa 5 MPa). Das führte dazu, daß man davon abkam, den Kristall als eine Idealpackung aus kugelähnlichen Teilchen darzustellen. Es wurde der Begriff der Strukturdefekte des realen Kristalls eingeführt. Sie bestimmen ihre wirklichen Eigenschaften. In Verbindung damit entstand das Problem der Herstellung von idealen Kristallen, um die Theorie des Kristallgitters zu überprüfen. Obwohl dieses Problem noch nicht ganz gelöst ist, zeigen letzte Forschungen auf diesem Gebiet positive Resultate. So wurden schon fadenförmige Kristalle erhalten, deren Festigkeit der theoretischen nahekommt.

Das Problem der Kristallisation hat in den letzten Jahren durch die Belange der Praxis noch größeres Gewicht bekommen. In jüngster Zeit steigt die Produktion von künstlichen Kristallen (Diamanten, Rubine, Piezoquarze, Szintillatorkristalle u. a.) und speziell Polykristallen (Oxid- und andere Keramiken, Cermets u. a.) stark an. In allen industriell entwickelten Ländern der Welt beginnt sich die Produktion von kristallisiertem Glas (Vitrokeramiken) zu entwickeln, das einen polykristallinen Festkörper besonderen Typs darstellt. Das alles rief ein großes Interesse an der Analyse von Erscheinungen hervor, die mit den Besonderheiten des kristallinen Zustandes verbunden sind.

2.1. Kristallgitter

Der kristalline Zustand unterscheidet sich von anderen Aggregatzuständen (flüssig und gasförmig) dadurch, daß die Bausteine des Materials zueinander streng periodisch angeordnet sind und so ein räumliches Gitter bilden. Die Haupteigenschaft des größten Teils der Kristalle besteht in der Anisotropie der physikalischen und physikochemischen Eigenschaften (mechanische, optische, elektrische, thermische u. a.). Im Unterschied zum flüssigen Zustand, für den die Unbeständigkeit der Nahordnung charakteristisch ist, ist bei den Kristallen die Nah- und die Fernordnung der Teilchen fixiert und dementsprechend auch die Wiederholung der Strukturgrundelemente im gesamten Volumen.

Das Kristallgitter besteht aus Gitterplätzen, auf denen sich die Elementarteilchen der Kristalle (Moleküle, Atome, Ionen) befinden, und den Gitterhohlräumen oder Zwischengitterplätzen. Am stabilsten sind Kristalle, deren Struktur die dichteste Atompackung besitzt, die in Übereinstimmung mit der Atomgröße durch eine bestimmte Bindungszahl je Atom und durch die Bindungsrichtungen zwischen den Atomen gekennzeichnet ist. Wie entsprechende Berechnungen gezeigt haben, besitzen nur einige wenige geometrische Formen die Fähigkeit, durch sich ständiges Wiederholen den Raum auszufüllen. Dieses Ausfüllen kann mit Hilfe von 14 Raumgittern (*Bravais*gitter), die Elementarzellen mit verschiedenen Achsabständen und Winkeln (Bild 1) besitzen, realisiert werden. Diese Anzahl von Gittern gilt nur für Atome gleicher Größe. Die mögliche Zahl von räumlichen Kombinationen wird unendlich groß, wenn sich im Gitter Atome verschiedener Elemente befinden.

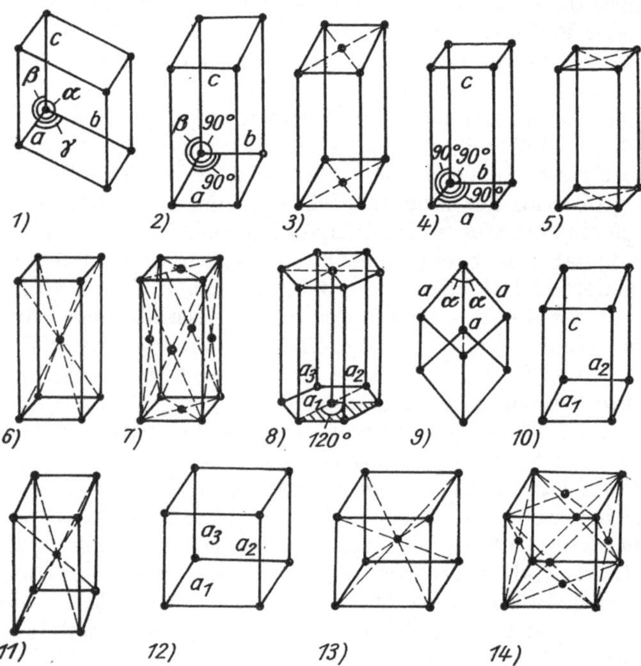

Bild 1. *Bravais*gitter
1 triklin; *2*, *3* monoklin; *4* bis *7* orthorhombisch; *8* hexagonal; *9* rhomboedrisch; *10*, *11* tetragonal; *12* bis *14* kubisch

Die Bravaisgitter werden in sieben Systeme eingeteilt: kubisch, tetragonal, orthorhombisch, monoklin, triklin, rhomboedrisch und hexagonal.

Die Grundeinheit eines jeden Raumgitters stellt die Elementarzelle dar. Um diese Elementarzelle zu charakterisieren, muß man die Achsparameter kennen, die sechs Größen beinhalten: drei Kanten (a, b, c) und drei Winkel zwischen den Achsen (α, β, γ). Bei der Untersuchung von Kristallen ist es notwendig, außer den Gitterparametern auch die Ebenen zu bezeichnen, auf denen sich die Gitterplätze des Kristallgitters befinden, außerdem die Lage der Gitterplätze zum gewählten Koordinatenursprung und die Richtung im Kristall. Die Gitterplätze, die Richtungen und die Ebenen des Kristalls werden mit Hilfe der *Miller*schen Indizes benannt.

Indizes der Gitterplätze

Die Lage der Gitterplätze im Gitter wird durch drei Koordinaten bestimmt. Wenn man als Maßeinheit auf den Achsen die Gitterparameter a, b, c (Achsabschnitte) verwendet, wird die konkrete Lage der Gitterplätze durch die Zahlen m, n, p ausgedrückt. Diese Zahlen werden als *Indizes der Gitterplätze* bezeichnet und in doppelten eckigen Klammern notiert, [[m n p]]. Ein negativer Index wird mit einem Minuszeichen über dem Index versehen, [[m $\bar{n}$ p]].

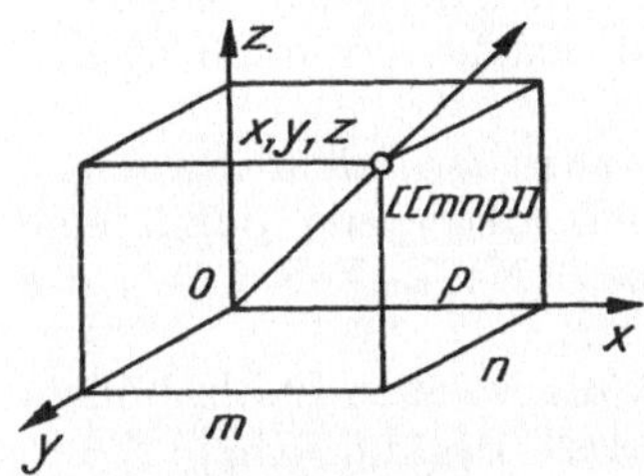

Bild 2. Indizes der Gitterplätze und Richtungsindizes im Kristall

Richtungsindizes

Die Richtung im Kristall wird durch eine Gerade bestimmt, die durch den Koordinatenursprung geht. Ihre Lage ist durch den Index des ersten Gitterplatzes definiert, den sie durchläuft. Daraus folgt, daß die Indizes m n p des Gitterplatzes auch gleichzeitig die *Richtungsindizes* darstellen (Bild 2). Sie sind demnach die drei kleinsten ganzen Zahlen, die die Lage des ersten Gitterplatzes der gegebenen Richtung kennzeichnen. Die Richtungsindizes werden in einfachen eckigen Klammern geschrieben, [m n p].

Flächenindizes

Die Lage der Ebenen wird durch die Abschnitte bestimmt, die sie auf den Gitterachsen abtrennen. Für die Analyse der Gittereigenschaften sind nur die durch die Gitterplätze gehenden Flächen von Interesse. In diesem Fall sind die Koordinaten eines beliebigen Platzes auf dieser Fläche auch die Indizes dieses Platzes.
Zum Bestimmen der Flächenindizes ist es notwendig, die Abschnitte A, B, C, die die Fläche auf den Gitterachsen einnimmt, in Achsabschnitten auszudrücken. Anschließend sind die reziproken Werte $\frac{1}{A}$, $\frac{1}{B}$, $\frac{1}{C}$ zu bilden und auf den gemeinsamen

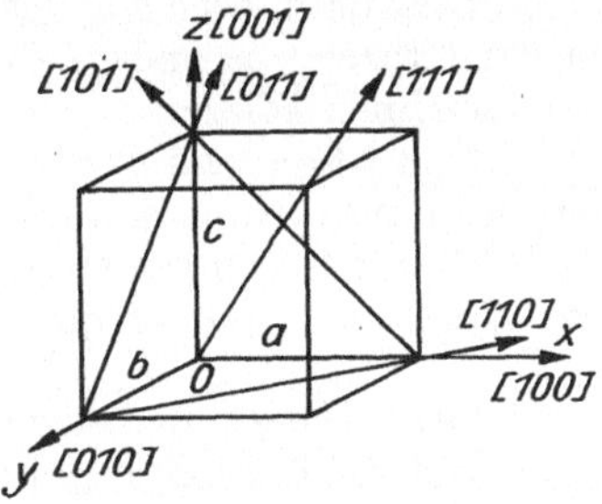

Bild 3. Indizes der Achsen, Flächendiagonalen und Raumdiagonalen eines kubischen Gitters

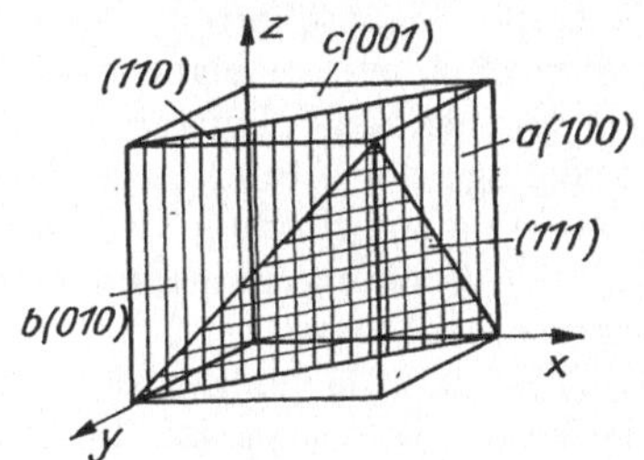

Bild 4. Indizes der Hauptebenen im kubischen Gitter

Nenner D zu bringen. Die erhaltenen ganzen Zahlen D/A, D/B, D/C stellen dann die Flächenindizes h, k, l dar, die in runden Klammern geschrieben werden, (h, k, l).

Beispiel: Eine Ebene schneidet auf den Gitterachsen die Abschnitte $A = 1$, $B = 2$, $C = 3$ ab. Welche Indizes besitzt sie? Die Verhältnisse $1/A$, $1/B$, $1/C$ sind dementsprechend 1/1, 1/2, 1/3. Der Hauptnenner beträgt 6 und die daraus resultierenden Zahlen 6, 3, 2. Also ist $h = 6$, $k = 3$, $l = 2$. Die Fläche hat demnach die Indizes 6 3 2. Auf den Bildern 2 bis 4 sind die Indizes der Gitterplätze, Richtungen und Flächen dargestellt.

2.2. Struktur der Kristalle und Gittertypen

Die Kristallstrukturen werden nach dem Prinzip der »*Ungleichheit*« der Abstände zwischen den Atomen in fünf Klassen eingeteilt: Koordinations-, Insel-, Ketten-, Schicht- und Gerüststrukturen.
Homodesmische oder *Koordinationsstrukturen* besitzen zwischen allen Strukturelementen Abstände gleicher Größenordnungen. Sie sind vorwiegend durch eine Bindungsart charakterisiert. Kristalle von Oxiden, Salzen (NaCl, ZnS u. a.), des Diamants u. a. sind Beispiele für die Koordinationsstruktur.
Die *Inselstrukturen* bestehen aus einzelnen Atomgruppen, die isolierte Inseln bilden. Zu solchen Strukturen gehören sowohl Calcit $CaCO_3$, Beryll $Be_3Al_2[Si_6O_{18}]$, rhombischer Schwefel S_8, Jod J_2, Kohlendioxid CO_2, Pyrit FeS_2 als auch eine Reihe organischer Verbindungen mit Molekularstruktur.
Bei der *Kettenstruktur* findet man einzelne Atomgruppen, die unendliche, eindimensionale Ketten bilden. Eine Struktur dieses Typs besitzen Selen (neutrale Kette) und Diopsid $CaMg(Si_2O_6)$.
Die *Schichtstrukturen* stellen in zwei Dimensionen unendliche Schichten dar. Zu ihnen gehören Graphit, Arsen, Talk $Mg_3(OH)_2[Si_4O_{10}]$, Muskovit $KAl_2(OH)_2[AlSi_3O_{10}]$ u. a.
Gerüststrukturen bestehen aus einem dreidimensionalen Anionenskelett des Koordinationstyps und einer neutralisierenden »*Füllung*« aus Kationen oder Atomgruppen. Als Beispiel einer solchen Struktur können der Perowskit $CaTiO_3$ und der Orthoklas $K[AlSi_3O_8]$ genannt werden.
Insel-, Ketten-, Schicht- und Gerüststrukturen sind heterodesmisch, da sie nicht nur eine Bindungsart, wie die Koordinationsstruktur, sondern zwei Bindungsarten besitzen. So weisen die Inselstrukturen des Jods und des Schwefels kovalente Bindungen zwischen den Atomen in den Molekülen J_2 und S_8 sowie *Van-der-Waals*-Bindungen zwischen den Molekülen auf.
In der Kettenstruktur des $Na[HCO_3]$ existiert eine Ionenbindung zwischen Na^+ und den Gliedern $[HCO_3]^-$, in denen die dreieckigen CO_3^{2-}-Gruppen durch Wasserstoffbindungen verbunden sind. Die Ketten- und Schichtstrukturen besitzen ausgeprägte anisotrope Eigenschaften, wobei die anderen Strukturen, besonders die Koordinationsstruktur, eine weniger starke Anisotropie verzeichnen können.
Ein einfacher Typ eines Kristallgitters ist der kubische, bei dem $a=b=c$ und $\alpha=\beta=\gamma = 90°$ sind. Die Lage der Atome in einfacher kubischer Ordnung erlaubt es nicht, die dichteste Packung zu erhalten. Der Porenraum nimmt 48 % des Gesamtvolumens ein. Bei solch einer Packung umgeben jedes Atom sechs Nachbarn, und um jeden Hohlraum liegen acht Atome.
Dichter gepackt ist das flächenzentrierte kubische Gitter. Der Porenraum beträgt hier 26 %. Bei diesem Gittertyp ist die Packung etwas verändert; über den Hohlräumen der unteren Schicht befinden sich die Atome der oberen. Das erlaubt es, die Packungsdichte zu erhöhen. Hier hat jedes Atom 12 Nachbarn. Im Unterschied zum einfachen kubischen Gitter entstehen im flächenzentrierten zwei Arten von

Hohlräumen: oktaedrische, die sechs Atome, und tetraedrische, die vier Atome umgeben.
Zu den dichtesten Packungen gehört das hexagonale Gitter. In der Packungsdichte unterscheidet es sich nicht vom flächenzentrierten kubischen Gitter, jedoch in der Packungsart. Das flächenzentrierte kubische Gitter wird durch Übereinanderlagerung von Schichten, die zueinander verschoben sind, gebildet. Beim hexagonalen Gitter sind die Schichten zueinander nicht verschoben. Das führt dazu, daß bei gleicher Packungsdichte der beiden Gitter die Lage der Atome und Hohlräume verschieden ist.

2.3. Bindungsarten in Kristallen

Die Strukturelemente des Kristalls und der Charakter der Wechselwirkungen zwischen ihnen können verschieden sein. Im Kristall entstehen Bindungen, die den energetisch günstigsten Abständen und Winkeln entsprechen. Festkörper werden nach der Vorzugsbindungsart klassifiziert, da man oft Misch- bzw. Zwischenbindungen finden kann. In Wirklichkeit existiert keine der im folgenden angeführten Bindungen in reiner Form, weil in realen Kristallen eine Überlagerung von zwei oder mehreren Bindungsarten entsteht. Da eine von diesen Bindungen überwiegt, ist sie auch bestimmend für die Struktur und die Eigenschaften.
Man kann Molekül-, Ionen-, kovalente (Atom-) und Metallgitter unterscheiden (Bild 5):

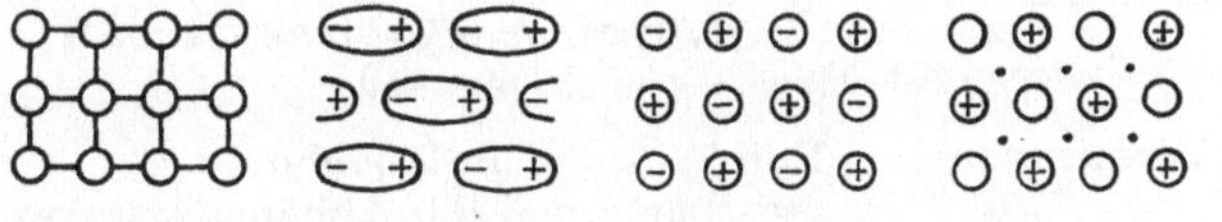

Bild 5. Hauptstrukturen der Festkörper

Molekülgitter

Die molekulare Bindungsart in Kristallen wird auch als *Van-der-Waals*-Bindung bezeichnet, da die Verbindung von elektrisch neutralen Elementen des Kristalls durch sogenannte Dispersionskräfte oder *Van-der-Waals*-Kräfte hergestellt wird. Diese Bindungsart ist am weitesten verbreitet, besitzt jedoch die geringste Energie (1 kJ mol^{-1}). Zu ihr gehören Kristalle vieler organischer und anorganischer Verbindungen sowie Edelgase, Wasserstoff, Stickstoff, Sauerstoff, Jod, Kohlendioxid, Wasser u. a.
Die *Van-der-Waals*-Kräfte wirken in allen Kristallen, aber eine eigenständige Bedeutung erlangen sie nur, wenn andere Kräfte nicht vorhanden sind. Alle Strukturen, die durch diese Bindungsart entstanden sind, besitzen eine geringe Festigkeit, verdunsten leicht und haben niedrige Schmelz- und Siedetemperaturen.

Ionengitter

Diese Bindungsart wird auch heteropolar genannt. Sie ist charakteristisch für solche Verbindungen, bei denen hauptsächlich elektrostatische Wechselwirkungskräfte zwischen den Strukturelementen vorhanden sind. Ionenbindung ist bei anorganischen Verbindungen vorherrschend (Oxide, Sulfide, Carbide, Nitride, verschiedene Salze u. a.). Die Energie der Ionenbindung ist sehr viel größer als bei der Molekülbindung. Für das Kaliumchlorid beträgt sie 670 kJ mol^{-1} und für die Oxide des Aluminiums und des Chroms 15 MJ mol^{-1}. In den Kristallen mit Ionenbindung sind die Ionen periodisch angeordnet. Jedes negative Ion umgeben einige positive und jedes positive einige negative Ionen.

Sowohl der Ionen- als auch der kovalente Charakter der Bindung hängt von der Elektronegativität der Atome ab. Verbindungen, die aus Atomen mit einem großen Unterschied der Elektronegativitäten gebildet werden, sind vorwiegend Ionenbindungen. Bei gleicher Elektronegativität entstehen kovalente Bindungen. So bilden Metalle mit Anionen der Elemente der siebenten Gruppe des Periodensystems fast ausschließlich Ionenverbindungen (Kaliumchlorid, Calciumfluorid u. a.). Metalloxidverbindungen (Oxide des Magnesiums, Aluminiums, Zirconiums usw.) besitzen ebenfalls hauptsächlich Ionencharakter. Andere, schwerere Elemente der sechsten Gruppe mit einer geringeren Elektronegativität (Selen, Schwefel, Tellur) ergeben mit

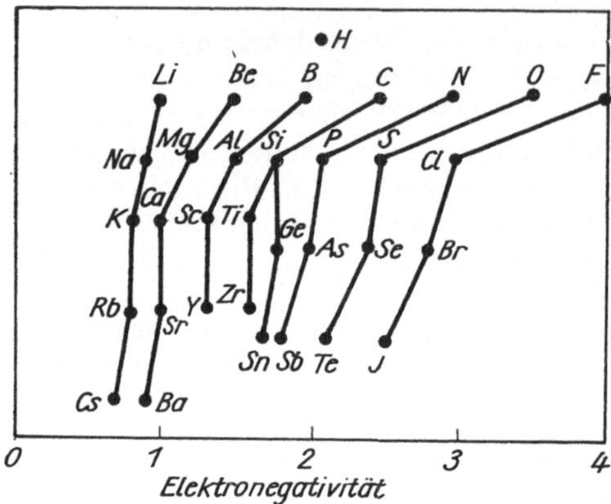

Bild 6. Elektronegativitäten der Elemente

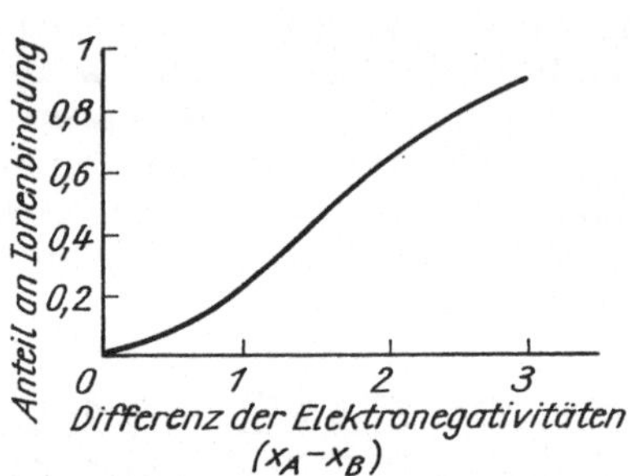

Bild 7. Anteil an Ionenbindung zwischen A und B in Abhängigkeit von der Differenz der Elektronegativitäten der Atome $x_A - x_B$

Tabelle 1. Näherungswerte für den Anteil an Ionenbindung zwischen Kation und Sauerstoff in Gläsern

Bindung	Differenz der Elektronegativitäten $(x_O - x_M)$[1])	Näherungswert für den Ionencharakter in %	Bindung	Differenz der Elektronegativitäten $(x_O - x_M)$[1])	Näherungswert für den Ionencharakter in %
B—O	1,5	42	Mg—O	2,3	70
As—O	1,5	42	Ca—O	2,5	75
Si—O	1,7	50	Sr—O	2,5	75
Sb—O	1,7	50			
Ge—O	1,8	55			
Sn—O	1,8	55	Li—O	2,5	75
			Ba—O	2,6	80
Ti—O	1,9	56	Na—O	2,6	80
Zr—O	1,9	56			
Be—O	2	60			
Al—O	2	60	Rb—O	2,7	81
Y—O	2,2	65	K—O	2,7	81
Sc—O	2,2	65	Cs—O	2,8	82

1) Elektronegativität des Sauerstoffs 3,5

Metallen Verbindungen mit weniger ausgeprägtem Ionencharakter. In den Bildern 6 und 7 sind die Elektronegativitäten der chemischen Elemente und ein Diagramm des Ionencharakters der Bindung nach *Pauling* dargestellt. Näherungswerte für den Ionencharakter von Bindungen verschiedener Oxide sind in Tabelle 1 angeführt.
Mit einer Vergrößerung der Ladung erhöht sich die Festigkeit der Ionenbindung, was in der Regel mit einem Anwachsen der Härte und der Schmelztemperatur verbunden ist.

Kovalente Gitter

Diese Bindungsart wird auch als homöopolare, Atom- oder Wechselbindung bezeichnet. Unter den organischen Verbindungen ist sie stark verbreitet. Sie ist aber auch in anorganischen Verbindungen, einigen Metallen und intermetallischen Verbindungen anzutreffen. Solch einen Bindungstyp besitzen Diamant-, Germanium-, Siliciumcarbidkristalle u. a. Die kovalente Bindung entsteht zwischen Atomen mit annähernd gleicher Elektronegativität und einer äußeren Elektronenschale, die nicht der Edelgaskonfiguration entspricht, z. B. Kohlenstoff, Germanium, Silicium, Tellur u. a. Die Energie dieser Bindung ist vergleichbar mit der der Ionenbindung. So besitzt die Einfachbindung C—C im Diamantgitter eine Bindungsenergie von etwa 300 kJ mol^{-1}, was auch für organische Verbindungen zutrifft.
Viele Kristalle mit kovalenter Bindung zeigen eine hohe Härte und eine hohe Schmelztemperatur.

Metallgitter

Für diese Bindungsart ist eine Struktur charakteristisch, die aus Atomen besteht, bei denen die Außenelektronen nur schwach mit dem Kern verbunden sind. Das bedingt auch den besonderen Charakter der Wechselwirkungen zwischen den Atomen im Metall und dessen Eigenschaften.
Die hohe elektrische Leitfähigkeit der Metalle entsteht durch die große Anzahl von Elektronen, die leicht beweglich sind und den elektrischen Strom leiten. In chemischen Reaktionen geben die Metallatome ihre Außenelektronen ab, was auch von einer schwachen Bindung dieser Elektronen an den Kern zeugt. Ausgehend davon kann man sich das Metallgitter folgendermaßen vorstellen; um die periodisch angeordneten positiven Ionen bewegen sich unregelmäßig in allen Richtungen die sie umgebenden freien Elektronen. Die Bewegung der Elektronen wird durch Anlegen eines Potentialgefälles geordnet und läßt so einen elektrischen Strom fließen.
Die Energie der Metallbindung ist in der Größenordnung mit der Energie der kovalenten Bindung vergleichbar. Die leichte Beweglichkeit der Elektronen und ihre Bindung mit den Atomen bedingen bestimmte Eigenschaften der Metalle: hohe elektrische und Wärmeleitfähigkeit, Plastizität, metallischen Glanz u. a.
In Bild 8 ist die Strukturveränderung eines Festkörpers mit unterschiedlicher Bindungsart bei Verschiebung der Schichten zueinander dargestellt. Bild 8 zeigt deutlich die Ursache der Plastizität der Metalle und der Sprödigkeit der Kristalle mit Atom- oder Ionenbindung. Die mechanische Beanspruchung eines nichtmetallischen Festkörpers ruft eine Verschiebung der Schichten des Raumgitters hervor. Das führt dazu, daß die Verbindung der Schichten untereinander durch Zerstörung der Valenzbindungen im Atom- bzw. Ionengitter gelöst wird. Aufgrund der Tatsache, daß im

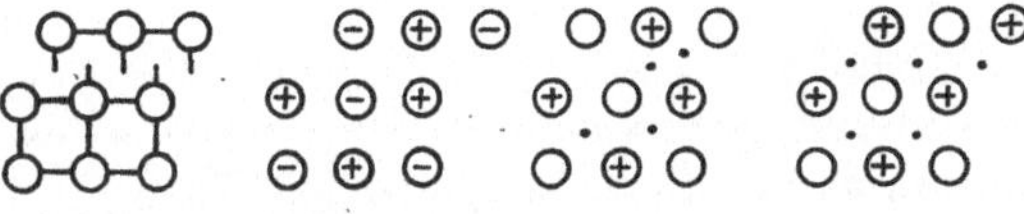

Bild 8. Schema der Verschiebung von Schichten bei unterschiedlichen Strukturtypen

Metallgitter die Bewegungsmöglichkeit der freien Elektronen erhalten bleibt und sich die Elektroneutralität der Atomschicht nicht ändert, bleibt auch die Verbindung der Schichten untereinander bei einer Verschiebung erhalten.

Gitter mit Wasserstoffbindung

Die charakteristische Besonderheit dieser Bindung besteht darin, daß sie durch die zweite Valenz des Wasserstoffatoms bedingt ist. Das Wasserstoffion verliert fast immer seine Selbständigkeit, da es eine sehr kleine Größe besitzt (um tausend Mol kleiner als andere Ionen), und verbindet sich deshalb mit Molekülen anderer Stoffe. Diese Fähigkeit behält das Wasserstoffion auch dann bei, wenn es mit Fluor- oder Sauerstoffionen verbunden ist, weshalb die Moleküle des Fluorwasserstoffs und des Wassers in der Lage sind, mit anderen Molekülen Komplexe zu bilden.
Nach *Pauling* trägt die Wasserstoffbindung hauptsächlich Ionencharakter und entsteht zwischen Atomen mit großer Elektronegativität. In Kristallen anorganischer Verbindungen führt die Bindung durch den Wasserstoff zum Aneinanderhaften von Gruppen und Schichten und zur Bildung von anorganischen Polymeren, die als Klebstoffe und Zemente Anwendung finden.

2.4. Struktur der Oxide

Die Hauptbesonderheit der Oxidkristallgitter besteht in der einfach kubischen oder dicht gepackten Anordnung der Sauerstoffionen, weshalb die Oxidgitter untereinander sehr ähnlich sind. Aus diesem Grunde ist für ihre Unterscheidung eine klare Vorstellung über die Packungssysteme und die Verteilung der oktaedrischen und tetraedrischen Hohlräume und Zwischengitterplätze notwendig.

Struktur des NaCl-Typs

In diesem Gitter bilden die großen Anionen eine dichte kubische Packung, in deren oktaedrischen Hohlräumen sich die Kationen befinden. Eine solche Struktur besitzen MgO, CaO, SrO, BaO, CdO, MnO, FeO, CoO, NiO, die Sulfide der Erdalkalielemente und die Halogenide der Alkalielemente (außer denen des Cäsiums).

Struktur des ZnS-Typs

Diese Struktur stellt eine dichte kubische Packung der Sauerstoffionen mit tetraedrischen Hohlräumen dar, wobei die Hälfte von ihnen mit Kationen gefüllt ist. Zu dieser Struktur gehören das Zinksulfid (Zinkblende) und das Berylliumoxid. Die Koordinationszahl für Kationen und Anionen beträgt vier.

Spinellstruktur

Die Sauerstoffionen bilden bei dieser Struktur eine flächenzentrierte kubische Packung. Die Elementarzelle (Würfel) besteht aus 4 Sauerstoffanionen und 3 Kationen. In ihrer Kombination mit benachbarten weiteren Würfeln schließen die Sauerstoffanionen vier oktaedrische und acht tetraedrische Hohlräume ein. Von den 12 Hohlräumen sind nur drei gefüllt: ein tetraedrischer mit einem zweiwertigen Kation und zwei oktaedrische mit je einem dreiwertigen Kation. Diese Hohlraumfüllung ist charakteristisch für normale Spinelle: $MgAl_2O_4$, $ZnAl_2O_4$, $FeAl_2O_4$, $CoAl_2O_4$, $NiAl_2O_4$, $MnAl_2O_4$, $CdFe_2O_4$.
In den oktaedrischen Hohlräumen der inversen Spinelle befinden sich die zweiwertigen Kationen und die Hälfte der dreiwertigen Kationen. Die andere Hälfte dieser Ionen ist in den tetraedrischen Hohlräumen untergebracht. Solche Strukturen sind für Fe_3O_4, $FeMgFeO_4$, $FeNiFeO_4$ und für viele Ferrite charakteristisch.

Korundstruktur

Die Sauerstoffionen sind in einer hexagonal dichten Packung angeordnet, wobei zwei Drittel der oktaedrischen Hohlräume mit Kationen gefüllt sind. Die Koordinationszahl der Kationen beträgt sechs, die der Anionen vier.

Rutilstruktur

Diese Struktur ist komplizierter als die vorhergehenden. Sie besitzt eine leicht deformierte dichte Packung der Anionen, bei der nur die Hälfte aller oktaedrischen Hohlräume mit Kationen belegt ist. Folgende Stoffe bilden derartige Kristalle: TiO_2, GeO_2, PbO_2, SnO_2, MnO_2 u. a. Die Koordinationszahl der Kationen ist sechs, die der Anionen drei.

Struktur des Fluorittyps

Die Elementarzelle hat eine kubisch flächenzentrierte Packung der Kationen. Die Besonderheit dieser Struktur besteht im Vorhandensein eines großen Hohlraums (Leerstelle) im Zentrum einer jeden Elementarzelle. Zu diesen Strukturen gehören die Kristalle von ThO_2, TeO_2, UO_2, ZrO_2 (deformiert).

Perowskitstruktur

Große Kationen können zusammen mit den Sauerstoffionen ein dicht gepacktes kubisches Gitter bilden. Dieser Fall liegt in der Struktur des Perowskits vor, wo die oktaedrischen Hohlräume mit den kleinen Titanionen aufgefüllt sind. Die Koordinationszahlen betragen hier für $Ti^{4+} = 6$, für $Ca^{2+} = 12$ und für $O^{2-} = 6$. Solch eine Struktur besitzen $CaTiO_3$, $BaTiO_3$, $SrTiO_3$, $SrSnO_3$, $CaZrO_3$, $KNbO_3$, $NaNbO_3$, $LaAlO_3$, $YAlO_3$, $KMoO_3$.

2.5. Struktur der Silicate

Die Details der Struktur vieler Silicate sind sehr kompliziert, und es ist sehr schwer, sie ohne entsprechende Modelle zu erklären. Silicate haben weniger dichte Strukturen als Oxide.

Für das Siliciumion im Siliciumdioxid ist die Viererkoordination charakteristisch; beim Sauerstoff ist die Koordinationszahl nur zwei. Solch eine kleine Koordinationszahl schließt die Bildung von dichtgepackten Gittern aus. Die Strukturelemente der Silicate – die SiO_4-Tetraeder – können auf verschiedene Art und Weise über ihre Ecken verbunden werden. Es gibt fünf verschiedene Typen der Lage der Tetraeder zueinander:

- Orthosilicate mit $[SiO_4]^{4-}$-Anionen; die Tetraeder sind untereinander nicht verbunden,
- Pyrosilicate mit $[Si_2O_7]^{6-}$-Anionen; die Tetraeder sind mit einem gemeinsamen Eckpunkt verbunden,
- Metasilicate mit $[SiO_3]_n^{n-}$-Anionen; an zwei Ecken eines jeden Tetraeders befinden sich Ecken anderer Tetraeder (Ring- oder Kettenstrukturen),
- Schichtstrukturen mit $[Si_2O_5]^{2n-}$-Anionen; bei den Tetraedern sind drei Ecken in den Strukturverband einbezogen,
- Gerüststrukturen; hier sind alle vier Ecken der Tetraeder an der Strukturbildung beteiligt (verschiedene Formen des Siliciumdioxids).

SiO_2-Modifikationen

Das Siliciumdioxid kommt in verschiedenen polymorphen Modifikationen vor, die durch unterschiedliche Anordnung der mit allen Ecken untereinander verbundenen

Tetraeder gebildet werden. Am stabilsten sind der α-Quarz (unter 573 °C), der β-Quarz (573 bis 867 °C), der β-Tridymit (867 bis 1470 °C) und der β-Cristobalit (1470 bis 1710 °C). Die Tieftemperaturformen jeder Modifikation werden durch eine räumliche Verzerrung der entsprechenden Hochform gebildet.
α-Quarz ist die am dichtesten gepackte normale Modifikation. Sie hat eine Dichte von 2650 kg m^{-3} (Tridymit 2260, Cristobalit 2320 kg m^{-3}).
β-Quarz besitzt ein hexagonales Gitter aus verbundenen SiO_4-Tetraederketten.

Orthosilicate

Die Sauerstoffionen dieser Silicate bilden eine dichte Packung, die bei den einzelnen Verbindungen mit kleinen Unterschieden der hexagonalen (Forsterit) oder kubischen (Cyanit) Packung sehr nahe kommt. Folgende Mineralgruppen weisen derartige Strukturen auf: Olivine, Granate, Zirkon und Alumosilicate (Cyanit, Sillimanit, Andalusit, Mullit).
Beim Forsterit (Mg_2SiO_4) befinden sich die Magnesiumionen in den oktaedrischen und die Siliciumionen in den tetraedrischen Hohlräumen. Im Cyanit $Al_2O[SiO_4]$ sind die oktaedrischen Hohlräume mit Aluminiumionen und die tetraedrischen mit Siliciumionen gefüllt. Sillimanit und Andalusit stellen polymorphe Formen des Cyanits dar, wobei ihre Struktur weniger dicht gepackt ist; ähnlich der des Mullits.

Metasilicate

Verbindungen dieser Art können zwei verschiedene Strukturen annehmen, zum einen eine ringförmige Anordnung der SiO_4-Tetraeder und zum anderen eine kettenförmige. Ringstrukturen mit den $[Si_6O_{18}]^{12-}$-Ionen besitzen der Beryll $Be_3Al_2[Si_6O_{18}]$ und der Cordierit. Am meisten verbreitet sind Kettenstrukturen. Zu ihnen gehören sowohl die Pyroxene mit $[Si_2O_6]^{4-}$-Einfachketten (Enstatit $Mg_2[Si_2O_6]$, Diopsid $MgCa[Si_2O_6]$, Spodumen $LiAl[Si_2O_6]$, Jadeit) als auch die Amphibole mit Doppelketten (Tremolit, Asbest).

Gerüststrukturen

Diese Strukturen bestehen aus unendlichen dreidimensionalen Gerüsten untereinander verbundener SiO_4-Tetraeder. Man findet sie bei den Feldspäten (Albit $Na[AlSi_3O_8]$, Anorthit $Ca[Al_2Si_2O_8]$, Orthoklas $K[AlSi_3O_8]$, Celsian $Ba[Al_2Si_2O_8]$ u. a.) und den Zeolithen. Im Gerüst der Feldspäte sind die Siliciumionen teilweise durch Aluminiumionen ersetzt.
Die Elektroneutralität wird durch Alkali- und Erdalkaliionen erreicht, die sich in den Hohlräumen einlagern. Bei den Zeolithen ist die Packung noch weniger dicht. Sie besitzen große Hohlräume, die die Form von Kanälen haben. Aus diesem Grunde sind die Zeolithe zum Ionenaustausch fähig und werden als Molekularsiebe zur Säuberung des Wassers von Calciumionen, bei der Separation verschiedener Molekülmischungen u. a. angewandt.

2.6. Besonderheiten der Ionenkristalle

Ionenkristalle stellen die charakteristischste Erscheinungsform der anorganischen Verbindungen dar. Beim größten Teil ($> 95\,\%$) von ihnen konnten keine eigenständigen Atomgruppen in Molekülform gefunden werden. Die Strukturanalyse dieser Kristalle bestätigte nicht die Vorstellungen der Chemiker über eine molekulare Struktur des größten Teils der anorganischen Verbindungen. Ebenso spiegeln die in der klassischen Chemie verwendeten Strukturformeln zur Darstellung von nichtmolekularen Verbindungen nicht die wahre Struktur wider und müssen deshalb als nur bedingt geltend betrachtet werden. So stellt zum Beispiel die Formel

$$\mathrm{Ca}\begin{matrix}\text{—O—}\\ \\ \text{—O—}\end{matrix}\mathrm{Ti{=}O}$$

nur die Valenzverhältnisse dar, was nicht bedeutet, daß das Calciumion von zwei Sauerstoffionen umgeben ist (in Wirklichkeit sind es zwölf) und das Titanion von drei (in Wirklichkeit sechs).

Die kristallchemischen Strukturformeln müssen die geometrische Valenzcharakteristik der Struktur – die Koordinationszahl der Komponenten, die durch die Anzahl der nächstliegenden Nachbarn bestimmt wird – wiedergeben. Nur so wird die Formel eine richtige Vorstellung über die geometrische Struktur der Verbindung geben. Die Formel für das Natriumchlorid würde dann $[NaCl^{6}/_{6}]^{3\infty}$ und für das Calciumfluorid $[CaF_2\,{}^{8}/_{4}]^{3\infty}$ heißen. Der Bruch $^{8}/_{4}$ zeigt, daß das Calciumion von acht Fluorionen und das Fluorion von vier Calciumionen umgeben ist. Der Exponent 3∞ weist auf die in drei Dimensionen unendliche Wiederholung der Elementarzelle hin.

Außer den Formeln, die die Strukturgeometrie charakterisieren, sind auch noch Formeln von Bedeutung, mit deren Hilfe das Wesen der chemischen Verbindung, z. B. die Wertigkeit der Komponenten oder Strukturdefekte, beschrieben werden kann. Eine Strukturformel dieser Art für die Verbindung PCl_5 ist $[PCl_4]^+\,[PCl_6]^-$, da in der Struktur des PCl_5 abwechselnd komplexe tetraedrische und komplexe oktaedrische Kationen auftreten.

Als Strukturformeln werden auch Formeln sogenannter Defektverbindungen bezeichnet. Sie besitzen die eine oder andere Abweichung von den Gesetzen der klassischen Chemie und der Kristallchemie, im speziellen vom Gesetz der konstanten Proportionen. Das Hauptmerkmal der Defektverbindungen ist nicht die Zusammensetzung, sondern die Struktur. So weist die Formel $Na_{1-x}(W^{5+}_{1-x}, W^{6+}_{x})\,0$ darauf hin, daß bei solch einer wechselnden Verbindung jeder Zusammensetzung ein dementsprechendes x zugeordnet ist. Das Komma in der Formel bedeutet, daß beide W-Arten untereinander statistisch austauschbar sind. Diese Formeln sind besonders zum Beschreiben natürlicher, isomorpher Verbindungen, die durch eine nichtkonstante Zusammensetzung gekennzeichnet sind, angebracht. So existiert der Pyrrhotin FeS nur als Defektverbindung, da durch Oxydation das Fe^{2+} teilweise in Fe^{3+} übergeht. Seine Strukturformel ist dementsprechend $[Fe^{2+}_{1-x}, Fe^{3+}_{2/3x}]S$. Formeln dieser Art werden auch zur Beschreibung von intermetallischen Verbindungen benutzt.

Zu den Ionenkristallen gehören Oxide, Halogenide, Silicate und andere anorganische Verbindungen. Beim Bau eines Kristallgitters mit Ionencharakter wird eine derartige Anordnung der positiven und negativen Ionen angestrebt, die ein energetisches Minimum des Systems bewirkt, was nach *Pauling* bei Beachtung folgender fünf Regeln erreicht wird:

Regel 1:

Wenn um jedes Kation ein Koordinationspolyeder aus Anionen gebildet wird, wird der Abstand zwischen Kation und Anion als Summe der Ionenradien und die Koordinationszahl des Kations durch das Verhältnis der Ionenradien bestimmt.

Regel 2:

(Elektrisches Valenzprinzip) – In einer stabilen Koordinationsstruktur ist die allgemeine Wertigkeit, die zwischen dem Anion und den es umgebenden Kationen besteht, gleich der Ladung des Anions. Diese Regel bezeichnet *Bragg* als Hauptprinzip der Kristallchemie der Minerale.

Regel 3:

Das Vorhandensein von gemeinsamen Kanten und besonders von gemeinsamen Flächen zweier Polyeder verringert die Stabilität im Koordinationsgitter. Dieser

Effekt ist bei Kationen mit hoher Wertigkeit und kleiner Koordinationszahl und v. a. dann stark ausgeprägt, wenn sich das Verhältnis der Radien der unteren Stabilitätsgrenze des Polyeders nähert.

Regel 4:

Wenn im Kristall verschiedene Kationen existieren, streben die Kationen mit hoher Wertigkeit und kleiner Koordinationszahl keine gemeinsamen Strukturelemente mit anderen Polyedern an.

Regel 5:

(Sparsamkeitsprinzip) – Die Anzahl der sich wesentlich unterscheidenden Bestandteile im Kristall wird möglichst klein gehalten.

Die erste Regel spiegelt die Prinzipien wider, die von *Goldschmidt* aufgestellt wurden. Er schlug 1927 vor, daß das Kristallgitter durch die Zahl, durch das Größenverhältnis und durch die Polarisationseigenschaften der Struktureinheiten bestimmt ist. Bild 9 illustriert diese Regel. Die Koordinationszahlen hängen vom Verhältnis der Radien der Kationen und Anionen ab. In Tabelle 2 sind die Zahlenwerte dieser Verhältnisse für verschiedene Koordinationszahlen angeführt.

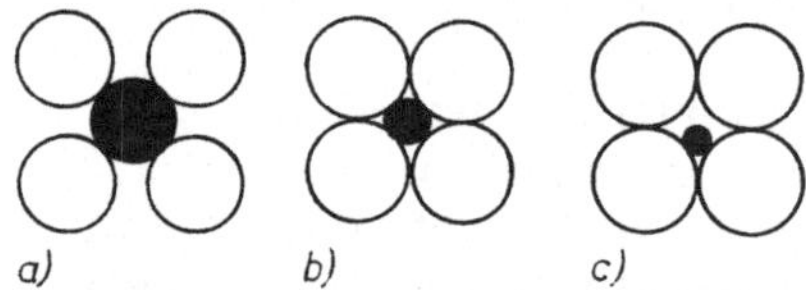

Bild 9. Schema der Strukturen mit unterschiedlichem Stabilitätsgrad
a) instabile Struktur
b) stabile Struktur
c) weniger stabile Struktur

Tabelle 2. Grenzwerte der Ionenradien für unterschiedliche Koordinationszahlen

Verhältnis der Radien des Kations und des Anions	Koordinationszahl	Form der Umgebung	Beispiel für diese Struktur
0 ...0,155	2	–	–
0,155...0,225	3	hexagonal	Bornitrid
0,225...0,414	4	Tetraeder	Zinkblende
0,414...0,732	6	Oktaeder	Steinsalz
0,732...1	8	zentrierter Würfel	Cäsiumchlorid
1 ...∞	12	flächenzentrierter Würfel oder hexagonal dichteste Packung	Aluminium, Kupfer

Aus Tabelle 3 ist ersichtlich, daß die Kationen in der Regel kleiner sind als die Anionen. Das Ionenkristallgitter kann also in vielen Fällen durch Einlagerung von Kationen in den Hohlräumen einer Anionenpackung gebildet werden.
Im Jahre 1964 und auch später schlugen einige Wissenschaftler (*Slaughter*, *Lebedjev* u. a.) vor, die bisher angewandte Konzeption zur Berechnung der Ionenradien zu überarbeiten, nach der die Anionen einen größeren Radius als die Kationen besitzen. Nach Neuberechnung der Atomabstände unter Berücksichtigung der Quantenmechanik kamen diese Wissenschaftler zu einer neuen Konzeption, wonach die Anionen kleiner als die Kationen sind. Dabei wächst die Bedeutung der Metallatome im Gesamtvolumen sehr stark an. So besteht der Quarz zum Beispiel bei einem Radius des Si-Ions von 1,16 Å und des O-Ions von 0,5 Å zu 86,4 Vol.-% aus Silicium, und das verbleibende Volumen füllt der Sauerstoff. Nach den allgemeingültigen Vor-

Tabelle 3. Ionenradien nach Angaben von *Ahrens*, *Pauling*, *Goldschmidt*, *Zachariasen* (in Å)

Ion	*Ahrens*	*Pauling*	*Gold-schmidt*	*Zacha-riasen*
Ac^{3+}	1,18	—	—	1,11
Ag^{+}	1,26	1,26	1,13	—
Ag^{2+}	0,89	—	—	—
Al^{3+}	0,5	0,5	0,57	0,45
Am^{3+}	1,07	—	—	0,99
Am^{4+}	0,92	—	—	0,89
As^{3+}	0,54	—	—	—
As^{5+}	0,41	0,47	—	—
At^{7+}	0,62	—	—	—
At^{-}	—	—	—	2,27
Au^{+}	1,37	1,37	—	—
Au^{3+}	0,85	—	—	—
B^{3+}	0,23	0,2	—	0,16
Ba^{2+}	1,35	1,35	1,43	1,29
Be^{2+}	0,35	0,31	0,34	0,3
Bi^{3+}	0,96	—	—	—
Bi^{5+}	0,74	0,74	—	—
Br^{-}	—	1,95	1,96	1,96
Br^{7+}	0,34	—	—	—
C^{4+}	0,16	0,15	0,2	0,19
Ca^{2+}	1,02	0,99	1,06	0,94
Cd^{2+}	0,97	0,97	1,03	—
Ce^{3+}	1,07	—	1,18	—
Ce^{4+}	0,94	1,01	1,02	0,92
Cl^{7+}	0,28	0,26	—	—
Cl^{-}	—	1,81	1,81	1,81
Co^{2+}	0,72	0,72	0,82	—
Co^{3+}	0,63	—	—	—
Cr^{3+}	0,59	0,64	0,64	—
Cr^{6+}	0,52	0,52	0,34 bis 0,4	—
Cs^{+}	1,65	1,69	1,65	1,67
Cu^{+}	0,91	0,96	—	—
Cu^{2+}	0,7	—	—	—
Dy^{3+}	0,92	—	—	—
Er^{3+}	0,89	—	1,03	—
Eu^{3+}	0,98	—	—	—
F^{7+}	0,08	—	—	—
F^{-}	—	1,36	1,33	1,33
Fe^{2+}	0,74	0,75	0,83	—
Fe^{3+}	0,61	0,6	0,67	—
Fr^{+}	1,8	1,75	—	1,75
Ga^{3+}	0,57	0,62	0,62	—
Gd^{3+}	0,97	—	1,11	—
Ge^{2+}	0,69	—	—	—
Ge^{4+}	0,48	0,53	0,44	—
Hg^{4+}	0,78	—	—	—
Hg^{2+}	1,10	1,1	1,12	—
Ho^{3+}	0,91	—	—	—
In^{3+}	0,81	0,81	0,92	—
Ir^{4+}	0,68	0,64	0,66	—
J^{+}	0,62	—	—	—
J^{7+}	0,5	0,5	—	—
J^{-}	—	2,16	2,2	2,19
K^{+}	1,33	1,33	1,33	1,33
La^{3+}	1,14	1,15	1,22	1,04
Li^{+}	0,68	0,60	0,7	0,68
Lu^{3+}	0,85	—	0,99	—
Mg^{2+}	0,64	0,65	0,78	0,65
Mn^{2+}	0,8	0,8	0,91	—
Mn^{3+}	0,66	0,62	0,7	—
Mn^{4+}	0,6	—	—	—
Mn^{7+}	0,46	0,46	—	—
Mo^{4+}	0,7	0,66	0,68	—
Mo^{6+}	0,62	0,62	—	—
N^{3+}	0,16	—	—	—
N^{5+}	0,13	0,11	0,1 bis 0,2	0,1 bis 0,2
NH^{4+}	—	1,5	1,43	—
Na^{+}	0,95	0,95	0,98	0,98
Nb^{4+}	0,74	—	—	—
Nb^{5+}	0,69	—	—	0,67
Nd^{3+}	1,04	—	—	—
Ni^{2+}	0,69	0,69	0,78	—
Np^{3+}	1,1	—	—	1,01
Np^{4+}	0,95	—	—	0,92
Np^{7+}	0,71	—	—	—
O^{6+}	0,1	—	—	—
O^{2-}	—	1,4	1,32	1,46
Os^{4+}	0,69	0,65	0,67	—
P^{3+}	0,4	—	—	—
P^{5+}	0,35	0,34	0,3 bis 0,4	0,34
Pa^{3+}	1,13	—	—	1,05
Pa^{4+}	0,98	—	—	0,96
Pa^{5+}	0,89	—	—	0,9
Pb^{2+}	1,2	1,21	1,32	—
Pb^{4+}	0,84	0,84	0,84	—
Pd^{2+}	0,8	—	—	—
Pd^{4+}	0,65	—	—	—
Pm^{3+}	1,06	—	—	—
Po^{6+}	0,67	—	—	—
Pr^{3+}	1,06	—	1,16	—
Pr^{4+}	0,92	0,92	1	—
Pt^{2+}	0,8	—	—	—
Pt^{4+}	0,65	—	—	—
Pu^{3+}	1,08	—	—	1,0
Pu^{4+}	0,93	—	—	0,9
Ra^{2+}	1,43	—	—	1,37
Rb^{+}	1,44	1,48	1,49	1,48
Re^{7+}	0,56	—	—	—
Rh^{3+}	0,63	—	0,68	—

(Fortsetzung Tabelle 3.)

Ion	*Ahrens*	*Pauling*	*Gold-schmidt*	*Zacha-riasen*
Ru^{4+}	0,67	0,68	0,65	—
S^{4+}	0,37	—	—	—
S^{6+}	0,3	0,29	0,34	—
S^{2-}	—	1,84	1,74	1,9
Sb^{3+}	0,76	—	—	—
Sb^{5+}	0,62	0,62	—	—
Sc^{3+}	0,81	0,81	0,83	0,68
Se^{4+}	0,5	—	—	—
Se^{6+}	0,42	0,42	0,3 bis 0,4	—
Se^{2-}	—	1,98	1,91	2,02
Si^{4+}	0,42	0,41	0,39	0,38
Sm^{3+}	1	—	—	—
Sn^{2+}	0,93	—	—	—
Sn^{4+}	0,71	0,71	0,71	—
Sr^{2+}	1,18	1,13	1,27	1,1
Ta^{5+}	0,68	—	—	—
Tb^{3+}	0,93	—	—	—
Tb^{4+}	0,81	—	—	—
Tc^{7+}	0,56	—	—	—
Te^{4+}	0,7	0,81	0,89	—
Te^{6+}	0,56	0,56	—	—
Te^{2-}	—	2,21	2,11	2,22
Th^{4+}	1,02	1,02	1,1	0,99
Ti^{3+}	0,76	0,69	—	—
Ti^{4+}	0,68	0,68	0,64	0,6
Tl^{+}	1,47	1,44	1,49	—
Tl^{3+}	0,95	0,95	1,05	—
Tm^{3+}	0,87	—	1,01	—
U^{4+}	0,97	0,97	1,05	0,93
U^{6+}	0,8	—	—	0,83
V^{2+}	0,88	—	—	—
V^{3+}	0,74	0,66	—	—
V^{4+}	0,63	0,59	0,61	—
V^{5+}	0,59	0,59	0,4	—
W^{4+}	0,7	0,66	0,68	—
W^{6+}	0,62	—	—	—
Y^{3+}	0,92	0,93	1,06	0,88
Y^{3+}_{B}	0,86	—	1	—
Zn^{2+}	0,69	0,74	0,83	—
Zr^{4+}	0,79	0,8	0,87	0,77

stellungen (s. Tabelle 3) besteht jedoch Quarz zu 98,7 Vol.-% aus Sauerstoff, und nur 1,3 Vol.-% nehmen die Siliciumionen ein.

In bezug auf den Quarz bezeichnet der Anhänger der neuen Konzeption, *Prjanischnikov*, die althergebrachten Vorstellungen zum Siliciumdioxid als Ionenmodell und die neuen, diskussionswürdigen, als kovalentes Modell.

Die erste Regel wird nicht immer genau eingehalten, da es zu Deformationen und zur Polarisation der Elektronenhülle unter dem Einfluß der benachbarten Ionen kommen kann, was zum Verlust der sphärischen Symmetrie führt. Besonders ausgeprägt ist dies bei großen Anionen mit einer großen Atommasse, die unter dem Einfluß kleiner Kationen mit hoher Ladung deformiert werden. Das gleiche wird durch einen gerichteten, kovalenten Anteil der Bindung erreicht.

Die zweite Regel drückt das Bestreben des Systems aus, eine Konfiguration mit minimalem Energiegehalt anzunehmen, bei der die Wertigkeit der Ionen vollständig durch die Wechselwirkung mit den Nachbarionen neutralisiert wird. Mit dem Begriff »*Bindung*« werden die Wechselwirkungslinien zwischen den Ionen bezeichnet und mit dem Begriff »*Bindungskraft*« die Wertigkeit des Ions, geteilt durch die Anzahl der Bindungen. In Tabelle 4 sind die zu erwartenden und die erhaltenen Koordinationszahlen einiger Elemente und auch die Werte der Bindungskräfte angeführt.

Das Siliciumion besitzt in der tetraedrischen Koordination eine Bindungskraft von eins und das Aluminiumion in der Sechserkoordination eine Bindungskraft von 1/2. In der Struktur des Perowskits $CaTiO_3$ beträgt die Bindungskraft oder auch die Festigkeit der elektrostatischen Bindung mit dem Sauerstoffion für das Calciumion (KZ 12) 1/6 und für das Titanion (KZ 6) 2/3.

Die dritte Regel formuliert die Bedingungen für die Stabilität des Systems. Das Kristallgitter vieler Oxide und Silicate kann man sich aus Tetraedern und Oktaedern bestehend vorstellen (SiO_4, AlO_6, MgO_6 u. a.). Die periodisch gelegenen Polyeder

Tabelle 4. Koordination und Bindungskraft einiger Kationen

Kation	Ionenradius (nach *Pauling*) in Å	Koordinationszahl errechnet	Koordinationszahl experimentell	Elektrostatische Bindungskraft
B^{3+}	0,2	3 oder 4	3, 4	1 oder 3/4
Be^{2+}	0,31	4	4	1/2
Li^{+}	0,6	4	4	1/4
Si^{4+}	0,41	4	4, 6	1
Al^{3+}	0,5	4 oder 6	4, 5, 6	3/4 oder 1/2
Ge^{4+}	0,53	4 oder 6	4, 6	1 oder 2/3
Mg^{2+}	0,65	6	6	1/3
Na^{+}	0,95	6	6, 8	1/6
Ti^{4+}	0,68	6	6	2/3
Sc^{3+}	0,81	6	6	1/2
Zr^{4+}	0,8	6 oder 8	6, 8	2/3 oder 1/2
Ca^{2+}	0,99	8	7, 8, 9	1/4
Ce^{4+}	1,01	8	8	1/2
K^{+}	1,33	9	6, 7, 8, 9, 10, 12	1/9
Cs^{+}	1,69	12	12	1/12

können miteinander über die Ecken, die Kanten oder über die Flächen verbunden werden. Am stabilsten ist aber die Bindung über die Ecken. Eine Verbindung über die Flächen ist praktisch nicht anzutreffen. Das erklärt sich damit, daß sich der relative Abstand zwischen den zentralen Kationen bei einer Verbindung über die Ecken zu Kanten bzw. zu Flächen wie 1:0,58:0,33 verhält. In Verbindung damit wächst die Abstoßungskraft, was zu einer Vergrößerung der potentiellen Energie des Systems und zu einer Verringerung seiner Stabilität führt.
Die vierte Regel geht im großen und ganzen von den gleichen Überlegungen wie die dritte aus.
Die fünfte Regel zeigt das Bestreben des Systems, die Zahl der möglichen Koordinationsstrukturen in einem Kristall zu verringern.
Folgende Kurzfassung der *Pauling*-Regeln ist möglich:
In einem Ionenkristallgitter wird ein energetisches Minimum erreicht, wenn

a) die Koordination des Kations dem Verhältnis der Ionenradien entspricht,
b) das Prinzip der Elektroneutralität beachtet wird,
c) die Polyeder über die Ecken verbunden sind,
d) unterschiedliche Kationen ihre Eigenständigkeit behalten und
e) die Anzahl der unterschiedlichen Strukturen im Kristall minimiert ist.

2.7. Polymorphie

Die Fähigkeit eines Stoffes, bei entsprechenden Bedingungen unterschiedliche Kristallformen auszubilden, nennt man *Polymorphie*. Die Formen selbst werden als polymorphe Modifikationen und die Umwandlung einer Form in die andere als polymorpher Übergang bezeichnet.
Die Polymorphie ist von großer Bedeutung, da der Übergang von einer Modifikation in die andere oft mit einer Volumenänderung verbunden ist, die das Erzeugnis zerstören könnte. Andererseits ist es wichtig, den Werkstoff in der polymorphen Modifikation zu bekommen, die die entsprechenden Gebrauchseigenschaften besitzt. Polymorphie zeigen SiO_2, ZrO_2, TiO_2, Al_2O_3, ZnS, FeS, As_2O_3, BN, Kohlenstoff,

$CaTiO_3$, Al_2SiO_5 u. a. Am stabilsten ist die Modifikation, die die geringste freie Energie besitzt. Diese Modifikation stellt gewöhnlich die Tieftemperaturform dar, deren Entropie kleiner als die der Hochtemperaturform ist. Die Tieftemperaturform hat in der Regel auch eine dichtere Atompackung.

Es werden zwei Arten von Phasenübergängen unterschieden, zum einen mit und zum anderen ohne Bindungslösung. Der Übergang der Hochtemperaturformen in die Tieftemperaturformen ohne Bindungslösung oder Koordinationsänderung geschieht durch einfache Verschiebung der Atome. Der polymorphe Übergang mit Bindungslösung und Strukturänderung erfordert eine große Aktivierungsenergie, verläuft sehr langsam und kann überhaupt ausgeschlossen werden, wenn die thermodynamisch instabile Form erhalten bleibt.

Der Umbau der Raumgitter im Prozeß des Übergangs kann auf verschiedene Art und Weise vonstatten gehen. Das Auftreten von Kristallisationszentren der neuen Phase und ihre Bildung im festen Zustand sind möglich. Die polymorphen Übergänge können durch Verdampfung der instabilen Phase und durch Bildung der neuen Phase mit einem geringeren Dampfdruck aus dem Kondensat beschleunigt werden. Das Vorhandensein einer flüssigen Phase beschleunigt den Umwandlungsprozeß ebenso, da sich in ihr die instabile Phase löst und es zur Bildung der stabilen Phase kommt. Bei der Herstellung von Silicasteinen wird zum Beispiel etwas Calciumoxid hinzugegeben, das eine flüssige Phase bildet und so die Lösung des Quarzes und die Bildung des Tridymits unterstützt. Die Tridymitisierung des feuerfesten Baustoffes verleiht ihm eine größere Volumenbeständigkeit, da der Übergang der Hochtemperaturform des Tridymits in die Tieftemperaturform mit einer geringeren Volumenänderung verbunden ist, als das bei der entsprechenden Umwandlung des Quarzes der Fall wäre.

Die Phasenübergänge werden auch durch mechanische Einwirkung begünstigt, was zum Beispiel bei der Herstellung von künstlichen Diamanten genutzt wird. Das Siliciumdioxid, das in der Silicattechnologie sehr stark verbreitet ist, besitzt die größte Neigung zu polymorphen Übergängen (Tabelle 5). Die Umwandlungen Quarz→Tridymit→Cristobalit sind mit Bindungslösungen verbunden und die Übergänge innerhalb der einzelnen Modifikationen (α, β, γ) ohne Bindungslösung. Von den in Tabelle 5 angegebenen Modifikationen wurden Coesit und Stishovit erst in jüngster Zeit erhalten.

Tabelle 5. Änderung des spezifischen Volumens des Siliciumdioxids bei polymorphen Übergängen

Modifikation	Spezifisches Volumen in $m^3\ kg^{-1}$	Änderung des spezifischen Volumens in % bei Einzelübergängen	Änderung des spezifischen Volumens in % im Verhältnis zu α-Quarz
Stishovit	0,2222	—	−41
Coesit	0,3322	−41	−11,79
α-Quarz	0,3766	−11,79	0
β-Quarz	0,3952	+ 4,94	+ 4,94
γ-Tridymit	0,431	+ 9,07	+14,4
β-Tridymit	0,443	+ 1,83	+17,6
α-Tridymit	0,435	+ 0,97	+15,46
α-Cristobalit	0,43	+ 1,13	+14,15
β-Cristobalit	0,448	+ 4,2	+18,9
geschmolzener Quarz	0,4525	+ 1	+20,17

Tabelle 6. Eigenschaften der SiO_2-Modifikationen

Modifikation	System	Maße der Elementarzelle in Å		Molekülzahl je Zelle	Dichte in kg m⁻³	Stabilitätsbereich in °C	Schmelztemperatur in °C	Härte nach *Mohs*
		a	*c*					
Stishovit	tetragonal	4,18	2,665	2	4350 4280[1]	1200...1400 $p = 16000$ MPa	—	—
Coesit	monoklin	7,17 ($a = c$)	$b = 12{,}98$ $\beta = 120°$	16	3010 2930[1]	500...800 $p = 3500$ MPa	wandelt sich bei 1700 in Quarz, Glas und Cristobalit um	7,5
Keatit	tetragonal	7,456	8,604	12	2500	380...585 $p = 35...126$ MPa	wandelt sich bei 1620 in Cristobalit um	—
Tiefquarz	trigonal	4,9	5,39	3	2650	<575	—	7
Hochquarz	hexagonal	4,99	5,45	3	2530	573...870	1600	7
Tieftridymit	rhombisch	9,9	16,3 b = 17,1	64	2260	<117	—	7
Mitteltridymit	hexagonal	30,08 (5,07 × 6)	49,08 (8,18 × 6)	864	2290	117...163	—	7
Hochtridymit	hexagonal	5,03	8,22	4	2200 (200 °C) 2200[1]	870...1470	1670	7
Tiefcristobalit	tetragonal	4,97	6,93	4	2320	<200	—	6,5
Hochcristobalit	kubisch	7,05	—	8	2270 bis 2350	1470...1728	1728	6...7
geschmolzener Quarz	—	—	—	—	2200	>1713	1250...1713	6

[1]) berechnet

Coesit wurde bei einer Temperatur von 750 °C und einem Druck von 3 GPa erhalten, hat eine Dichte von 3010 kg m^{-3} und ist in HF unlöslich; Stishovit bei einer Temperatur von 1200 bis 1400 °C und einem Druck von 16 bis 18 GPa, seine Dichte beträgt 4350 kg m^{-3}, die Härte liegt der von Korund sehr nahe, er ist in HF beständig, das Silicium hat die Koordinationszahl 6. Bei hohem Druck bildet sich Superpiezoglas und kondensiertes Glas mit einer Dichte von 2610 kg m^{-3}.
In Tabelle 6 sind einige Eigenschaften der Siliciumdioxidmodifikationen und die Systeme, aus welchen sie auskristallisieren, angeführt.

2.8. Defekte in Kristallen

Als Defekte des realen Kristalls werden verschiedene Störungen in seinem Gitter bezeichnet. Die Defekte werden in folgende Gruppen eingeteilt:

- nulldimensionale oder punktförmige (energetische, Elektronen- und Atomdefekte); z. B. Leerstellen, Atome auf Zwischengitterplätzen, Farbzentren u. a.,
- eindimensionale oder linienförmige; das sind Versetzungen (Stufen- und Schraubendislokationen),
- zweidimensionale oder Oberflächendefekte; das sind Korngrenzen und Zwillinge, Phasengrenzen, Packungsfehler, die Kristalloberfläche und
- dreidimensionale oder Volumendefekte; z. B. Hohlräume, Einschlüsse einer zweiten Phase u. a.

2.8.1. Punktdefekte

Zu den *energetischen Defekten* gehören die Phononen (Quanten der Wärmeschwingungen), die die Kristalle ausfüllen und in ihnen entsprechend den Bedingungen des Wärmegleichgewichts verteilt sind. Diese Defekte schließen auch die kurzzeitigen Unregelmäßigkeiten (angeregte Zustände) durch den Einfluß von Licht- und Röntgenstrahlen, γ-Strahlen, α-Teilchen und Neutronen auf den Kristall ein.
Zu den *Elektronendefekten* gehören Elektronenüberschuß, Elektronenmangel (Löcher) und Defekte in Form eines Elektrons oder Loches, die durch *Coulomb*sche Kräfte gebunden sind (Exitonen).
Atomdefekte sind unter anderem Störungen in Form von Fehlstellen, Verschiebungen, Überschuß oder Mangel an Atomen und Verunreinigungen durch Fremdatome.
Freie Gitterplätze (Defekte nach *Schottky*) kann man in Kristallen von chemischen Elementen oder stöchiometrischen Verbindungen antreffen. Die Verschiebung eines Atoms vom Gitterplatz auf einen Zwischengitterplatz (Defekt nach *Frenkel*) findet man gewöhnlich in Kristallen von Verbindungen, deren Ionen sich untereinander sehr stark in der Größe unterscheiden. Überschuß oder Mangel an Atomen, d. h. eine gestörte Stöchiometrie, ist ein Defekt, der bei Kristallen weit verbreitet ist. Er ist zum Beispiel charakteristisch für die Kristalle des Wüstits. Besonders verbreitet sind Defekte durch Verunreinigungen, die Mischkristalle bilden (durch Austausch, Einbau oder Fehlstellen).

Mischkristalle

Sehr oft werden gewöhnliche Gitterionen durch Fremdionen ausgetauscht, was zur Bildung von Mischkristallen durch Austausch führt. Um diese festen Lösungen zu bilden, ist es notwendig, daß

a) sich die Gitterparameter der Hauptkomponente und der Verunreinigungskomponente ähneln,
b) die Abmessungen der Komponenten in den Grenzen $\pm$ 15 % gleich sind,
c) eine Wertigkeitsübereinstimmung der Komponenten der Mischkristalle gegeben ist.

Es ist aber auch die Bildung von Mischkristallen durch Austausch möglich, wenn die angeführten Bedingungen nicht berücksichtigt werden. Hierbei können jedoch nur feste Lösungen mit einer begrenzten Löslichkeit der Verunreinigungskomponente gebildet werden.

Bei Ionenkristallen spielen für die Bildung von Mischkristallen durch Austausch die Größe und die Wertigkeit der Ionen die Hauptrolle. Ein Wertigkeitsunterschied zwischen Haupt- und Fremdion kann durch verschiedene Möglichkeiten kompensiert werden: durch Adsorption, Bildung von Leerstellen und durch Änderung des Elektronenhüllenaufbaus.

Die Elektroneutralität bleibt erhalten, wenn das Si^{4+}-Ion durch ein Al^{3+}-Ion ersetzt und dabei ein Na^{+}- oder K^{+}-Ion adsorbiert wird (z. B. Kaolinit). Dasselbe Resultat kann beim Austausch von drei Mg^{2+}-Ionen durch zwei Al^{3+}-Ionen erhalten werden, wobei eine Leerstelle entsteht (Mischkristall $MgAl_2O_4-Al_2O_3$). Die Bildung von freien Gitterplätzen ist auch bei den Mischkristallen $CaO-ZrO_2$, Fe_2O_3-FeO, $MgCl_2-LiCl$ u. a. zu beobachten.

Eine andere Art stellen die Mischkristalle durch Einbau (Addition) dar. Sie sind oft bei Metallen anzutreffen, bei denen sich kleine Atome (Wasserstoff, Kohlenstoff, Stickstoff) leicht auf die Zwischengitterplätze einlagern können. Der Einbau von Atomen auf die Zwischengitterplätze ist dann möglich, wenn die Größe dieser Atome im Vergleich zur Atomgröße der Hauptkomponente klein ist. Die Wahrscheinlichkeit der Bildung von Mischkristallen durch Einbau hängt von den relativen Größen der Ionen und ihrer Wertigkeit ab. Der Charakter des Hauptkristallaufbaus bestimmt die Größe der Hohlräume (tetraedrisch, oktaedrisch, oder größer, wie im Fluorit und in Zeolithen) und dementsprechend auch die Neigung zur Bildung von Mischkristallen durch Einbau. Die Elektroneutralität wird hierbei durch die Bildung von Leer-

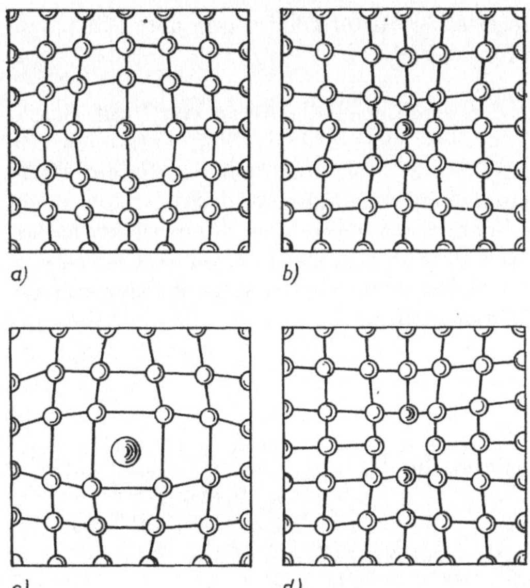

Bild 10. Störungen des Kristallgitters bei Bildung von Mischkristallen
a), b) durch Austausch (Substitution)
c) durch Einbau (Addition)
d) durch Leerstellen (Subtraktion)

stellen, von festen Lösungen durch Austausch und durch Änderung des Elektronenhüllenaufbaus erhalten. So wird zum Beispiel der Einbau von Na^+- oder K^+-Ionen auf Zwischengitterplätzen durch Austausch eines Teils der Si^{4+}-Ionen gegen Al^{3+}-Ionen neutralisiert.
In der Literatur ist ab und an der Begriff »*Subtraktionsmischkristall*« zu finden. Hierunter ist ein Kristall mit Gitterleerstellen zu verstehen, wo die Gitterplätze der Kationen und Anionen unbesetzt bleiben. Mischkristalle dieses Typs werden auch noch als nichtstöchiometrische Verbindungen bezeichnet.
Bild 10 zeigt die Gitterstörungen bei der Bildung unterschiedlicher Mischkristalle.

Nichtstöchiometrisch zusammengesetzte Kristalle

Diese Art der Fehlordnung ist sehr stark unter den Kristallen verbreitet. Die Störung des stöchiometrischen Verhältnisses der Komponenten erreicht in einigen Fällen große Werte, wie z. B. beim Wüstit FeO; seine Zusammensetzung ändert sich in den Grenzen von $Fe_{0,91}O$ bis $Fe_{0,94}O$. Um die Verringerung der Anzahl der Kationen zu kompensieren und um die Elektroneutralität zu erhalten, findet bei jeder Leerstellenbildung ein Übergang von zwei Fe^{2+} in Fe^{3+} statt, was man auch als Bildung eines Mischkristalls von Fe_2O_3—Fe Obetrachten kann.
Abweichungen von der Stöchiometrie können mit der Leerstellenbildung zum einen durch Kationen und zum anderen durch Anionen erklärt werden. Als Beispiele für die Störung der Stöchiometrie durch Kationenleerstellen kann man FeS, FeSe, γ-Al_2O_3, γ-Fe_2O_3, $Co_{1-x}O$, $Cu_{2-x}O$, $Ni_{1-x}O$ und durch Anionenleerstellen ZrO_{2-x}, TiO_{2-x} nennen. Verbindungen mit Kationen auf den Zwischengitterplätzen sind $Cr_{2+x}O_3$, $Zn_{1+x}O$, $Cd_{1+x}O$, mit Anionen VO_{2+x} (selten). Die Haupteigenschaft der nichtstöchiometrischen Verbindungen besteht in der Zusammensetzungsänderung in Abhängigkeit von der Gasatmosphäre und der Temperatur.
Daraus schlußfolgernd, kann man drei Gruppen von Punktdefekten unterscheiden:

- Defekte, die hauptsächlich nur durch die Zusammensetzung und die Verunreinigungen bestimmt sind.
- Defekte nach *Frenkel* und *Schottky*, die sich mit Erhöhung der Temperatur zahlenmäßig vergrößern.
- Defekte, die zur Bildung nichtstöchiometrischer Gitter führen und deren Zahl von der Temperatur und der Gasatmosphäre abhängt.

Außer den erläuterten Fehlordnungen gibt es noch spezielle Arten von Punktdefekten, die durch Wechselwirkung zwischen den Elementardefekten entstehen. Zu ihnen gehören in erster Linie Farbzentren (F, V, F' u. a.) und Defekte, die mit Halbleiter-, Lumineszenz- und anderen Eigenschaften verbunden sind. So bestimmt ein F-Zentrum die Absorption im sichtbaren Spektralbereich und stellt ein Elektron dar. Das V-Zentrum absorbiert im ultravioletten Bereich und ist ein Loch, das durch eine Kationenleerstelle fixiert wurde, und das F'-Zentrum wird durch ein Elektron gebildet, das von einem F-Zentrum eingefangen wurde.

2.8.2. Versetzungen

Versetzungen sind Liniendefekte der Kristalle, die durch das Kristallwachstum oder durch plastische Deformation entstehen. Es werden Stufen- und Schraubenversetzungen unterschieden. Sie stören die normale Aufeinanderfolge der Atomflächen. Bei einer Stufenversetzung hört eine Fläche mitten im Kristall auf. Der Kristall mit einer Schraubenversetzung besitzt eine schraubenförmig gebogene Atomfläche. Kristallversetzungen können während des Wachstums entstehen, wenn die aufeinanderzuwachsenden Blöcke oder Kristallite um einen Winkel zueinander gedreht sind. Beim Zusammenwachsen dieser Blöcke entstehen *»überflüssige«* Atomflächen, die die Mosaikstruktur der realen Kristalle bestimmen (Bild 11).

Die Zahl der Versetzungen in kristallinen Körpern ist sehr groß. So beträgt die Anzahl der Versetzungslinien, die eine 1 mm^2 große Fläche in einem langsam abgekühlten Einkristall durchqueren, 10^2 bis 10^4 und bei einem abgeschreckten 10^2 bis 10^{10}.

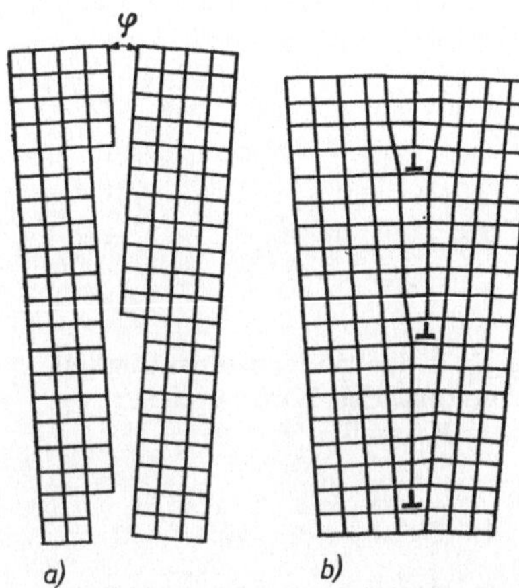

Bild 11. Bildung von Versetzungen an den Grenzen von Blöcken

a) zwei aufeinanderzuwachsende Blöcke (φ Winkel zwischen den Blöcken)
b) durch Verwachsen der Blöcke entstehende Versetzung

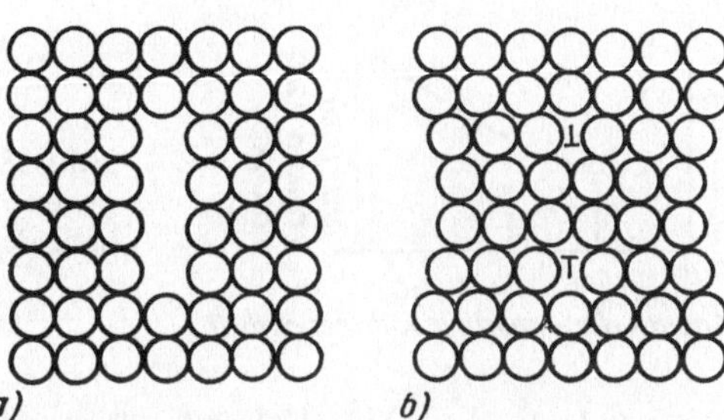

Bild 12. Bildung von Versetzungen durch Leerstellenansammlung

a) Ansammlung der Leerstellen im Kristall
b) aus dieser Ansammlung entstehende positive und negative Versetzung

Die Ursache für Versetzungen im Kristall können auch Leerstellenansammlungen sein (Bild 12). Versetzungen verringern die Festigkeit der Kristalle stark. Die Kristalle werden ohnehin schon durch Spannungen gestört, die um einige Größenordnungen kleiner als die errechneten theoretischen Festigkeiten sind. Versetzungen beeinflussen die elektrischen, optischen, magnetischen und andere Eigenschaften. Sie erhöhen den elektrischen Widerstand und verringern Dichte und Elastizität.

Während der plastischen Deformation verschieben sich nicht alle Atome einer Netzebene gleichzeitig, sondern die Bindungen mit den Atomen, die zu beiden Seiten der Scherfläche liegen, werden nacheinander bewegt. Dieses Umkoppeln der Bindungen stellt die eigentliche Bewegung der Versetzungen von einer Atomgruppe zur anderen dar.

Die geringe Scherfestigkeit von Kristallen ist auf bereits vorhandene Versetzungen und auch auf das Entstehen neuer Versetzungen während des Deformationsprozesses zurückzuführen. Aber es ist auch bekannt, daß die plastische Deformation und das Wachstum von Defekten die Struktur der Kristalle verfestigen können. Das geschieht durch die Wechselwirkung von Versetzungen untereinander oder mit anderen Gitterdefekten, was zu einer Verzerrung des Gitters führt. Dadurch wird die Fortpflanzung der Versetzung erschwert, und außerdem sind zusätzliche Kräfte für die Scherung erforderlich. Fremdatome, Block- und Korngrenzen sowie Einschlüsse im Gitter erschweren die Bewegung der Versetzungen und erhöhen somit die Widerstandskraft gegenüber einer Scherung.

Die praktische Anwendung bei der Metallverfestigung besteht in der Kaltverformung (Kalthärten), der Zugabe von Zuschlagstoffen (Legierung) und der Schaffung von definierten Einschlüssen (Glühen u. a.). Daraus schlußfolgernd, kann man feststellen, daß zur Erhöhung der Festigkeit entweder die Zahl der Defekte stark zu erhöhen ist (Kalthärten u. a.), oder sie sind überhaupt zu beseitigen (fadenförmige Kristalle). Dieser Sachverhalt wird sehr gut durch Bild 13 illustriert.

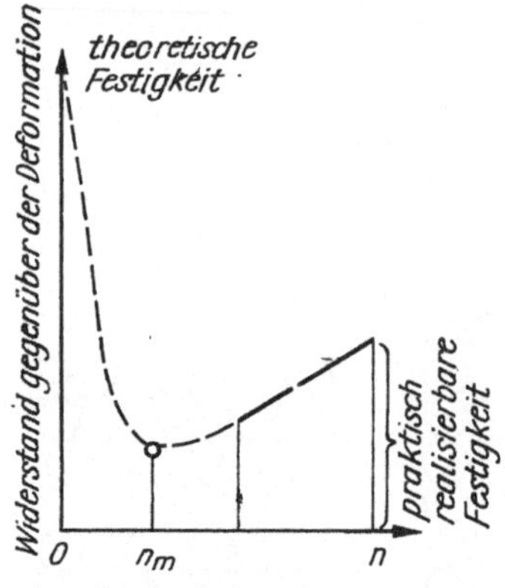

Bild 13. Abhängigkeit der Widerstandsfähigkeit gegenüber einer zerstörenden Kraft von der Anzahl der Defekte im Kristall

Es ist jedoch zu beachten, daß die Festigkeit durch die Wechselwirkung von Liniendefekten des Gitters auch verringert werden kann. Die plastische Verformung kann zu einer lokalen Ansammlung von Versetzungen führen. Durch die Wechselwirkung innerhalb dieser Ansammlung können lokale Spannungskonzentrationen entstehen, die zum Zusammenfließen von benachbarten Versetzungen führen und damit einen Keim für einen Mikroriß bilden. Derartige Keime bilden bei zusätzlicher Verformung weitere Ansammlungen von Versetzungen und wandeln sich in einen Mikroriß um, der zur Zerstörung führt.

Die Wechselwirkung von Versetzungen kann die Bildung von neuen Defekten hervorrufen. Die Überschneidung von Versetzungen schafft Punktdefekte: Vorsprünge, Leerstellen, versetzte Atome. Versetzungen können auch Fremdatome adsorbieren, Elektronen streuen u. a.

2.9. Oberflächeneffekte

Effekte auf den Oberflächen und auf den Grenzflächen spielen eine große Rolle bei der Kristallisation, beim Sinterprozeß, bei der Benetzung u. a. Sie haben außerdem großen Einfluß auf viele physikalisch-chemische Eigenschaften kristalliner Stoffe, hängen vom Charakter der Bindung zwischen den Kristallbestandteilen und letzten Endes von der Festigkeit des Gitters ab.

Festigkeit des Gitters

Die Stabilität des Kristalls hängt von der Kraft der Wechselwirkungen zwischen den Gitterbausteinen ab. Die Festigkeit des Ionenkristalls wird durch die elektrostatische Anziehung der Ionen mit entgegengesetzter Ladung bestimmt. Zwischen den Ionen wirken auch Abstoßungskräfte. Aus diesem Grunde resultiert die Gesamtenergie des Kristallgitters aus der Summe von Anziehungs- und Abstoßungskräften.

Die Änderung der Anziehungs- und Abstoßungskräfte in Abhängigkeit vom Ab-

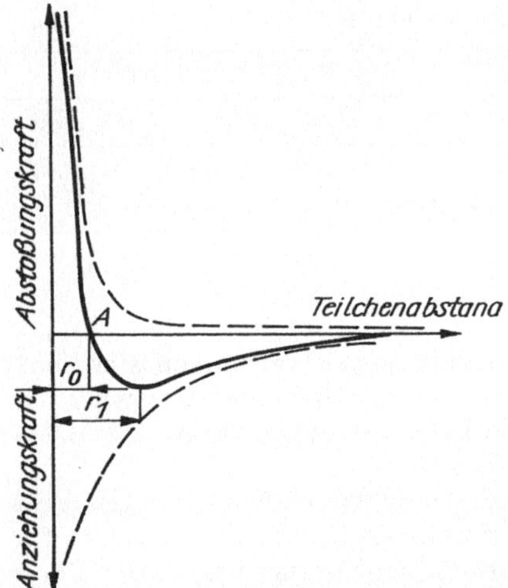

Bild 14. Abhängigkeit der in einem Kristall wirkenden Anziehungs- und Abstoßungskräfte vom Teilchenabstand

stand zwischen den Ionen ist in Bild 14 dargestellt. Wenn der Abstand zwischen den Ionen r_0 beträgt (Punkt A), dann ist die resultierende Kraft gleich Null und das System stabil. Beim Abstand r_1 sind die Anziehungskräfte größer als die Abstoßungskräfte. Mit weiterer Vergrößerung des Abstandes verringern sich die Anziehungskräfte zwischen den Ionen weiter, bis sie Null betragen. Der Abstand r_0 ist optimal, da hierbei die potentielle Energie der Ionen am geringsten ist und das ganze System die maximale Stabilität besitzt.

Als Gitterenergie wird die Arbeit bezeichnet, die notwendig ist, um das Gitter zu zerstören, d. h., die Gitterbausteine auf unendlich große Entfernungen voneinander zu bringen. Die Arbeit für ein Mol (kJ mol^{-1}) des Ionengitters kann nach folgender Formel annähernd berechnet werden (nach *Kapustinsky*):

$$A = 1\,071{,}82\, z_1 z_2 \sum n / (r_1 + r_2)$$

Σw Anzahl der Ionen im Molekül
z_1, z_2 Wertigkeit der Ionen
r_1, r_2 Radien (in Å) bei KZ 6.

Eine spätere Formel, die 1955 von *Kapustinsky* und *Jazimiersky* aufgestellt wurde, berücksichtigt den quantenmechanischen Charakter der Abstoßungskräfte:

$$A = [1\,202{,}45\, z_1 z_2 \sum n / (r_1 + r_2)]\, \{1 - [0{,}345 - 0{,}00435\, (r_1 + r_2)^2] / (r_1 + r_2)\}.$$

Am stabilsten sind dichte Gitter aus Ionen mit hoher Koordination, mit einem großen Potential (dem Verhältnis der Ladung zum Radius) und einer stabilen Elektronenhülle.

Die mechanische Festigkeit der Kristalle ist fast immer direkt mit der Gitterenergie verbunden, was durch die Werte der Härte einiger kristalliner Materialien untermauert wird (Tabelle 7). Für gleichartige Ionen und Gitter ist die Härte umgekehrt proportional zum Kationenradius. Die gleiche Gesetzmäßigkeit kann man für die Schmelztemperatur beobachten – mit Vergrößerung des Radius verringert sich die Schmelztemperatur der Verbindung. Wenn gleichartige Gitter aus fast gleichgroßen Ionen bestehen, nimmt ihre Härte mit Erhöhung der Wertigkeit der Ionen zu. Die Energie des Gitters steigt, wenn in ihm Ionen gegen gleichgroße Ionen, aber mit einer größeren Wertigkeit, oder Ionen gleicher Wertigkeit, aber mit kleineren Abmessungen, ausgetauscht werden.

Tabelle 7. Härte von kristallinen Verbindungen und Radien ihrer Kationen

Parameter	Verbindung							
	BeS	MgS	CaS	SrS	BaS	ZnS	CdS	HgS
Kationenradius, Å	0,34	0,74	1,04	1,2	1,38	0,83	0,99	1,12
Härte nach *Mohs*	7,5	4,5...5	4	3,3	3	4	3,2	3
Gittertyp	←	NaCl			→	←	ZnS	→

Oberflächen und Grenzflächen

Effekte, die mit den Besonderheiten der Oberflächengrenzen verbunden sind, entstehen durch oberflächenbildende Moleküle (Atome, Ionen), die einen Überschuß an freier Energie besitzen, außerdem durch die Oberflächenstruktur (Teilchenorientierung) und durch die Zusammensetzung der Oberfläche.

Der Überschuß an Energie bildet sich durch das unsymmetrische Kraftfeld, das jedes Teilchen an der Oberfläche einer Flüssigkeit oder eines Festkörpers besitzt. Die Kräfte, die auf die Teilchen einer Oberfläche wirken, sind in das Innere der Phase gerichtet und werden durch Komprimierung der Oberflächenschicht kompensiert, d. h. durch die Elastizitätskräfte. Aus diesem Grunde befindet sich die Oberflächenschicht im elastisch gespannten Zustand, und ihre Teilchen besitzen eine größere potentielle Energie als die Teilchen der inneren Schichten. Diesen Effekt kann man als Energieanreicherung in der Oberflächenschicht bezeichnen.

Als *Oberflächenenergie* wird die Arbeit bezeichnet, die notwendig ist, um 1 m² Oberflächenschicht zu bilden. Sie wird in J m^{-2} ausgedrückt.

Die Gesamtenergie des Kristalls setzt sich aus seiner inneren Energie und aus der Oberflächenenergie zusammen. Zwei Kristalle des gleichen Stoffes mit gleichem Volumen, aber unterschiedlichen Oberflächen, besitzen deshalb unterschiedliche Gesamtenergien; beim Kristall mit der größeren Oberfläche ist auch die Gesamtenergie größer.

Der Wert der Oberflächenenergie ist der Gitterfestigkeit direkt proportional und hängt von den Eigenschaften des Materials ab, das das Gitter umgibt. So verringert sich z. B. die Oberflächenenergie eines Kristalls an der Grenzfläche zu einer Flüssigkeit, die ihn benetzt, um den Wert, der gleich der Kraft der Wechselwirkung zwischen den Oberflächenteilchen und der Flüssigkeit ist. Kristalloberflächen besitzen in Abhängigkeit von der kristallografischen Orientierung unterschiedliche Oberflächenenergien. Die Flächen mit der dichtesten Packung zeigen die geringste Oberflächenenergie.

Verunreinigungen haben einen spezifischen Einfluß auf den Wert der Oberflächenenergie. Wenn die Verunreinigung eine geringere Oberflächenenergie besitzt, dann ist sie bestrebt, sich auf der Oberfläche der Hauptkomponente zu verteilen und so die Oberflächenenergie zu verringern. Ist ihre Oberflächenenergie größer, dann ist sie bestrebt, sich in den inneren Schichten der Hauptkomponente zu konzentrieren, damit die Anzahl der Fremdteilchen auf der Oberfläche klein und somit ihr Einfluß auf die Oberflächenenergie der Mischung gering bleibt.

Zusätze, die auf der Oberfläche der Mischung einen Konzentrationsüberschuß ihrer Teilchen erzeugen können, nennt man *oberflächenaktive Stoffe*. Zu ihnen gehören viele organische Verbindungen, deren wäßrige Lösungen kolloidalen Charakter tragen oder deren Moleküle außer den polaren (funktionalen), hydrophilen Gruppen noch Kohlenwasserstoffradikale (Fettsäurensalze, Carbonsäuren, Alkohole der Fettreihe, Amine u. a.) besitzen. Der Wert der Oberflächenenergie verschiedener Materialien schwankt in großen Grenzen (Tabelle 8).

Großen Einfluß auf die Eigenschaften polykristalliner Materialien haben Effekte

Tabelle 8. Oberflächenenergie verschiedener Stoffe im Vakuum oder in einer Inertatmosphäre

Material	Temperatur in °C	Oberflächenenergie in J m^{-2}	Material	Temperatur in °C	Oberflächenenergie in J m^{-2}
Flüssigkeiten und Schmelzen			*Festkörper*		
Wasser	25	0,072	Kupfer	1100	1,43
Blei	350	0,442	Silber	750	1,14
Kupfer	1120	1,27	Al_2O_3	1850	0,905
Silber	1000	0,92	MgO	25	1
Platin	1770	1,865	TiC	1100	1,19
NaCl	801	0,114	gewöhnliches Glas	650	0,3
Na_2SO_4	884	0,196			
Na_2SiO_3	1000	0,25			
B_2O_3	900	0,08			
FeO	1420	0,585			
Al_2O_3	2080	0,7			

an den Korngrenzen von Kristallen. In den Zwischenkristallschichten kommt es gewöhnlich zur Ausscheidung von Verunreinigungen. Dafür gibt es zwei Ursachen:

1. Fremdatome dringen leichter in die verzerrten Abschnitte der Grenzflächen als in das Kristallinnere ein, da hier keine Energie zur elastischen Deformation des Gitters benötigt wird.
2. In der Grenzschicht können Verunreinigungen chemische Verbindungen bilden, was energetisch günstiger ist als die Bildung von Mischkristallen.

Ein Großteil der Verunreinigungen führt unter entsprechenden Bedingungen in der Zwischenkristallschicht zur Bildung einer neuen Phase, die auch amorph sein kann.
An der Grenzfläche von Körnern mit unterschiedlichen Wärmeausdehnungskoeffizienten entstehen Spannungen, die einen großen Einfluß auf die mechanischen Eigenschaften des polykristallinen Stoffes haben und die in einigen Fällen sogar zu seiner Zerstörung führen können. Solche Spannungen entstehen auch in Einphasensystemen mit anisotropem Ausdehnungscharakter, wie z. B. in Graphit, Al_2O_3, TiO_2, Al_2TiO_5 und Quarz.
Die Zwischenkristallschicht kann unterschiedlich in der Zusammensetzung und auch in den Ausmaßen sein. Das hängt vom Charakter und der Menge der Verunreinigungen, von den Sinter- oder Kristallisationsbedingungen und anderem ab. In grobkörnigen Systemen ist diese Zwischenschicht meist weniger dicht und dick. In feinkörnigen ist es umgekehrt. Demzufolge kann man eine Zerstörung entlang den Korngrenzen öfter in grobkörnigen Systemen beobachten. Eine dünnere und dichtere Schicht zeichnet sich anscheinend durch verbesserte mechanische Eigenschaften aus.
Der Aufbau der Oberflächen und Phasengrenzen hängt von den Bildungsbedingungen und dem darauffolgenden Einfluß des sie umgebenden Stoffes sowie der Behandlung ab. Das Bestreben, ein Minimum an Gesamtenergie zu besitzen, führt auch dazu, die Oberflächenenergie zu minimieren. Aus diesem Grunde konzentrieren sich, wie schon angeführt, Zusätze an der Oberfläche, die die Oberflächenenergie verringern. Entsprechend orientieren sich auch Dipolstoffe an der Oberfläche.
Eine frische Bruchfläche ist chemisch aktiver als eine ältere oder erwärmte Fläche, die sich dabei umgewandelt hat. So kann z. B. eine frische Siliciumdioxidoberfläche einige Stoffe oxydieren, was sich eindeutig damit erklären läßt, daß die Bindungen

Si—O aufgerissen wurden und auf der Bruchfläche Si^{4+}- und O^{2-}-Ionen mit ungesättigten Valenzbindungen entstehen. Diese Bindungen werden durch Adsorption abgesättigt, was zu einer Verringerung der Oberflächenenergie führt. Die Oberflächenenergie kann auch durch Migration von Atomen an die Oberfläche, die durch eine starke Polarisierbarkeit der Ionen erleichtert wird, verkleinert werden. Infolgedessen ist die Oberfläche eines Stoffes bestrebt, die Konzentration an diesen Ionen zu erhöhen, da ihre Elektronenschalen durch geringere Energieaufwendungen deformiert werden können.

Eine große Polarisierbarkeit besitzen die Anionen, die sich dann auch in der Oberflächenschicht konzentrieren. Für das Kieselglas ist dieses Anion das O^{2-}. Einen stark ausgeprägten Effekt der Verringerung der Oberflächenenergie kann man bei Zugabe von Sauerstoff oder Schwefel in die Eisenschmelze beobachten, was bis zur Bildung einer monomolekularen Schicht auf der Schmelzoberfläche führen kann. Ionen mit kleinem Durchmesser, z. B. des Kohlenstoffes, können diesen Effekt nicht aufweisen (Bild 15). Der Einfluß von Siliciumdioxid auf die Oberflächenenergie einiger Oxidschmelzen ist im Bild 16 dargestellt.

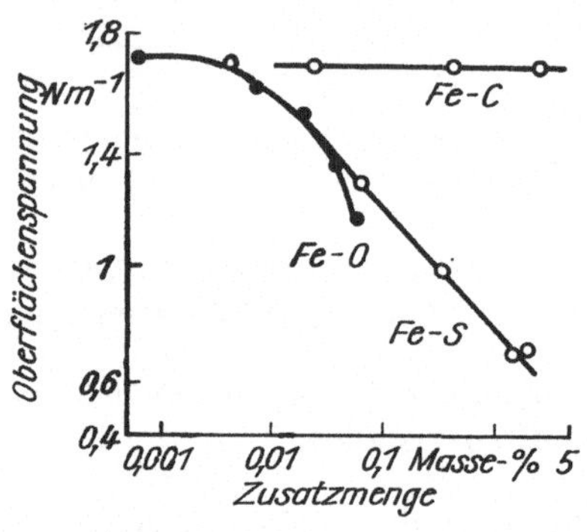

Bild 15. Einfluß verschiedener Zusätze auf die Oberflächenspannung flüssigen Eisens

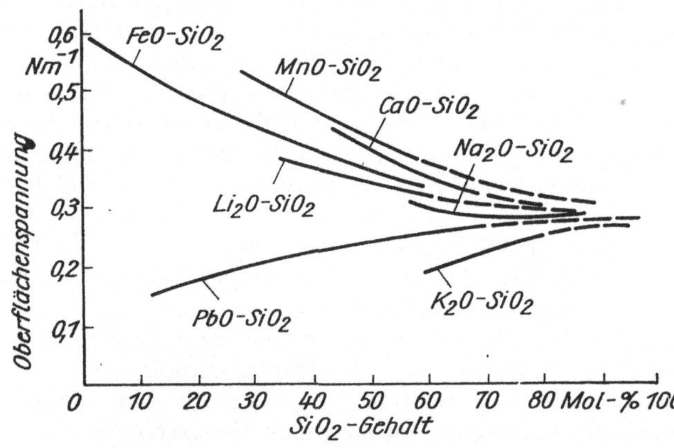

Bild 16. Oberflächenspannung einiger Silicatsysteme

Die Benetzung der Phasen besitzt in der Silicattechnologie eine große praktische Bedeutung, da von einer guten Benetzungsfähigkeit die Qualität des Glasierens, Emaillierens, Sinterns u. a. abhängt. Diese Erscheinung, die beim Kontakt eines Festkörpers mit einer Flüssigkeit entsteht, wird quantitativ durch den Benetzungswinkel Θ charakterisiert. Seine Größe hängt von der Oberflächenenergie (der Oberflächenspannung σ) der drei aufeinandertreffenden Phasenflächen ab: Festkörper – Flüssigkeit, Festkörper – Gasphase, Flüssigkeit – Gasphase:

$$\cos \Theta = (\sigma_{f,g} - \sigma_{f,fl})/\sigma_{fl,g}.$$

Der Wert des Benetzungswinkels liegt für eine liophile Oberfläche zwischen 0°und 90° und für eine liophobe zwischen 90 und 180°.
Der Benetzungsprozeß ist in der Praxis viel komplizierter, da sich oft die Phasenzusammensetzung während der Benetzung ändert und damit auch der Benetzungswinkel über der Zeit. Aus diesem Grunde wird der Benetzungswinkel experimentell bei unterschiedlichen Haltezeiten und Temperaturen bestimmt.
Im allgemeinen ist eine minimale Energie der Grenzfläche Festkörper – Flüssigkeit anzustreben. Hierbei ist zu beachten, daß die Energie an der Grenzfläche von chemisch ähnlichen Phasen klein ist im Vergleich zur Summe der Oberflächenenergien. Der Vergleich der Werte der Grenzflächenenergien unterstreicht diese Aussage (Tabelle 9). Wenn zwischen den Phasen eine chemische Bindung entsteht, nimmt die Grenzflächenenergie auch stark ab.

Tabelle 9. Grenzflächenenergie

System	Temperatur in °C	Grenzflächenenergie in J m^{-2}
Al_2O_3(f) – Pb(fl)	400	1,54
Al_2O_3(f) – Ag(fl)	1000	1,77
Al_2O_3(f) – Fe(fl)	1570	2,3
SiO_2(f) – Na_2SiO_3(fl)	1000	0,025
Ag(f) – Na_2SiO_3(fl)	900	1,04
Cu(f) – Cu_2S(fl)	1131	0,09

Eine breite praktische Anwendung findet die Verringerung der Oberflächenenergie mit Hilfe von oberflächenaktiven Zusätzen. Sie werden an der Grenzfläche adsorbiert und verbessern so die Benetzung. In Bild 17 ist die Veränderung der Grenzflächenenergie nach Zusatz unterschiedlicher Stoffe dargestellt.

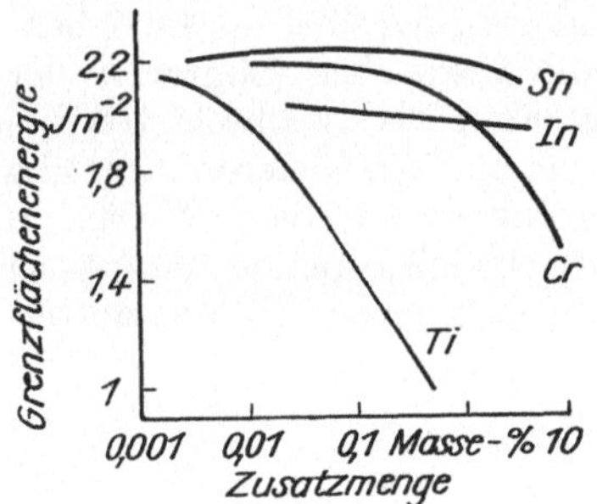

Bild 17. Einfluß von Titan-, Indium-, Zinn- und Chromzusätzen auf die Grenzflächenenergie von Ni – Al_2O_3 bei 1475 °C

Zufriedenstellend ist die Benetzung bei Verwendung chemisch verwandter Stoffe, z. B. Benetzung einer Oxidkeramik mit Oxidglasur oder Benetzung von Metallen mit Metallschmelzen. Metallschmelzen besitzen eine größere Oberflächenenergie als Oxide, und die Grenzflächenenergie bei solchen Paarungen ist gewöhnlich größer. Es gibt hierbei weder eine Benetzung noch ein Breitfließen, wenn nicht oberflächenaktive Stoffe zugesetzt werden. So wird z. B. in ein Metallot zum Löten von Oxiden Titan oder Zirkon zugegeben, die die Grenzflächenenergie (Metall/Oxid) durch chemische Wechselwirkung mit den Oxiden verringern. Analoge Resultate werden mit Hilfe von Molybdän-Mangan-Zusammensetzungen erreicht.

2.10. Diffusion

Die Diffusion ist die selbständige Bewegung von Stoffteilchen, in deren Resultat sich eine gleichmäßige Konzentrationsverteilung dieser Teilchen in einem Gasvolumen, einer Flüssigkeit oder einem kristallinen Körper einstellt. Ursache der Diffusion ist entweder die Wärmebewegung der Teilchen, die durch einen Temperaturgradienten hervorgerufen wird (Selbstdiffusion), oder der gerichtete Stofftransport, der durch einen Konzentrationsgradienten oder genauer durch einen Gradienten des chemischen Potentials (Heterodiffusion in Mehrkomponentensystemen) bedingt ist.

Die Diffusion in Festkörpern hat eine wesentliche Bedeutung bei solchen Prozessen, wie Glasschmelze, Sintern, Kristallisation, Rekristallisation, polymorphe Übergänge, Korrosion von Feuerfeststoffen, Auftragen von Schutzschichten, Oberflächenbearbeitung von Metallen (Carbonieren, Zementieren, Nitrieren, Phosphatieren, Alitieren, Verchromen usw.) u. a.

Die Bewegung der Teilchen in Festkörpern ermöglicht eine Strukturänderung und eine Änderung der Phasenzusammensetzung. Es existieren einige atomare Diffusionsmechanismen. In Binärsystemen sind

- der direkte Platzwechsel von Atomen,
- der Übergang eines Atoms von einem normalen Gitterplatz auf eine Leerstelle und
- die Bewegung der Atome über die Zwischengitterplätze entweder nach dem Staffettenprinzip (das Atom wandert aus dem Zwischengitterplatz auf einen Gitterplatz und verdrängt den »*Besitzer*« desselben auf den Zwischengitterplatz) oder als einfache Bewegung über die Zwischengitterplätze

möglich.

Nach *Frenkel* ist weiterhin die Wanderung eines Atoms auf einen Gitterzwischenplatz durch die Bildung eines Gitterdefektes möglich. Der Mechanismus mit der energetisch größten Wahrscheinlichkeit ist die Teilchenbewegung über die Zwischengitterplätze (Migration der Versetzungen) und über die Leerstellen (Migration der Löcher). Die geringe Wahrscheinlichkeit des unmittelbaren Platzwechsels von benachbarten Atomen entsteht aus der Notwendigkeit einer starken Gitterdeformation am Ort des Platzwechsels und eines lokalen Energiesprunges an dieser Stelle. In Bild 18 wird dargestellt, daß die Migration über die Zwischengitterplätze energetisch günstiger ist als die Migration von einem Gitterplatz auf einen Zwischengitterplatz.

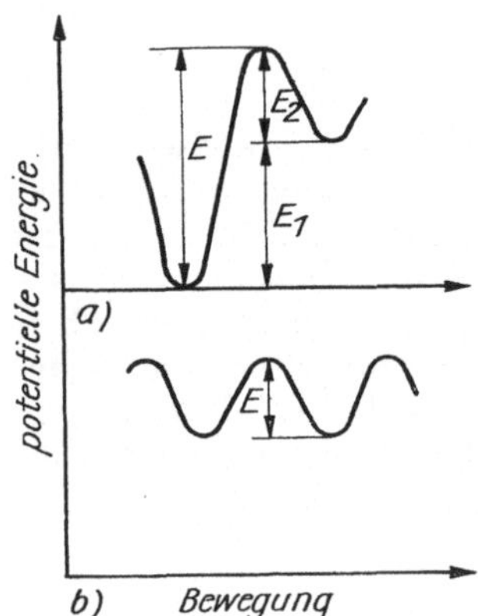

Bild 18. Änderung der potentiellen Energie bei der Bewegung eines Atoms

a) vom Gitterplatz auf einen Zwischengitterplatz
b) vom Zwischengitterplatz auf den benachbarten Zwischengitterplatz

Neben der Volumendiffusion ist noch die Diffusion entlang den Rändern und an der Oberfläche von Kristallen möglich. Die Oberflächen- und Korngrenzendiffusion erlangt besonders in Metallen bei niedrigen Temperaturen Bedeutung, wenn die Volumendiffusion praktisch unmöglich ist. Für diese Diffusionsarten ist eine kleine Aktivierungsenergie charakteristisch. So beträgt die Aktivierungsenergie des Thoriums im Wolfram für die Volumendiffusion 486, entlang der Korngrenze 360 und auf der Oberfläche 261 kJ mol^{-1}.
In einem einphasigen System verläuft die Diffusion bei konstantem Druck und konstanter Temperatur in Richtung Verkleinerung des Konzentrationsgradienten. Bei Berührung zweier unterschiedlicher Körper beginnen sich nach und nach ihre Teilchen solange zu vermischen, bis ein Gleichgewichtszustand erreicht ist, der einer vollständigen und gleichmäßigen Verteilung der Teilchen eines Körpers im anderen entspricht. Dabei ist die größere Diffusionsgeschwindigkeit auf den Körper gerichtet, der die größeren Atomabstände besitzt (Tabelle 10).

Tabelle 10. Einfluß der Atomradien auf die Diffusion

System	Radius in Å		Diffusionsrichtung
Cu—Pt	Cu-2,54	Pt-2,78	Kupfer → Platin
Fe—Ag	Fe-2,54	Ag-2,88	Eisen → Silber
Au—Pb	Au-2,88	Pb-3,48	Gold → Blei
Fe—C	C-1,5	Fe-2,54	Kohlenstoff → Eisen

Die Diffusionsgeschwindigkeit hängt von der Temperatur, dem Aggregatzustand, der Natur der diffundierenden Teilchen, dem Druck u. a. ab. So wie sich die Viskosität und die Dichte erhöhen, verlangsamt sich die Diffusionsgeschwindigkeit, z. B. in der Reihe Gas > Flüssigkeit > Kristall. Mit Vergrößerung der Temperatur steigt die Diffusionsgeschwindigkeit, aber in der genannten Reihe stellt sich die umgekehrte Reihenfolge des Geschwindigkeitszuwachses ein: Kristall > Flüssigkeit > Gas.
Das Hauptgesetz, das von *Fick* (1855) aufgestellt wurde, definiert den Wert des Stofftransportes während des Diffusionsprozesses (1. *Fick*sches Diffusionsgesetz):

$$\mathrm{d}m = -D(\mathrm{d}c/\mathrm{d}x)A\,\mathrm{d}t$$

$\mathrm{d}m$ Menge des transportierten Stoffes (in mol)
A Diffusionsquerschnitt (in m^2)
$\mathrm{d}t$ Zeit (in s)
D Diffusionskoeffizient (in $m^2\,s^{-1}$)
$\mathrm{d}c/\mathrm{d}x$ Konzentrationsgradient in Diffusionsrichtung (in mol m^{-2}).

Das Minuszeichen vor D weist darauf hin, daß der Stofftransport in Richtung Konzentrationsabnahme verläuft. Der Diffusionskoeffizient D bestimmt die Stoffmenge, die in einer Zeiteinheit durch eine Flächeneinheit bei einem Konzentrationsgradienten von Eins diffundiert.
Eitel wies darauf hin, daß das *Fick*sche Gesetz nur Näherungswerte liefert. Die Ergebnisse der Berechnungen sind nur dann genau, wenn die Konzentration eines in einer Silicatschmelze gelösten Stoffes gering ist. Bei hohen Konzentrationen des gelösten Stoffes bleibt der Diffusionskoeffizient nicht konstant, und sein Wert stimmt nicht mehr mit der *Fick*schen Theorie überein.
Das zweite *Fick*sche Diffusionsgesetz leitet sich aus dem ersten unter der Annahme ab, daß es konzentrationsunabhängig ist, und drückt die Konzentrationsänderung des diffundierenden Stoffes in Abhängigkeit von der Zeit und der Konzentrations-

änderung im Raum aus:

$$dc/dt = D\,d^2c/dx^2.$$

Diese Gleichung hat nur unter bekannten Randbedingungen eine eindeutige Lösung.

Der Diffusionskoeffizient bestimmt die Diffusionsgeschwindigkeit und hängt von einer Reihe von Faktoren ab, wobei die wichtigsten die Temperatur des Prozesses, die Konzentration des diffundierenden Stoffes im Diffusionsmedium, die Größe und Besonderheiten der Atome des gelösten Stoffes und des Lösungsmittels sind.

Die Arbeit zur Gitterauflockerung während des Diffusionsprozesses verringert sich, wenn die Atome des gelösten Stoffes und des Lösungsmittels verschiedenartig sind. In Ionengittern wird die Energie, die zur Bewegung des Ions nötig ist, durch Polarisation wesentlich kleiner; je mehr das Kation polarisiert ist, desto freier diffundiert es im Gitter.

Die Wanderung von Atomen im Gitter eines Festkörpers ist mit der Überwindung von Energiebarrieren beim Übergang von einem Platz zum anderen verbunden (s.Bild 18). Um diese Barriere zu überwinden, muß das Atom die entsprechende kinetische Energie, die die Bezeichnung Aktivierungsenergie des Prozesses trägt, besitzen.

Die Zahl der Atome, die genügend Energie zur Überwindung der Barriere bei Platzwechselvorgängen besitzen, steigt mit wachsender Temperatur exponentiell. Die Abhängigkeit des Diffusionskoeffizienten von der Temperatur wird durch folgende Gleichung ausgedrückt:

$$D = D_0\,e^{-Q/(RT)}$$

D_0 Diffusionskoeffizient bei $T = \infty$ (Diffusionswiderstand = Null)
Q Aktivierungswärme für die Diffusion oder Energie der »*Gitterauflockerung*«.

D_0 besitzt eine komplizierte Abhängigkeit vom Charakter der Atombindungskräfte im Gitter; diese Abhängigkeit ist noch unzureichend geklärt. Deshalb wird die Aktivierungswärme Q experimentell als Tangens des Neigungswinkels der Geraden in den Koordinaten $\ln D - 1/T$ bestimmt.

Die Temperaturabhängigkeit des Diffusionskoeffizienten ist mit der Konzentration der Defekte im Gitter und der Aktivierungsenergie der Diffusion verbunden. Experimentell wurde festgestellt, daß das Natriumchlorid auf der Kurve der Abhängigkeit des Diffusionskoeffizienten von der Temperatur gewöhnlich zwei Abschnitte besitzt, einen Hoch- und einen Tieftemperaturbereich. Im Hochtemperaturbereich oder dem Bereich der Selbstdiffusion erhält man fast gleiche Werte für unterschiedliche Proben, unabhängig von der vorhergehenden Behandlung. Im Tieftemperaturbereich oder dem Bereich der Fremddiffusion hängt der Wert des Diffusionskoeffizienten von den Verunreinigungen in der Probe und der vorhergehenden Probenbehandlung ab.

Bei Kristallen des Natriumchloridtyps kann der Diffusionskoeffizient mit Hilfe der Methode der markierten Atome bestimmt werden. Da die elektrische Leitfähigkeit der absoluten Ionenbeweglichkeit proportional ist, können die experimentellen Werte der Diffusionskoeffizienten mit den errechneten Werten der elektrischen Leitfähigkeit des untersuchten Kristalls verglichen werden. Für das Natriumchlorid zeigte der Vergleich eine genaue Übereinstimmung der experimentellen und der errechneten Werte im Hochtemperaturbereich. Solch eine Übereinstimmung wurde beim Vergleich der angeführten Werte im Tieftemperaturbereich ($<550\,°C$ bei NaCl) nicht erreicht. Die Nichtübereinstimmung ist damit verbunden, daß bei tiefen Temperaturen die Leerstellenkonzentration und die Konzentration anderer Defekte hauptsächlich von Verunreinigungen und nicht von der Temperatur abhängen. In diesem Temperaturbereich nehmen die Leerstellen an der Diffusion teil. Sie besitzen aber keinen Anteil an der elektrischen Leitfähigkeit, da sich ein Teil der Fremdionen wahrscheinlich mit den Leerstellen assoziiert und migrierende elektrisch neutrale Systeme bildet.

Der Zusammenhang zwischen dem Diffusionskoeffizienten des einen oder anderen Ions mit der elektrischen Leitfähigkeit des Kristalls und der Ionenüberführungszahl wird durch folgende Gleichung wiedergegeben:

$$D_i = \sigma\, t_i\, k\; T/(n_i\, z_i^2\, e^2)$$

σ elektrische Leitfähigkeit
t_i Überführungszahl oder relativer Anteil des durch die Ionen übertragenen Gesamtstromes
k *Boltzmann*konstante
T Temperatur
n_i Zahl der Ionen in 1 m³ des Kristalls
z_i Ionenwertigkeit
e Elektronenladung.

Die Anwendung dieser Gleichung für Oxide ist noch nicht untersucht, da es keine systematischen Untersuchungen zur Abhängigkeit der elektrischen Leitfähigkeit der Oxide von Verunreinigungen gibt und auch die besten Oxide (Dielektrika) eine geringe eigene Leitfähigkeit besitzen, d. h., sie sind »*Halbleiter*«.

Oxide besitzen eine größere Abhängigkeit der Kationendiffusionsgeschwindigkeit von der Temperatur. Die Bildungsenergie von Defekten und die Diffusionsaktivierungsenergie ist bei den Oxiden größer als bei den Halogeniden. Die Aktivierungsenergie der Fremddiffusion beträgt für Oxide annähernd $2{,}40 \cdot 10^{-19}$ J und für das Natriumchlorid (für Na^+) $1{,}23 \cdot 10^{-19}$ J. Für die Selbstdiffusion (Hochtemperaturbereich) liegt sie für unterschiedliche Oxide in den Grenzen von 4,8 bis $9{,}6 \cdot 10^{-19}$ J, und für das NaCl beträgt sie $2{,}9 \cdot 10^{-19}$ J.

Hieraus ist ersichtlich, daß die Diffusion in Oxiden und die mit ihr verbundenen Prozesse durch Temperaturerhöhung stark beschleunigt werden. In kovalenten Kristallen ist diese Abhängigkeit noch stärker ausgeprägt. So beträgt z. B. die Aktivierungsenergie der Diffusion beim Graphit etwa $11{,}2 \cdot 10^{-19}$ J.

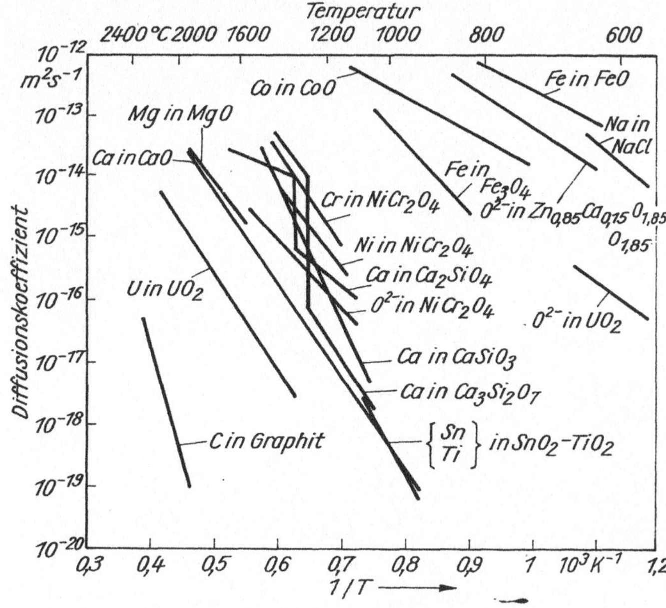

Bild 19. Diffusionskoeffizienten in einigen kristallinen Oxiden

Die Diffusionskoeffizienten in kristallinen Oxiden liegen in einem breiten Bereich (Bild 19). Im Zirkondioxid kann man einen der größten Werte für den Diffusionskoeffizienten des Sauerstoffs finden. Das erklärt sich durch eine große Zahl von Sauerstoffionen-Leerstellen. Der Diffusionskoeffizient für ZrO_2 bei 1 000 °C beträgt $7 \cdot 10^{-12}$ m² s⁻¹. Dabei entsteht in einer Stunde eine Ionendiffusionssättigung eines 0,2 mm starken Plättchens. Für das Magnesiumoxid beträgt der Diffusionskoeffizient des Sauerstoffs bei 1 500 °C $6 \cdot 10^{-15}$ $m^2 s^{-1}$, was der Sättigung eines 6 µm starken Plättchens in einer Stunde entspricht. Im Al_2O_3 sind die Werte entsprechend 10^{-18} $m^2 s^{-1}$ und 0,1 µm.

3. Amorpher Zustand

Gläser werden den amorphen Festkörpern zugeordnet, die gewöhnlich durch Unterkühlung einer Schmelze hergestellt werden. Während der Unterkühlung kommt es zu einer Erhöhung der Viskosität der Schmelze und zu ihrem Übergang in den amorphen Zustand. Dieser Zustand ist metastabil, da die innere Energie des Glases immer größer ist als die des entsprechenden kristallisierten Stoffes.
Bei der Definition des glasigen Zustandes wird die Tatsache unterstrichen, daß der Übergang vom flüssigen in den Glaszustand umkehrbar ist. Hierin liegt auch das Interesse der Glasspezialisten zur Klärung der Struktur von Flüssigkeiten begründet, da glasiger und flüssiger Zustand durch die gegenseitige Umwandlung Glas-Flüssigkeit verbunden sind.
Die Aufgabe der Entschlüsselung der Struktur der Gläser und Flüssigkeiten ist jedoch so kompliziert, daß es bis heute notwendig ist, zur Erklärung von flüssigem und amorphem Zustand verschiedene Hypothesen, die mit Begriffen hauptsächlich aus der Kristallchemie operieren, heranzuziehen.

3.1. Struktur von Flüssigkeiten

Die modernen Vorstellungen über den Aufbau von Flüssigkeiten gehen davon aus, daß Flüssigkeiten molekular geordnete Strukturen darstellen und einen besonderen Typ der Wärmebewegung besitzen, der sich grundsätzlich von dem des Gases unterscheidet und der Wärmebewegung in Kristallen nahekommt. Unter Nutzung der Streuung von Röntgenstrahlen in Flüssigkeiten konnte festgestellt werden, daß in den Flüssigkeiten eine bestimmte Molekülanordnung existiert. Mit Hilfe der Integralanalyse von Kurven der Radialverteilung der Atome kann man die Koordinationszahlen bestimmen, d. h. die mittlere Anzahl der unmittelbaren Nachbaratome und den größtwahrscheinlichen Abstand zwischen ihnen. Diese Methode erlaubte es, die Atomabstände in den Molekülen mit einer Genauigkeit bis zu 2 % und die Anzahl der Nachbarn mit einer Genauigkeit bis zu 10 % zu bestimmen.
Vorstellungen über den Aufbau von Flüssigkeiten kann man außer mit der Integralanalyse noch durch den Vergleich der Röntgenogramme von Flüssigkeiten mit den ihnen entsprechenden kristallinen Pulvern nach Bestimmung der Lage und der relativen Größe der Intensitätsmaxima erhalten. Diese beiden Methoden ergänzen sich gegenseitig.
Untersuchungen einiger einatomiger Flüssigkeiten (Metalle, Argon) ließen den Schluß zu, daß ihr molekularer Aufbau eine bestimmte Ähnlichkeit mit dem festen Zustand besitzt. So verändern z. B. Blei, Zink und Aluminium bei Zerstörung ihres Kristallgitters durch Aufschmelzen nicht den Typ ihrer Atompackung, und der Charakter der Nahordnung bleibt erhalten. All diese Metalle besitzen im festen Zustand eine mehr oder weniger dichte Atompackung. Ein Teil der Metalle (z. B. Bismut, Germanium, Gallium), deren Struktur im festen Zustand aufgelockert ist, ordnen im Ergebnis des Aufschmelzens ihre Packung bei gleichzeitiger Erhöhung der Koordina-

tionszahl um, d. h., sie werden dichter und ändern ihre Nahordnung; jedoch bleiben ähnliche Elemente der Nahordnungsgruppen im flüssigen und festen Zustand dieser Metalle bekannterweise erhalten.

In der Literatur gibt es Angaben darüber, daß einige Metalle (Thallium, Indium) im flüssigen Zustand ihre Dichte stark verringern und sich die Koordinationszahl von 12 auf 8 verändert. Diese Angaben müssen natürlich überprüft werden. Wenn sie sich bestätigen, dann zeugen sie von großen Veränderungen in der Struktur und in den Eigenschaften der genannten Metalle beim Übergang in den flüssigen Zustand.

Als experimentell bestätigt gilt, daß in jeder Flüssigkeit eine bestimmte Gesetzmäßigkeit in der Verteilung der Abstände zwischen den Molekülen vorhanden ist und daß in Flüssigkeiten aus komplizierten Molekülen (Paraffine, Wasser, Alkohole) eine Vorzugsorientierung in der Lage der benachbarten Moleküle existiert. Die Wärmebewegung in Flüssigkeiten besteht hauptsächlich aus den Schwingungen der Moleküle in bezug auf ihre Nachbarn und teilweise aus Bewegungen von einem Nachbarn zum anderen.

Nach *Danilov* kann man folgende Vorstellungen über die Struktur von Flüssigkeiten als experimentell bestätigt betrachten. Wenn man die Lage der Moleküle in einer Flüssigkeit einfrieren könnte und die Möglichkeit hätte, ihre gegenseitige Anordnung zu analysieren, so würde man feststellen, daß der größte Teil der Moleküle eine geordnete Umgebung besitzt und die Zahl ihrer Nachbarn der Koordinationszahl entspricht. Der Ordnungszustand nimmt jedoch mit der Entfernung ab und übersteigt drei bis vier Atomdurchmesser nicht. Bei Flüssigkeiten mit komplizierten Molekülen wird die Nahordnung entweder durch Vorzugsorientierungen der Nachbarmoleküle als Folge ihrer Form (Paraffin), durch gerichtete Zwischenmolekülkräfte (Wasser, Methylalkohol) oder durch sowohl das eine als auch das andere (höhere Alkohole, Säuren u. a.) charakterisiert.

Was kann man in einer aufgetauten Flüssigkeit beobachten? Außer den Schwingungen der Moleküle um ihre Gleichgewichtslage und in bezug auf ihre unveränderten Nachbarn können sie sich im Raum bewegen, die Nachbarn wechseln und andere molekulare Kombinationen bilden, deren Existenz und Lebensdauer von der Stärke der Wärmebewegung, der Molekülform und der Festigkeit der Kräfte zwischen den Molekülen abhängt.

In flüssigen Lösungen und Legierungen kommt zu den Faktoren, die die Bildung der einen oder anderen Atomkombination steuern, noch die Wechselwirkung unterschiedlicher Atome hinzu.

Die Verbindung gleicher Atome kann sich als energetisch günstiger erweisen. Damit ist die Bildung von Gruppen möglich, die mit der ersten Komponente angereichert sind, und von Gruppen mit einer höheren Konzentration der zweiten Komponente. Wenn sich unterschiedliche Atome vereinigen, bilden sich geordnete Gruppen aus Atomen beider Komponenten.

Bei der Analyse der Vorstellungen über die Struktur von Flüssigkeiten wird gewöhnlich von drei idealisierenden Hypothesen ausgegangen, die eine unterschiedliche Interpretation des flüssigen Zustandes geben.

Hypothese der defektlosen Flüssigkeit nach *Bernal*

In Übereinstimmung mit ihr besitzt eine Flüssigkeit die Struktur des Kristalls, aus dem die Flüssigkeit durch Aufschmelzen entstand. Die Struktur der Flüssigkeit besitzt keine Defekte und weicht nur wenig von der Geometrie des Kristalls ab, aus dem sie gebildet wurde.

Hypothese der orientierten Flüssigkeit nach *Stewart*

Diese Hypothese ist auch unter der Bezeichnung mikrokristallin bekannt. Die Flüssigkeit besteht aus geordneten Molekülen; sie hat keinerlei Beziehung zur Struktur des Kristalls, aus dem sie durch Aufschmelzen entstand. Die Moleküle der Flüssigkeit besitzen die Fähigkeit, sich zu orientieren, wobei die Orientierung charakteristisch für die entsprechende Flüssigkeit ist.

Hypothese der quasikristallinen Flüssigkeit nach *Frenkel*

Die Flüssigkeit besteht nicht aus Makromolekülen, sondern aus einer Ansammlung von Ionen. Ihre Struktur ist dynamisch, da sie durch sich stetig ändernde »*Ritzen*« (Löcher, Risse, Hohlräume) von atomarer Größe getrennt sind.

Diese drei Hypothesen über die Struktur von idealisierten Flüssigkeiten kann man kurz folgendermaßen bezeichnen: kristallin (*Bernal*), mikrokristallin (*Stewart*) und ungeordnet (*Frenkel*).

3.2. Neigung zur Glasbildung

Zachariasen (1932) legte seinen Überlegungen bei der Beantwortung der Frage nach den Bedingungen der Glasbildung kristallchemische Vorstellungen zugrunde, die die Größe und die Koordination der Ionen berücksichtigen. Nach *Zachariasen* können die Oxide A_2O_3, AO_2, A_2O_5 nur dann ein Glas bilden, wenn der Sauerstoff um das Kation A ein Dreieck oder ein Tetraeder bildet. Aus der Kristallchemie ist jedoch bekannt, daß die genannten Koordinationen nur bei Beachtung folgender Relationen möglich sind:

Für die Dreierkoordination muß das Verhältnis von Kationen und Anionen in den Grenzen von 0,155 bis 0,225 liegen; für die Viererkoordination in den Grenzen von 0,225 bis 0,414.

Solche Verhältnisse sind für Oxide nur dann möglich, wenn der Radius des Kations nicht größer als 0,55 Å ist. Dieser Bedingung entsprachen alle bis dahin bekannten Glasbildner, jedoch wurde in späteren Arbeiten einer Reihe von Wissenschaftlern gezeigt, daß die von *Zachariasen* aufgestellten Grenzen nicht immer eingehalten werden. Es wurden Gläser erhalten, in denen Kationen als Glasbildner auftraten, deren Radien mehr als 0,55 Å betrugen, wie V^{5+}, Te^{4+}, Al^{3+}, Mn^{6+}, Cr^{6+}, Mn^{4+}, Te^{6+}, Fe^{3+}, Ga^{3+}, Mo^{6+}, Sb^{5+}, Co^{3+}, W^{6+}, Ti^{4+}, Ta^{5+}, Nb^{5+}.
Die Fähigkeit von Kationen, als Netzwerkbildner, als Netzwerkwandler oder als Zwischenion aufzutreten, verband der amerikanische Wissenschaftler *Sun* mit der Festigkeit der einzelnen Bindungen dieser Kationen innerhalb der Sauerstoffverbindungen (Tabelle 11). Diese Vorstellungen erweiterten die Zahl der Netzwerkbildner im Vergleich zur Theorie von *Zachariasen*.
Weyl und *Marboe* entwickelten ihre Ansichten, die den Unterschied verschiedener Stoffe, als Netzwerkbildner zu wirken, erklären, auf der Grundlage der idealisierten Vorstellungen zum Aufbau der Flüssigkeiten. Nach dem Abkühlverhalten der Schmelzen wurden die Stoffe in drei Gruppen eingeteilt: Die Schmelze des *Bernal*typs bildet stabile Gläser; die Schmelze des *Stewart*typs bildet Glas; die Schmelze des *Frenkel*typs bildet keine Gläser. Zur Illustration dieser drei Gruppen von Schmelzen werden konkrete Beispiele des Abkühlverhaltens einiger Stoffe angeführt.

Schmelze des *Bernal*typs

Der Albit $Na_2O \cdot Al_2O_3 \cdot 6SiO_2$ stellt eine Schmelze dieser Art dar. Er schmilzt bei einer Temperatur von 1118 °C, behält aber seinen anisotropen Zustand sogar bei Überschreiten der Schmelztemperatur um 50 bis 100 °C und einer Haltezeit von meh-

Tabelle 11. Bindungskraft der Oxidkomponenten

M in MO_x	Wertigkeit	Dissoziationsenergie des Oxids in kJ	Koordinationszahl	Festigkeit der einzelnen Bindung in kJ
		Netzwerkbildner		
B	3	1490	3	498
Si	4	1770	4	443
Ce	4	1800	4	452
Al	3	1680...1330	4	423...331
B	3	1490	4	372
P	5	1850	4	464...370
Y	5	1880	4	469...377
As	5	1460	4	364...293
Sb	5	1420	4	356...285
Zr	4	2030	6	339
		Zwischenionen		
Ti	4	1820	6	305
Zn	2	600	2	301
Pb	2	610	2	305
Al	3	1330...1680	6	222...280
Th	4	2160	8	268
Be	2	1050	4	263
Zr	4	2030	8	255
Cd	2	500	2	251
		Netzwerkwandler		
Sc	3	1510	6	251
La	3	1700	7	243
Y	3	1670	8	209
Sn	4	1160	6	192
Ga	3	1120	6	188
In	3	1080	6	180
Th	4	2160	12	180
Pb	4	970	6	163
Mg	2	930	6	154
Li	1	600	4	151
Pb	2	610	4	151
Zn	2	600	4	151
Ba	2	1090	8	138
Ca	2	1080	8	134
Sr	2	1070	8	134
Cd	2	500	4	125
Na	1	500	6	83
Cd	2	500	6	83
K	1	480	9	54
Rb	1	480	10	50
Hg	2	280	6	46
Cs	1	480	12	50

reren Stunden bei. Die Schmelze besitzt eine sehr große Viskosität und bildet erst nach einer Aufheizung bis 1600 °C Glas. Albitgläser zeichnen sich durch eine hohe Stabilität aus und kristallisieren praktisch nicht, was man möglicherweise mit einer sehr weit gegangenen Destruktion, die die spätere Kristallisation erschwert, erklären kann.

Zu diesem Typ einer Schmelze kann man auch das Siliciumdioxid hinzuzählen, das sich durch eine besonders hohe Viskosität der Schmelze auszeichnet und in der Nähe des Schmelzpunktes seine Anisotropie beibehält.

Schmelze des *Stewart*typs

Die Schmelzen von Selen, Boranhydrit, Natriummethaphosphat Na_3PO_3 bilden – ähnlich einigen organischen Polymeren – Glas. Es wurde festgestellt, daß das Selen aus parallelen Atomketten besteht, die über Querverbindungen durch schwache Dispersions- (*Van-der-Waals*-) Kräfte verbunden sind:

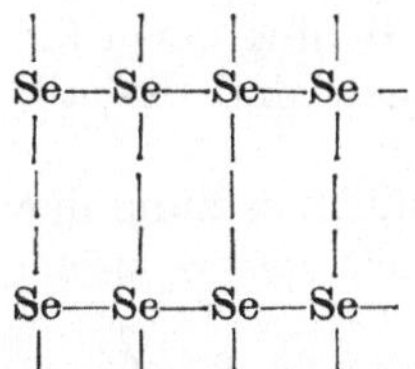

In der Kette sind die Selenatome unter sich über feste kovalente Verbindungen durch die p-Elektronen verbunden. Beim Aufschmelzen des Selens reißen die Dispersionsbindungen auf, und die Schmelze besteht dann aus Ketten der Selenatome. Das Vorhandensein von Ketten im Selenglas bestimmt die teilweise Orientierung der Atome beim Ziehen von Glasfäden. Bekanntlich kann die orientierte Anordnung von Elementen des Glases durch Messung der diamagnetischen Anisotropie bestimmt werden.

Schmelze des *Frenkel*typs

Diese bildet sich sofort, nachdem der Kristall die Schmelztemperatur erreicht hat. Die Schmelzen sind sehr dünnflüssig und bestehen strukturell aus einzelnen Ionengruppierungen, die untereinander durch Hohlräume von Atomgröße getrennt sind. Chloride und Nitrate, z. B. NaCl, $NaNO_3$ u. a., bilden Schmelzen dieses Typs. Da in einer solchen Schmelze sich ständig ändernde Ionengruppierungen sind, können sich zwar in ihr einzelne Moleküle bilden, diese sind jedoch nicht in der Lage, makromolekulare Strukturen aufzubauen, weil die entstehenden Bindungen schwach und nicht konstant sind. In Kristallen, die Schmelzen des *Frenkel*typs bilden, wächst beim Aufschmelzen die Zahl der Strukturdefekte stark an. Im Ergebnis dessen entsteht eine Disproportionierung der Bindungskräfte, und der Kristall schmilzt sofort auf. Solche Flüssigkeiten bilden sogar bei einer sehr schnellen Abkühlung keine Gläser.

Diese kategorische Negierung der Bildungsmöglichkeit von Gläsern aus Schmelzen des *Frenkel*typs bestätigt sich jedoch in der Praxis nicht. Wie aus den noch folgenden Ausführungen sichtbar wird, können aus einer beliebigen Schmelze Gläser in Form von mehr oder weniger starken Plättchen oder Blöcken hergestellt werden, wenn man eine extrem schnelle (schlagartige) Wärmeabfuhr garantiert und so die Möglichkeit der Bildung von Kristallisationszentren und deren Wachstum ausschließt.

Die Tatsache, daß die Neigung zur Glasbildung mit der Flüssigkeitsstruktur verbunden ist, unterliegt keinem Zweifel. Je komplizierter die Aggregate und Komplexe sind, aus denen eine Flüssigkeit besteht, um so größer ist die Neigung dieser Flüssigkeit zur Glasbildung. Flüssigkeiten, die aus Elementarteilchen mit symmetrischem Aufbau bestehen, bilden leicht Kristallkeime und gehen unter normalen Abkühlungsbedingungen nicht in ein Glas über. Zu solchen Flüssigkeiten gehören z. B. die Metallschmelzen.

Auf die Glasbildung hat die Schwerschmelzbarkeit eines Stoffes Einfluß. Es ist unmöglich (mit gewöhnlichen Techniken der Glasherstellung), ein Glas aus Elementen oder ihren Verbindungen zu erhalten, die eine extrem hohe Schmelztemperatur besitzen. *Goldschmidt* sagte die Möglichkeit der Herstellung von Gläsern aus Nitriden und Carbiden, ausgehend von geometrischen Überlegungen, voraus. In Wirklichkeit gelang dies jedoch nicht. Aus dem seiner Zusammensetzung nach geeigneten Mineral Kaliophilit $K_2O \cdot Al_2O_3 \cdot 2SiO_2$ wurde kein Glas erhalten; relativ leicht aber läßt es sich aus Mineralen ähnlicher Zusammensetzung herstellen, wie Orthoklas und Mikroklin $K_2O \cdot Al_2O_3 \cdot 6SiO_2$. Die Ursache für diese Erscheinung besteht darin, daß der Kaliophilit bei 1 800 °C und der Orthoklas inkongruent bei 1 200 °C schmilzt. Bei relativ hohen Temperaturen werden wahrscheinlich günstigere Bedingungen für die Kristallisation geschaffen, und schwerschmelzende Verbindungen sind deshalb schwer in den Glaszustand überführbar.
So ist also die Möglichkeit der Herstellung von Glas mit der Zusammensetzung der Ausgangsschmelze, ihrer Temperatur und der Wärmevergangenheit des Systems insgesamt verbunden.
Die beschriebenen idealisierten Vorstellungen über die Glasbildung von *Weyl* und *Marboe* stellen nur eine sehr bedingte Klassifizierung der Flüssigkeiten nach ihrer Neigung dar, bei Abkühlung in den amorphen Zustand überzugehen. In Wirklichkeit aber arbeitet man nicht mit idealisierten, sondern mit realen Flüssigkeiten, deren Struktur sich wahrscheinlich zwischen den theoretischen befindet, wie z. B. die Interpretation der Struktur einer Flüssigkeit von *Danilov*.
Es gibt eine Reihe Abweichungen von den idealisierten Ansichten über die Glasbildung. So wurden z. B. Gläser aus einer Mischung von Verbindungen hergestellt, von denen jede einzelne zu einer Flüssigkeit nach *Frenkel* gezählt werden kann. Das sind Carbonatgläser, die unter Druck aus der Schmelze $K_2CO_3-MgCO_3$ erhalten wurden, aber auch Nitratgläser aus dem Gemisch $KNO_3-Ca(NO_3)_2$. Aus der Reihe der Binärmischungen von Nitraten besitzt nur das System $KNO_3-Ca(NO_3)_2$ die Fähigkeit, Glas zu bilden. Bei diesem System beträgt die niedrigste eutektische Temperatur 146 °C. Andere Binärsysteme, wie $NaNO_3-Ca(NO_3)_2$, $NaNO_3-Ba(NO_3)_2$, $KNO_3-Ba(NO_3)_2$ mit eutektischen Temperaturen von 232; 294 bzw. 287 °C, besitzen diese Fähigkeit nicht. Dieser Unterschied im Verhalten ähnlicher Systeme kann nur mit dem Einfluß der Temperatur erklärt werden, da eine niedrige Temperatur den Verlust der Fähigkeit von NO_3-Gruppen zur Drehung bewirkt und damit die Bildung von Makromolekülen, d. h., der Übergang der Flüssigkeit in die Reihe der glasbildenden (*Stewart*typ), erleichtert wird.
Interessante Gedanken zu den Glasbildungsbedingungen wurden von *Winter-Klein* formuliert. Die Fähigkeit der Atome, Gläser zu bilden, verbindet sie mit der Konfiguration der äußeren Elektronenhülle. Sie zieht damit erstmalig die Theorie der chemischen Bindungen zur Lösung der Frage heran, welche Atome die Fähigkeit besitzen, ein glasartiges Netzwerk zu bilden. *Winter-Klein* behauptet, daß die Bedeutung der Elemente der VI. und manchmal auch der VII. Hauptgruppe darin besteht, daß eine Glasbildung ohne sie nicht möglich ist. Die Elemente der III., IV. und V. Hauptgruppe sind Bestandteil von komplizierten Gläsern, aber bilden niemals allein Gläser. Alle glasbildenden Elemente besitzen in der äußeren Elektronenschale p-Elektronen.
Winter-Klein unterscheidet zwei Typen von glasartigen Netzwerken:

- einfache Netzwerke aus Atomen mit 4p-Elektronen eines der Elemente O, S, Se, Te und
- komplizierte Netzwerke aus unterschiedlichen Atomen, die in der äußeren Hülle p-Elektronen enthalten können.

Dies weist darauf hin, daß Gläser dann gebildet werden, wenn das Verhältnis (K) der Summe der p-Elektronen zur Summe der Atome >2 ist. Bei einem kleineren Verhältnis entsteht kein Glas. Das günstigste Verhältnis zur Glasbildung ist 4. Das letztere trifft für die Elementargläser (O, S u. a.) zu.
Die Berechnung nach der *Winter-Klein*-Regel zeigt:

SiO_2
$p = 2 + 2 \cdot 4 = 10$
$A = 3$
$K = p/A = 10/3 = 3{,}33$

p Anzahl der p-Elektronen
A Anzahl der Atome

$Na_2O \cdot CaO \cdot 6SiO_2$
$p = 6\,(2 + 2 \cdot 4) + (0 + 4) + (2 \cdot 0 + 4) = 68$
$A = 23$
$K = 68/23 = 2{,}95$

Der Wert für das Verhältnis beträgt bei $AlPO_4 \approx 3{,}3$ und für $K_2O \cdot Al_2O_3 \cdot 2SiO_2 \approx 2{,}7$.
Die ersten beiden Beispiele bestätigen die *Winter-Klein*-Regel, die beiden anderen jedoch nicht. Wenn auch die letzten Beispiele formal den Glasbildungsbedingungen nach *Winter-Klein* entsprechen, ist es jedoch nicht möglich, Glas aus diesen Zusammensetzungen mit herkömmlichen Methoden zu erhalten.
Die Neigung zur Glasbildung wird auch durch die Kriterien von *Smekal*, *Stanworth* und *Rawson* eingeschätzt.
Smekal geht davon aus, daß nur Verbindungen mit gemischten chemischen Bindungen Gläser bilden. Verbindungen mit reiner kovalenter oder Ionenbindung sind dafür ungeeignet. *Smekal* unterscheidet drei Typen von glasbildenden Stoffen: anorganische Verbindungen, bei denen die Bindung zwischen Kation und Sauerstoff teilweise kovalenten und teilweise Ionencharakter trägt (SiO_2, B_2O_3); Elemente mit kovalenten Bindungen innerhalb der Ketten und Dispersionsbindungen zwischen ihnen (Se, S); organische Verbindungen mit kovalenten Bindungen in großen Molekülen und Dispersionsbindungen zwischen ihnen.
Stanworth ist der Meinung, daß die Neigung zur Bildung von Oxidgläsern mit dem Wert der Elektronegativität der Netzwerkbildnerelemente verbunden ist. Nach diesem Merkmal werden alle Elemente als Netzwerkbildner bei einer Elektronegativität von 2,1 bis 1,8, als Zwischenionen bei 1,8 bis 1,5 und als Netzwerkwandler bei 1,2 bis 0,7 eingeteilt. Ausgehend von diesem Kriterium sagte *Stanworth* die Möglichkeit der Bildung von Telluritgläsern auf der Basis von TeO_2 voraus, da die Elektronegativität des Tellurs 2,1 beträgt. Aber dieses Kriterium läßt auch die Bildung von Antimon- und Zinngläsern zu, obwohl sie sich mit herkömmlichen Methoden nicht herstellen lassen. Es gibt auch andere Ausnahmen; so z. B. trägt die Se-Se-Bindung einen rein kovalenten Charakter, aber es ist leicht, ein Selenglas herzustellen.
Rawson schlägt als Kriterium der Glasbildung nicht nur die Bindungsfestigkeit vor, wie es *Sun* gemacht hat, sondern auch das Verhältnis der Bindungsfestigkeit zur Schmelztemperatur. Damit hat *Rawson* die Neigung zur Glasbildung mit der thermischen Energie, die zum Zerstören der Bindungen notwendig ist, verknüpft. Bei einem einheitlichen Stoff oder einer Verbindung stellt die Schmelztemperatur das Maß für diese Energie dar, und bei einem Gemisch ist es die Liquidustemperatur. Das *Rawson*-Kriterium ist also ein modifiziertes Kriterium nach *Sun* und drückt das Verhältnis der Bindungsfestigkeit zur Schmelztemperatur in Kelvin aus. Dieses Verhältnis beträgt

für die Netzwerkbildneroxide 0,53 bis 0,164 und für die Netzwerkwandler 0,011 bis 0,015. Zu den Zwischenoxiden zählen Zirkondioxid und Titandioxid. Mehr zur Glasbildung als SiO_2 neigen hiernach die Oxide des Vanadiums, Molybdäns, Wolframs und Tellurs.
Nach *Rawson* widerspiegelt die Liquidustemperatur binärer Mischungen die Neigung zur Glasbildung genauer. Am Beispiel der Systeme V_2O_5-PbO und $CaO-Al_2O_3$ zeigt er, daß in vielen Fällen zwei Nichtnetzwerkbildner, die allein kein Glas bilden, bei einem bestimmten Mischungsverhältnis ein Glas entstehen lassen. Diese Erscheinung bezeichnete *Rawson* als »*Effekt der Liquidustemperatur*«.
Die Neigung zur Glasbildung nach *Rawson* beruht auf kinetischen Vorstellungen. Die Neigung zur Kristallisation ist um so höher, je kleiner das *Rawson*-Kriterium ist und umgekehrt. Ein stabiles Glas bildet sich damit unter Bedingungen, die durch ein hohes Verhältnis der Bindungsfestigkeit zur Liquidustemperatur bestimmt werden.

3.3. Ungewöhnliche Amorphisierungsmethoden

In den letzten Jahren wurden neue Methoden zur Herstellung von Glas in Form von Folien und kompakten Erzeugnissen entwickelt.

Druckwelle

Durch die Wirkung einer Druckwelle ist der Übergang von Kristallen in den amorphen Zustand möglich. Quarzproben z. B. wandeln sich bei einer Temperatur von 600 °C und einem Druck von 36 GPa innerhalb von 10 µs in Kieselglas um. Die Amorphisierung des Quarzes ist wahrscheinlich das Ergebnis der Bildung einer großen Zahl von Defekten.

Neutronenbestrahlung

Bei der Einwirkung von $1{,}5 \cdot 10^{18}$ Neutronen/mm² geht Quarz in den amorphen Zustand über, und seine Dichte verringert sich auf 2260 kg m^{-3}. Mit dieser Methode wurden Kieselglasproben mit einem Durchmesser von 10 bis 15 mm erhalten.

Schnellkühlung

Wenn ein Metalltropfen durch eine Druckwelle an die innere Fläche eines gekühlten und sich schnell drehenden Kupferzylinders geschleudert wird, kann man amorphe Plättchen mit einer Dicke von 10 µm und einem Durchmesser von 0,2 mm aus einer Au-Si-Legierung erhalten. Ähnlich wurden amorphe Folien mit einer Fläche von 10×30 mm² und einer Dicke von etwa 1 µm aus Te—Ga, Te—In und Te—Ge hergestellt.

Hydrolyse von metallorganischen Verbindungen

Mit dieser Hydrolysemethode, z. B. von Äthern der Kiesel- und Titansäuren in organischen Lösungen (alkoholische u. a.), können bei Raumtemperatur amorphe Filme vieler Oxide auf einer Unterlage aus Glas, aus Polyethylen u. a. erzeugt werden. Es ist auch möglich, Schichtdicken von einigen Millimetern aus SiO_2, TiO_2 und anderen Oxiden zu erhalten. SiO_2-Filme bewahren ihren amorphen Zustand bis 1000 °C. Das Verfahren zur Herstellung von Oxidglasfilmen bei Raumtemperatur besitzt praktische Bedeutung. Nach dieser Methode kann man außer Filmen auch kompakte Erzeugnisse aus Glas, Vitrokeramik und Kristallen herstellen. Das Ausgangsgemisch wird aus Verbindungen gebildet, die leicht miteinander reagieren, z. B. Metallalkohole, und die sich in einem gemeinsamen Lösungsmittel auflösen.

Herstellungsschema von Glas: Mischung der metallorganischen Verbindungen, Hydrolyse, Erhitzung auf 150 °C, Polykondensation, Erhitzung auf T_g, Glasbildung.

Topochemische Methode

Hierzu wird das Gel der Kieselsäure benutzt, das durch Behandlung des Natriummetasilicats mit Salpeter- oder Salzsäure hergestellt wurde. Dem Gel der Kieselsäure werden nacheinander die Salze der entsprechenden Metalle zugesetzt. Bei der Erhitzung entsteht dann aus dem Gemisch das Glas.

Methode der gemeinsamen Ausfällung

Hierbei werden Mischungen löslicher Komponenten angewendet. So wird z. B. eine Kieselsäurelösung mit Lösungen von Salzen und Hydraten der notwendigen Komponenten vermischt. Im Ergebnis dessen bildet sich ein Gel mit den in ihm verteilten Komponenten. Das Gel wird getrocknet, und bei seiner weiteren Erwärmung bildet sich Glas.

Direkte Verdampfung

Durch Vakuumbedampfung oder durch Elektronenstrahlverdampfung ist es möglich, amorphe Filme von Al_2O_3, MgO, ZrO_2 und MgF_2 zu erhalten. Es wurde festgestellt, daß glasartiges Bismut bei 279 °C supraleitend ist, wohingegen kristallines Bismut diese Eigenschaft nicht besitzt. Die Kristallisationstemperatur von amorphen Filmen wird stark erhöht, wenn gleichzeitig ein Gemisch aus Dämpfen von zwei Stoffen kondensiert. So ist amorphes, reines Bismut bis 293°C stabil. Im Gemisch mit Kupfer und Antimon erhöht sich seine Stabilität auf 473 °C.

Indirekte Verdampfung

Es sind unterschiedliche Realisierungsvarianten dieser Methode möglich. Nach der einen Variante geschieht die Oxidbildung in der Dampfphase aus den entsprechenden Elementen. Bekannt ist z. B. die industrielle Herstellungstechnologie von chemisch reinem, amorphem SiO_2. Die in die Flamme zugeführten $SiCl_4$-Dämpfe reagieren mit dem bei der Verbrennung entstehenden Wasserdampf folgendermaßen:

$$SiCl_4 + 2\,H_2O \rightarrow SiO_2 + 4\,HCl$$

Das dabei entstehende Siliciumdioxid kondensiert auf der Unterlage bis zur gewünschten Dicke. Mit dieser Methode wird Kieselglas mit einem SiO_2-Gehalt bis 99,99 % erhalten. Daraus werden Teleskoplinsen, Tiegel u. a. hergestellt.

Ein Mangel der Dampfphasenmethode besteht darin, daß das Kieselglas einen großen Anteil an Hydroxylgruppen besitzt. Zur Herstellung eines hydroxylfreien Kieselglases wird die direkte Oxydation des Siliciumtetrachlorids in einem Sauerstoff-Niedertemperaturplasma angewandt.

$$SiCl_4 + O_2 \rightarrow SiO_2 + 2\,Cl_2$$

Besonders reines, OH-freies Glas wird aus dem SiO_2-Gel durch Trocknung und Erhitzung auf 1 800 °C hergestellt.

Nach der anderen Variante wird eine Kathodenzerstäubung des Metalls im Vakuum durchgeführt. Danach führt man die zweite Komponente in die Kammer ein, wobei eine Reaktion in der Dampfphase abläuft und die sich bildende Verbindung auf dem Substrat kondensiert. Mit dieser Variante werden Filme von SiO_2, Pb—Te, Pb—Si, Ge—Pb und Al—Si, die bis 1 000 °C stabil sind, sowie ZnO-Filme, die im infraroten Spektralbereich durchlässig sind, erhalten. Diese Methode findet auch für die anodische

Beschichtung von Spiegeln mit Al_2O_3, von Kondensatoren mit GeO_2 u. a. Anwendung.

3.4. Glaszustand

Gegenwärtig existiert keine allgemein anerkannte Theorie der Glasstruktur, obwohl relativ viele Hypothesen vorgeschlagen wurden, deren Autoren versuchen, diesen Stoffzustand in der einen oder anderen Weise zu interpretieren. Die größte Anerkennung fanden die Kristallithypothese und die Hypothese des stetigen, ungeordneten Netzwerkes oder des dreidimensionalen, aperiodischen Netzwerkes.

Die Kristallithypothese wurde in ihrer Erstfassung schon 1921 von dem sowjetischen Physiker *Lebedjev* formuliert. Autor der Hypothese des ungeordneten Netzwerks ist der amerikanische Kristallphysiker *Zachariasen*, der seine Vorstellungen über die Glasstruktur 1932 veröffentlichte. Diese Hypothese wurde von den Wissenschaftlern sehr begrüßt, und ihre Grundlagen wurden durch viele Forscher verstärkt ausgearbeitet. Eine besonders große Rolle in der Verbreitung dieser Hypothese spielte der amerikanische Wissenschaftler *Warren*, dessen röntgenometrische Untersuchungen überall als ihre experimentelle Bestätigung anerkannt wurden.

Sich auf theoretische Überlegungen stützend, betrachtet *Zachariasen* das Glas als ein durchgängiges, atomares, dreidimensionales Netzwerk, das weder Symmetrie noch Periodizität besitzt. *Zachariasen* geht davon aus, daß die mechanischen Eigenschaften der Gläser denen von Kristallen nahekommen; in einigen Fällen ergibt es sich sogar, daß die Festigkeit der Gläser größer ist als die der entsprechenden Kristalle. Das erlaubt die Behauptung, daß die Atombindungen in den Gläsern identisch mit den Bindungen in Kristallen sind, d. h., die Gläser stellen ähnlich den Kristallen ein dreidimensionales Netzwerk dar. Nach den Ergebnissen der röntgenometrischen Untersuchungen kann dieses Netzwerk aber nicht periodisch und nicht symmetrisch sein. In Verbindung damit ist solch ein Netzwerk in bekannter Weise geordnet, da ja die Kationen des Netzwerkbildners eine bestimmte Koordination besitzen müssen.

Das Netzwerk des Glases stellt nach *Zachariasen* eine unendlich große Elementarzelle dar, auf deren Gitterplätzen sich die Atome oder Ionen befinden. Hierbei ist kein einziges Atom- bzw. Ionenpaar in struktureller Hinsicht äquivalent. Folglich ist das Glas nach *Zachariasen* in gewisser Weise ein Einkristall ohne Symmetrie und Periodizität. In einem aus Polyedern bestehenden Kristall sind diese Polyeder gesetzmäßig zueinander orientiert, und die Kristallstruktur bildet sich durch mehrmaliges Wiederholen der Elementarzelle. Dieses Wiederholen der Strukturelemente im Kristall bestimmt die Symmetrie und die Periodizität seines Gitters. Im Glas ist die Lage der Strukturelemente ungeordnet. Aus diesem Grunde kommt es zum Verlust der dem Kristall eigenen Periodizität und Symmetrie. Solch ein verzerrtes, unnormales Netzwerk muß nach *Zachariasen* eine Energie besitzen, die sich nur geringfügig von der Energie des entsprechenden Kristalls unterscheidet, was auch die Stabilität des Glaszustandes erklärt.

Im Kieselglas ist das Silicium-Sauerstoff-Tetraeder das strukturbildende Element genau wie im kristallinen Quarz. Die gesetzmäßige Orientierung des Tetraeders im Quarzkristall wird bei seiner Umwandlung in Kieselglas gestört. Eine noch vorhandene Regelmäßigkeit in der Anordnung der Nachbartetraeder wird in dem Maße zerstört, wie sich die Tetraeder voneinander entfernen, bis sie dann beliebig zueinander orientiert sind (Bilder 20 u. 21).

Gläser mit einer komplizierten Zusammensetzung besitzen nach *Zachariasen* als Grundlage dasselbe Strukturelement, das Sauerstoffpolyeder, in dessen Zentrum sich das glasbildende Kation von Silicium, Germanium, Bor, Phosphor u. a. befin-

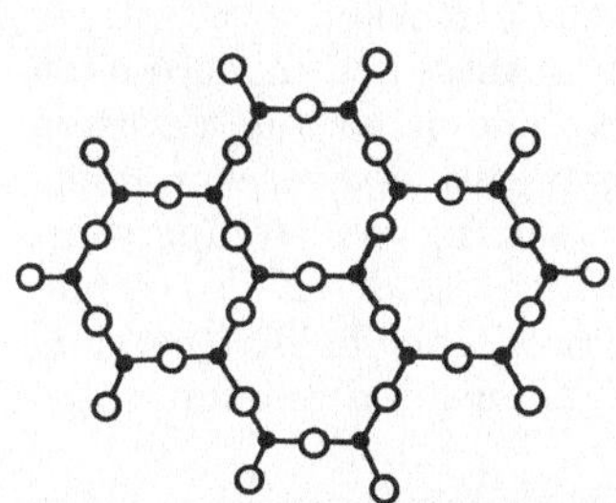

Bild 20. Schema des Strukturnetzes des kristallinen Siliciumdioxids (Projektion auf die Ebene)

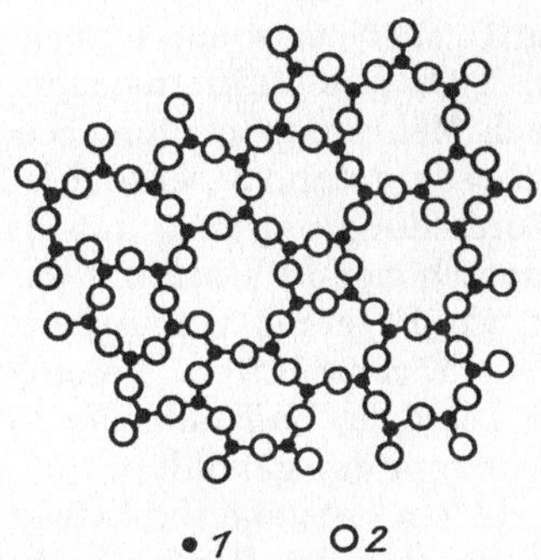

Bild 21. Schema des Strukturnetzes von Kieselglas
1 Silicium; *2* Sauerstoff

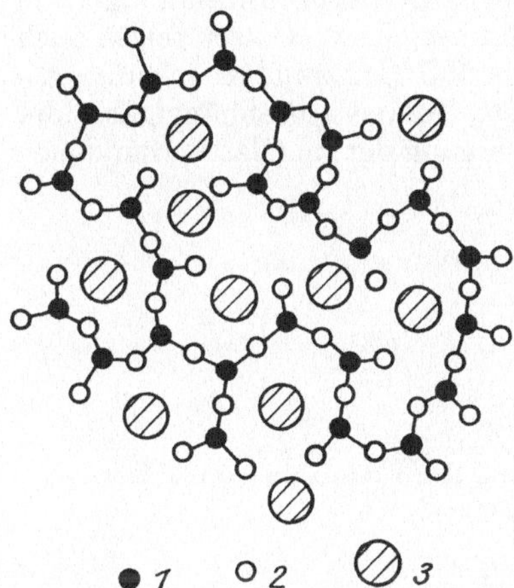

Bild 22. Strukturschema eines Glases nach *Zachariasen-Warren*
1 Silicium; *2* Sauerstoff; *3* Natrium

det. Der Unterschied besteht bei den komplizierten Gläsern darin, daß z. B. bei den Natriumsilicatgläsern die Netzwerkwandlerkationen in den oktaedrischen Hohlräumen zwischen den Silicium-Sauerstoff-Tetraedern angeordnet sind (Bild 22).

Die Verteilung der Netzwerkwandlerkationen in den Hohlräumen besitzt statistischen Charakter. Sie führen zu einem Aufreißen der Si—O—Si-Bindungen, die die Stetigkeit des Netzwerkes aus Silicium-Sauerstoff-Tetraedern bedingen, und der Bildung von zwischen den Tetraedern endenden Bindungen Si—O—Me. In dem Maße, wie die Anzahl der Netzwerkwandler zunimmt, erhöht sich die Zahl der Trennstellen zwischen den Tetraedern, was im Grenzfall zur Bildung eines Systems aus völlig getrennten Tetraedern führt. Das Resultat solch einer »*Zerstückelung*« des Silicium-Sauerstoff-Netzwerks ist die Abschwächung aller Eigenschaften des Systems. Es verringern sich die Erweichungstemperatur, die Viskosität und die chemische Beständigkeit des Glases.

Die Hypothese von *Zachariasen* konnte viele der Fakten nicht erklären, die später ergründet wurden.

Die Einteilung in Netzwerkbildner und Netzwerkwandler ist nur sehr bedingt. Einige Netzwerkwandler traten als Netzwerkbildner auf, z. B. die Oxide des Bismuts, Cadmiums, Bleis u. a. Es wurden Gläser aus Oxiden erhalten, die nach dieser Hypothese »*verboten*« sind; z. B. wurden TeO_2, WO_3 und andere Invertgläser entdeckt, die einen SiO_2-Gehalt von weniger als 50 Mol-% besitzen, und auch Gläser, deren Netzwerk nicht nur aus Tetraedern, sondern auch aus Oktaedern oder Pyramiden besteht (Gläser mit TeO_2, TiO_2 u. a.). Am meisten kritisiert wurde die Behauptung von *Zachariasen*, wonach Mehrkomponentengläser chemisch homogen seien.

Die Kristallithypothese entstand wesentlich früher als die Hypothese des ungeordneten Netzwerks. Die Vorstellung darüber, daß das Glas ein Konglomerat aus kleinsten Kristallen der entsprechenden Phasen mit amorphen Übergangszonen zwischen ihnen darstellt, entstand im Ergebnis von Arbeiten zur Untersuchung der Temperaturabhängigkeit einiger Eigenschaften. Beim Studium der Prozesse des Kühlens und Härtens bemerkte *Lebedjev*, daß man die Änderung der Brechzahl beim Übergang vom abgeschreckten zum gut gekühlten Silicatglas nicht nur mit den inneren Spannungen, die beim Härten entstehen, erklären kann.

Es wurde festgestellt, daß die Brechzahl bei Temperaturerhöhung zunächst einen linearen Anstieg zeigt und dann im Bereich von 520 bis 595 °C plötzlich abfällt (Bild 23). Die Änderung der Brechzahl im Bereich von 20 bis 520 °C ist umkehrbar und im Bereich von 520 bis 595 °C nicht. Hieraus schlußfolgert *Lebedjev*, daß die unumkehrbaren Änderungen der Eigenschaften auf irgendwelche Strukturumwandlungen im Glas hinweisen. Die Untersuchung der Wärmedehnung dieser Gläser zeigte auch die größten Veränderungen im Bereich von 520 bis 595 °C. Das alles erlaubte *Lebedjev*, die Aussage zu treffen, daß die beobachtete Temperaturabhängigkeit der Eigenschaften von Silicatgläsern mit dem $\alpha \rightarrow \beta$-Übergang der im Glas vorhandenen Mikrokristalle des Quarzes verbunden ist.

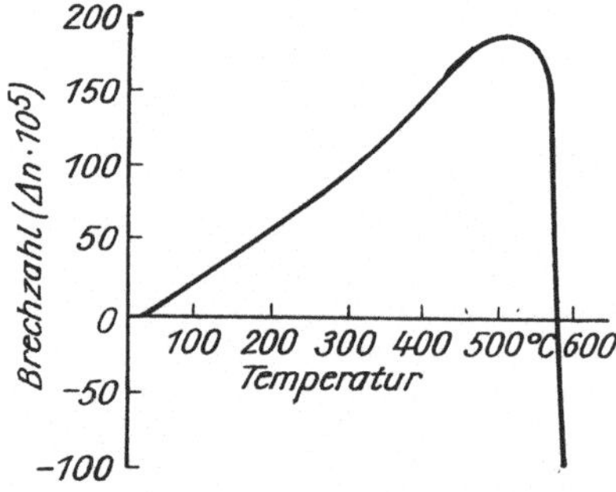

Bild 23. Änderung der Brechzahl von Gläsern mit der Temperatur

So wurde die Hypothese aufgestellt, daß im Glas geordnete Bereiche kleinster Abmessungen (15 bis 25 Å) existieren. Mikrobereiche dieser Art wurden als Kristallite bezeichnet.

Im Unterschied zu den in dieser Zeit herrschenden Vorstellungen über das Glas als unterkühlte, vollständig amorphe Flüssigkeit entwickelte *Lebedjev* die Hypothese, daß das Glas geometrisch geordnete Bereiche besitzt und daß sich diese Bereiche durch einige Eigenschaftsänderungen bei der Wärmebehandlung bemerkbar machen. Die Hypothese *Lebedjevs* wurde von vielen Forschern sowohl aus der UdSSR (*Jevstropjev*, *Florinskaja* u. a.) als auch aus anderen Ländern (*Matossi*, *Gerlovin* u. a.) weiterentwickelt.

Seinerzeit zog *Warren* die Röntgenanalyse zum Beweis der Hypothese des aperiodischen Netzwerks heran. Jedoch erkannte er, daß die Methode der *Fourier*-Analyse, die er zur Entschlüsselung der Röntgenogramme anwendete, allein keine Antwort auf die spezifische Frage gibt, ob man einen Stoff als kristallin betrachten kann. Da die Grundlage für diese Methode die Annahme des amorphen Zustandes des streuenden Stoffes darstellt, führte *Warren* folgenden Beweis an. Beim Vergleich der Röntgenogramme des glasigen SiO_2, des Cristobalits und des Silicagels (Bild 24) kam *Warren* zu dem Schluß, daß Gläser keine Röntgenkleinwinkelstreuung hervor-

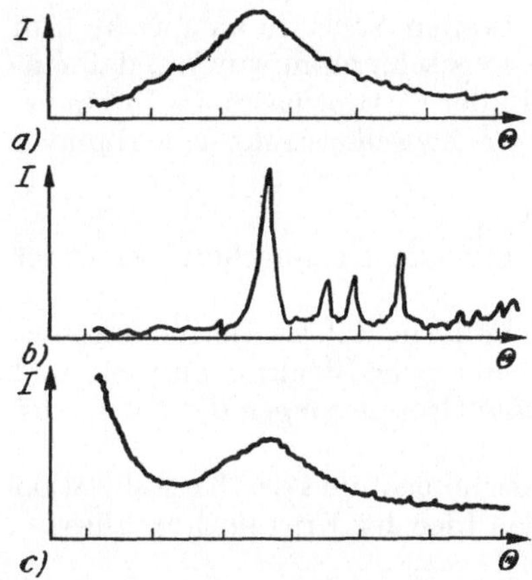

Bild 24. Röntgenogramme des glasigen Siliciumdioxids (*a*), des Cristobalits (*b*) und des getrockneten Silicagels (*c*)

rufen. Deshalb sind sie strukturell homogen, was beim Silicagel, das eine feinkörnige Struktur (Teilchengröße 10 bis 100 Å) besitzt, nicht festgestellt werden konnte.
In früheren Arbeiten von *Porai-Kosič* (1947 bis 1958) wurde gezeigt, daß es bei Anwendung einer empfindlicheren Röntgenanlage möglich ist, für verschiedene Gläser eine Streuung unter kleinen Winkeln zu erhalten. Am häufigsten gilt das für Natrium-Borosilicat-Gläser. Auf der Grundlage dieser Arbeiten wurde der Schluß gezogen, daß die geometrisch geordneten Mikrobereiche auch chemisch geordnet sind und daß ihre Ausmaße, die im Anfangsstadium der Untersuchungen mit 10 bis 12 Å angenommen wurden, größer sind (etwa 50 bis 60 Å für Natrium-Boro-Silicatgläser). Später schlußfolgerte *Porai-Kosič* anhand neuer experimenteller Resultate, daß es keine der existierenden Untersuchungsmethoden zur Feinstruktur von Stoffen (elektronenmikroskopische, Röntgen- und Spektralmethoden) erlaubt, Kristallite als geometrisch geordnete Bereiche zu bestimmen.
Die im Glas beobachteten Mikroinhomogenitäten besitzen eine amorphe Struktur und können in zwei Gruppen eingeteilt werden:

1. nichtumkehrbare Arten von Inhomogenitäten, die von der Wärmevergangenheit des Glases abhängen (technologische Inhomogenitäten, Entmischungen, Vorkristallisationsinhomogenitäten u. a.) und
2. umkehrbare (Metagleichgewichts-)Inhomogenitäten, die einem stabilisierten Zustand des Glases der gegebenen Zusammensetzung bei gegebener Temperatur und gegebenem Druck entsprechen und die nicht von der Wärmevergangenheit abhängig sind. Das sind hauptsächlich Fluktuationsinhomogenitäten, die ein Ergebnis der Zusammensetzungs- und Dichtefluktuationen des Stoffes sind.

Ausgehend von den Vorstellungen *Lebedjevs* kann man das Glas als aus mikrokristallinen Bereichen bestimmter chemischer Zusammensetzungen bestehend betrachten, z. B. der Siliciumsilicate, die durch eine amorphe Schicht getrennt sind. Die chemische Natur dieser Mikrobereiche wird durch das entsprechende Zustandsdiagramm bestimmt. Die mikrokristallinen Bezirke besitzen im Zentralbereich eine dem Kristallgitter entsprechende Struktur, die in Richtung Peripherie immer ungeordneter und dann vollständig amorph wird. *Lebedjev* veröffentlichte folgende bildliche Darstellung des Aufbaus des Glases:

»*Warren* entschied sich auf die Frage, ob das Glas ein Eimer mit Wasser oder ein Eimer, gefüllt mit Kieseln aus Einkristallen ist, für die erste Variante. Uns scheint, daß ein typisches Glas weder der ersten noch der zweiten Variante entspricht. Am besten kann man Glas mit Kieseln vergleichen, die so geschmolzen wurden, daß einzelne Kristalle nicht vollständig zerstört sind und in der Gesamtmasse als Inseln erhalten bleiben, die durch Schichten mit verzerrter Zwischenstruktur verbunden sind.«

Das Volumen des geordneten Teils des Glases, das von einigen Forschern berechnet wurde, beträgt ungefähr 10 bis 15 %.
Die Hauptbedeutung der Hypothese *Lebedjevs* besteht darin, daß sie die Inhomogenität des Glases unterstreicht, daß sie auf die mikroheterogene Struktur hinweist und auf die Möglichkeit, durch die Glasstruktur bestimmte Gruppierungen der einen oder anderen chemischen Zusammensetzung zu bilden.
Arbeiten der letzten Zeit auf dem Gebiet der Entmischungen und der Kristallisation von Gläsern bekräftigen die Realität dieser zentralen Idee der Kristallithypothese.

4. Vorläufer der Vitrokeramiktypen

Bei der Herstellung eines neuen Glases besteht die wichtigste Aufgabe darin, seine Kristallisationsneigung zu unterdrücken oder zu vermindern. Ein Glas, das während der Formgebung vollständig oder teilweise kristallisiert, wird als nicht anwendbar betrachtet und scheidet aus der Zahl der Gläser aus, die für die Produktion empfohlen werden. Die Notwendigkeit, die Kristallisation des Glases auszuschließen, erklärt sich damit, daß die Kristalle erstens das Aussehen des Glases durch Störung der Lichtdurchlässigkeit verschlechtern, und zweitens wird das Glas durch sie mechanisch geschwächt. Aus diesem Grunde nahm das Problem der Kristallisation in der Glaswissenschaft immer einen der vorderen Plätze ein. Kein neues Glas wird ohne genaue Untersuchung der Kristallisationsneigung entwickelt, und es wird nicht zur Produktion empfohlen, wenn es eine ungenügende Entglasungsbeständigkeit im Verarbeitungsbereich zeigt.

Zur Unterdrückung der Kristallisationsneigung werden die Gläser aus mehreren Komponenten zusammengesetzt, wobei man solche Zusätze beifügt, die entweder den Kristallisationsprozeß erschweren oder die Temperaturschwelle der Kristallisation in einen Temperaturbereich ober- oder unterhalb der Formgebung verschieben. In anderen Fällen werden mit demselben Ziel spezielle Formgebungsregimes entwickelt, die es erlauben, den kristallisationsgefährdeten Temperaturbereich schneller zu durchlaufen.

Ungeachtet dessen existieren keine industriell gefertigten Gläser, die vollständig unempfindlich gegenüber der Kristallisation sind. Selbst ein so lange produziertes und weit verbreitetes Glas, wie es das Fensterglas ist, besitzt eine so eindeutige Kristallisationsneigung, daß man bei der Herstellung immer damit rechnen muß. So entstehen im Ziehschacht bei der Produktion von Flachglas mit der Zeit günstige Kristallisationsbedingungen, und das Glasband muß 1- bis 2mal im Monat zur Entfernung der entstandenen Kristalle gestürzt werden.

Warum »*wartet*« das Glas nur auf die entsprechenden Bedingungen, um zu kristallisieren? Das geschieht deshalb, weil sich das Glas in einem metastabilen Zustand zwischen dem flüssigen und dem kristallinen befindet. Das erstarrte Glas ist keine Flüssigkeit mehr, da es die Haupteigenschaft der Flüssigkeiten, die Fließfähigkeit, verloren hat, und noch kein echter Festkörper, da ein echter Festkörper kristallin ist. Gerade das bestimmt die Instabilität des Glases und sein Bestreben zu kristallisieren, ein geringeres Volumen mit einem geringeren Energiegehalt einzunehmen. Das heißt also, daß es bestrebt ist, aus dem instabilen amorphen in den stabilen kristallinen Zustand überzugehen. Dementsprechend ist das Bestreben des Glases, bei günstiger Gelegenheit zu kristallisieren, durchaus erklärbar. Die Kunst der Glastechnik besteht genaugenommen darin, daß man diese günstigen Bedingungen nicht schafft, die Kristallisationsneigung des Glases unterdrückt und Glaserzeugnisse herstellt, in denen der amorphe Zustand vollständig und unter gewöhnlichen Bedingungen für immer eingefroren ist.

Das Bestreben zum Übergang in den kristallinen Zustand ist eine allgemeine Eigenschaft aller Gläser. Sie ist aber bei unterschiedlichen Gläsern verschieden ausgebildet.

Es gibt Gläser, bei denen diese Eigenschaft stark ausgebildet ist; diese sind nur durch Schnellabkühlen herstellbar. Aber es existieren auch Schmelzen, die leicht Glas bilden und sehr schwer kristallisieren. So ist z. B. das Bestreben, den Glaszustand zu erhalten, besonders stark bei Borsäureanhydrit ausgebildet. Es in kristalliner Form herzustellen, erwies sich als so schwierig, daß eine spezielle Methode gefunden werden mußte, die es erlaubt, unter den Bedingungen einer langen Erwärmung (einige Tage) und einer bestimmten Temperatur Borsäureanhydrit zu kristallisieren (*Ponomarov*-Methode). Eine Schmelze der Albitzusammensetzung $Na_2O \cdot Al_2O_3 \cdot 6SiO_2$ bildet bei Überhitzung zwar leicht Glas, kristallisiert aber »*ungern*«.

Man kann nicht sagen, daß die Glastechnik die Kristallisation immer meidet. In einigen Fällen wird sogar das Kristallisationsbestreben der Gläser ausgenutzt. Es werden künstlich die entsprechenden Bedingungen geschaffen, indem man dem Glas spezielle Zusätze zugibt und das notwendige Temperaturregime zur Herstellung des Erzeugnisses einstellt.

Die Kristallisationsneigung der Gläser wird zur Produktion von Trüb- und kolloidal eingefärbten Gläsern genutzt.

4.1. Zweiphasengläser

4.1.1. Trübgläser

Als Trübung eines Glases wird der mehr oder weniger starke Verlust seiner Lichtdurchlässigkeit bezeichnet. Der Trübungseffekt wird durch sehr kleine Teilchen (etwa 1 µm) einer Phase hervorgerufen, die sich während der Formgebung oder nach einer Temperbehandlung bildet. Die Teilchen des Trübungsmittels scheiden sich im gesamten Glasvolumen aus, und ihre Anzahl sowie auch die Größe können in Abhängigkeit von den Bedingungen der Temperbehandlung unterschiedlich sein. Die Teilchenkonzentration des Trübungsmittels ist gewöhnlich nicht groß. Von ihr und von der Teilchengröße hängt der Trübungsgrad ab. Die Trübung kann vollständig (Milchglas) oder auch nur teilweise (Opalglas) sein. Milchglas besitzt einen Transmissionskoeffizienten von 0,4 bis 0,5 und einen Koeffizienten der diffusen Reflexion von 0,3 bis 0,4; Opalglas entsprechend 0,6 bis 0,7 und 0,2 bis 0,3. Eingetrübte Gläser sind in der Regel weiß, manchmal auch farbig, und werden zur Herstellung von Beleuchtungseinrichtungen, Haushaltgeschirr, Thermometern u. a. angewendet.

Als Trübungsmittel werden gewöhnlich Verbindungen des Fluors (Flußspat CaF_2, Natriumsilicofluorid Na_2SiF_6, Kryolith Na_3AlF_6 u. a.), des Phosphors (Calciumphosphat $Ca_3(PO_4)_2$, Natriumhydrogenphosphat $Na_2HPO_4 \cdot 12H_2O$) u. a. benutzt. Fluorverbindungen werden am meisten eingesetzt. Ihre Menge im Glas, bezogen auf Fluor, beträgt 3 bis 7 %. Phosphorsaure Verbindungen werden seltener angewendet. Die Menge des Calciumphosphats zur Trübung eines Glases beträgt 8 bis 12 %. Außer diesen Trübungsmitteln finden Antimonverbindungen (Sb_2O_5 und Sb_2O_3) in einer Menge von 2 bis 5 %, Arsenverbindungen (As_2O_3 und As_2O_5) in einer Menge von 2 bis 4 % und auch Oxide des Zinns SnO_2, des Titans TiO_2, des Zirkons ZrO_2 und des Cers CeO_2, Zinksulfid ZnS u. a. Anwendung.

Während des Glasschmelzprozesses löst sich in der Regel das Trübungsmittel im Glas. Danach, bei der Abkühlung, wird die Lösung übersättigt, und das Trübungsmittel scheidet sich in Form von Mikrotröpfchen aus. Letztere können bei der Abkühlung ihre amorphe Struktur beibehalten oder auskristallisieren und eine Einlagerung von Mikrokristallen im Glas bilden. Es ist auch ein anderer Trübungsmechanismus möglich, wenn bei der Abkühlung des Glases keine Entmischung in zwei flüssige Phasen stattfindet, sondern die Mikrokristalle unmittelbar ausgeschieden werden.

Bei der Eintrübung von Emails und Glasuren wendet man eine Mischung aus einem leichtschmelzenden Glas und einem schwerschmelzenden Trübungsmittel an. Dem Pulver eines feingemahlenen Glases wird ein feingemahlenes kristallines Trübungsmittel zugesetzt. Danach wird dieses Gemisch auf die Erzeugnisoberfläche aufgetragen und bis zum Aufschmelzen des Glases erhitzt. Im Ergebnis entsteht ein glasartiger Überzug ohne Lösung des Trübungsmittels im Glas. Es ist auch eine andere Methode zur Herstellung von eingetrübten Emails und Glasuren möglich. Hierbei wird das Trübungsmittel in einer Glasschmelze gelöst. Dann wird dieses Glas durch Ausgießen in Wasser schnell abgekühlt. Das erhaltene Granulat wird zu einem Pulver aufgemahlen, das auf das Erzeugnis aufgetragen wird. Beim Brennen bildet sich eine undurchsichtige glasartige Schicht, deren Trübungsmittel sich während der nochmaligen Erwärmung im Brennprozeß ausgeschieden hat.
Man muß darauf hinweisen, daß sich durch die Trübung nur die optischen Eigenschaften stark ändern. Das Glas wird undurchsichtig. Die anderen Eigenschaften verändern sich nicht so wesentlich.

4.1.2. Farbige Gläser

Die Farbstoffe werden in drei Typen unterteilt: Ionen-, kolloidale und Molekularfarbstoffe.
Ionenfarbstoffe sind Oxide der Übergangsmetalle (Cobalt, Nickel, Chrom, Mangan, Cadmium, Eisen, Vanadium, Cer u. a.). Diese Verbindungen lösen sich in der Glasmasse und rufen bei einer wiederholten Erwärmung keine Farbänderung des Glases hervor (oder verändern die Farbe nur unwesentlich, wenn sich die Wertigkeit oder Koordination des Farbkations ändert).
Gold, Kupfer, Selen, Antimon und Silber geben dem Glas eine kolloidale Einfärbung. Die Besonderheit dieser Farbstoffe besteht darin, daß sie im Glas kolloidale Teilchen bilden, die sich bei einer zweiten Erwärmung (»*Anlaufprozeß*«) vergrößern und dem Glas die entsprechende Farbe vermitteln. Zu den Molekularfarbstoffen gehören Sulfide und Selenide.
Zur Herstellung des Goldrubins wird Goldchlorid $AuCl_3$, benutzt, das in einer Menge von 0,02 bis 0,03 %, auf Gold umgerechnet, hinzugefügt wird. Kupferoxid Cu_2O wird bei der Herstellung des Kupferrubins in einer Menge von 0,15 % zugegeben. Hierbei wird Zinnoxid als Reduktionsmittel verwendet. Selenrubin wird durch Zusatz von Selen (etwa 1 %) und Cadmiumsulfid (1,5 bis 2 %) zum Gemenge hergestellt. Die Färbung wird in diesem Fall durch kolloidale Teilchen des Cadmiumsulfoselenids bestimmt, die sich beim Abkühlen oder bei erneuter Erwärmung des Glases ausscheiden. Silber wird in Form von Silbernitrat (0,2 bis 0,6 %) unter Zusatz von Zinnoxid (0,3 bis 0,8 %) eingeführt. Die sich ausbildenden kolloidalen Silberteilchen geben dem Glas eine gelbe Färbung.

4.2. Réaumurporzellan

1739 veröffentlichte der bekannte französische Physiker *Réaumur* in den Schriften der französischen Akademie der Wissenschaften seine Untersuchungsergebnisse über die Herstellung von Porzellan aus Glas. Einer der Artikel trug die Überschrift »Die Kunst, eine neue Porzellansorte mit sehr einfachen und leichten Mitteln zu machen oder Glas in Porzellan umzuwandeln«.
Réaumur stellte sich die Aufgabe, eine Methode zur Herstellung von Porzellan, das zu dieser Zeit sehr teuer und nur wenigen zugänglich war, zu entwickeln. Nach *Réaumur* muß man Porzellan als ein Material betrachten, das sich zwischen gebrann-

tem Ton und Glas befindet. Zur Herstellung des Porzellans existierten zwei Methoden. Nach der einen wird ein Stoff gebrannt, der die Fähigkeit besitzt zu verglasen, und man beendet die Erwärmung, wenn der Stoff noch nicht ganz verglast ist. Für die zweite Methode wird ein Gemisch aus zwei Stoffen benutzt, wovon der eine verglasen kann und der zweite schwerschmelzbar ist und sich nicht in Glas umwandelt. Beim Brennen dieses Gemisches erhält man eine teilweise verglaste Zusammensetzung, d. h. *Porzellan*. Die erste Methode zur Porzellanherstellung wurde zu dieser Zeit in den europäischen Manufakturen und die zweite in den chinesischen Manufakturen angewendet.

Réaumur wies darauf hin, daß die keramischen Rohstoffe beim Brennen eine Reihe von Stadien durchlaufen, wobei das letzte die Glasbildung und das vorletzte die Porzellanbildung ist. Nach Meinung von *Réaumur* kann man das Glas in sein vorheriges Stadium zurückführen. Dazu schlug er eine dritte Technologie der Porzellanherstellung vor, die Wärmebehandlung des Glases. Die Methode *Réaumurs* bestand in folgendem: Hohle Glaserzeugnisse wurden mit einem Gemisch aus Quarzsand und calciniertem Gips zu gleichen Teilen gefüllt. Danach wurden sie in eine Aufschüttung aus demselben Gemisch gestellt und einer langen Wärmebehandlung (einen Tag und mehr) bei Rotglut unterzogen. Im Ergebnis dieser Wärmebehandlung wurden die Gläser weiß und ähnelten Porzellan.

Réaumur führte noch viele Experimente zur Verbesserung seiner Methode zur Porzellanherstellung durch. Wie sich herausstellte, waren nicht alle Gläser geeignet, um sie in Porzellan umzuwandeln. Die größte Neigung, Porzellan zu bilden, zeigten sogenannte Hartgläser. Kristallglas und Emails ließen sich nicht in Porzellan umwandeln. Fenster- und Spiegelglas konnte man mit etwas Vorsicht in Porzellan überführen. Als Füllung, die eine initiierende Rolle spielte, erprobte *Réaumur* auch Quarzsand und gebrannten Gips einzeln. Jede Füllung zeigte ein positives Resultat. *Réaumur* gab aber dem Gemisch aus beiden Materialien den Vorzug und unterstrich, daß man das Gemisch mehrmals anwenden kann.

Réaumur erklärte die Bildung von Porzellan aus Glas folgendermaßen: Das Wachsen von nadelförmigen Kristallen beginnt an der Erzeugnisoberfläche; in dem Maße, wie sich die Kristalle vergrößern, wachsen sie in die Tiefe und treffen sich in der Scherbenmitte, wonach der Kristallisationsprozeß endet.

Die Wärmebehandlung wurde in großen Tiegeln durchgeführt, in die die Glaserzeugnisse hineingestellt und dann mit der genannten Mischung aufgefüllt wurden. Die Füllung sollte ein Berühren der Erzeugnisse ausschließen. Die Tiegel wurden mit einem Deckel geschlossen und mit Lehm verschmiert. Danach erfolgte die Wärmebehandlung, die *Réaumur* »*Brennen*« nannte. *Réaumur* war der Meinung, daß seine Methode zur Porzellanherstellung vervollkommnet werden müßte, und zwar in der Auswahl von besser geeigneten Gläsern, der initiierenden Füllung, dem Brennregime u. a.

Wenn *Réaumur* über die Eigenschaften seines Porzellans sprach, lenkte er die Aufmerksamkeit auf die Struktur. Die Bruchfläche des neuen Porzellans unterschied sich sowohl von der Glasbruchfläche als auch von der Bruchfläche des gewöhnlichen Porzellans. Auf der Bruchfläche des neuen Porzellans waren feine Kristallfäden zu sehen, die sich gegenüber lagen. Besonders wurde die thermische Beständigkeit des neuen Porzellans und seine Fähigkeit, starke Temperaturwechsel ohne Zerstörung zu überstehen, unterstrichen. In Erzeugnissen aus diesem Porzellan konnte man Wasser kochen, das Gefäß mit dem kochenden Wasser auf einen kalten Untersatz setzen und sogar Glas ohne Deformation des Porzellangefäßes schmelzen.

Réaumur nahm an, daß sein Porzellan eine breite Anwendung in der Chemie finden würde, da den Chemikern seiner Zeit feste und feuerfeste Gefäße sehr fehlten. Diese Prognose *Réaumurs* verwirklichte sich nicht, wahrscheinlich dadurch, daß der

Kristallisationscharakter, den der Erfinder des neuen Porzellans beschrieb, eine nur geringe Festigkeit des Erzeugnisses vorbestimmte. Das gerichtete Kristallwachstum von der Scherbenoberfläche des Erzeugnisses in das Innere ließ eine geschwächte Mittelzone, wo sich die Kristalle trafen, entstehen. Trotzdem gibt es allen Grund, *Réaumur* als den ersten zu betrachten, der den Versuch unternahm, die Eigenschaften des Glases durch seine Kristallisation zu verbessern. Es war noch eine lange Entwicklung von Wissenschaft und Technik erforderlich, um eine gerichtete Kristallisation von Gläsern mit dem Ziel der Einstellung vorgegebener Eigenschaften zu beherrschen.

4.3. Kristallisierte Gläser

Nach den Versuchen *Réaumurs*, eine neue Methode zur Porzellanherstellung aus Glas zu entwickeln, vergingen noch etwa zwei Jahrhunderte, bevor in einer Reihe von Ländern die Experimente zur Herstellung von kristallisiertem Material aus Glas wieder aufgenommen wurden. Aus den in dieser Richtung veröffentlichten Arbeiten kann man folgende nennen. Der deutsche Forscher *Becher* schlug vor, ein Dreikomponentenglas $4Na_2O \cdot 3CaO \cdot 10SiO_2$ zu kristallisieren. Um die Kristallisation zu erleichtern, sollten diese Gläser nur einem kurzen Glasschmelzprozeß unterzogen werden. Zur Beschleunigung der Schmelze wurden in das Gemenge Zusätze von Calciumfluorid und Kryolith hinzugegeben. Die kristallisierten Gefäße wurden zum Schmelzen von Glas und Metallen empfohlen. Andere Wissenschaftler (*Wagner*, *Gehlhoff*) schlugen eine analoge Methode zur Kristallisation von fluorhaltigen Gläsern mit unterschiedlichen Zusätzen vor.

Kitajgorodskij trat 1932 auf der Konferenz zu neuen Baumaterialien mit dem Vorschlag auf, eine breite Herstellung und die Anwendung von kristallisierten Gläsern im Bauwesen zu organisieren. Er wies darauf hin, daß man durch Änderung der chemischen Zusammensetzung, der Temperatur und der Temperzeit den Verlauf des Kristallisationsprozesses regulieren und die Bildung der einen oder anderen Kristallphase beeinflussen kann. Letzteres wird durch die notwendigen physikalisch-chemischen Eigenschaften des zu erhaltenden Materials und des Erzeugnisses daraus bedingt. Diese Erzeugnisse unterscheiden sich, wie *Kitajgorodskij* bekräftigte, positiv vom Glas, aus dem sie hergestellt sind, durch größere mechanische Festigkeit und hohe chemische Beständigkeit. Sie kann man beim Bau von Gebäuden und Straßen verwenden.

4.3.1. Rumänisches Porzellan

1955 veröffentlichten die rumänischen Wissenschaftler *Lungu* und *Popescu-Has* ihre Arbeiten zur Kristallisation von Gläsern. Es wurden die Systeme $SiO_2-MgO-Na_2O$ (K_2O), $SiO_2-MgO-Al_2O_3-Na_2O(K_2O)$, $SiO_2-MgO-Al_2O_3-CaO(BaO, ZnO, PbO)$ untersucht. In die Gläser der genannten Systeme wurde Fluor als Kristallisationsinitiator hinzugesetzt. Die Glaszusammensetzungen, die kristallisiert wurden, mußten sich in folgenden Grenzen befinden: $SiO_2 + Al_2O_3$ zwischen 70 und 80 %, $Na_2O + K_2O$ zwischen 0 und 10 %, $MgO + CaO + BaO + ZnO + PbO$ zwischen 10 und 25 %, F zwischen 3 und 8 %. Die Schmelztemperatur des Glases hängt von der Zusammensetzung ab und liegt zwischen 1300 und 1500 °C. Die Auswahl der Glaszusammensetzung wurde so getroffen, daß sich nur Kristalle einer Art ausscheiden.

Der Herstellungsprozeß des Rumänischen Porzellans erfolgt in drei Etappen: Glasschmelze in Hafen- oder Wannenöfen mit periodischem oder kontinuierlichem Betrieb; Formgebung der Erzeugnisse mit gewöhnlichen Methoden der Glastechnik; Wärmebehandlung der Glaserzeugnisse bei einer Temperatur von 600 bis 1000 °C, bei der eine gleichmäßige, teilweise Kristallisation erfolgt. Bei der Temperung scheiden sich Keime in Form von Fluoridmikrokristallen aus, auf denen sich Silicatkristalle bilden und wachsen. Die Art der Silicatkristalle wird durch die Zusammensetzung des Glases bestimmt.

Die Wärmebehandlung wird bei einer wesentlich niedrigeren Temperatur als der Erweichungstemperatur durchgeführt, was eine Deformation des Erzeugnisses ausschließt. Nach der Wärmebehandlung zeichnen sich die Erzeugnisse durch hohe mechanische, chemische und dielektrische Eigenschaften aus. Mit Hilfe der Röntgenanalyse wurde festgestellt, daß sich im Ergebnis der Temperung Kristalle mit Glimmerstruktur des Phlogopittyps ausscheiden. Ihre Größe hängt vom Fluorgehalt ab; bei Zusammensetzungen mit hohem Gehalt an Fluor ist die Kristallgröße kleiner 1 µm und bei einer geringen Menge 20 µm. Die Änderung des Kristallisationsgrades wurde durch Messung der Dichte und des Ausdehnungskoeffizienten kontrolliert. Es wurde festgestellt, daß bei unveränderter Kristallisationstemperatur der Widerstand der Proben gegenüber einer Deformation wächst und dementsprechend auch ihre Viskosität. Das erlaubte es, den Kristallisationsprozeß mit steigender Temperatur ohne Viskositätsverringerung durchzuführen. Eigenschaften des Rumänischen Porzellans: Zugfestigkeit 150 MPa, Biegebruchfestigkeit 200 MPa, Schlagzähigkeit 8 kJ m^{-2}; des Ausgangsglases entsprechend: 100 MPa, 100 MPa und 2 kJ m^{-2}.

Aus dem kristallisierten Glas werden Haushaltsgeschirr, Fußboden- und Wandfliesen und auch Elektroisolationserzeugnisse hergestellt.

4.3.2. Fotosensible Gläser

Im Ergebnis der Untersuchungen des Anlaufmechanismus der Gläser mit kolloidalen Farbkörpern (Gold, Kupfer und Silber) wurde festgestellt, daß das Entstehen und die Verstärkung des entsprechenden Farbtons wesentlich erleichtert werden können, wenn vor der Erwärmung (dem Anlaufen) das Glas belichtet wird. Diese Arbeiten, die in den USA 1947 von *Dalton* und *Stookey* und dann 1952 in der UdSSR von *Gurkovskji* begonnen wurden, führten zur Entwicklung eines Glases, in dem es möglich war, ein fotografisches Abbild zu bekommen. Zuerst wurde der fotografische Effekt in Gläsern mit Kupferzusatz erhalten; später gelang er auch in Gläsern mit Gold- und Silberzusatz.

Damit erwies sich, daß ein schon lang bekannter Effekt zum Färben von Gläsern durch Zugabe geringer Mengen an Gold, Kupfer oder Silber bei genauerer Untersuchung für die Erzeugung eines auf fotografischem Wege hergestellten Abbildes im Glas nutzbar ist. Die Entdeckung der Fotosensibilität von Gläsern spezieller Zusammensetzung führte zur Entwicklung von Präzisionsmethoden für die Herstellung verschiedener Glaserzeugnisse. Es wurde festgestellt, daß sich belichtete und damit nach der Temperung lichtundurchlässige Bereiche dieser Gläser wesentlich leichter beim Ätzen mit Säuren auflösen als unbelichtete und demnach durchlässige Bereiche, die ihre gewöhnliche chemische Beständigkeit beibehalten haben.

Wodurch erklärt sich die verringerte chemische Beständigkeit der belichteten und getemperten Gläser?

Untersuchungen des Entwicklungsprozesses des fotografischen Abbildes während der Temperung haben gezeigt, daß die sich im Glas bildenden kolloidalen Metallteilchen als Kristallisationszentren einiger Verbindungen dienen. Wenn diese auskristallisierenden Verbindungen eine geringe chemische Beständigkeit besitzen, dann sind sie leicht bei der darauffolgenden Behandlung mit Säuren lösbar. So scheidet sich z. B.

in Lithiumsilicatgläsern zuerst das Lithiummetasilicat Li_2SiO_3 aus, das 1000mal besser in Flußsäure löslich ist als das genannte Ausgangsglas.
Auf diesem Effekt beruht ein Herstellungsverfahren (in den USA wird es Photoform genannt), mit dem es möglich ist, die Konfiguration einer entsprechenden Schablone mit hoher Genauigkeit wiederzugeben. Die Firma »Corning Glass« (USA) stellt auf diese Art z. B. Masken für Fernsehbildröhren her, mit denen es möglich ist, ein schärferes Bild zu bekommen. Diese Masken stellen Platten von $\leqq$ 0,1 mm Dicke und mit 87000 Löchern/cm^2 dar.
Eine noch wichtigere Entdeckung wurde bei der Untersuchung von fotosensiblen Gläsern gemacht. Wenn ein fotosensibles Glas einer bestimmten Zusammensetzung belichtet und danach getempert wird, geht es nach einer bestimmten Zeit in ein vollständig kristallisiertes Material über, dessen Eigenschaften besser als die des Ausgangsglases sind. Dieses polykristalline Material (mit einer Kristallgröße von etwa 1 μm) wurde *Photoceram* genannt.

4.3.3. Pyroceram

Im Mai 1957 veröffentlichte die amerikanische Firma »Corning Glass« eine Reklameschrift darüber, daß im Forschungszentrum dieser Firma ein neues glaskristallines Material mit der Bezeichnung Pyroceram entwickelt wurde. Es wurde mitgeteilt, daß Pyroceram durch Kristallisation von Glas hergestellt wird und daß die nach einem Spezialregime kristallisierten Gläser eine hohe thermische Beständigkeit, verbesserte mechanische, elektrische und andere Eigenschaften besitzen. Die Entwicklung des Verfahrens zur Herstellung von Pyroceram wurde in dieser Mitteilung als größte Entdeckung in der Geschichte der Glastechnik eingeschätzt. Aus den später veröffentlichten Angaben wurde klar, daß das Pyroceram vom wissenschaftlichen Mitarbeiter der Firma, *Stookey*, entwickelt wurde und daß es das Resultat von entsprechenden Arbeiten auf dem Gebiet der fotosensiblen Gläser ist, die im Forschungszentrum der Firma durchgeführt wurden. Die Bezeichnung des neuen Materials weist auf seine Verbindung mit der Keramik hin. Diese Verbindung besteht darin, daß das Pyroceram und auch die Keramik polykristalline Materialien sind. Aber hier endet auch schon die Ähnlichkeit von Pyroceram mit Keramik.
Pyroceram ist ein sehr feinkristallines, künstliches Material, dessen Kristallkörner sich bei einer entsprechenden Temperbehandlung aus dem festen Glas ausgeschieden haben. Keramische Werkstoffe werden bekanntlich hauptsächlich aus natürlichen Rohstoffen durch Sinterung hergestellt. In diesem Prozeß kommt es entweder zur Umkristallisation oder zum Verbinden der schon fertigen Körner. Es wurde festgestellt, daß viele Glaszusammensetzungen existieren, aus denen man polykristalline Werkstoffe herstellen kann.
Die wichtigste Besonderheit bei der Herstellung von kristallisiertem Glas ist der Zusatz von Stoffen – Kristallisationskatalysatoren –, die fähig sind, Zentren zu bilden, auf denen dann die Kristallkörner wachsen. Als derartige Zusätze wurden zuerst Verbindungen von Gold, Silber und Kupfer, danach auch anderer Verbindungen benutzt. Eine zweite Besonderheit stellt das Temperregime dar, das zum einen die Ausscheidung der entsprechenden Kristalle garantiert und zum anderen ihren Gehalt bestimmt. Die Bedeutung eines richtigen Temperregimes für ein Glas ergibt sich dadurch, daß vom Charakter der Kristalle und ihrem Gehalt die Eigenschaften des kristallisierten Glases abhängen.

4.3.4. Sitalle

Zu Beginn der fünfziger Jahre wurden in der UdSSR im wissenschaftlichen Forschungslabor des »Leningrader Werkes für Kunstglas« Untersuchungen auf dem Gebiet der fotosensiblen Gläser durchgeführt. Im Ergebnis dieser Arbeiten wurden für diese Gläser zur Herstellung von Abbildern Glaszusammensetzungen und Bearbeitungsregimes entwickelt. Auf der Grundlage der fotosensiblen Gläser wurden in Fortsetzung dieser Forschungsrichtung vollständig kristallisierte Materialien erhalten, die ausgezeichnete mechanische und thermische Eigenschaften besitzen.

Die darauffolgenden Arbeiten zu glaskristallinen Materialien wurden in der UdSSR mit Gläsern ohne fotosensible Zusätze durchgeführt. Diese Untersuchungen erlaubten es, eine große Zahl von Gläsern herzustellen, die nach ihrer Kristallisation sehr hohe Festigkeiten (Biegebruchfestigkeit bis 900 MPa), einen thermischen Ausdehnungskoeffizienten von Null und eine hohe Temperaturbeständigkeit besitzen.

5. Katalysierte Kristallisation

Zur Bezeichnung des Kristallisationsprozesses bei der Herstellung von Vitrokeramiken sind verschiedene Adjektive gebräuchlich, die den spezifischen Charakter dieses Prozesses unterstreichen sollen. So kann man folgende Termini in der Literatur finden: gesteuerte, initiierte, katalysierte, regulierbare, kontrollierbare, stimulierte, nukleierte Kristallisation usw. In diesem Buch werden zwei gleichberechtigte Termini benutzt. Zum einen der Begriff »*katalysierte Kristallisation*« in Verbindung damit, daß er in der UdSSR und in anderen Ländern verbreitet ist, und der Begriff »*gerichtete Kristallisation*« aus Gründen, die später angeführt werden.
In der Literatur wird sehr häufig in bezug auf die Herstellung von Vitrokeramik der Terminus »*gesteuerte Kristallisation*« gebraucht. Aber das entspricht nicht dem modernen Wissensstand auf dem Gebiet der Herstellung kristallisierter Werkstoffe aus Gläsern verschiedener Zusammensetzung. Die Steuerung irgendeines Prozesses setzt volle Klarheit über alles voraus, was den Mechanismus des Prozesses selbst und die Möglichkeiten zur Einflußnahme entsprechend dem vorgegebenen Regime betrifft. Leider muß zugegeben werden, daß es das gegenwärtige Niveau unseres Wissensstandes über den Prozeß und unser Wissen über die Erscheinungen, die die Besonderheiten der Kristallisation von Gläsern bestimmen, noch nicht erlauben, einen solch kategorischen Terminus, wie es der Begriff »*gesteuert*« darstellt, zu benutzen, da wir den Prozeß noch nicht vollständig steuern können. Wir können den Verlauf der Kristallisation in eine uns genehme Richtung lenken, aber können ihn nicht vollständig kontrollieren.
Die Steuerung des Kristallisationsprozesses von Gläsern bedeutet die uneingeschränkte Fähigkeit, polykristalline oder gemischte glasig-kristalline Werkstoffe mit beliebigen, vorgegebenen Eigenschaften herzustellen. Wie aus dem noch Darzulegenden sichtbar werden wird, können wir das nur in einigen Grenzen, d. h., unsere Möglichkeiten auf diesem Gebiet sind begrenzt. Deshalb ist es angebracht, anstelle des Terminus »*gesteuerte Kristallisation*« den Terminus »*gerichtete Kristallisation*« zu verwenden. Dieser Begriff charakterisiert die gegenwärtige Entwicklungsetappe von Wissenschaft und Praxis auf dem Gebiet der Vitrokeramikherstellung genauer. Hierbei sind aber nicht die Begriffe »*gerichtet*« und »*orientiert*« zu verwechseln. Der erste ist auf den Kristallisationsprozeß insgesamt bezogen und der zweite nur auf eine kristallografische Orientierung der Körner des Polykristalls.

5.1. Bildung der Kristallisationszentren

5.1.1. Homogene Keimbildung

Die Analyse des Prozesses der Bildung von Kristallisationszentren erwies sich als sehr schwierig und ist bis heute noch nicht abgeschlossen. Diese Schwierigkeit rührt daher, daß den Wissenschaftlern bis jetzt noch keine zuverlässige experimentelle Methode zur Verfügung steht, die es erlaubt, die verschwindend kleinen Ansammlungen von Elementarteilchen, die den Keim des Kristalls bilden, zu finden. Verschiedene Autoren geben die Größe der Keime in den Grenzen von 5 bis 100 Å an. Hieraus wird die Kompliziertheit der experimentellen Bestimmung von Keimen dieser Größe völlig klar.

Ein Kristallkeim entsteht unter günstigen Bedingungen in irgendeinem Mikrobereich einer Schmelze oder einer Lösung. Dieser Keim kann selbstverständlich auch als Resultat eines eingebrachten Fremdteilchens auftreten. Solche Einschlüsse, die sich selbständig oder auf Fremdteilchen bilden, tragen die Bezeichnungen Kristallkeim, Kristallisationszentrum, Kristallisationskern, Erreger, Kern usw. Die Frage darüber, wie Kristallisationszentren selbständig entstehen, ist Gegenstand unzähliger Vermutungen und zur Zeit noch nicht gelöster Fragen.

Eine große Arbeit bei der Erforschung des Kristallisationsprozesses leistete *Tammann* (1902). Bei der Untersuchung verschiedener organischer Stoffe kam er zu dem Schluß, daß Schmelzen dieser Stoffe unter bestimmten Temperaturbedingungen selbständig entstehende Zentren bilden können, auf denen dann die weitere Kristallisation vonstatten geht.

Dreißig Jahre später wurde dann die selbständige Kristallisation von unterkühlten Flüssigkeiten angezweifelt. Mit Hilfe speziell durchgeführter Versuche wurde bewiesen, daß *Tammann* in seinen Experimenten nicht eine spontane Kristallisation, sondern eine Kristallisation festgestellt hat, die durch verschiedene Verunreinigungen hervorgerufen wurde. Aber einer der strengsten Kritiker, *Kuznecov*, gab später doch zu, daß »für einige der 150 Stoffe *Tammann* wirklich eine spontane Kristallisation beobachtet hat«. Die Sache besteht darin, daß *Tammann* um die Fähigkeit von Verunreinigungen, eine Kristallisation hervorzurufen, wußte und in einigen Versuchen Maßnahmen zur Beseitigung des Einflusses von Verunreinigungen ergriff (Überhitzung der Flüssigkeit und Lösung der Verunreinigungen mit dem Ziel ihrer Desaktivierung, ebenso mehrmalige Kristallisation zur Selbstreinigung des Stoffes).

Die Hauptrolle bei der Bildung von Kristallisationszentren spielt die Unterkühlung. Einfluß auf das Entstehen der Zentren haben auch Kraftfelder (elektrische, magnetische, ionisierende), Ultraschall, Gefäßwände, Defekte und Flächen, die mit der Flüssigkeit in Berührung stehen.

Tammann und andere Forscher nach ihm erhielten die charakteristischen Temperaturabhängigkeitskurven der Zahl der sich bildenden Kristallisationszentren und der linearen Kristallisationsgeschwindigkeit, die auch jetzt keine theoretische Erklärung besitzen, obwohl ihre Richtigkeit bei niemandem Zweifel hervorruft. *Tammann* zeigte, daß in Abhängigkeit von der gegenseitigen Lage der Kurven der Kristallisationsgeschwindigkeit und der Keimzahl die unterkühlte Schmelze entweder kristallisieren oder ein Glas bilden kann.

In Bild 25 sind drei Typen der *Tammann*schen Abhängigkeiten für verschiedene

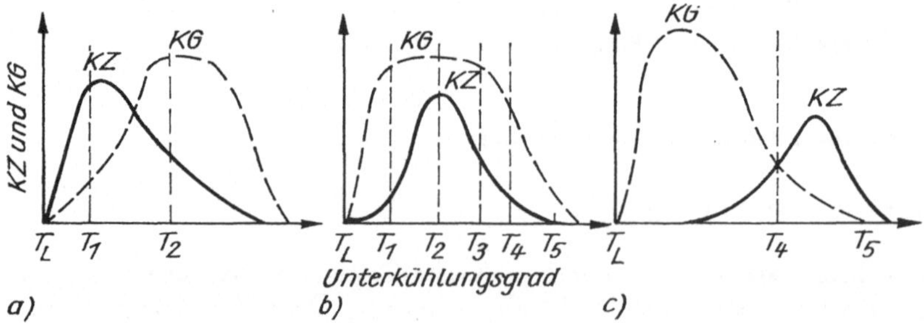

Bild 25. Drei Typen der Abhängigkeit der Zahl der Kristallisationszentren (*KZ*) und der linearen Kristallisationsgeschwindigkeit (*KG*) von der Unterkühlung

Fälle der Unterkühlung und der Natur der Flüssigkeiten dargestellt. Im Fall *a*) bildet sich bei langsamer Abkühlung ein feinkörniges und bei schneller Abkühlung ein grobkörniges polykristallines Material. Im Fall *b*) ist es umgekehrt, bei langsamer Abkühlung entsteht ein grobkörniges und bei schneller Abkühlung ein feinkörniges Material. Eine beschleunigtere Abkühlung (Unterkühlung auf T_4) führt zur Bildung einer kleinen Zahl langsam wachsender Zentren. Dieses Verhältnis der Kurven charakterisiert eine leichte Kristallisation des Stoffes und die Unmöglichkeit bzw. Schwierigkeit seines Überganges in den glasförmigen Zustand (charakteristisch für Metalle). Der Fall *c*) zeigt die Neigung der Schmelze, bei Unterkühlung ein Glas und möglicherweise in ihm eine kleine Zahl von Kristallen (Boranhydrit, Albit u. a.) zu bilden.
Die erste Theorie zur Keimbildung stellte *Gibbs* auf. In Übereinstimmung mit dieser thermodynamischen Theorie ist jedes System stabil, wenn eine beliebige Änderung seines Zustandes die Entropie nicht ändert bzw. verringert. Ein System, dessen Entropie anwächst, kann nur relativ stabil sein, d. h. metastabil. Folglich kann ein metastabiler Zustand des Systems beständig sein, obwohl seine freie Energie nicht die kleinste ist. Dieses System kann aus dem Zustand der Metastabilität nur unter Aufwendung einer bestimmten Arbeit gebracht werden, die *Gibbs* als Maß der Beständigkeit für den metastabilen Zustand bezeichnete.
Der metastabile Zustand kann sich bis zum Moment des Entstehens von Keimen der neuen Phase halten. Das Entstehen von Keimen überführt den metastabilen Zustand in den stabilen, wobei das System die Fähigkeit erhält, selbständig zu kristallisieren, da dieser Prozeß mit einer Verringerung der freien Energie verbunden ist. Nach *Gibbs* bildet der Keim zur Erhaltung des Gleichgewichts mit der Flüssigkeit eine Form, die einem Minimum der freien Energie bei konstantem Volumen entspricht.

$$\sum_i \sigma_i S_i = \text{min.} \quad \text{bei} \quad V = \text{const}$$

σ_i Oberflächenenergie der i-ten Fläche
S_i ihr Flächeninhalt (Summierung über alle Flächen)

Die Keimbildungsarbeit beträgt

$$A = \frac{1}{3} \sum_i \sigma_i S_i \,.$$

Eine genauere Untersuchung des Kristallisationsprozesses von Flüssigkeiten führte *Danilov* durch. Obwohl die Experimente hauptsächlich an organischen Flüssigkeiten und leichtschmelzbaren Metallen durchgeführt wurden, kann man feststellen, daß die hierbei ermittelten Gesetzmäßigkeiten für alle Fälle der Kristallisation gelten. Ihr Wesen besteht in folgendem:
Es ist bekannt, daß sich eine ordnungsgemäße Lage der Atome und Elemente des Gitters im Kristall in allen Richtungen weit fortpflanzt; es existiert eine Fernordnung. Außer den Schwingbewegungen in den Kristallen können die Atome noch eine andere Art der Wärmebewegung ausführen. Sie können ihre Plätze im Gitter tauschen, d. h., sie wandern oder diffundieren. Dieser Platzwechsel der Atome bestimmt die Geschwindigkeit der Phasenübergänge und der Kristallisation.
Die Möglichkeit des Überganges des Atoms von einem Platz zum anderen hängt von der Bindungsenergie im Kristall ab, die die Höhe der Energiebarriere bestimmt, die durch das Atom im Migrationsprozeß überwunden werden muß. Die Beweglichkeit des Atoms im Kristall hängt vom Verhältnis $U : \mathrm{R}T$ ab, wobei U die Aktivierungsenergie darstellt, die gleich der Höhe der Energiebarriere ist, T die absolute Temperatur und R die Gaskonstante sind. Die Aktivierungsenergie besitzt für Oberflächenatome einen kleineren Wert, deshalb ist auch ihr Platzwechsel leichter.

Auf den Gitterplätzen von Kristallgittern einfacher Stoffe, z. B. von Metallen, befinden sich Atome, die sich durch ihre Kugelform leicht ohne Energieaufwendung drehen können. Nichtmetallische Stoffe besitzen gerichtete Bindungen, die nicht nur die Wanderung der Gitterelemente erschweren, sondern auch ihre Drehung. Der Wert der Aktivierungsenergie solcher Stoffe ist größer als der bei Metallen.
Das Aufschmelzen führt zur Störung der Fernordnung, aber die Nahordnung bleibt erhalten, wobei der Ordnungscharakter um jedes Atom der Atompackung im Kristall ähnlich ist. Der Übergang von der Flüssigkeit zum Kristall ist mit solch einer Umverteilung der Atome verbunden, die zur Herstellung der Fernordnung in der Struktur des erstarrten Stoffes führt.
Die Geschwindigkeit der Phasenübergänge hängt, wie schon angeführt, von der Beweglichkeit der Atome ab. Bei einer kleinen Beweglichkeit der Elementarteilchen der Schmelze ist der Wert der Aktivierungsenergie groß, und beim Abkühlen der Flüssigkeit kann man verhältnismäßig leicht eine solche Temperatur erhalten, wo die Lage der Atome eingefroren wird, die Kristallisation unmöglich ist und der Stoff in den glasförmigen Zustand übergeht. Metalle und einfache Stoffe mit symmetrischen, leichtbeweglichen Molekülen besitzen einen kleinen Wert der Aktivierungsenergie und kristallisieren bei Unterkühlung schnell.
Der Keimbildungsmechanismus in einer unterkühlten Flüssigkeit kann nach *Danilov* kurz folgendermaßen formuliert werden: Das Vorhandensein von heterophasigen Fluktuationen in der Flüssigkeit (Mikrobezirke kristallähnlicher Struktur) ist die Ursache für die selbständige Bildung von Kristallisationszentren. Die sich neu bildende Phase besitzt zuerst sehr geringe Ausmaße und beginnt dann zu wachsen. Die geringe Größe des Urkeimes oder Primitivkristalls wird durch ein hohes Verhältnis der Oberfläche zum Volumen und seine Instabilität durch die hohe Oberflächenenergie bestimmt. Die Zahl der Atome in der Oberfläche solch eines primitiven Keims ist wesentlich größer als die Anzahl der Atome in seinem Volumen, was mit einer Vergrößerung der freien Energie des Systems verbunden ist. Genau dieser Umstand besitzt eine sehr große Bedeutung bei der Einschätzung des Anfangsstadiums der Keimbildung. Da sich die Keime nicht ohne eine Erhöhung der freien Energie des Systems bilden können, ist es notwendig, die Energiebarriere der Nukleation zu überwinden.
Das selbständige Anwachsen der freien Energie des Systems, das mit der Überwindung der Potentialbarriere bei der Entstehung des Keims der neuen Phase und im Anfangsstadium seines Wachstums verbunden ist, ist nicht von den Positionen der klassischen Thermodynamik her erklärbar, wie auch unter anderem die Möglichkeit der Existenz der metastabilen Phase selbst von diesen Positionen aus unerklärbar ist. Eine Reihe von Wissenschaftlern (*Volmer*, *Stranskij* u. a.) gaben diesem Problem auf der Grundlage der Fluktuationstheorie eine Lösung.
Die Bildung der Keime ist mit solch einem Zustand der sich abkühlenden Flüssigkeit verbunden, wo die Wahrscheinlichkeit der Entstehung von mikroskopisch kleinen Molekülzusammenballungen stark ansteigt. Diese Dichtefluktuationen können Anordnungen von Molekülen schaffen, die dann Keime der neuen Phase werden. Außer der Dichtefluktuation sind auch noch Fluktuationen der Temperatur, Konzentration u. a. die Ursache für die Keimbildung. Bei der Bildung eines Keimes setzt sich die Gesamtänderung der freien Energie aus zwei Hauptteilen zusammen: der eine ist das Resultat der Bildung der Phasengrenzfläche und der andere das Resultat der Änderung der freien Energie durch die Phasenumwandlung Flüssigkeit – Kristall. Der erste Teil (Oberflächenanteil) kann als Energieverlust (die Energie des Systems wächst) durch die Entstehung der Phasengrenze bezeichnet werden. Der zweite Teil (Volumenanteil) stellt einen Energiegewinn dar (die Energie des Systems verringert sich). Die Änderung der freien Energie kann hierbei durch

$$\Delta F = -\frac{4}{3}\pi r^3 \Delta f_V + 4\pi r^2 \Delta f_s$$

Δf_V Änderung der freien Energie je Volumeneinheit
Δf_s Änderung der freien Energie je Flächeneinheit der Phasengrenze

ausgedrückt werden.
Im Falle einer geringen Größe des sphärischen Keimes der neuen Phase ist der zweite Term der Gleichung größer als der erste und vergrößert sich mit dem Wachstum des Keimes bis zu einer kritischen Größe. Erreicht der Keim diese kritischen Abmessungen, wird der erste Term größer als der zweite und wächst mit Vergrößerung des Keimes weiter an. Sphärische Keime mit überkritischer Größe wachsen allein durch Verringerung der freien Energie und sind deshalb stabil. Keime mit unterkritischer Größe, deren Existenz mit einer Vergrößerung der freien Energie verbunden ist, befinden sich im Zustand eines beweglichen Gleichgewichts. Ihre Anzahl im System entspricht einer gewissen Gleichgewichtskonzentration, bei der ein Teil der Keime wieder zerfällt und der andere neu entsteht. In Bild 26 ist das Diagramm der Abhängigkeit der freien Energie von der Größe der Kristallkeime dargestellt.

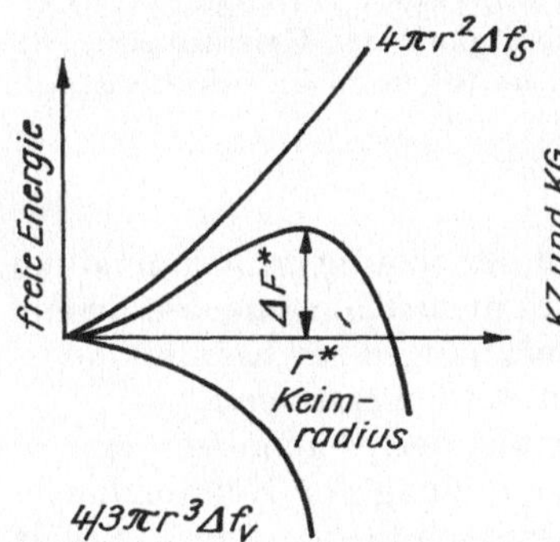

Bild 26. Abhängigkeit der freien Energie von der Keimgröße

Der Wert der freien Energie, der der kritischen Größe des Keimes entspricht, wird durch

$$\Delta F^* = 16\,\pi(\Delta f_s)\,\varepsilon/[3(\Delta f_V)^2]$$

bestimmt, was einem kritischen Radius des Keimes von

$$r^* = 2\Delta f_s/\Delta f_V$$

entspricht.
Die Keimbildungsgeschwindigkeit I, die der Entstehungswahrscheinlichkeit eines stabilen Keimes proportional ist, wird durch folgende Gleichung der statistischen Mechanik ausgedrückt:

$$I = A\exp[-\Delta F^*/(\mathrm{k}\,T)]$$

A Konstante
k *Boltzmann*konstante.

In diesem Ausdruck ist die Aktivierungsenergie der Diffusion nicht berücksichtigt. Aber die Diffusion der Moleküle an der Phasengrenze kann die Hauptbarriere beim Keimwachstum darstellen. Aus diesem Grunde ist in die angeführte Gleichung eine zusätzliche Größe Q, die Aktivierungsenergie der Diffusion, einzuführen:

$$I = A\exp[-(\Delta F^* + Q)/(\mathrm{k}\,T)].$$

Die Keimbildungsgeschwindigkeit hängt nicht nur von der Anzahl der Bereiche mit dem energetischen Zustand ΔF^* ab, sondern auch von der Wahrscheinlichkeit der Übergänge über die Energiebarriere, die mit Vergrößerung des Unterkühlungsgrades anwächst. Bei einer kleinen Unterkühlung hat ΔF^* einen großen Wert, da Δf_v sehr klein ist. Daraus resultiert eine geringe Keimbildungsgeschwindigkeit. Bei weiterer Unterkühlung kommt es zum Anwachsen des Wertes Δf_v, und ΔF^* wird mit Q vergleichbar. Unter diesen Bedingungen wird eine maximale Keimbildungsgeschwindigkeit erreicht. Bei nochmaliger Vergrößerung der Unterkühlung wird ΔF^* im Verhältnis zu Q verschwindend klein, und die Keimbildungsgeschwindigkeit verringert sich stark. Die angeführten Änderungen bedingen das Entstehen eines Maximums auf der Kurve der Abhängigkeit der Keimbildungsgeschwindigkeit der neuen Phase vom Unterkühlungsgrad (Bild 27).

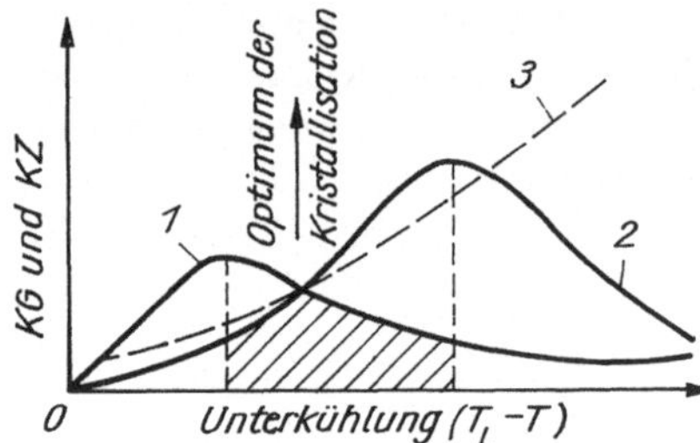

Bild 27. Typische Abhängigkeitskurven der linearen Kristallisationsgeschwindigkeit (*1*), der Bildungsgeschwindigkeit der Kristallkeime (*2*) und der Viskosität (*3*) vom Unterkühlungsgrad der Gläser

Die oben angeführten Überlegungen gelten für den Fall der spontanen Keimbildung in Einkomponentensystemen. Für Systeme mit zwei und mehr Komponenten ändert sich die Aktivierungsenergie der Diffusion, und die Berechnungen zur Keimbildungsgeschwindigkeit mit Hilfe der angeführten Gleichungen werden erschwert.

Es muß angemerkt werden, daß in Übereinstimmung mit den Ergebnissen einiger Untersuchungen die Aktivierungsenergie, die zur Überwindung der Keimbildungsbarriere notwendig ist, bei großen Unterkühlungen wesentlich kleiner sein kann, als das die Berechnung für ΔF^* ergibt. Solch ein Effekt ist auch für den Fall der Bildung von Emulsionen im Glas charakteristisch, da die Oberflächenenergie an der Phasengrenze Mikrotropfen – Matrix einen geringen Wert besitzt. Δf_s ist demnach auch gering, und zusammen mit ihr sind auch die Aktivierungsenergie der Keimbildung und die Bildungsarbeit A_K des kritischen Keimes klein. Als Funktion der Unterkühlung wird letztere durch den Ausdruck

$$A_K = \mathrm{R}\, B\, \sigma^3/(\Delta T)^2$$

ΔT Unterkühlung
σ Oberflächenspannung an der Grenze Flüssigkeit/Kristall
B von physikalischen Stoffkonstanten abhängende Größe

dargestellt.

Je größer die Unterkühlung ist, desto größer ist die Entstehungswahrscheinlichkeit des kritischen Keimes und desto kleiner ist seine Größe.

Die Analyse der angeführten Gleichung zeigt, daß der Oberflächenspannung an der Grenze Kristall – Flüssigkeit eine entscheidende Bedeutung bei der Bestimmung der Arbeit zur Bildung des kritischen Keimes zukommt. In Verbindung damit können lösliche Beimengungen, die in kleinen Mengen zugesetzt werden und fähig sind, den Wert σ zu ändern (dementsprechend auch Δf_s), einen wesentlichen Einfluß auf den Prozeß der Keimbildung haben.

Dieser Einfluß kann sowohl positiv als auch negativ sein. Im ersten Fall kommt es zu einer Verringerung der Oberflächenspannung an der Grenze Kristall – Flüssigkeit.

Gleichzeitig senkt sich der Unterkühlungsgrad, bei dem sich Kristallisationszentren zu bilden beginnen. So ist schon der hundertste Teil eines Prozentes von Kalium ausreichend, um bei Zugabe zu Quecksilber die Oberflächenspannung an der Grenze Kristall – Flüssigkeit von 7,7 auf 3,6 mN m^{-1} zu verringern. Im zweiten Fall erschwert der Zusatz den Molekülaustausch zwischen Keim und Flüssigkeit dadurch, daß sich die Moleküle des Zuschlagstoffes auf der Oberfläche des Keimes ansammeln und so die Flächen des zukünftigen Kristalls blockieren. Die Konzentration der Moleküle des Zuschlagstoffes auf der Keimoberfläche kann mit der Oberflächenaktivität oder mit der Unlöslichkeit des Zusatzes in der festen Phase erklärt werden; so erhöhen z. B. geringe Zusätze von Piperanol (0,7 %) die Unterkühlungstemperatur des Azobenzols von 32 auf 37 °C und die Aktivierungsenergie von 84 auf 92 J mol^{-1}, obwohl sich die Oberflächenspannung an der Grenze Kristall – Flüssigkeit nicht ändert.

Geringe Zusätze von Stoffen können die Grenzen der Metastabilität aus dem Bereich großer Unterkühlungen in den Bereich geringer Unterkühlungen verschieben, d. h., daß sich die Kristalle in diesem Fall nahe der Schmelztemperatur bilden und auch wachsen können. Solche Zusätze erhielten in der Metallurgie die Bezeichnung *Modifikatoren.*

5.1.2. Heterogene Keimbildung

Die Notwendigkeit der Überwindung einer energetischen Barriere der Keimbildung bestimmt den langsamen Verlauf der Phasenübergangsprozesse, und in einigen Fällen sind diese Übergänge erschwert oder praktisch überhaupt nicht zu realisieren. Außerdem ist schon lange bekannt, daß sich die Bildung der Keime einer neuen Phase beschleunigt, wenn im System irgendwelche Initiatoren der Keimbildung vorhanden sind, z. B. Gefäßwände, kolloidale Einschlüsse, Verunreinigungen, Staubteilchen u. a. Deshalb fand in der Praxis der künstliche Zusatz von Verunreinigungen Anwendung, die die Kristallisation der Lösung oder Schmelze erleichtern und die Struktur des kristallisierten Stoffes verändern.

Schon 1861 (*Saint-Claire-Deville*) wurde der Begriff *Mineralisator* zur Bezeichnung von gasförmigen Stoffen, die die Mineralbildung beschleunigen, eingeführt. 1939 (*Ginsberg*) wurden als Mineralisatoren beliebige kleine Zusätze, unabhängig von ihrem Aggregatzustand, bezeichnet, die physikalisch oder chemisch die Reaktion beschleunigen, aber nicht in der Zusammensetzung der Endphase enthalten sind.

Nach dem Wirkprinzip auf die Reaktion zwischen festen Stoffen teilt *Barta* (1954) alle Mineralisatoren in drei Gruppen ein, die jeweils Einfluß haben auf

- die Keimbildung (Kristallisationszentren),
- die Kristallisationsgeschwindigkeit (im speziellen durch Viskositätsänderung des Systems und durch Wärmeabfuhr aus dem System) und
- die Struktur und dementsprechend auch auf die Eigenschaften der kristallinen Körper (unter anderen die sogenannten Oberflächen-, Struktur- und Diffusionsmineralisatoren).

Außer den Beschleunigerzusätzen (Mineralisatoren) gibt es noch Zusätze mit ausgewählter Wirkung. So wird die Verlangsamung des Mineralbildungsprozesses durch Zusätze hervorgerufen, die als Verzögerungsstoffe oder *Inhibitoren* bezeichnet werden. Modifikationsumwandlungen werden durch Zusätze unterbunden, die *Stabilisatoren* genannt werden.

In der Metallurgie werden zur Bezeichnung ähnlicher Erscheinungen die Begriffe

Modifizieren und *Legieren* verwandt. Unter Modifizieren versteht man den Einfluß kleiner Zusätze (bis 2 %) auf die Struktur und die Eigenschaften von Metallen und Legierungen. Das Legieren stellt die Zugabe von verschiedenen Zusätzen in geschmolzene oder feste (Oberflächenlegieren) Metalle dar, die es erlauben, eine Legierung vorgegebener chemischer Zusammensetzung herzustellen. Es werden schwachlegierte (bis 10 %) und hochlegierte (> 10 %) Stähle unterschieden. Das Legieren setzt also die Wechselwirkung des Zusatzes mit der Hauptkomponente und die Bildung der entsprechenden chemischen Verbindungen voraus. Das Modifizieren führt zur Änderung der Struktur und der Eigenschaften des Stoffes, ohne daß in der Regel neue chemische Verbindungen entstehen.
Angewandt auf Systeme, mit denen sich die Keramik beschäftigt, ist es angebracht, den Begriff Modifizierung zu verwenden, da er nicht nur die Beschleunigung (Mineralisation), sondern auch die Verzögerung (Inhibierung und Stabilisierung) der Prozesse einbezieht.
Das Modifizieren fand eine breite Anwendung in der Metallurgie bei der Herstellung verschiedener Legierungen, von Gußeisen und Stahlerzeugnissen. Es wurde festgestellt, daß einige Zusätze die Struktur der Metalle und Legierungen verändern, indem sie sie feinkörnig machen. Die mechanischen Eigenschaften der Metalle verbessern sich hierbei wesentlich, es wachsen die Elastizitäts- und Festigkeitsgrenzen und die Schlagzähigkeit. Die Größe der Kristallkörner verringert sich stark, wenn man in eine Stahlschmelze 0,1 bis 0,15 % Vanadium, in eine Aluminiumschmelze 0,035 % Titan, in eine Siliciumschmelze 0,03 % Natrium und in eine Gußeisenschmelze 0,7 % Calciumsilicid zugibt. Modifiziertes Gußeisen besitzt eine 1,5mal größere Festigkeit als gewöhnliches Gußeisen.
Rehbinder und seine Mitarbeiter beschäftigten sich mit dem Wirkmechanismus der Modifizierung. Nach seiner Definition werden als *Modifikatoren* kleine Konzentrationen von Stoffen bezeichnet, die den Kristallisationsprozeß aus Lösungen und Schmelzen stark beeinflussen. Modifikatoren vergrößern die Keimzahl und begünstigen so während des Erstarrens der Schmelze die Bildung einer feinkörnigen Struktur. Außerdem verringern sie die Kristallwachstumsgeschwindigkeit und verändern in einigen Fällen die Form der Kristalle.
In Übereinstimmung damit werden die Modifikatoren in zwei Gruppen eingeteilt, die Keimbildner und die Verzögerer des Kristallwachstums. Die Keimbildner liegen in der Schmelze als hochdisperse Suspension vor, deren Teilchen als Kristallkeime dienen. Die Suspensionsteilchen dürfen mit der Schmelze keine chemische Wechselwirkung eingehen und müssen ausreichend schwerschmelzbar sein, um den festen Zustand in der Schmelze zu erhalten. Außerdem müssen sie eine Isomorphie mit den Kristallen der Schmelze besitzen. Kristallisationsverzögerer werden auf den Flächen des Kristallkeimes adsorbiert und verringern seine Wachstumsgeschwindigkeit. Zu dieser Gruppe gehören oberflächenaktive Modifikatoren. Die Adsorption solch eines Modifikators kann auf unterschiedlichen Flächen ungleichmäßig sein. Daraus folgen eine ungleichmäßig starke Blockierung der Flächen durch die absorbierte Schicht des Modifikators und letztlich auch die Änderung der Kristallform. Durch die Verringerung der Kristallwachstumsgeschwindigkeit vergrößert sich die Zeit vom Beginn bis zum Ende der Kristallisation der Schmelze, was eine Vergrößerung der Anzahl der Kristallisationszentren und eine feinkörnigere Struktur der erstarrten Schmelze begünstigt.
Die Methode der Modifizierung wird auch in der Keramik breit angewendet, unabhängig davon, welche Termini dafür benutzt werden. Als Beispiel kann man auf die Arbeiten zur Herstellung des Korundmikrolits verweisen, die am Moskauer Chemisch-Technologischen Institut »*D. I. Mendeleev*« (1950) durchgeführt wurden. Dazu wurde Magnesiumoxid (0,6 bis 1 %) als Modifikator eingesetzt und ein feinkörniger (1 bis

2 μm) gesinterter Korund mit einer Festigkeit erhalten, die mehrfach (2- bis 3mal) größer als die Festigkeit von gewöhnlich gesintertem Korund ist.
Die Erfindung des Verfahrens der gerichteten Kristallisation von Gläsern brachte uns erneut in die noch nicht vollständig enträtselte Welt der Zusätze und Mikrozusätze, d. h. die Welt der Beimengungen, die eine erstaunliche Wirkung auf die Prozesse der Phasenübergänge haben. Diese Beimengungen wurden in bezug auf die Herstellung von Vitrokeramiken bedingt als Katalysatoren bezeichnet, aber im Grunde genommen sind es die altbekannten Modifikatoren, die wir schon in Metallurgie, Keramik und – allgemein – in der chemischen Technologie getroffen haben.
Bei der heterogenen Keimbildung der neuen Phase besitzt die Verringerung der Oberflächenenergie eine entscheidende Bedeutung, wodurch sich die energetische Barriere der Nukleation ΔF^* verringert. Dabei ist die Benetzung des katalytischen Initiators durch die Phase, die den Keim bildet, eine notwendige Bedingung solch eines heterogenen Prozesses. Diese Benetzung darf nicht durch die Matrixumgebung, in der der genannte heterogene Prozeß stattfindet, gestört werden.
Nach *Volmer* wird die Bildungsenergie der Kristallisationszentren in Form von sphärischen Sektoren auf einer planen Unterlage mit dem Kontaktwinkel Θ durch den Ausdruck

$$\Delta F^* = \{16\,\pi(\Delta f_s)^3/[3(\Delta f_v)^2]\}\,[(2+\cos\Theta)\,(1-\cos\Theta)^2/4]$$

bestimmt. Diese Gleichung unterscheidet sich vom Ausdruck für die Aktivierungsenergie der homogenen Keimbildung durch die Größe

$$f(\Theta) = (2+\cos\Theta)(1-\cos\Theta)^2/4.$$

Die heterogene Keimbildung wird also durch dieselben Parameter beschrieben wie die homogene, außer dem zusätzlichen Parameter, der die Größe des Benetzungswinkels (Kontaktwinkels) an der Grenze Unterlage – Keim bestimmt.
Bei allen Kontaktwinkeln $<180\,°C$ ist die energetische Barriere der Keimbildung auf der Oberfläche kleiner als im Falle der homogenen Bildung von Keimen der neuen Phase. Wenn der Kontaktwinkel 60° beträgt, macht die energetische Barriere nur 1/6 der Energie der homogenen Keimbildung aus. Bei einem Kontaktwinkel von Null wird die energetische Barriere auch Null. Daraus folgt, daß sich in allen Fällen die Keime der neuen Phase in erster Linie auf beliebigen Oberflächen bilden und nicht im Volumen der Primärphase. Ihre Bildungsarbeit ist im ersten Fall wesentlich kleiner. Entsprechende Experimente zeigen gleichzeitig, daß die Aktivierungsenergie der Keimbildung von der Oberflächenform abhängt. So ist diese Energie für eine zylindrische Vertiefung kleiner als für eine Ebene.
Einen katalytischen Einfluß auf die Bildung von Keimen der neuen Phase besitzen auch innere Oberflächen (Korngrenzen, Gleitebenen), Versetzungen und andere Defekte. Wenn sich in der unterkühlten Flüssigkeit strukturähnliche Teilchen befinden, so entstehen die Kristallkeime zuerst auf denselben.
Die Effektivität der Wirkung des Teilchens (Substrates) hängt vom Grad der Übereinstimmung seiner Struktur mit der des Keimes ab: Die Nichtübereinstimmung der Gitterparameter beider Kristalle darf 15 % nicht übersteigen (Prinzip der kristallografischen Ähnlichkeit von *Dankov*).
Die Untersuchung der Keimbildung in Flüssigkeiten und Gasen wird dadurch erschwert, daß es unmöglich ist, in ihnen einen rein homogenen Prozeß zu beobachten, da immer Fremdteilchen vorhanden sind, die die Heterogenität des Prozesses bestimmen. So beobachtet man in Wirklichkeit das Resultat aus der Summe der selbständigen und der stimulierten Keimbildung, die man praktisch nicht auseinander-

halten kann. Etwas anderes stellt die Schmelze dar, in der sich in der Regel alle Verunreinigungen, darunter auch sehr schwer schmelzende, auflösen.
Bei der Herstellung von Vitrokeramiken löst sich der Katalysator im Glas auf, und seine Ausscheidung aus der Schmelze geschieht in Übereinstimmung mit dem betrachteten Mechanismus der homogenen Keimbildung. Erst nach dem Ausscheiden von Aggregaten des Katalysators beginnt das Stadium der heterogenen Bildung der Zentren, auf denen dann die Hauptphase kristallisiert.

5.2. Kristallwachstum

Der Kristallisationsprozeß setzt sich aus zwei Stadien zusammen. Im ersten Stadium bilden sich die Keime, und im zweiten Stadium wachsen diese Keime. Diese Stadien überlagern sich in Wirklichkeit, deshalb ist eine solche Einteilung nur bedingt richtig.
Wie aus dem Vorhergehenden sichtbar wurde, ist der Mechanismus des Keimbildungsprozesses in vielen Punkten noch unklar. Es wäre auch falsch zu denken, daß, wenn erst die Keime vorhanden sind, der weitere Prozeß der Kristallbildung leicht zu beschreiben sei.
Gegenwärtig ist durch die Röntgenografie eindeutig die Struktur der Kristalle geklärt, und es ist bekannt, wie die Elementarteilchen (Atome, Ionen, Moleküle), die den einen oder anderen Kristall bilden, angeordnet sind. Aber wir wissen nicht, wie diese Teilchen auf den Flächen »sortiert« und angelagert werden. Wir können auch nicht mit Bestimmtheit sagen, ob einzelne Teilchen oder ihre Kombinationen angelagert werden. Auch kennen wir nicht die Einzelheiten, die den Wachstumsprozeß von Kristallen aus flüssigen und erstarrten Schmelzen, aus Lösungen unterschiedlicher Konzentration und aus der Gasphase unterscheiden. Es existieren mehr oder weniger fundierte unterschiedliche Vorstellungen, aber eine eindeutige Antwort auf all diese Fragen wurde bis jetzt noch nicht gegeben. So stellen nicht nur der Mechanismus der Keimbildung, sondern auch der Mechanismus des Wachstums dieser Keime Aufgaben dar, an deren Lösung noch sehr viel zu arbeiten ist.
Das Kristallwachstum beurteilen wir nach der Vergrößerungsgeschwindigkeit der linearen Ausmaße des Kristalls. Diese Geschwindigkeit wird hauptsächlich durch die Diffusion bestimmt, d. h. durch die Bedingungen der Zufuhr der Elementarteilchen zu den Flächen des wachsenden Kristalls. Sie hängt auch von den Reaktionen ab, die an der Grenzfläche Kristall – Umgebungsmatrix verlaufen. Es ist bekannt, daß sich der gelöste Stoff beim Einbringen eines Kristallkeimes in eine gesättigte Mutterlösung auf den Flächen dieses Keimes ausscheidet. Der Keim beginnt zu wachsen. Wenn derselbe Keim in eine ungesättigte Mutterlösung gebracht wird, löst er sich auf.
Im Falle des Kristallwachstums bildet sich eine Schicht der Lösung, die von der einen Seite durch die Kristalloberfläche und von der anderen Seite durch die übersättigte Lösung begrenzt ist. Diese Schicht besitzt eine veränderliche Konzentration, die von der Kristallfläche zur Grenze der übersättigten Lösung zunimmt. Sie wird als Kristallisationshof bezeichnet. Die Konzentration der Lösung unmittelbar an der Oberfläche des wachsenden Kristalls wird nur durch die Diffusion des Stoffes von der Übersättigungsgrenze durch den Kristallisationshof auf dem Niveau einer gesättigten Lösung gehalten. Die Existenz einer Schicht mit veränderlicher Konzentration um den wachsenden Kristall kann visuell festgestellt werden, wenn man entweder einen gefärbten gelösten Stoff anwendet oder z. B. die Lösung einfriert.
Die bestehenden Theorien über das Wachstum der realen Kristalle gehen von einer Reihe von Annahmen aus, die die eine oder andere Besonderheit des Kristallisations-

prozesses (Adsorption, Diffusion u. a.) als bestimmende Größe betrachten. Theorien, die alle Seiten der Phasenübergänge berücksichtigen, wurden noch nicht geschaffen. Theorien, die den Mechanismus des Kristallwachstums erklären, wurden in Übereinstimmung mit dem jeweiligen Wissensstand und den experimentellen Resultaten verändert. Die theoretischen Hauptgrundsätze wurden hierbei für das Kristallwachstum aus der Dampfphase abgeleitet, weniger für die Kristallisation aus Flüssigkeiten und Lösungen. Die größten theoretischen und praktischen Schwierigkeiten ergeben sich bei der Untersuchung des Kristallwachstums aus der Schmelze. Das ist nicht zufällig: Wenn in Lösungen die Triebkraft des Kristallwachstums der Massetransport ist, dann kommt bei Schmelzen komplizierter Zusammensetzung (die auch gleichzeitig Lösungen sind) noch der Wärmetransport hinzu. In Verbindung damit muß man beachten, daß die vorhandenen theoretischen Vorstellungen über den Mechanismus des Kristallwachstums in bezug auf die Schmelzen nur als qualitativ betrachtet werden können.
Man kann folgende Theorien über das Kristallwachstum nennen:

Thermodynamische Theorie von *Gibbs* (1876)

Zwei Hauptgrundsätze dieser Theorie bestehen darin, daß

a) der Kristall, der sich mit der eigenen Lösung im Gleichgewicht befindet, eine Form besitzt, die einem Minimum seiner Oberflächenenergie entspricht,

$\sum_i \sigma_i S_i = \text{min.}$ bei $V = \text{const}$, und daß

b) das Kristallwachstum sprunghaft durch die Bildung von zweidimensionalen Keimen verläuft. Diese Keime entstehen bei ausreichender Übersättigung der Lösung an den Rändern, und ihr weiteres Wachstum, das zur Bildung einer neuen Kristallfläche führt, erfolgt unter den Bedingungen einer schwachen Übersättigung schon ohne Überwindung von Energiebarrieren.

Theorie der Gleichgewichtsform von *Wulf* (1901)

Diese Theorie verbindet auch die Geschwindigkeit des Kristallwachstums mit der Oberflächenenergie des Kristalls. Mit Erhöhung der Oberflächenenergie der Kristallfläche steigt ihre Wachstumsgeschwindigkeit und umgekehrt. *Wulf* gibt folgende Formulierung seines Theorems: »Ein Minimum an Oberflächenenergie wird für ein gegebenes Volumen eines Polyeders bei solch einer gegenseitigen Lage seiner Flächen erreicht, wenn sie von ein und demselben Punkt proportional zu ihren Oberflächenspannungen entfernt sind.«

$\sigma_1 : \sigma_2 : \sigma_3 : \ldots = n_1 : n_2 : n_3 : \ldots$

$\sigma_1, \sigma_2, \sigma_3$, Oberflächenspannungen der Flächen 1, 2, 3

n_1, n_2, n_3 senkrechte Entfernung vom Kristallzentrum (Keim) zu den Flächen 1, 2, 3

Adsorptionstheorie von *Volmer* (1926)

Volmer betrachtet, ähnlich *Gibbs*, das Kristallwachstum als einen Sprungprozeß. Der Prozeß der Auflösung erfolgt nach dieser Theorie umgekehrt zum Wachstum. Eine Adsorption wird unter der Bedingung realisiert, daß die Wechselwirkungsenergie der Oberflächenteilchen des Kristalls mit den Teilchen der Umgebung größer ist als die Wechselwirkungsenergie der Umgebungsteilchen untereinander. Die adsorbierten Teilchen können sich auf der Kristalloberfläche bewegen und so eine bewegliche Adsorptionsschicht bilden, die an die umgebende Lösungsschicht angrenzt. In dieser beweglichen Adsorptionsschicht entstehen dann zweidimensionale Keime, die sich mit der darunterliegenden Gitterebene des Kristalls verbinden. Die Geschwindigkeit der Entfaltung dieses Prozesses ist der Teilchendichte in der Adsorptionsschicht annähernd proportional.

Diffusionstheorie von *Andrejev* (1908)

Seine Theorie formulierte *Andrejev* als Gesetz vom Wachstum oder von der Lösung eines Kristalls: »Die Wachstumsgeschwindigkeit ist gleich der Diffusionsgeschwindigkeit und kann mathematisch durch dieselbe Formel ausgedrückt werden.«

$$(\mathrm{d}m/\mathrm{d}t)\,(1/S) = \mathrm{K}\,(C - c)$$

$\mathrm{d}m$	Stoffmenge	S	Fläche	K	Konstante
$\mathrm{d}t$	Diffusionszeit	C-c	Konzentrationsgefälle		

Diese Theorie wurde lange Zeit verschwiegen, und erst mit Gründung der UdSSR wurde sie für die Entwicklung von Methoden zur schnellen Züchtung von Kristallen benutzt.

Die Wachstumsgeschwindigkeit von Kristallen in konzentrierten Lösungen, Schmelzen oder in festen Stoffen, die durch die Diffusion bestimmt wird, kann durch die Gleichung

$$v = \mathrm{d}\,(3\,D/\lambda^2)\,\alpha[\Delta F_{\mathrm{v}}/(\mathrm{R}T_{\mathrm{i}})]$$

D Diffusionskoeffizient
α Zahl der sich auf den Kristallflächen abscheidenden Teilchen
d Durchmesser der zur Fläche des wachsenden Kristalls migrierenden Teilchen
λ^2 molare Oberfläche
$3D/\lambda^2$ Frequenz, mit der die Moleküle durch die Kristallflächen eingefangen werden
$\Delta F_{\mathrm{v}}/(\mathrm{R}T_{\mathrm{i}})$ thermodynamische Kraft des Prozesses
T_{i} Temperatur der Phasengrenze

ausgedrückt werden.

Wenn man annimmt, daß jedes mit dem Kristall zusammenstoßende Atom adsorbiert wird, d. h. $\alpha = 1$, muß bei einer kleinen Unterkühlung die Kristallwachstumsgeschwindigkeit dem Unterkühlungsgrad proportional sein.

Es ist zu berücksichtigen, daß auf die Wachstumsgeschwindigkeit der Kristalle die Bedingungen der Abfuhr der Kristallisationswärme von der Phasengrenze einen wesentlichen Einfluß besitzen. Wenn die Kristallisationswärme die Temperatur der Phasengrenzfläche wesentlich übersteigt, verringert sich die Kristallwachstumsgeschwindigkeit. Solch eine Erscheinung kann man bei der Bildung von Dendritkristallen und bei einem hohen Übersättigungsgrad beobachten, wenn die Wachstumsgeschwindigkeit stark von der Temperatur an der Grenze Kristall – Lösung abhängt. Wenn die Flächen des wachsenden Kristalls einen kleinen Krümmungsradius besitzen, wird die Kristallisationswärme schneller abgeführt, und es werden günstige Wachstumsbedingungen geschaffen.

Unter Berücksichtigung des Angeführten kann das Kristallwachstum durch die Gleichung

$$v = [GK/(\Delta H_{\mathrm{v}} r)]\,(T_{\mathrm{o}} - T_{\mathrm{m}})$$

T_{o} Gleichgewichtstemperatur der Phasenumwandlung
T_{m} Temperatur der Umgebungsmatrix
K Wärmeleitfähigkeit
ΔH_{v} Kristallisationswärme je Volumeneinheit
G Geometriekonstante der Kristallform
r Krümmungsradius der sich bildenden Oberfläche

beschrieben werden.

Theorie des Schichtwachstums von *Lömlein* (1948)

Nach dieser Theorie ist die Oberfläche des wachsenden Kristalls stufenförmig. Zwischen dem Kristall und der Umgebung, die die Stoffe zum Wachstum liefert, existiert immer eine adsorbierte Übergangsschicht. Diese Zwischenschicht aus Molekülen oder Atomen kann eine Doppelfunktion besitzen: Entweder liefert sie neue Teilchen an die Flächen des wachsenden Kristalls, oder sie gibt diese Teilchen in die Umgebungsmatrix zurück. Die Zwischenschicht, die sich in einem beweglichen Gleichgewicht befindet, ist der Ort, wo die Elementarprozesse des Wachstums oder der Lösung des Kristalls ablaufen.

Die Höhe der Stufen des Kristalls kann die Größe eines oder mehrerer Atome betragen. Bei der absoluten Nulltemperatur ist die Stufenfront atomar glatt, und bei erhöhten Temperaturen bedingen die Wärmefluktuationen Ausbrüche auf den Stufen (dreiflächige Ecken). Der Wachstumsprozeß besteht aus der allmählichen Anlagerung der Teilchen auf den Flächen bei der Bildung neuer Schichten.

Versetzungstheorie von *Frank* (1949)

Die Versetzungstheorie geht davon aus, daß reale Kristalle defekt sind und daß die Kristallflächen Stufen besitzen, die während des Wachstums nicht verschwinden und die durch Schraubenversetzungen gebildet werden. Bei Vorhandensein solcher Stufen entfällt die Notwendigkeit der Bildung von zweidimensionalen Keimen. Der Kristall wächst durch Anlagerung der Moleküle an die Stufenkante. Während des Wachstums bewegt sich die Stufe auf einer Spirale, und man kann eine scheinbare Drehung der Spirale in dem Maße beobachten, wie sich die Schichten vorwärtsbewegen. Da die Windungen der Spirale nur wenig voneinander entfernt sind, wird der Hauptanteil der Moleküle, die auf der Oberfläche adsorbiert werden, die Stufen erreichen, bevor er wieder verdampft ist. Dieser Mechanismus erzeugt automatisch die Stufen mit der nötigen Geschwindigkeit. Aber es ist notwendig anzumerken, daß auch die Theorie des Versetzungswachstums bestimmte Unklarheiten besitzt. So entstehen einige Schwierigkeiten bei der Erklärung des unabänderlichen Faktes, daß die Kristalle immer mit ebenen Flächen wachsen. Also muß man annehmen, daß das Wachstum einer Kristallfläche durch eine einzige Spirale bewerkstelligt wird.

Molekular-kinetische Theorie von *Kossel* (1927)

Die molekular-theoretischen Vorstellungen wurden in den Theorien von *Kossel* und *Stranskij* entwickelt. Ausgehend davon stellt sich der Mechanismus des Kristallwachstums folgendermaßen dar: Der Kristall wächst in monomolekularen Schichten durch Anlagerung der Moleküle in die sogenannte Lage des wiederholbaren Schrittes (Lage des »Molekularwürfels« A in Bild 28). Die Besonderheit dieser Lage besteht in folgendem. Die Moleküle in der Lage B (diese Moleküle werden als auf der Kristallfläche adsorbierte bezeichnet) besitzen nur einen Nachbarn in nächster Umgebung, und dementsprechend beträgt ihre Bindungsenergie φ. Die Moleküle in der Lage D verfügen entsprechend über eine Bindungsenergie von 2φ. Die Moleküle in der Lage A sind jedoch mit drei Nachbarmolekülen des Kristalls verbunden (oder, wie es noch bezeichnet wird, sie befinden sich in der Lage des »*wiederholbaren Schrittes*«) und haben die größte Bindungsenergie von 3φ. Für die Moleküle in den Lagen B und D ist durch die niedrige Bindungsenergie eine starke Tendenz zur Verdampfung charakteristisch.

Die viel größere Bindungsenergie der Moleküle in der Lage A erlaubt es anzunehmen, daß sich jedes dieser Moleküle auf der Kristallfläche fest anlagert. Von diesen Positionen aus wird das Kristallwachstum als ein Anlagerungsprozeß der Moleküle in die Lage des wiederholbaren Schrittes betrachtet. Durch die Anlagerung der Mole-

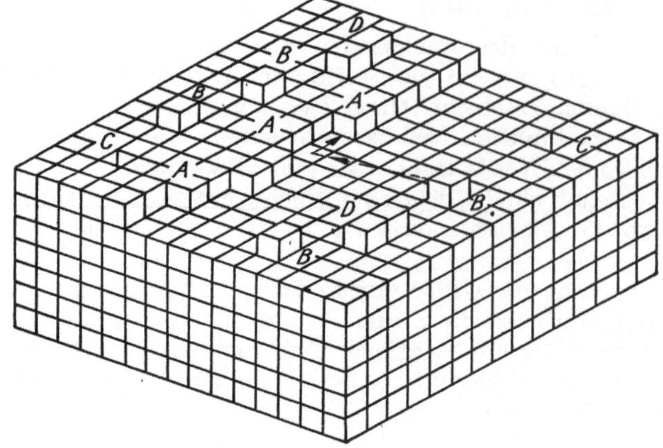

Bild 28. Kristallfläche (100) eines einfachen kubischen Gitters

A Stufenbruch; *B* adsorbierte Moleküle;
C Leerstellen; *D* auf Zwischenpositionen adsorbierte Atompaare

küle in diese Position kann man schnell eine ganze Molekülreihe füllen. Der Wachstumsbeginn einer neuen Reihe ist mit einer Verzögerung verbunden, da das Molekül in der Position D nur durch zwei Bindungen gehalten wird. Noch schwieriger beginnt eine neue Schicht zu wachsen. Die Moleküle in der Lage B werden nur durch eine Bindung gehalten und besitzen eine Neigung zur Rückverdampfung. In Verbindung damit ist es notwendig, entsprechende Bedingungen zu schaffen, damit eine neue Schicht ihr Wachstum beginnen kann. Dies geschieht dadurch, daß auf der Fläche eine ausreichend große Molekülgruppe in Nachbarpositionen gleichzeitig adsorbiert wird, die sich gegenseitig stabilisieren (die Bindungsenergie innerhalb der Gruppe beträgt 3φ). Die Molekülgruppe, die zum Wachstumsbeginn einer neuen Schicht notwendig ist, wird als zweidimensionaler Keim bezeichnet. Die Bildung dieses zweidimensionalen Keimes (genau wie der dreidimensionale Keim kritischer Größe bei der Bildung von Kristallisationszentren) kann durch Fluktuationen entstehen, und seine Größe muß auch einen kritischen Wert für das darauffolgende Wachstum besitzen.

Die Bildungsarbeit für einen zweidimensionalen Keim der kritischen Größe, der eine Plättchenform hat, entspricht

$$A_{\mathrm{K}} = \pi\, \sigma/F = \pi\, \sigma\, T_0/(a\, L \Delta T)$$

F Gewinn an freier Energie je Flächeneinheit bei der Anlagerung eines Moleküls an den Keim
T_0 Gleichgewichtstemperatur
a Höhe des Keimes
L Schmelzwärme
ΔT Unterkühlung
σ freie spezifische Kantenenergie.

Der kritische Radius des zweidimensionalen Keimes beträgt

$$\varrho_{\mathrm{K}}^{*} = \sigma/F\,.$$

Die Kristallwachstumsgeschwindigkeit wird durch die Zeit der Bildung von zweidimensionalen Keimen der kritischen Größe begrenzt und nach *Volmer* durch einen Ausdruck beschrieben, der analog der schon angeführten Gleichung für die Keimbildungsgeschwindigkeit lautet:

$$v = \mathrm{K} \exp\left[-U/(\mathrm{k}\, T)\right] \exp\left[-B\, \sigma^2/(T \Delta T)\right]$$

U Aktivierungsenergie beim Übergang der Moleküle von der Flüssigkeit zum Kristall
B Konstante, die L, a und T_0 berücksichtigt.

Der betrachtete Mechanismus erklärt auch das experimentell festgestellte Schichtwachstum der Kristalle. Diese Theorie zeigte in ihrer Erstfassung wesentliche Unterschiede zu den Untersuchungsergebnissen der Kristallwachstumsgeschwindigkeit. Die realen Wachstumsgeschwindigkeiten waren viel größer als die theoretisch vorausgesagten. *Volmer* ist der Meinung, daß dieser Unterschied mit der Bildung einer adsorbierten Schicht auf der Kristallfläche und dem Auftreten der Oberflächendiffusion verbunden ist. Durch Untersuchungen des Kristallwachstums kam *Volmer* zu dem Schluß, daß die Moleküle, die die Kristalloberfläche erreichen, nicht sofort in das Gitter eingebaut, sondern zuerst adsorbiert werden und sich in diesem Zustand auf der Oberfläche bewegen können, um sich entweder wieder von ihr zu trennen oder sich an einem beliebigen Platz der Kristallfläche anzulagern. Berechnungen zeigten, daß das Molekül im Mittel 10^5 Sprünge auf der Oberfläche ausführt, bevor es wieder verdampft. In diesem Fall muß die Wachstumsgeschwindigkeit der Kristalle nach dem Mechanismus des wiederholbaren Schrittes stark ansteigen, da das Vorhandensein dieser adsorbierten Moleküle, die auf der Oberfläche des Kristalls diffundieren, die Bildung von zweidimensionalen Keimen und die »*Speisung*« der Positionen des wiederholbaren Schrittes erleichtert.

Die Kinetik des Wachstums der Kristalle aus Lösungen wird in großem Maße durch den Massetransport bestimmt. Das Kristallwachstum schließt in diesem Falle zwei aufeinanderfolgende Prozesse ein: Der gelöste Stoff muß durch Diffusion oder Konvektion zur Kristallfläche transportiert werden. Bei Erreichen der Oberfläche muß er durch Oberflächenreaktion in den Kristall eingebaut werden (sich auf der Fläche anlagern). Wenn die Oberflächenreaktion schneller als der Massetransport verläuft, wird die Wachstumsgeschwindigkeit durch den Massetransport bestimmt (oder durch die Diffusion kontrolliert). Wenn die Geschwindigkeit des Massetransportes größer als die Geschwindigkeit der Oberflächenreaktion ist, wird das Wachstum der Kristalle durch die Geschwindigkeit der Molekülanlagerung auf der Oberfläche bestimmt.

Beim Wachstum der Kristalle aus Schmelzen muß die verdeckte Kristallisationswärme, die auf der Kristalloberfläche entsteht und in das Volumen der Schmelze durch Konvektion oder Wärmeleitung abgeführt wird, berücksichtigt werden. Wenn die Wärmeabfuhr mit einer geringen Geschwindigkeit vonstatten geht, steigt die Temperatur, und der Kristall beginnt zu schmelzen (die Moleküle werden von den Flächen gerissen). In Verbindung damit wird die Wachstumsgeschwindigkeit bei einem hohen Koeffizienten des Wärmetransportes durch die Oberflächenreaktionen kontrolliert und bei einem geringen Koeffizienten durch die Wärmeabfuhr. Glasschmelzen stellen ein kompliziertes System dar, in dem der kristallisierende Stoff gelöst und unter den anderen Komponenten verteilt ist. Bei der Analyse des Wachstums der Kristalle in diesen Schmelzen müssen Erscheinungen sowohl des Masseals auch des Wärmetransportes berücksichtigt werden.

Eine durchgängige quantitative Theorie des Wachstums von Kristallen aus Mehrkomponentenschmelzen und -gläsern fehlt. In großem Maße ist das mit der Begrenztheit von zuverlässigen experimentellen Daten verbunden. *Hillig* und *Turnbull* entdeckten bei der Untersuchung der Kristallisation von flüssigem Quecksilber eine quadratische Abhängigkeit der Wachstumsgeschwindigkeit von der Unterkühlung, die von einem Versetzungswachstum der Kristalle zeugt. Aber die Berechnung der Kristallwachstumsgeschwindigkeit nach den von ihnen vorgeschlagenen Formeln ergab Werte, die die experimentellen stark übersteigen. Zur Erklärung dieses Unterschiedes stellten sie die Vermutung auf, daß der Abstand zwischen den Stufen, an denen sich die Moleküle anlagern, im Vergleich zur Strecke der mittleren Verschiebung der Moleküle auf der Oberfläche sehr groß ist. Unter Berücksichtigung dieser Annahme kann man eine befriedigende Übereinstimmung der berechneten mit den experimentellen Resultaten erreichen. Aber auch dieses Einzelbeispiel zeigt, daß sich die Theorie des Wachstums von Kristallen aus Schmelzen noch im Stadium der Entwicklung befindet.

5.3. Katalysatoren der Kristallisation

Um die Erreger der Volumenkristallisation von Gläsern zu definieren, werden gegenwärtig verschiedene Bezeichnungen benutzt: Katalysatoren, Nukleatoren, Initiatoren, Stimulatoren, Keimbildner u. a.
Von allen diesen Bezeichnungen wurde als erster der Terminus *Katalysator* angewandt, der von den amerikanischen Wissenschaftlern in die Literatur über Vitrokeramik eingeführt wurde. Da dieser Terminus für die Chemiker eine ganz bestimmte Bedeutung besitzt (und zwar werden als Katalysatoren Stoffe bezeichnet, die eine Reaktion beschleunigen und selbst praktisch unverändert bleiben), muß die Einschränkung dieses Terminus für den Prozeß der gerichteten Kristallisation von Glas unterstrichen werden. Das Problem besteht darin, daß der Katalysator für die Kristallisation des Glases einerseits in der Rolle eines Prozeßbeschleunigers und andererseits als Teilnehmer in diesem Prozeß auftritt, denn er bildet entweder selbst einen Kristallkeim, oder er trägt zur Bildung einer Grenzfläche im Glas bei. Er ist letztlich selber mit in den Prozeß einbezogen und nimmt einen neuen Aggregatzustand an. Ungeachtet der Einschränkungen für diesen Terminus wird er weiterhin in der wissenschaftlichen Literatur neben den anderen genannten Termini angewandt.
Welche Verbindungen oder Elemente können als Katalysatoren auftreten, und welchen Anforderungen müssen sie genügen?
Stookey stellt folgende Forderungen:

- Der Katalysator muß eine unbegrenzte Löslichkeit im Glas bei hohen Temperaturen (Schmelz- und Verarbeitungstemperatur) und eine begrenzte Löslichkeit bei niedrigen Temperaturen (in der Nähe der Erweichungstemperatur und geringer) besitzen.
- Der Katalysator muß über eine geringe Aktivierungsenergie bei der Bildung von Kristallisationszentren aus der Schmelze im Bereich niedriger Temperaturen verfügen.
- Die Ionen und Atome des Katalysators müssen eine im Vergleich zu den Hauptkomponenten des Glases erhöhte Diffusionsgeschwindigkeit bei niedrigen Temperaturen besitzen.
- Die Keimgrenze Kristall – Glas muß eine niedrige Oberflächenenergie besitzen, um eine gute Benetzung des Kristalls durch das Glas zu gewährleisten.
- Die Parameter des Kristallgitters des Katalysators und der sich ausscheidenden Kristallphase müssen ähnlich sein und dürfen sich nicht um mehr als 10 bis 15 % unterscheiden.

Die Frage nach den Forderungen, denen ein Katalysator entsprechen muß, ist nicht so einfach, wie das nach den Regeln *Stookeys* aussieht. Es stellte sich heraus, daß diese Forderungen nur für eine bestimmte Klasse von Katalysatoren, die zur Kristallisation von Glas benutzt werden, anwendbar sind. So ist die Ähnlichkeit der Parameter des Katalysators und der sich ausscheidenden Phase allein noch nicht ausreichend, um den Kristallisationsprozeß zu sichern. Nach *Weyl* sind die Bildung der Kristallisationszentren und das gerichtete Kristallwachstum auf einem Substrat mit ähnlichen Gitterparametern Erscheinungen unterschiedlicher Ordnung. *Weyl* ist der Meinung, daß die Hauptaufgabe des Katalysators in der Schaffung einer Grenzfläche besteht. Ausgehend von der Abschirmtheorie, nimmt er an, daß sich die Kolloidteilchen des

Katalysators in der Schmelze mit Tetraedern umgeben, die eine maximale Anzahl polarisierbarer Ionen besitzen und am meisten abgeschirmt sind, wie es für Tetraeder mit einem oder mehreren Trennstellensauerstoffen zutrifft. Die Bildung dieser Gruppen (Kolloidteilchen eines Metalls, umgeben von Tetraedern) führt zur Teilung des Systems in Mikroelemente großer und kleiner Basizität und trägt letzten Endes zum Entstehen von Kristallisationszentren bei.

Betrachtet man die Frage der Neigung von Gläsern zur katalysierten Kristallisation, so weist ein anderer Wissenschaftler (*Meyer*) auf die große Bedeutung des Temperaturverlaufs der Kurve der linearen Kristallisationsgeschwindigkeit (*KG*) hin. Gläser mit einer für die Herstellung von Vitrokeramiken optimalen Zusammensetzung müssen im Bereich der Formgebungstemperaturen eine kleine und im Bereich der Kristallisationstemperaturen eine große *KG* besitzen. Die Bildungsgeschwindigkeit der Kristallisationszentren (*KZ*) je Volumeneinheit muß während der Formgebung Null und im Bereich der Kristallisation maximal sein.

Eine besondere Bedeutung mißt *Meyer* dem Charakter der Temperaturabhängigkeit der *KG* bei. Im entsprechenden Diagramm (Bild 29) muß die *KG* in Abhängigkeit von der Temperatur einen flachen Verlauf mit einem Maximum von nicht mehr als 10 bis 25 $\mu m \ min^{-1}$ besitzen. *Meyer* bemerkte dazu, daß diese Gläser hauptsächlich unterhalb der Erweichungstemperatur kristallisieren im Unterschied zu Gläsern mit einem steilen Verlauf der Temperaturabhängigkeit der *KG*, die bei den Erweichungstemperaturen ihre Kristalle ausscheiden.

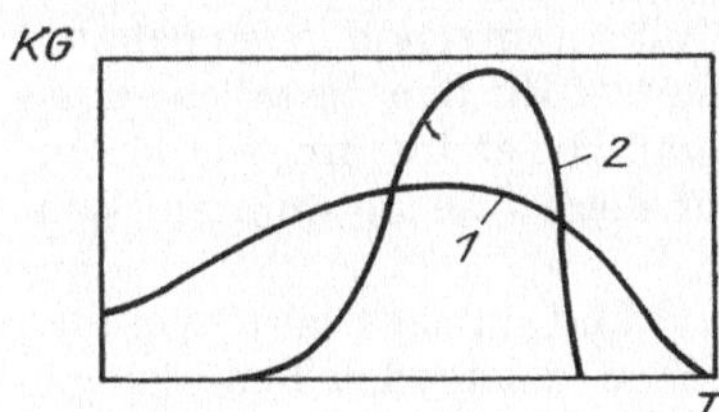

Bild 29. Typische Abhängigkeiten der Kristallwachstumsgeschwindigkeit von der Temperatur

Die Überlegungen *Meyers* müssen durch folgende Gedanken ergänzt werden. Wichtig ist nicht nur der Charakter der *KG*, sondern auch, in welchen Bereich das Maximum der *KG* verschoben worden ist. Anscheinend muß man solch eine Temperaturabhängigkeit der *KG* als optimal betrachten, bei der ihr Maximum im Temperaturbereich unterhalb des Erweichungspunktes liegt, d. h. im Bereich von Viskositätswerten über 10^7 Pa s.

5.3.1. Wirkmechanismus der Katalysatoren

Zu dieser Frage existieren unterschiedliche Hypothesen. Am Anfang überwog die Meinung, daß sich der in der Schmelze gelöste Katalysator bei Abkühlung in Form von Atom- oder Molekülgruppierungen ausscheidet, die nach ihrer Vergrößerung Zentren bilden, die dann die Kristallisation aus der Mutterschmelze initiieren. Danach wurde diese Vorstellung durch den Gedanken ergänzt, daß vor der Kristallisation eine Entmischung in der flüssigen Phase vonstatten geht.

Die Vorstellungen über einen Katalysator, der unter bekannten Bedingungen selbst die Keime der zukünftigen Kristallkörner der Hauptphase bildet, ist allem Anschein nach für die Katalysatoren des metallischen Typs (Gold, Silber u. a.) gerechtfertigt. Diese Ansichten sind experimentell bestätigt und rufen fast keine Diskussion hervor. Was die Katalysatoren des Oxidtyps (Oxide des Titans und des Zirkons, Phosphate

u. a.) betrifft, so ist die Frage über ihren Wirkmechanismus gegenwärtig noch nicht gelöst. Die anfänglichen Überlegungen darüber, daß sie auch Kristallkeime bilden, wurden sehr bald bezweifelt, da es mit keiner experimentellen Methode möglich war zu beweisen, daß die Kristallkeime auch wirklich aus Teilchen des in die Schmelze eingeführten Oxidkatalysators bestehen. So könnte man z. B., ausgehend von diesen Überlegungen, annehmen, daß sich das in die Schmelze eines entsprechenden Glases eingeführte Titandioxid bei Abkühlung der Schmelze oder bei der darauffolgenden Temperbehandlung zuerst selbst ausscheidet und Keime bildet, auf denen dann die Kristallisation der Hauptphase beginnt. Die Röntgenphasenanalyse zeigte aber, daß sich das Titandioxid (Rutil) in einigen Fällen nicht zu Beginn, sondern erst am Ende des Kristallisationsprozesses ausscheidet. In Gläsern mit Cordieritzusammensetzung kann z. B. als Primärphase nicht der Rutil, sondern ein Mischkristall auf der Grundlage des Hochquarzes, des sogenannten Silica-O, auskristallisieren, der dann bei weiterer Temperbehandlung unter Bildung anderer Phasen (Spinelle, Cordierit) zerfällt.

5.3.2. Metallische Katalysatoren

Als Katalysatoren für die Kristallisation werden Metalle angewandt, die die Eigenschaft besitzen, sich im Glas bei Schmelztemperatur aufzulösen und sich bei Abkühlung (oder wiederholter Erwärmung) aus dem Glas in Form von kolloidalen Teilchen auszuscheiden. Diese Eigenschaft von einigen Metallen war schon lange bekannt und wurde zur Herstellung von farbigen Gläsern benutzt. Zu den Metallen dieses Typs gehören Kupfer, Gold, Silber, Platin und Palladium. Die ersten drei werden zur Herstellung von Farbgläsern angewandt. Platin ist für diese Zwecke uninteressant, da es dem Glas eine graue Färbung verleiht.

Kupfer wird gewöhnlich durch das einwertige Kupferoxid Cu_2O in das Glas eingeführt. Die Schmelze erfolgt reduzierend. Zur Verbesserung der reduzierenden Bedingungen werden dem Gemenge noch Zinndioxid SnO_2, Zucker und andere Zusätze (Natriumcyanid NaCN, Ammoniumchlorid NH_4Cl u. a.) beigefügt. Die Menge des Katalysators – auf freies Kupfer umgerechnet – beträgt etwa 0,05 % (zur Herstellung von Kupferrubin werden 0,2 bis 1 % Kupfer benötigt).

Wenn kupferhaltiges Glas unter oxydierenden Bedingungen geschmolzen wird, erhält man ein grün oder hellblau gefärbtes Glas. Hierbei entsteht ein Kupfersilicat, das als Molekülfarbstoff im Glas auftritt. Auch stark reduzierende Bedingungen sind nicht angebracht, um das Kupfer im Zustand eines Katalysators zu erhalten, da hierbei sehr große Aggregate aus Kupferatomen gebildet werden, die dem Glas eine dunkelbraune Färbung geben. Also müssen die Schmelzbedingungen der Bildung einer echten Lösung von Kupferatomen im Glas entsprechen. Das heißt, daß fast das ganze Kupfer aus dem Ionenzustand in den atomaren Zustand überführt werden muß; es darf aber auch zu keiner vorzeitigen Ausscheidung des Kupfers im grobdispersen Zustand kommen.

Das Zinndioxid SnO_2 (Manchmal wird auch SnO eingeführt, das stark reduzierende Eigenschaften besitzt.) spielt anscheinend eine Doppelrolle. Es trägt zur Erhöhung der Löslichkeit des Kupfers im Glas bei und wirkt im Glas als reduzierende Komponente nach der Reaktion

$$SnO + CuO \rightleftharpoons SnO_2 + Cu\,.$$

Zinndioxid zerfällt bei hohen Temperaturen teilweise unter Bildung von SnO.

Kupfer ist ein günstiger Katalysator für bleihaltige Gläser, Lithiumsilicat- und gewöhnliche Natriumcalciumsilicatgläser. Ein Glas, das Kupfer als Katalysator enthält, muß während des Formgebungsprozesses farblos bleiben und bei der wiederholten Erwärmung Gruppierungen kolloidaler Größe aus Kupferatomen bilden. Diese Gruppierungen können entweder in der Rolle von Keimen der Hauptkristallphase auftreten oder das Glas bei weiterer Vergrößerung einfärben.

Silber wird dem Glas in Form von Silbernitrat $AgNO_3$ (0,01 bis 0,03 %), Silberchlorid AgCl (0,002 bis 0,14 %) und Silbersulfid Ag_2S (0,14 bis 0,25 %) zugesetzt. Silber wird im Glas relativ leicht bis in den metallischen Zustand reduziert. Aus diesem Grunde wird bei der Schmelze von silberhaltigen Gläsern keine reduzierende Gasatmosphäre angewandt, sondern das Glas unter gewöhnlichen oxydierenden Bedingungen geschmolzen. Es wird angenommen, daß sich bei der Schmelze unter oxydierenden Bedingungen ein Teil des Silbers im Glas im Ionenzustand und der andere im atomaren Zustand befindet. Das Verhältnis der Silberionen und Silberatome im Glas wird durch die Anwesenheit von Oxydations- oder Reduktionsmitteln im Gemenge, die Schmelztemperatur und die Glaszusammensetzung bestimmt. Temperaturerhöhung führt zu einer Verringerung der Ionenanzahl und einer Vergrößerung der Atomanzahl im Glas, was experimentell festgestellt wurde.

Zur Aktivierung die Prozesse der Reduktion und die Lösung des metallischen Silbers werden, wie bei den kupferhaltigen Gläsern, Zinndioxid- oder -monoxid und einige andere Zusätze, z. B. Natriumbromid, Ammoniumchlorid oder Natriumjodid, dem Gemenge beigegeben.

Silber im Ionenzustand ist eine farblose Glaskomponente, die im Glas die Rolle eines Netzwerkwandlers spielt. Silberatome können, obwohl sie das Glas nicht färben, durch die Fluoreszenz nach einer Bestrahlung mit UV-Licht festgestellt werden. Glas, das atomares Silber enthält, kann bei schneller Abkühlung farblos erhalten werden. Eine Wärmebehandlung dieses Glases führt zur Bildung von Gruppen aus Silberatomen und zu ihrer Vergrößerung bis zur kolloidalen Größe. Dieser Prozeß ist mit dem Entstehen von Absorptionsbanden im sichtbaren Spektralbereich und einer gelben Färbung verbunden. Die Bildung von Atomgruppierungen ist anscheinend der Keimbildungsprozeß, der die Kristallisation einleitet.

Gold wird dem Glas gewöhnlich durch Goldchlorid $AuCl_3$ beigegeben. Die Konzentration des Zusatzes beträgt, auf Gold umgerechnet, 0,001 bis 0,01 %. Die Schmelzbedingungen von goldhaltigen Gläsern erfordern, wie auch bei den silberhaltigen, keine reduzierende Gasatmosphäre. Gold löst sich gut in bleihaltigen Gläsern und wesentlich schlechter in bleifreien. Zur Erhöhung der Löslichkeit von Gold in bleifreien und zur Verbesserung des Reduktionsprozesses wird diesen Gläsern Zinndioxid (0,02 bis 0,03 %) und Antimonoxid Sb_2O_3 (0,02 bis 0,05 %) zugesetzt.

Ähnlich den anderen metallhaltigen (Kupfer, Silber) Gläsern erhält man das goldhaltige Glas bei schneller Abkühlung farblos. Ein derartig abgekühltes Glas enthält anscheinend einen Teil des Goldes in atomarem Zustand und den anderen im Ionenzustand. Bei einer erneuten Erwärmung kommt es zur Reduktion der im Glas verbliebenen Goldionen durch den Übergang der Zinn- und Antimonionen in eine höhere Wertigkeit. Während der erneuten Erwärmung kommt es auch zur Aggregation der Goldatome und zur Vergrößerung der Aggregate bis zu einer Teilchengröße, die zur Färbung des Glases führt (50 bis 100 Å). Diese Kolloidteilchen können auch als Keime einer darauffolgenden Kristallisation dienen.

Platin enthaltende Gläser unterscheiden sich von Gläsern mit Kupfer, Silber oder Gold dadurch, daß die Reduktion des Platins aus seinen Verbindungen bei Erwärmung leicht vonstatten geht. Es ist deshalb nicht notwendig, spezielle Auslöser für den Reduktionsprozeß in das Glas einzuführen. Die Konzentration des Zusatzes beträgt, auf Platin umgerechnet, etwa 0,01 %. Platin wird in das Glas durch Platinchlorid $PtCl_4$, das während des Schmelzprozesses unter Bildung von atomarem Platin zersetzt wird, eingebracht. Das Glas enthält nach der Schmelze und dem Abkühlen keine

Platinionen, und die in ihm entstandenen Platinatome bilden schon beim Abkühlen Aggregate, die eine ausreichende Größe erreichen, um als Kristallisationszentren zu dienen. Das Verhalten der anderen Metalle der Platingruppe (Palladium, Iridium, Osmium, Rhenium u. a.) in Gläsern unterscheidet sich wenig.

Silicium in metallischer Form oder Siliciummonoxid können als Katalysator dienen. Die Konzentration des Zusatzes ist 0,15 bis 1 %. Der Zusatz wird entweder durch Siliciumpulver oder durch teilweise Reduktion des Siliciumdioxids SiO_2 mit einem starken Reduktionsmittel (Koks, Siliciumcarbid, Zucker u. a.) eingeführt. Glas und Vitrokeramik mit diesen Beimengungen sind grau gefärbt. Man nimmt an, daß dieser Zusatz universeller als Titandioxid ist, da man ihn für die Kristallisation von binären und komplizierteren Silicat- und Alumosilicatgläsern einsetzen kann. Diese Gläser dürfen jedoch keine Oxide enthalten, die leichter als Siliciumdioxid zu reduzieren sind (Fe_2O_3, PbO, ZnO u. a.). Silicium erlaubt es, Hochtemperaturvitrokeramiken mit stöchiometrischer Zusammensetzung (z. B. des Cordierits, Celsians, Nephelins, β-Spodumens u. a.) herzustellen. Diese einphasigen Vitrokeramiken zeichnen sich durch ihre Dimensionsstabilität bei hohen Temperaturen aus. So ist z. B. eine Vitrokeramik der Cordieritzusammensetzung bis 1400 °C beständig. Jedoch unterliegt eine Vitrokeramik z. B. auf β-Spodumen-Basis unter Zusatz von Titandioxid bei Erwärmung bis zu hohen Temperaturen Veränderungen, da in ihr die Mischkristalle zerfallen und sich Rutil ausscheidet.

5.3.3. Nichtmetallische Katalysatoren

Zu den nichtmetallischen Katalysatoren zählt eine große Gruppe unterschiedlicher Verbindungen (Oxide, Sulfide u. a.). Als Oxidkatalysatoren der Kristallisation werden viele Zusätze benutzt, die schon von alters her zur Trübung von Gläsern, Emails und Glasuren verwendet werden: Oxide von Titan, Zirconium, Phosphor, Zink, Chrom, Cer, Nickel, Vanadium, Zinn, Arsen, Antimon, Molybdän, Wolfram, Tantal, Niob u. a. Außer den Oxidkatalysatoren werden Fluorverbindungen angewendet (Fluoride von Calcium, Magnesium, Natrium, Kryolith Na_3AlF_6, Natriumsilicofluorid Na_2SiF_6 u. a.) und auch Sulfide des Eisens, des Zinks, des Mangans, des Cadmiums, des Kupfers u. a., Cadmiumsulfoselenid CdS · CdSe, einige Sulfate und Chloride sowie Kohlenstoff.

Wie schon bemerkt wurde, gibt es Gründe anzunehmen, daß die Oxidkatalysatoren zur Entmischung des Glases in zwei koexistierende Phasen beitragen und daß dieser Effekt das Entstehen von Kristallisationszentren bedingt sowie das Wachstum der Kristallkörner erleichtert. Die Ursache für das starke Anwachsen der Keimbildungsgeschwindigkeit durch die Entmischung der Gläser kann einerseits die starke Entwicklung der Grenzfläche zwischen den Glasphasen und andererseits die Annäherung der chemischen Zusammensetzung der Mikrophasen an die Zusammensetzung der zukünftigen Kristalle sein. Letzteres erhöht die Kristallisationsgeschwindigkeit. (Die Kristallisation der Mikrophasen kann in diesem Fall auch spontan verlaufen.) Bei einer Vorzugskristallisation einer der Glasphasen können die sich bildenden Kristalle eine heterogene Keimbildung der zweiten Phase hervorrufen. In Verbindung damit wird angenommen (*Toropov*, *Galachov*, *Roy*, *Vogel*, *Hinz* u. a.), daß die Zusammensetzung der Ausgangsgläser zur Herstellung von Vitrokeramiken nach den entsprechenden Zustandsdiagrammen so auszuwählen sind, daß sie in den Konzentrationsgebieten (oder in ihrer Nähe) liegen, wo Entmischungen festgestellt wurden. Die Auswahl dieser Zusammensetzungen und die Anwendung eines Katalysators schaffen günstige Bedingungen, um Systeme mit Mikroentmischungen zu erhalten, die eine gleichmäßige, hochdisperse Kristallisation der Gläser garantieren.

5.3.4. Entmischung von Oxidsystemen und ihre Rolle bei der Kristallisation

Als Entmischung (Unmischbarkeit von Flüssigkeiten) wird der Prozeß der Teilung einer homogenen Flüssigkeit in zwei Flüssigkeiten (Phasen) bezeichnet, die eine klare Phasengrenze bilden. Entmischungserscheinungen sind in einigen Silicatsystemen breit untersucht worden. Die Ergebnisse dieser Untersuchungen zeigen die entsprechenden Zustandsdiagramme, in die die Entmischungsbezirke eingetragen sind.

Greig erhielt 1927 die ersten experimentellen Resultate über die Entmischungsneigung von binären Silicatschmelzen. Die Nichtmischbarkeit von Flüssigkeiten wurde in den Binärsystemen SiO_2—CaO, SiO_2—MgO, SiO_2—MnO, SiO_2—ZnO, SiO_2—FeO, SiO_2—CoO, SiO_2—SrO festgestellt. Eine dieser koexistierenden Flüssigkeiten enthält mehr Siliciumdioxid als die andere. So ist eine der Flüssigkeiten im System SiO_2—CaO (Bild 30), die sich bei einer Temperatur von mehr als 1698 °C bildet, zäh und ähnelt in der Zusammensetzung dem Siliciumdioxid. Die zweite Phase ist flüssig und enthält etwa 30 % CaO.

Mit Hilfe des Mikroskops wurde bewiesen, daß Proben von schnell abgekühlten Schmelzen einer sich entmischenden Zusammensetzung ein zweiphasiges amorphes System darstellen, das aus einer Matrix (SiO_2-reiches Glas) besteht, in der unterschiedlich große Kügelchen der zweiten Phase (hochcalciumhaltiges Glas) verteilt sind. In diesen Kügelchen wurden kleinste Kristalle entdeckt. Einige Autoren nehmen an, daß sich diese punktförmigen Kristalle bei langsamer Abkühlung vergrößern und als Cristobalit identifiziert werden können. Aber diese Meinung erwies sich, wie noch gezeigt werden wird, als falsch.

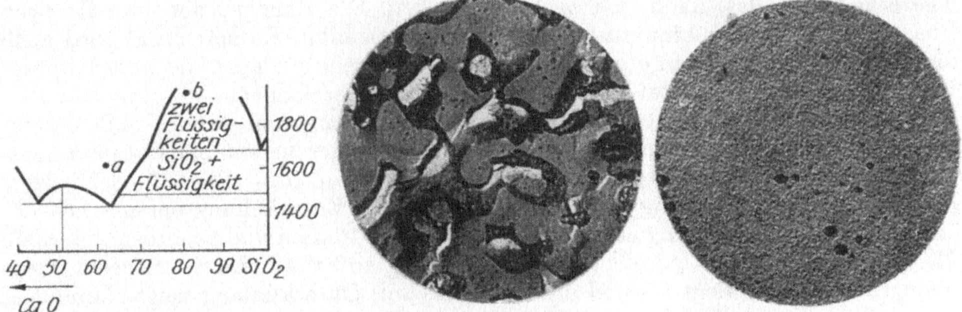

Bild 30. Entmischungsbereich im System SiO_2—CaO;
elektronenmikroskopische Aufnahmen: Struktur von durch Abschrecken der Schmelzen erhaltenen Proben
rechts: einphasige Schmelze (Punkt *a*); *links*: zweiphasige Schmelze (Punkt *b*)

Der Bereich der Nichtmischbarkeit von Flüssigkeiten (Bereich der Entmischung) wird auf den Zustandsdiagrammen durch die Binodalkurve, die die Zusammensetzung der entsprechenden koexistierenden Phasen verbindet, begrenzt (Bilder 30, 31). Dieser Bereich besitzt die Form einer Kuppel, die über der Liquidustemperatur (Bild 31) liegt. Der oberste Punkt der Binodalkurve entspricht der kritischen Temperatur T_K, bei deren Überschreitung keine Entmischung mehr auftritt und die Flüssigkeit (Schmelze) homogen ist. Die Zusammensetzung auf dem Zustandsdiagramm, die dieser Temperatur entspricht, wird als kritische Zusammensetzung Z_K bezeichnet. Jeder Zusammensetzung des Systems, die im Bereich der Entmischung liegt, entspricht eine Entmischungstemperatur T_E auf der Binodalkurve, bei deren Unterschreitung die Flüssigkeit in zwei Phasen zerfällt, die sich im Gleichgewichts-

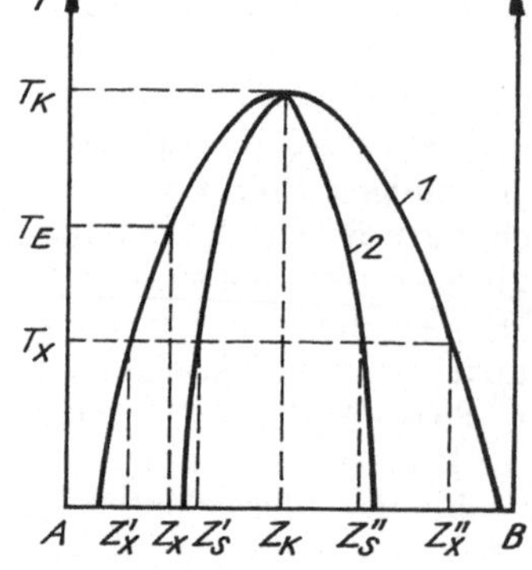

Bild 31. Entmischungskuppel eines Zweikomponentensystems
1 Binodale; *2* Spinodale

zustand befinden, und bei deren Überschreitung die Flüssigkeit einphasig ist. Die Zusammensetzungen der koexistierenden Phasen, in die eine Flüssigkeit der Zusammensetzung Z_x zerfällt, werden für jede gegebene Temperatur T_x als Schnittpunkte der Geraden T_x mit der Binodalen bestimmt (Zusammensetzungen Z'_x und Z''_x). Das Verhältnis der Phasenvolumina findet man nach der Hebelregel.
Unterhalb der Liquidustemperatur befindet sich bekanntlich der kristalline (oder teilweise kristalline) als thermodynamisch beständiger und stabiler Zustand des Systems. Wenn die Schmelze zur Unterkühlung fähig ist und bei Temperaturen unterhalb der Liquiduskurve nicht kristallisiert, befindet sie sich bei diesen Temperaturen im metastabilen Zustand. Solch eine unterkühlte Schmelze (oder ein auf ihrer Grundlage erhaltenes Glas) kann sich auch entmischen. Die Existenz der zwei flüssigen Phasen unterhalb der Liquidustemperatur ist metastabil. Entsprechend wird auch die Entmischung einer unterkühlten Schmelze oder eines Glases, die unterhalb der Liquidustemperatur vonstatten geht, als metastabil bezeichnet.
Der Verlauf der Binodalkurve ändert sich beim Übergang vom stabilen in den metastabilen Bereich nicht. Auf dem Zustandsdiagramm ist der metastabile Entmischungsbereich die Fortsetzung des stabilen Entmischungsbereiches (Bild 32). Schmelzen, die einer Zusammensetzung im Bereich der stabilen Entmischung entsprechen (*1*), trennen sich bei Abkühlung unter T_1 in zwei flüssige Phasen und beginnen unterhalb T_2 zu kristallisieren. Wenn die Zusammensetzung außerhalb des Bereiches der stabilen Entmischung liegt (*2*) und die Schmelze zur Unterkühlung neigt, kommt es bis zur Temperatur T zu keinerlei Entmischung. Eine Temperung unterhalb T, d. h. im Bereich der metastabilen Entmischung, führt zur Trennung des Glases in zwei flüssige (glasförmige) Phasen. SiO_2—CaO ist ein Beispiel für solch ein System. Neben diesem gibt es noch eine Reihe von Systemen, in denen zwar keine Entmischung der Schmelzen auftritt (d. h., es fehlt auf dem Zustandsdiagramm die Kuppel der stabilen Entmischung), die aber dennoch eine Entmischung unterhalb der Liquidustemperatur zeigen (d. h., sie besitzen einen Bereich der metastabilen Entmischung). Ein Beispiel für dieses System ist schematisch in Bild 32 (rechts) dargestellt. Die Schmelze

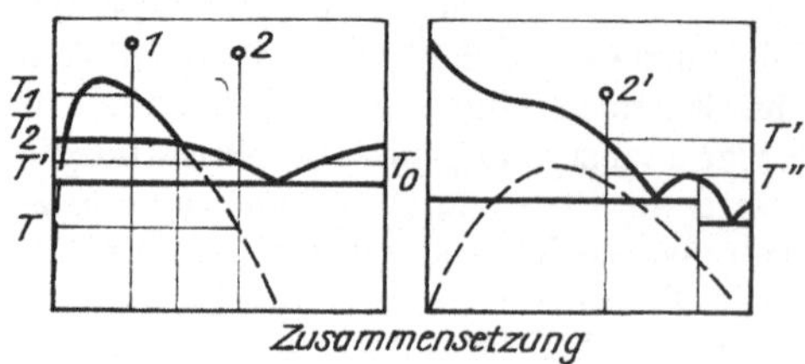

Bild 32. Zwei Typen von Zustandsdiagrammen mit metastabilen Entmischungsbereichen (gestrichelte Linie)

der Zusammensetzung 2′, die bis unterhalb der Liquidustemperatur T' unterkühlt ist, trennt sich bei Erreichen der Binodalkurve, d. h. unterhalb der Liquidustemperatur T'', in zwei flüssige Phasen. Das Vorhandensein eines Bereiches der metastabilen Entmischung im System führt zur Änderung der Form der Liquiduskurve. Sie wird S-förmig. Als Beispiel für Systeme mit einer S-förmigen Liquiduskurve, bei denen der Bereich der stabilen Entmischung der Schmelze fehlt, dafür aber ein Bereich der metastabilen Entmischung der Gläser (der weit unterhalb der Liquidustemperatur liegt) vorhanden ist, können die Systeme Li_2O-SiO_2, Na_2O-SiO_2 und $BaO-SiO_2$ dienen.

Bei der Untersuchung der Erscheinung der Nichtmischbarkeit in ternären Silicatsystemen wurde festgestellt, daß beim Vorhandensein von Entmischungsbereichen in zwei Silicatsystemen des Dreistoffsystems diese Bereiche verschmelzen und ein kontinuierliches, einheitliches Entmischungsfeld des Dreistoffsystems bilden, obwohl theoretisch auch eine Unterbrechung der Bezirke der Nichtmischbarkeit möglich wäre (Bild 33a). Wenn von zwei Zweistoffsystemen, die ein Dreistoffsystem bilden, nur eins einen Entmischungsbereich besitzt, entsteht im Dreistoffsystem gewöhnlich ein schmaler Entmischungsbezirk, der entlang einer Seite des Dreiecks verläuft (Bild 33b).

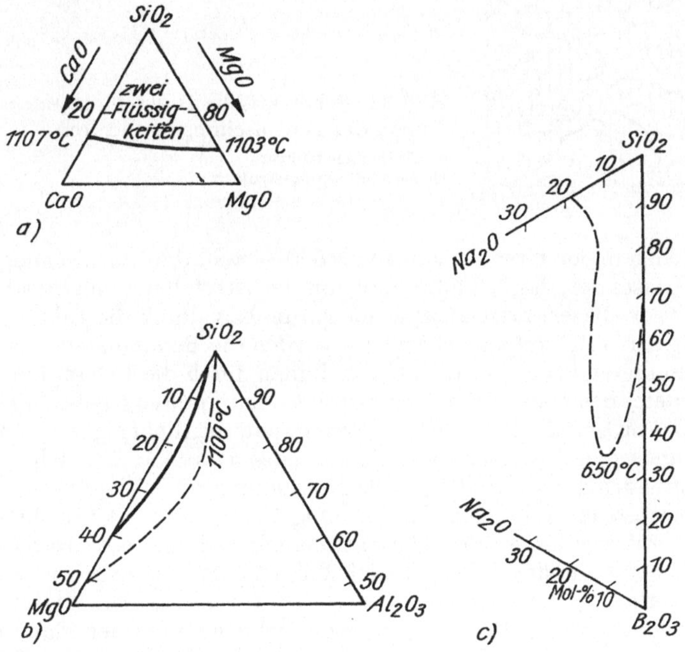

Bild 33. Entmischungsbezirke in ternären Systemen

a) $MgO-CaO-SiO_2$
b) $MgO-Al_2O_3-SiO_2$
c) $Na_2O-B_2O_3-SiO_2$
gestrichelte Linie: metastabile Entmischungsbezirke bei entsprechenden Temperaturen

Die Bereiche der metastabilen Entmischung in Dreistoffsystemen können, wie in den Zweistoffsystemen, entweder die Fortsetzung der Bereiche der stabilen Entmischung sein und sich an diese Bereiche anschließen oder selbständig bei Temperaturen unterhalb der Liquidustemperatur existieren. Ein typisches Beispiel für ein Zustandsdiagramm des ersten Typs sind die Systeme $RO-Al_2O_3-SiO_2$ (RO: CaO, MgO, ZnO u. a.) und für den zweiten Typ das System $Na_2O-B_2O_3-SiO_2$ (Bild 33 c).

Für den Prozeß der metastabilen Entmischung der Gläser sind alle die Gesetzmäßigkeiten der Phasentrennung charakteristisch, die auch für die stabile Entmischung der Schmelzen gelten. Der Unterschied der metastabilen Entmischung besteht nur darin, daß hier die Phasentrennung bei wesentlich höheren Viskositäten vonstatten geht. Das bedingt geringe Geschwindigkeiten des Prozesses und führt dazu, daß sich die Flüssigkeit (Glas) nicht in zwei Schichten makroskopischer Größe (bei der stabilen Entmischung der Schmelze bei einer niedrigen Viskosität) trennt, sondern eine feindisperse Verteilung einer Phase in der anderen darstellt. Die Größe der ausgeschiedenen Teilchen (Tröpfchen) der Phasen beträgt einige Nano- oder Mikrometer. Aus diesem Grunde wird die metastabile Entmischung des Glases oft auch als »*Mikrophasentrennung*« bezeichnet.

Die Verteilung der Phasen untereinander kann in einem entmischten Glas unterschiedlich sein, und es können sich zwei Strukturtypen bilden; entweder eine Tröpfchenstruktur, wo die eine Phase in Form von einzelnen Tröpfchen in der anderen Phase (Matrix) verteilt ist, oder eine Durchdringungsstruktur, wo die Tröpfchen (allgemein die Ausscheidungen) jeder der beiden Phasen zu einem zusammenhängenden Gerüst verbunden sind (Bild 34). Ein typisches Beispiel einer Mikroentmischung

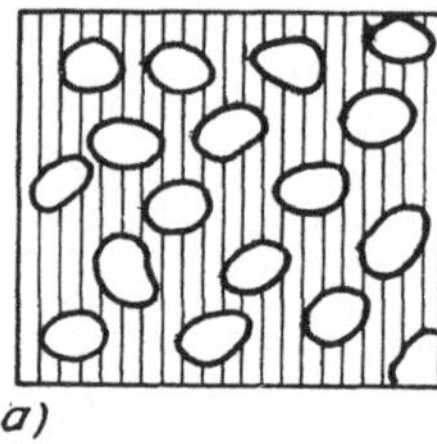
a)

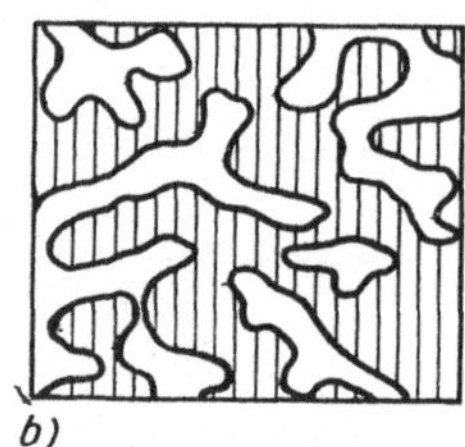
b)

Bild 34. Schematische Darstellung der Typen der Entmischungsstrukturen

a) Tröpfchenstruktur
b) Durchdringungsstruktur

mit Inhomogenitätsbereichen in den Grenzen von 40 bis 500 Å stellt die Entmischung des Natrium-Borosilicat-Glases dar, das in Verbindung mit der Herstellung von kieselglasähnlichen Gläsern (Vycor-Gläser) breit untersucht wurde. Nur durch die Bildung einer unter sich verbundenen Natriumborat-Glasphase werden die Bedingungen zum vollständigen Herauslösen dieser Phase aus dem Glasvolumen durch die Behandlung mit HCl geschaffen. Andere Beispiele für die metastabile Entmischung geben die Gläser der Systeme Na_2O-SiO_2 und Li_2O-SiO_2, in denen man in Abhängigkeit von der Zusammensetzung und vom Volumen der Phasen einerseits eine Tröpfchen- und andererseits eine Durchdringungsstruktur beobachten kann.

Die unterschiedliche Phasenstruktur bei der Entmischung kann durch die verschiedenen Mechanismen der Anfangsstadien der Phasentrennung bedingt sein: Durchdringungsstruktur durch den spinodalen Zerfall und Tröpfchenstruktur durch den Nukleations-(binodalen)Zerfall. Hierbei hat aber auch das Verhältnis der Phasenvolumina eine wesentliche Bedeutung. Bei einem kleinen Volumen einer der Phasen ($<15\,\%$) kann diese Phase nicht stetig sein, d. h., sie kann kein Durchdringungsgerüst bilden. Umgekehrt können sich die Tröpfchen der zweiten Phase bei einer hohen Konzentration dieser Phase ($>15\,\%$) untereinander verbinden und ein stetiges Gerüst bilden, auch dann, wenn die Phasentrennung nach dem Nukleationsmechanismus verlief. Diese Erscheinung wurde im System Na_2O-SiO_2 bei 20 bis 25 Vol.-% der hochsiliciumdioxidhaltigen oder hochalkalihaltigen Phase beobachtet.

Es entsteht die Frage: Welche Ursachen hat die Entmischung in Schmelzen und Gläsern? Diese Frage besitzt zwei Seiten, eine thermodynamische und eine strukturelle.

Die Entmischung des Glases verläuft – wie jeder andere Phasentrennungsprozeß – in zwei Stadien:

1. Die *chemische Trennung*, die zur Trennung der Flüssigkeit in Bereiche unterschiedlicher chemischer Zusammensetzung mit klaren Phasengrenzen führt. Die Größe dieser Bereiche (der Teilchen der neuen Phase) ist gegen Ende dieses Stadiums sehr klein (Zehntel oder Hundertstel Nanometer).
2. Die *Rekondensation der Flüssigkeit*, d. h. Wachstum der großen Teilchen der neuen Phase auf Kosten der kleinen. In der Schmelze wird dieses Stadium durch die Trennung in zwei Schichten beendet. Im Glas kann, wie schon angeführt wurde, dieser Prozeß der Rekondensation durch die hohe Viskosität nicht vollendet werden.

Für das Verständnis der Natur der Entmischung ist das erste Stadium, die Trennung der Flüssigkeit in zwei Phasen, ausschlaggebend.
Von den Positionen der Thermodynamik ausgehend ist jedes System bestrebt, in den Gleichgewichtszustand mit einem Minimum an freier Energie überzugehen. Die Abhängigkeit der freien Systemenergie F von der Zusammensetzung im Zweistoffsystem $A-B$, das einen Entmischungsbezirk (d. h. eine Nichtmischbarkeit der Komponenten A und B) besitzt, hat die Form einer Kurve mit einem Maximum (Bild 35a). Der Zusatz der Komponente B zu A im Bereich $I-II$ oder von A zu B im Bereich $IV-V$ führt zur Verringerung von F, d. h. zur Erhöhung der Stabilität des Systems.

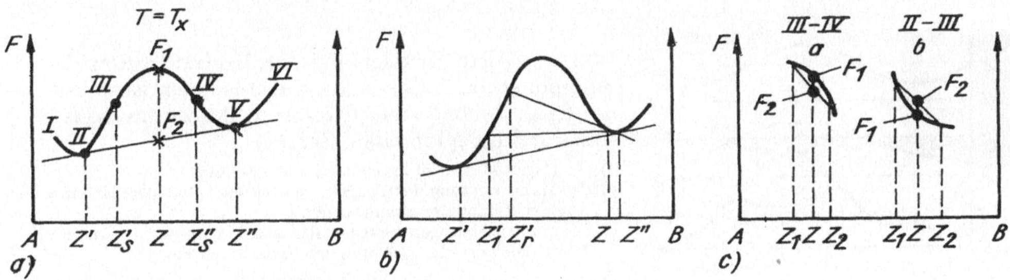

Bild 35. Isotherme der Energie F in Abhängigkeit von der Zusammensetzung in einem System mit Entmischungskuppel

a) allgemeiner Charakter der Konzentrationsabhängigkeit der freien Energie
b) Schema der Änderung der Phasenzusammensetzung bei Trennung durch Nukleation
c) Änderung der freien Energie der sich bildenden Bereiche (Z_1 und Z_2) im Ergebnis geringer Abweichungen der Zusammensetzung vom mittleren Wert Z auf den Abschnitten III—IV und II—III

In diesen Konzentrationsgrenzen kann man eine volle Mischbarkeit der Komponenten beobachten. Eine weitere Erhöhung der Konzentration der zweiten Komponente ist durch ein Anwachsen der freien Energie gekennzeichnet, d. h., dieser Zustand ist thermodynamisch ungünstig. Für Flüssigkeiten der Zusammensetzungen, die in den Bereichen $II-V$ liegen, ist eine Verringerung der freien Energie durch Teilung in Phasen unterschiedlicher chemischer Zusammensetzung möglich. So verringert sich beim Zerfall der Flüssigkeit der Zusammensetzung Z in zwei Phasen der Zusammensetzung Z' und Z'' die freie Energie um $\Delta F = F_2 - F_1 < 0$. Die Punkte Z' und Z'', die durch eine Tangente, die zweimal die Kurve $F = F(Z)$ berührt, erhalten werden, entsprechen den sich im Gleichgewicht befindlichen Zusammensetzungen der Phasen, in die sich eine Flüssigkeit beliebiger Zusammensetzung Z aus dem Bereich $Z' < Z < Z''$ trennt. Also liegen die Konzentrationen Z' und Z'' bei der gegebenen Temperatur $T = T_x$ auf der Binodale (s. Bild 31).
Demnach neigen also vom thermodynamischen Standpunkt aus alle Zusammensetzungen im Bereich $Z' < Z < Z''$ zur Entmischung. Aber in Abhängigkeit vom Charakter der Kurve $F = F(Z)$ kann der Mechanismus der Entmischung auf verschiedenen

Abschnitten dieses Konzentrationsintervalls unterschiedlich sein. Im Bereich *III—IV*, d. h. zwischen den Punkten Z'_s und Z''_s (Die Kurve ist konvex: $\partial^2F/\partial Z^2 < 0$.), kann das Auftreten jeder noch so kleinen Fluktuation der Zusammensetzung, d. h. von Bereichen mit den Konzentrationen Z_1 und Z_2, die sich von der mittleren Konzentration Z unterscheiden, zur Verringerung der freien Energie des Systems führen (Bild 35c).

$$\Delta F = F_2 - F_1 < 0$$

Das bedeutet, daß sich die Schmelze in einem labilen (instabilen) Zustand befindet und daß jede Fluktuation eine Phasentrennung hervorruft, wozu keine energetische Barriere überwunden werden muß. Eine Entmischung, die auf diese Art verläuft, wird als *spinodale Entmischung* bezeichnet, und die Kurve, die den Bereich des labilen Zustandes der Flüssigkeit innerhalb der Entmischungskuppel begrenzt, wird *Spinodale* genannt (s. Bild 31). Im Anfangsstadium der spinodalen Entmischung bilden sich keine Phasengrenzen, und der Prozeß entwickelt sich durch Verstärkung der Intensität der entstehenden Fluktuationen, d. h. der Vergrößerung der Unterschiede in ihrer Zusammensetzung. Auf dieser Etappe kann man die Kurve der Konzentrationsverteilung entlang einer willkürlich ausgewählten Achse x in Form einer Sinuskurve darstellen (Bild 36a). Dann beginnt nach und nach die Formierung der Phasengrenzen.

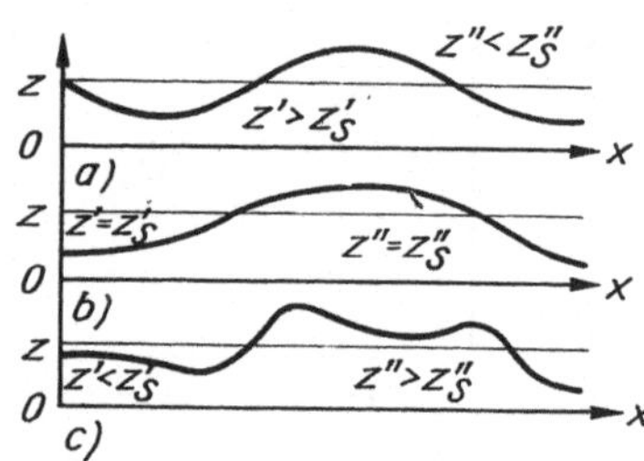

Bild 36. Verteilungsschema der Konzentration der Komponenten im Glas zu verschiedenen Etappen der Entmischung eines Glases mit der Zusammensetzung Z im spinodalen Bereich

a) Anfangsstadium der spinodalen Entmischung
b) Zusammensetzung der Umgebung und der Inhomogenitäten erreicht Spinodalzusammensetzung
c) Zusammensetzungen bewegen sich aus dem spinodalen in den binodalen Bereich – Bildung der Phasengrenzen

Auf den Abschnitten *II—III* und *IV—V* (s. Bild 35a), wo die Kurve $F = \mathrm{F}(Z)$ konkav ist ($\partial^2F/\partial Z^2 > 0$), kommt es durch geringe Zusammensetzungsfluktuationen nicht zur Phasentrennung, da dies energetisch ungünstig ist (s. Bild 35c).

$$\Delta F = F_2 - F_1 > 0$$

Diese geringen Fluktuationen werden wieder ausgeglichen. Solch ein Zustand des Systems ist metastabil. Um die freie Energie des Systems zu verringern, müssen Bereiche gebildet werden, deren Zusammensetzung sich stark von der Ausgangszusammensetzung unterscheidet, d. h., Z_1 und Z_2 müßten wesentlich weiter voneinander entfernt sein, als das auf Bild 35c dargestellt ist. Das geschieht dann, wenn die Z_1 und Z_2 verbindende Gerade nicht oberhalb der Kurve $F = \mathrm{F}(Z)$ verläuft, wie es auf Bild 35c für den Abschnitt *II—III* ersichtlich ist. Solch eine Gerade stellt die Tangente an die Kurve $F = \mathrm{F}(Z)$ im Punkt Z (s. Bild 35b) dar. Ihr Schnittpunkt mit der Isothermen der freien Energie ergibt die Grenzzusammensetzung Z'_G: Für die Zusammensetzung Z führt die Bildung von Phasen mit einer Zusammensetzung, die im Bereich zwischen Z und Z'_G liegt, zu einer Erhöhung von F und ist damit energetisch ungünstig. Phasenbildungen, die sich stärker von der Ausgangszusammensetzung unterscheiden, d. h. im Bereich zwischen Z' und Z'_G liegen, rufen eine Verringerung von F hervor und sind energetisch günstig. Diese Gebilde werden nicht wieder aufgelöst. Sie werden wachsen und sich in Keime der neuen Phase umwandeln, die klare Phasengrenzen besitzen. Ein weiteres Wachstum dieser Keime ist nur mög-

lich, wenn sie eine kritische Größe erreicht haben, genau, wie man es bei der Kristallisation von Gläsern beobachten kann (s. Bild 26).
Diese Trennung, für die eine vorherige Bildung von Keimen kritischer Größe notwendig ist, erhielt die Bezeichnung *Nukleation*. Der Trennungsmechanismus ist für die metastabile Entmischung im Bereich zwischen der Spinodal- und der Binodalkurve charakteristisch (s. Bild 31). Manchmal wird diese Entmischung auch als *binodale Entmischung* bezeichnet und die Entmischung nach dem beschriebenen Nukleationsmechanismus als Entmischung nach dem Mechanismus der Keimbildung und des Wachstums.
Wie schon bemerkt wurde, ist die Bildung von Keimen mit der Zusammensetzung Z' energetisch am günstigsten. Zuerst bilden sich Keime mit einer Zusammensetzung, die näher zu Z'_G liegt. Danach bewegt sich ihre Zusammensetzung zu Z', und die Zusammensetzung der Matrix nähert sich Z'', d. h. den Gleichgewichtszusammensetzungen. Wenn die Phasen diese Zusammensetzungen, die auf der Binodale liegen, erreicht haben, ist das Stadium der chemischen Trennung beendet.
Da eine neue Phase durch die Fluktuation entsteht, wird die Kinetik des Nukleationsphasenzerfalls bei Entmischung durch dieselben Gleichungen beschrieben, wie das bei der Kristallisation der Fall ist (s. S. 73). Danach wird die Bildungsgeschwindigkeit der neuen Phase im metastabilen Bereich durch den Zuwachs an freier Energie ΔF^*, der durch die Bildung eines Keimes kritischer Größe hervorgerufen wird, und durch die Aktivierungsenergie Q der Diffusion bestimmt. Im spinodalen Bereich kann man die Energiebarriere ΔF unberücksichtigt lassen, d. h., die Bildungsgeschwindigkeit der neuen Phase (Im spinodalen Bereich ist es richtiger, sie als Geschwindigkeit der Entwicklung von chemischen Inhomogenitäten zu bezeichnen.) wird nur durch die Diffusionsprozesse bestimmt und übersteigt damit die Keimbildungsgeschwindigkeit beim Nukleationszerfall um vieles. Nach Berechnungen von *Filipovitch* benötigt die erste Diffusionsetappe der Phasentrennung im spinodalen Bereich nur Sekunden oder Bruchteile einer Sekunde. Deshalb bilden sich sogar bei einer schnellen Abkühlung in solch einem Glas Mikroinhomogenitäten von 10 bis 20 nm.
Vom Standpunkt der kristallchemischen Vorstellungen aus versuchten *Warren* und *Pincus* 1940 erstmalig, die Ursache der Entmischungen zu erklären. Eine vollständige Mischbarkeit wird ihrer Meinung nach durch die Fähigkeit der Netzwerkbildnerionen bestimmt, in der Schmelze alle in der nächsten Umgebung liegenden Sauerstoffionen zu binden. Dies ist nicht nur für Gläser ohne Netzwerkwandler (Kiesel-, Borat-, Phosphatgläser), sondern auch für Gläser mit energetisch schwachen Netzwerkwandlern (Alkalikationen) charakteristisch. Bei der Einführung von energetisch starken Netzwerkwandlern in die Zusammensetzung des Glases kommt es zu einer Umverteilung der Sauerstoffionen, in deren Resultat sich Kation-Sauerstoff-Bereiche bilden, die an Netzwerkbildnerkationen verarmt sind. Die Differenzierung der Schmelze, bei der selbständige, chemisch individuelle Mikrobereiche entstehen, führt zur Entmischung der Schmelze.
Die elektrostatische Bindungskraft des Sauerstoffs mit dem Kation wird annähernd durch das Verhältnis der Wertigkeit des Kations zu seinem Radius bestimmt. In dem Maße, wie sich die Bindungskraft vergrößert, steigt auch die Fähigkeit dieses Kations, eine Trennung der Schmelze in zwei flüssige Phasen hervorzurufen (Tabelle 12).
Die elektrostatische Bindungskraft wird bezüglich der Einschätzung ihres Einflusses auf die Nichtmischbarkeit von einzelnen Wissenschaftlern unterschiedlich ausgedrückt. *Dietzel* nimmt an, daß das Verhältnis $z:a^2$, mit $a = r_a + r_k$ und z als Kationenwertigkeit, das Kraftfeld des Kations besser charakterisiert. Die Ähnlichkeit der Kräfte der Kationenfelder, die eine Verteilung der Sauerstoffionen zwischen den konkurrierenden Kationen begünstigt, trägt nach *Dietzel* zur Entmischung bei.

Tabelle 12. Kristallchemische Charakteristik der Kationen und der Form der Liquiduskurve

Kation	Radius in Å	Wertigkeit z	z/r	Form der Liquiduskurve	Entmischungsbereich
Cs^+	1,65	1	0,61	fast eine Gerade	fehlt
Rb^+	1,49	1	0,67		
K^+	1,33	1	0,75		
Na^+	0,98	1	1,02	S-förmig	metastabile Entmischung
Li^+	0,78	1	1,02		
Ba^{2+}	1,43	2	1,4		
Sr^{2+}	1,27	2	1,57	Nichtmischbarkeit	stabile Entmischung
Ca^{2+}	1,06	2	1,89		
Mg^{2+}	0,78	2	2,56		

Levin und *Block* verbinden die Neigung zur Entmischung mit der Festigkeit der elektrostatischen Bindung zwischen Kation und Anion.

$S = z\,e/n$

n Koordinationszahl des Kations zum Sauerstoff
e Ladung des Elektrons

Glasser, Warshaw und *Roy* behaupten, daß in binären Silicatsystemen eine lineare Abhängigkeit zwischen dem Wert des Ionenpotentials $z:r$ des Kations und der Breite des Bereiches der stabilen Entmischung existiert. Wenn der Wert des Potentials größer als 3 ist, wird die Kristallphase, die sich im Gleichgewicht mit zwei koexistierenden Flüssigkeiten befindet, durch ein Silicat oder ein Oxid des zweiten Kations gebildet. Wenn der Wert des Potentials weniger als 3 beträgt, befindet sich Cristobalit im Gleichgewicht mit den flüssigen Phasen. Nach *Toropov* stimmen diese Behauptungen nicht mit den experimentellen Ergebnissen zum binären System SiO_2—Se_2O_3 überein. Außerdem stellte sich heraus, daß es nicht möglich ist, in die von *Roy* vorgestellte Abhängigkeit die Systeme einzubeziehen, die nur einen metastabilen Entmischungsbereich besitzen.
Dieser Mangel wurde in den Arbeiten von *Galachov* und *Varschal* behoben, die die Neigung eines Systems zur Entmischung nicht durch die Breite des Bereiches bei der Liquidustemperatur, sondern bei der Temperatur, die der Hälfte der kritischen Temperatur entspricht, charakterisieren. Diese Breite erhielten die Wissenschaftler durch Extrapolation des Abschnittes der Binodalkurve der Entmischungskuppel im Temperaturbereich unterhalb der Liquidustemperatur. Die erhaltene Abhängigkeit ähnelt einer linearen (Bild 37), wobei auf der Geraden auch solche Kationen liegen, die sich in der Abhängigkeit von *Roy* nicht einordnen lassen (z. B. Zr^{4+}).
Außer der energetischen Bewertung der Neigung eines Systems zur Phasentrennung wurden verschiedene Deutungen für die Änderungen vorgeschlagen, die in der Struktur der Flüssigkeit vor ihrer Aufspaltung in zwei Phasen vor sich gehen.
Markassev und *Sedlecky* messen dem Streben der Metalle, ihre Koordinationsanforderungen zu befriedigen, eine entscheidende Bedeutung bei. Nur bei einer relativ geringen Konzentration von SiO_2 in der Schmelze ist es für jedes Kation, wie Ca^{2+}, Mg^{2+} u. a., möglich, eine bestimmte (relativ niedrige) Koordinationszahl zu Sauerstoff zu erreichen. In Verbindung damit können sich diese Kationen nicht in hochsiliciumdioxidhaltigen Schmelzen einbauen, und es kommt zur Entmischung der Schmelzen mit der Bildung von zwei Phasen; Phasen, die mit Metallkationen angereichert sind (Silicatphasen), und Phasen, die der Zusammensetzung nach dem reinen SiO_2 nahekommen.

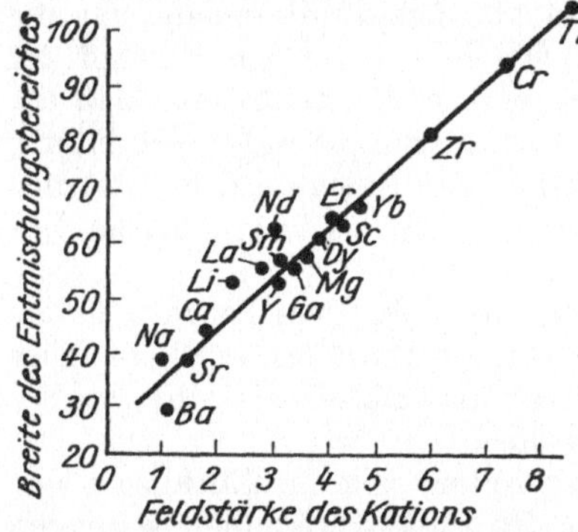

Bild 37. Abhängigkeit der Breite des Entmischungsbereiches bei $T = 0{,}5\ T_K$ von der Kationenfeldstärke $z:r$ für die Systeme $SiO_2-R_mO_n$

Filipovič und *Dmitriev* sind nach Analyse der Entmischung in Zwei- und Dreikomponentensystemen der Meinung, daß die Ursache für die Entmischung darin besteht, daß eine möglichst enge Annäherung des positiven Metallions an die es umgebenden Sauerstoffionen energetisch günstig ist. Weiterhin nehmen sie an, daß die Steifheit des cristobalitähnlichen Netzwerkes des glasartigen Siliciumdioxids und eine nicht sehr dichte Packung der Sauerstoffatome im Netzwerk ein Hindernis für solch eine Annäherung in hochsiliciumdioxidhaltigen Gläsern sind. Bei Erhöhung der Konzentration der Metalloxide wächst die Anzahl der Trennstellensauerstoffatome und dementsprechend auch die Deformierbarkeit des Netzwerkes. In Verbindung damit ist die Trennung des Glases in die obengenannten zwei Phasen energetisch günstig. In einer dieser Phasen (der siliciumdioxidarmen) haben sich die Silicium-Sauerstoff-Radikale optimal an das Metallion angepaßt. Diese Vorstellungen stimmen in gewisser Weise mit den Ideen *Belovs* über die Anpassung der Silicium-Sauerstoff-Bezirke der Kristalle an die großen Metallionen überein.

Nach *Jessin* bilden sich vor der Entmischung $Si_4O_{11}^{6-}$-Streifen (Bänder) oder $Si_2O_5^{2-}$-Flächen (Schichten) aus Silicium-Sauerstoff-Tetraedern, was mit der Anwesenheit einer bestimmten Menge SiO_2 in der Schmelze verbunden ist. Die Vereinigung der genannten Anionen in Gruppen und die Bildung von isolierten Bezirken aus ihnen drückt sich in Form einer Makroentmischung aus. Wenn die Menge an Siliciumdioxid verhältnismäßig gering ist, dann befinden sich in der Schmelze nur ringförmige $Si_3O_9^{6-}$- oder kettenförmige SiO_3^{2-}-Gruppierungen der Tetraeder. Die ringförmigen und kettenförmigen Gruppierungen bilden keine Bezirke kritischer Größe, die zur Makroentmischung fähig sind, aber sie können anscheinend Mikrobezirke kolloidaler Größe schaffen. Aus diesen Überlegungen folgt, daß bei einem Mangel an Siliciumdioxid in der Schmelze keine Makro-, sondern eine Mikroentmischung entsteht. Beim Vorhandensein einer kritischen Menge an Siliciumdioxid, die durch die Binodalkurve (s. Bild 31) bestimmt wird, können sich in der Schmelze anscheinend sowohl band- und flächenförmige als auch ring- und kettenförmige Gruppierungen der Tetraeder befinden, woraus dann die Bedingungen zur Bildung von zwei Flüssigkeiten entstehen.

Alle bisherigen Angaben bezogen sich auf Entmischungserscheinungen, die in erster Linie in binären Silicatsystemen beobachtet wurden. Eine größere Bedeutung für die Praxis der Vitrokeramikherstellung besitzen jedoch Untersuchungen von Entmischungserscheinungen in komplizierteren Systemen.

Welchen Einfluß hat die dritte Komponente auf die Größe der Entmischungsbezirke? Wie verläuft die Entmischung in noch komplizierteren Systemen aus vier, fünf und mehr Komponenten?

Auf diese Fragen kann bis heute nur eine sehr unbestimmte Antwort gegeben werden, da die Experimente hierzu noch nicht abgeschlossen sind.

Der Einfluß der dritten Komponente wurde schon von *Greig* untersucht, der die Entmischung in den Systemen $CaO-SiO_2$ und $MgO-SiO_2$ sowie den Einfluß der Zusätze von CaO, MgO, FeO, Na_2O und Al_2O_3 betrachtete. Er stellte fest, daß die Oxide des Calciums, Magnesiums und Eisens den Entmischungsbezirk verbreitern, während die Oxide des Natriums und Aluminiums mit den Silicaten des Calciums, Magnesiums und Eisens nur verhältnismäßig schmale Entmischungsbezirke bilden.

Nach letzten Angaben existiert in Alumosilicatsystemen außer dem Entmischungsbereich, der an die Seite $RO-SiO_2$ grenzt (s. Bild 33b), ein Entmischungsbereich an der Seite $SiO_2-Al_2O_3$. Im System $MgO-Al_2O_3-SiO_2$ verschmelzen diese beiden Bezirke im hochsiliciumdioxidhaltigen Teil des Diagramms.

Nach Untersuchungen von *Toropov* und *Bondar* verbreitert sich der Entmischungsbezirk im System $CaO-Al_2O_3-SiO_2$, der an der Seite $CaO-SiO_2$ einen schmalen Streifen einnimmt, wesentlich durch Zusatz von 10% CaF_2. Gläser dieses Zusammensetzungsbereiches stellen ein entmischtes System aus Tröpfchen des Grundglases dar, die in einem hochsiliciumdioxidhaltigen Glas verteilt sind. Später untersuchte *Bondar* auch den Einfluß einer dritten Komponente auf die Entmischung im System $CaO-SiO_2$. Der Zusatz von BaO in das genannte System führt zu einem großen Entmischungsbezirk, verbreitert ihn aber nicht so, daß er bis an die Seite $BaO-SiO_2$ führt, wie man das bei Zusatz von MgO in dieses System beobachten kann. Danach wurde der Einfluß des Zusatzes von Al_2O_3 und Nb_2O_5 auf die Entmischung im System $Y_2O_3-SiO_2$ erforscht, wobei sich herausstellte, daß Al_2O_3 den Entmischungsbezirk, der an der Seite $Y_2O_3-SiO_2$ liegt, nur unwesentlich verbreitert. Der Zusatz von Nb_2O_5 führt jedoch zu einer sehr starken Verbreiterung des Entmischungsbereiches. Niob besitzt einen kleinen Ionenradius und eine hohe Wertigkeit, woraus ein sehr großes Ionenpotential des Niobkations ($z:r = 5:0{,}66 = 7{,}6$) resultiert. Wahrscheinlich ist das die Erklärung des großen Einflusses dieses Kations auf die Entmischung.

Am genauesten wurde die Entmischungskuppel des Systems $Na_2O-CaO-SiO_2$ untersucht In ihm setzt sich der Bereich der stabilen Entmischung, der an die Seite $CaO-SiO_2$ grenzt, in den Bereich der metastabilen Entmischung fort, der von der Seite $CaO-SiO_2$ bis zur Seite Na_2O-SiO_2 des Zustandsdiagramms verläuft.

Zur Analyse der Entmischungserscheinungen in Mehrkomponentensystemen werden in den letzten Jahren in immer größerem Maße Vorstellungen über chemische Vorzugswechselwirkungen der Komponenten in der Schmelze und im Glas herangezogen, die zur Bildung der einen oder anderen Komplexe führen. So bilden sich bei Zusatz von Al_2O_3 in ein Natriumsilicatglas Aluminiumkomplexe $[AlO_4]^-Na^+$, bei Zusatz von TiO_2 Titanatkomplexe $[TiO_6]^{2-}Na_2^+$ usw. Diese Komplexe verhalten sich in den entsprechenden Systemen wie Systemkomponenten, und bei der Betrachtung der Natur der Entmischung muß man ihre Fähigkeit, sich mit anderen Komponenten zu vermischen (z. B. mit SiO_2), beachten. So vermischen sich Al_2O_3 und CaO schlecht mit SiO_2. In den entsprechenden Binärsystemen gibt es breite Entmischungsbereiche, aber im entsprechenden ternären System kommt es bei einem Verhältnis von $CaO/Al_2O_3 = 1$, wenn alle Ca^{2+}- und Al^{3+}-Ionen in den Komplexgruppierungen $[AlO_4]_2^-Ca^{2+}$ gebunden sind, nicht zur Entmischung, da sich diese Gruppierungen gut mit SiO_2 vermischen und ein einheitliches Alumosilicatnetzwerk des Glases bilden.

Schwieriger zu erklären sind die Ursachen der metastabilen Entmischung im System $Na_2O-B_2O_3-SiO_2$. Die Bor-Sauerstoff-Komplexe des Typs $[BO_4]^-Na^+$ vermischen sich mit dem Siliciumdioxid gut, so daß in den Zusammensetzungen mit einem Verhältnis von $Na_2O/B_2O_3 = 1$ keine Entmischung anzutreffen ist. Wenn aber bei einem Überschuß an B_2O_3 ($Na_2O/B_2O_3 < 1$) im System BO_3-Gruppen entstehen, kann man einen breiten Entmischungsbereich beobachten (s. Bild 33c). Die Ursache hierfür ist die »*Unverträglichkeit*« der Silicium-Sauerstoff-Tetraeder mit den Bor-Sauerstoff-Dreiecken. Die Verstärkung der Entmischung bei Zusatz von Na_2O in das System $SiO_2-B_2O_3$ kann damit verbunden sein, daß sich die Bor-Sauerstoff-Tetraeder mit den BO_3-Dreiecken verbinden und so die Bildung von Ketten aus den BO_3-Dreiecken, die sich in der Siliciumdioxidmatrix der Gläser des binären Systems $SiO_2-B_2O_3$ befunden haben, stören.

5.3.5. Katalysatortypen

5.3.5.1. Oxide

Titandioxid (TiO_2) als Katalysator erfuhr eine weite Verbreitung für die Kristallisation von Gläsern unterschiedlicher Zusammensetzung. Man kann sagen, daß das Titandioxid unter den anderen Katalysatoren einen besonderen Platz einnimmt, da es Anwendung für die Kristallisation der am weitesten verbreiteten Vitrokeramiken fand. Aus diesem Grunde zieht auch das Titandioxid die Aufmerksamkeit vieler Forscher auf sich, die versuchen, seinen Wirkmechanismus zu klären. In Verbindung mit der besonderen Bedeutung des Titandioxids wird der Beschreibung von Untersuchungen, die sich mit der Klärung seiner Rolle in der Kristallisation von Gläsern beschäftigen, in diesem Buch wesentlich mehr Platz gewidmet als den anderen Katalysatoren.

Bekanntlich findet das Titandioxid als Trübungsmittel von Emails Anwendung, wo es in einer Menge von 8 bis 36 % zugesetzt wird. Die Anwendung des Titandioxids als Katalysator für die Kristallisation wurde 1960 von *Stookey* beschrieben. Er weist darauf hin, daß dieser Katalysator in einer Menge von 3 bis 20 % zur Herstellung von Vitrokeramiken aus Gläsern unterschiedlicher Zusammensetzung angewendet werden kann. Die zuerst geäußerten Vorstellungen darüber, daß TiO_2 ähnlich den metallischen Katalysatoren wirkt und sich demnach bei Abkühlung der Schmelze in einem hochdispersen Zustand als Keimbildner der Kristallisation ausscheidet, mußten bald wieder fallengelassen werden. Es wurde festgestellt, daß sich TiO_2-haltige Gläser während der Kristallisation sehr ungewöhnlich verhalten. In Abhängigkeit von den Bedingungen der vorherigen Wärmebehandlung und der Menge des Titandioxids ändert sich nicht nur der Dispersionsgrad, sondern auch die Phasenzusammensetzung und die Reihenfolge der Ausscheidung der einzelnen Phasen.

Ohlberg und Mitarbeiter stellten fest, daß sich bei der Kristallisation von Gläsern der Cordieritzusammensetzung bei Zusatz von TiO_2 Rutil zuletzt ausscheidet. Andererseits ist es unmöglich, ein Glas derselben Zusammensetzung ohne TiO_2 oder mit nur einem geringen Zusatz desselben über das ganze Volumen zu kristallisieren. Es kristallisiert nur an der Oberfläche. Daraus wurde die Schlußfolgerung gezogen, daß das Titandioxid anscheinend eine Entmischung des Glases hervorruft und daß für diese Entmischung eine untere Grenze für den Zusatz notwendig ist.

Vogel und *Gerth* untersuchten den Einfluß des TiO_2 auf die Kristallisation von Gläsern komplizierter Zusammensetzung im System $SiO_2-Al_2O_3-MgO-Li_2O-ZnO$. Nach ihrer Meinung erfüllt TiO_2 eine Doppelfunktion: Es trägt zur Entmischung bei (Kation mit hoher Ladung) und scheidet sich außerdem in Rutilform aus. In einigen Vitrokeramiken kann man mit Hilfe der Röntgenmethode TiO_2-Mikrokristalle entdecken. Diese Mikrokristalle dienen als Keime, auf denen sich dann die Hauptkristallphase abscheidet.

Eine genaue Untersuchung des Einflusses des TiO_2 auf den Kristallisationsprozeß von Gläsern des Systems $MgO-Al_2O_3-SiO_2$ führte *Maurer* durch, der dafür die Methode der Lichtstreuung anwandte. Die Untersuchung der Lichttransmission in verschiedenen Herstellungsstadien von Vitrokeramiken zeigte, daß das Glas schon vor der Temperung eine Emulsionsphase enthält, wobei der Abkühlungsprozeß des

Glases hierauf fast keinen Einfluß hat. In dem Maße, wie sich Temperatur und Temperzeit vergrößern, wird die Lichtstreuung des Glases durch die Kristallisation der Emulsionsphase anisotrop, und bei einer Temperatur von 770 °C kann röntgenografisch Magnesiumdititanat ($MgO \cdot 2TiO_2$) festgestellt werden. *Maurer* zeigte, daß sich die Teilchengröße während der Temperung von 57 Å (742 °C) auf 211 Å (791 °C) verändert.

Aus den Arbeiten *Maurers* geht hervor, daß in den Gläsern der von ihm untersuchten Zusammensetzung das Magnesiumdititanat, das sich aus der titanreichen Phase ausscheidet und das durch die Entmischung des Glases in der Vorkristallisationsperiode entstand, die Kristallisationszentren bildet. Diese Arbeit ist eine der wenigen, wo die Entmischung von Gläsern, die zur Herstellung von Vitrokeramiken benutzt werden, experimentell nachgewiesen wurde. Die Schwierigkeit der Untersuchungen von Entmischungen in diesen Gläsern ist mit der extrem kleinen Größe der sich ausscheidenden Phasenteilchen (5 bis 10 nm) verbunden, die nicht klar genug mit dem Elektronenmikroskop identifiziert werden können.

In den letzten Jahren werden zur Untersuchung der Anfangsstadien der Kristallisation von titanhaltigen Gläsern direkte Strukturuntersuchungsmethoden angewandt (Methoden der Kleinwinkelstreuung von Neutronen und Röntgenstrahlen). Die Ergebnisse dieser Arbeiten zeigen, daß es in den Gläsern der Systeme $Li_2O-Al_2O_3-SiO_2$, $Na_2O-Al_2O_3-SiO_2$ und $MgO-Al_2O_3-SiO_2$ bei Temperung in der Vorkristallisationsperiode (im Transformationsbereich um T_g) wirklich zum Prozeß der metastabilen Entmischung kommt. Hierbei wurden folgende Gesetzmäßigkeiten des Prozesses festgestellt:

- Die Entmischung von titanhaltigen Gläsern wird durch eine extrem kleine Größe der Tröpfchen der titanhaltigen Phase charakterisiert (von 20 bis 100 Å).
- Der Entmischungsprozeß besitzt eine Induktionsperiode, die sich mit Vergrößerung der Konzentration des Katalysators (TiO_2) von 30 h (bei 12 % TiO_2 in Gläsern des Systems $MgO-Al_2O_3-SiO_2-TiO_2$) bis zu einigen Minuten (bei 20 % TiO_2) verkürzt.
- Die Vergrößerung der Konzentration des Katalysators führt zu einer Verstärkung der Entmischung der Gläser und gleichzeitig zu einer Verringerung der Tröpfchengröße der titanhaltigen Phase.
- Die titanhaltige Phase zeichnet sich durch einen hohen Ordnungsgrad der Struktur aus, der die schnelle Kristallisation dieser Phase unter Bildung von kristallinen Titanaten des Natriums, Magnesiums und Aluminiums bedingt. Die Kristallisationsgeschwindigkeit dieser Phase ist in einigen Fällen so groß, daß es experimentell schwierig ist, das Stadium der Primärentmischung in reiner Form festzustellen.
- Die Entmischung des Glases verläuft nach dem Nukleationsmechanismus, der in den Arbeiten *Frenkels* und *Volmers* formuliert wurde. Ein spinodales Stadium der Entmischung konnte nicht festgestellt werden, obwohl es für Gläser mit einer hohen Katalysatorkonzentration, die schon bei der Abkühlung der Schmelze eine mikroinhomogene Struktur erhalten, nicht völlig auszuschließen ist.
- Die Abhängigkeit der Tröpfchengröße von der Temperzeit hat die Form von Sättigungskurven. Die Tröpfchen erreichen innerhalb relativ kurzer Zeit eine Endgröße, und eine weitere Temperung bei der gegebenen Temperatur führt zu keinem weiteren Wachstum. Dieses Nichtvorhandensein des Rekondensationsprozesses kann durch zwei Gründe bedingt sein, durch die hohe Viskosität des Glases, die die Diffusionsprozesse erschwert, und durch die Kristallisation der Tröpfchen, die ihre Größe fixiert.

Der Entmischungsmechanismus für die Bildung von Kristallkeimen schließt gleichzeitig im Anfangsstadium der Kristallisation einer Reihe von Gläsern die Möglichkeit der Ausscheidung von Mikrokristallen des TiO_2 in Form von Rutil und Anatas nicht aus. *Bužinskij* und Mitarbeiter kamen im Ergebnis der Untersuchung von Veränderungen der physikalischen Eigenschaften (Brechungsindex, mittlere Dispersion, Lichttransmission, Wärmedehnung, Dichte u. a.) zu dem Schluß, daß sich bei der Abkühlung eines Spodumenglases, das einen optimalen Gehalt an TiO_2 besitzt, in ihm Keime (Rutilteilchen) ausscheiden, die durch ihre Winzigkeit keinerlei Einfluß auf die Glaseigenschaften ausüben. Die Temperung führt zur Bildung eines Zweiphasensystems als Ergebnis der Abscheidung von Titan- und Eisenoxid und anderer Komponenten des Glases auf den Keimen, die sich zu Tröpfchen anderer Zusammensetzung als der des Ausgangsglases vereinen. Die Autoren teilen die Prozesse, die während der Wärmebehandlung im Glas ablaufen, in drei Perioden und zwei Übergangsbereiche. Die erste Periode ist die Periode der Entmischung, der die Kristallisation der Tröpfchen, die mit Titan angereichert sind, folgt. Die zweite Periode ist die Kristallisation des β-Eukryptits, dem der Übergang des β-Eukryptits in Spodumen folgt. Die dritte Periode stellt den Abschluß des Bildungsprozesses des Spodumens dar.

Bei der Analyse der Natur der Entmischungserscheinungen in Alumosilicatgläsern, die durch TiO_2 katalysiert werden, fehlt ein einheitlicher Standpunkt zum Wirkmechanismus des Titans. Ein großer Teil der Autoren geht von den Besonderheiten der Lage des Titans in der Struktur des Glases aus, in erster Linie von seinem Koordinationszustand. So läßt *Weyl* in der Annahme, daß die charakteristischste Koordination der Ti^{4+}-Ionen zum Sauerstoff 6 ist, die Möglichkeit der Verringerung der Koordination in der Schmelze bis zur tetraedrischen zu, die eine Übereinstimmung der Struktur des TiO_2 mit der Silicatbasis garantiert. Bei Abkühlung der Schmelze oder einer anschließenden Wärmebehandlung des Glases kommt es zum Übergang der Ti^{4+}-Ionen in die stabilere, ihnen eigene Sechserkoordination. Hierbei scheiden sie sich aus dem Glasnetzwerk aus und bilden eine eigenständige Phase (u. U. mit anderen Oxiden des Typs RO).

Nach Meinung von *Bobovič*, der die Methode der Spektren der kombinierten Lichtstreuung anwandte, kommt es in der Vorkristallisationsperiode (Temperung bis 660 °C) zum Übergang des Titans aus *KZ*4 in *KZ*6 unter Ausscheidung einer glasbildenden Komponente aus verbundenen TiO_6-Oktaedern. Die Bildung von TiO_6 aus TiO_4 schafft einen Mangel an Sauerstoff, der, wie *Bobovič* annimmt, entweder durch Lithiumoxid gedeckt werden kann, das sich in das titanhaltige Strukturnetzwerk einbaut, oder durch den Übergang des Aluminiums aus *KZ*6 in *KZ*4, was dem Bestreben der Ionen entspricht, ihre Koordination bei Temperaturerhöhung zu verringern. In der Annahme, daß durch die Ergebnisse seiner Experimente die Veränderungen der Struktur des Glases im Vorkristallisationsstadium bewiesen sind, stellt *Bobovič* nur Vermutungen über mögliche Veränderungen bei einer weiteren Erwärmung des Glases auf. Nach seiner Meinung ist die Bildung von Kristalliten aus dem TiO_6 analog dem Rutil oder den Verbindungen der Zusammensetzung $m Al_2O_3 \cdot n TiO_2$ möglich. Diese Kristallite dienen auch als Kristallisationszentren des Spodumens.

Kondratev kommt bei der Untersuchung der katalysierten Kristallisation von Lithiumalumosilicatgläsern mit einem Verhältnis $Al_2O_3/Li_2O > 1$ zu dem Schluß, daß das TiO_2 eine Doppelrolle besitzt; die Bildung von Liquanden aus Alumotitanatkomplexen, die im Ergebnis der Wechselwirkung des TiO_2 mit dem überschüssigen Al_2O_3, das nicht für den Bau des Lithiumalumosilicatnetzwerkes benötigt wird, entstehen, und die zusätzliche Teilung dieses Netzwerkes durch tetraedrische Gitterplätze der Ti^{4+}-Ionen, die fähig sind, bei einer darauffolgenden Temperung ihre Koordination auf *KZ*6 zu erhöhen.

Eine Reihe von Autoren (*Chodakovskaja* u. a.) sehen den Hauptgrund für die Entmischung von Gläsern bei Zusatz von TiO_2 in der hohen Neigung des Titans, im Glas

eigene Strukturkomplexe mit Al_2O_3 (Typ $TiO_2 \cdot Al_2O_3$), Na_2O (Typ $[TiO_6]^{2-}Na_2^+$) und anderen Metalloxiden zu bilden. Hierbei kann es neben der Ausscheidung von Tröpfchen der hochtitanhaltigen Phase, die diese Komplexe enthält, auch zu einer Sekundärentmischung der Alumosilicatmatrix kommen, wenn sich ihre Zusammensetzung im Bereich der metastabilen Entmischung des entsprechenden $RO-Al_2O_3-SiO_2$-Systems befindet. Solch einen Prozeß kann man in den Gläsern des Systems $MgO-Al_2O_3-SiO_2$ beobachten. Die Entmischung der Alumosilicatmatrix drückt sich darin aus, daß sich im Anfangsstadium der Kristallisation eines Glases einer bestimmten chemischen Zusammensetzung in Abhängigkeit von der Temperung in der Vorkristallisationsperiode verschiedene metastabile Kristallphasen ausscheiden können (z. B. Mischkristalle mit der Struktur des Hochquarzes, Spinells oder eine petalithähnliche Phase im Glas der Zusammensetzung $MgO \cdot Al_2O_3 \cdot 2{,}5SiO_2$ mit 15% TiO_2).
Den Prozeß der Kristallisation in Gläsern des Systems $BaO-TiO_2-SiO_2$ untersuchte *Hilling*. Er kam zu dem Schluß, daß TiO_2 als Katalysator für eine Entmischung des Systems in zwei Phasen uneffektiv ist. Nach Meinung des Autors ist für das untersuchte System eine homogene Bildung der Keime in Form von α-$BaO \cdot 2SiO_2$, das im Verlauf der Kristallisation in β-$BaO \cdot 2SiO_2$ übergeht, charakteristisch. Den Einfluß von TiO_2, wenn er für dieses System überhaupt existiert, sieht der Autor in einer möglichen Änderung der freien Energie an der Phasengrenze mit einer generellen Erleichterung des Kristallisationsprozesses.
Shunin und Mitarbeiter sind nach Untersuchungen des Kristallisationsprozesses von Gläsern des Systems $CaO-MgO-Al_2O_3-SiO_2$ der Meinung, daß sich das TiO_2 in Form von hochdispergierten Teilchen ausscheidet, die die Rolle von mechanischen Keimen erfüllen, auf denen die Hauptphase Diopsid $CaMg(Si_2O_6)$ und andere Pyroxenvertreter auskristallisieren. Die Autoren schätzen die Rolle des TiO_2 als Katalysator im allgemeinen negativ ein, da es eine Entmischung hervorruft und den kristallisierten Gläsern eine Schichtstruktur verleiht. Diese Gläser besitzen außerdem noch durch den Übergang eines Teiles des TiO_2 in Ti_2O_3 eine ungleichmäßige Färbung. Aus diesem Grunde geben die genannten Forscher dem Chromoxid für dieses System den Vorzug.

Phosphorpentoxid (P_2O_5) ist der einzige Vertreter der klassischen Netzwerkbildner, der in der Rolle eines Kristallisationsbeschleunigers auftritt. Phosphorpentoxid kann durch unterschiedliche phosphorhaltige Verbindungen, z. B. Ammoniumhydrogenphosphat $(NH_4)H_2PO_4$, Calciumphosphat $Ca_3(PO_4)_2$, Superphosphat $Ca(H_2PO_4)_2 \cdot H_2O$, Phosphorite (natürliche, hauptsächlich aus Calciumphosphaten bestehende Mineralien) u. a., in die Zusammensetzungen der Gläser eingeführt werden.
Bekanntlich wird Phosphorpentoxid zur Herstellung von Trübgläsern angewandt, wo es sich, wie man annimmt, in Form von Mikrokristallen der Phosphate des Calciums, Bariums, Bleis und Zinks ausscheidet und womöglich auch zur Ausscheidung des Cristobalits beiträgt. Die Änderung der Konzentration dieses Trübungsmittels erlaubt es, den Trübungsgrad breit zu regulieren, von einer starken (Zusatz von 7 bis 8% P_2O_5) über mittlere (4 bis 6% P_2O_5) bis zur schwachen (3 bis 3,5% P_2O_5) Trübung. Aus der Praxis der Herstellung von Trübgläsern weiß man, daß die Trübung durch P_2O_5 für zinkhaltige Gläser am effektivsten ist.
Bei der Analyse des Wirkmechanismus des P_2O_5 als Katalysator der Kristallisation ist man der Meinung, daß es zur Trennung des Systems in zwei flüssige Phasen beiträgt. Beim Einbau des P_2O_5 in das glasbildende Netzwerk schafft es die Bedingungen zum Aufreißen der Bindungen Si—O—Si, da die Forderung nach Elektroneutralität eine Doppelbindung des Phosphors mit dem Sauerstoff bedingt (Bild 38). Solch eine Veränderung der Bindungen im glasbildenden Netzwerk trägt zur Ausscheidung von

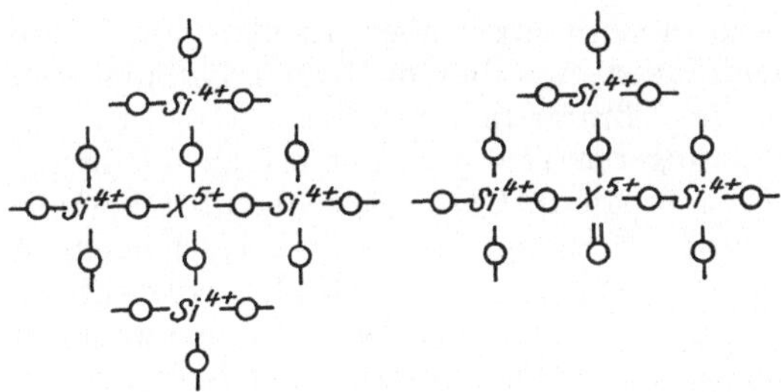

Bild 38. Mögliche Strukturvarianten des Silicatnetzwerkes eines Glases mit einem fünfwertigen Kation

phosphorhaltigen Gruppierungen unter günstigen Temperaturbedingungen schon im Stadium der Schmelze bei. Die Menge des P_2O_5-Katalysators schwankt in den Grenzen von 0,5 bis 6 % und beträgt gewöhnlich 3 %.

McMillan und *Partridge* wandten diesen Katalysator erfolgreich zur Kristallisation vieler Gläser in den Systemen $Li_2O-Al_2O_3-SiO_2$, $Li_2O-MgO-SiO_2$, $MgO-Al_2O_3-SiO_2$ und $Li_2O-ZnO-SiO_2$ an. Die Phasentrennung beginnt anscheinend bereits während des Abkühlprozesses der Glasschmelze. Danach wachsen die sphärischen Teilchen bei einer erneuten Erwärmung, was mit dem Elektronenmikroskop eindeutig feststellbar ist. In diesem Tieftemperaturstadium der Wärmebehandlung sind mit der Röntgenphasenanalyse keine Kristalle zu entdecken. Demnach ist die entmischte Phase genau wie das Matrixglas amorph. Im Prozeß der Kristallisation unterschiedlicher Gläser wurde beobachtet, daß das Bestreben zur Entmischung unterdrückt wird, wenn das Glas neben dem P_2O_5 auch noch einen großen Anteil an Al_2O_3 enthält. Diesen Effekt kann man auch von den Positionen der Elektroneutralität erklären. Der gleichzeitige Einbau von P^{5+}- und Al^{3+}-Kationen in das Netzwerk des Glases schafft die Bedingungen zur Ladungskompensation, wie das im Schema von *McMillan* dargestellt ist (Bild 39). So ist die Bildung einer stabilen Gruppierung möglich, die außerdem noch Kationen mit annähernd gleicher Größe (Al^{3+}: 0,50 Å, P^{5+}: 0,34 Å) besitzt. Ein zusätzliches Argument für die Stabilität solch einer Gruppierung besteht darin, daß die Strukturen des Aluminiumorthophosphates und des Cristobalits ähnlich sind.

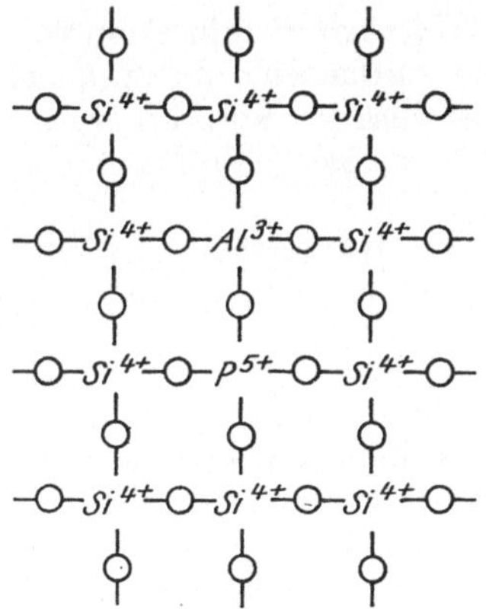

Bild 39. Schema des Einbaus der Aluminium- und Phosphorkationen in das Silicatnetzwerk eines Glases

Chromoxid (Cr_2O_3) wird in der Glasproduktion benutzt, um den Gläsern einen grünen Farbton zu geben, und bei der Herstellung von künstlichen Steinen aus teilweise kristallisiertem Glas (Chromaventurin, Malachit). Chrom kann sich im Glas in Form des Oxids und des Trioxids (Chromsäureanhydrit) befinden; das erste ist in sauerer Umgebung stabiler, das zweite in basischer. Das Chromsäureanhydrit geht, da es weniger

stabil ist, bei Schmelztemperatur teilweise in Chromoxid über. In derselben Weise wirkt auch eine Vergrößerung der Schmelzdauer. Aus diesem Grunde befindet sich in gewöhnlichen Gläsern der größte Teil des Chroms in Form von Cr_2O_3. In hochbleihaltigen Gläsern, deren Schmelze bei geringeren Temperaturen erfolgt, bleibt der größte Teil des Chroms in Form von CrO_3 erhalten. Chromsäureanhydrit verleiht dem Glas eine gelbe und Chromoxid eine grüne Färbung. Dadurch, daß sich in einem mit Cr_2O_3 gefärbten Glas immer eine geringe Menge an CrO_3 befindet, entsteht die gelblich-grüne Färbung. Chromhaltige Gläser, die unter oxydierenden Bedingungen geschmolzen wurden, haben eine mehr gelbe und unter reduzierenden Bedingungen eine mehr grüne Färbung. Stark reduzierende Bedingungen können sogar zur Bildung von zweiwertigem Chrom führen.
Chromanhydrit ist ein starkes Oxydationsmittel, das leicht polyvalente Elemente (besonders Mangan und Eisen) in eine höhere Wertigkeit überführt, wobei es selbst in Cr_2O_3 übergeht. In das Glas wird Chrom durch Chromoxid, Kaliumdichromat $K_2Cr_2O_7$, die Chromate K_2CrO_4, $PbCrO_4$ und andere chromhaltige Verbindungen eingeführt.
Chromoxide lösen sich nur sehr schlecht im Glas. Daraus resultiert die Notwendigkeit der Erhöhung der Schmelztemperatur von chromhaltigen Gläsern. Relativ leicht lösen sich bis zu 0,8 % Cr_2O_3. Zur Erhöhung der Löslichkeit ist es erforderlich, in das Glas Fluoride einzuführen. Ein Glas, das bis zu 5,5 % Kryolith oder Natriumsilicofluorid enthält, kann bis zu 3 % Cr_2O_3 lösen. Eine größere Menge (bis 7,5 % Cr_2O_3) wird nur zur Herstellung von Chromaventuringläsern zugegeben.
Die Wirkung der Chromoxide als Katalysatoren der Kristallisation begründet sich anscheinend auf ihrer Fähigkeit, Chrom-Sauerstoff-Gruppierungen zu bilden, die sich aus dem Glas in Form von mit Chrom angereicherten Phasen, z. B. Spinellen, ausscheiden. Die Fähigkeit, die Sauerstoffionen um sich herum zu konzentrieren, kann besonders dem sechswertigen Chrom zugeschrieben werden, da es eine sehr große Feldstärke besitzt ($z:r = 6:0{,}52 = 11{,}5$), obwohl die Feldstärke des dreiwertigen Chroms auch ausreichend groß ist, um eine Entmischung hervorzurufen ($z:r = 3:0{,}64 = 4{,}7$). Man nimmt auch an, daß die Bildung von Kristallisationszentren bei Verwendung von Chromoxid mit seiner geringen Löslichkeit im Glas verbunden sein kann.
Als Katalysator wird Chromoxid in einer Menge von 1 bis 3 % zur Kristallisation von Alumosilicatgläsern, die Lithium, Kalium und Calcium enthalten, angewendet. Außerdem wird dieser Katalysator erfolgreich bei der Kristallisation von Gläsern im System $MgO-CaO-Al_2O_3-SiO_2$ und auch zur Kristallisation einiger Gesteinsschmelzen bei der Herstellung von Schmelzsteinen eingesetzt.
Hinz und *Wihsmann* untersuchten die Kristallisation von Kupferschlacken und wandten mit Erfolg Chrom (0,1 bis 0,3 %) in Verbindung mit Kohlenstoff (3 %) als Katalysatoren an.

Zirkondioxid (ZrO_2) wird sowohl als Glaskomponente zur Herstellung von chemisch und thermisch beständigen Glaserzeugnissen als auch als Trübungsmittel eingesetzt. Das Zirkondioxid löst sich in Silicatschmelzen schwer. Seine maximale Löslichkeit wird mit 3 bis 5 % angegeben. Dies muß man als ein Mißverständnis ansehen, da hochzirkonhaltige Gläser mit einem Gehalt von 20 und mehr Prozent ZrO_2 bekannt sind.
Die Löslichkeit des ZrO_2 im Glas hängt von der Art und der Menge der anderen Komponenten ab. So verringern Al_2O_3, ZnO und MgO die Löslichkeit von ZrO_2 im Glas. Daraus folgt, daß in Abhängigkeit von der chemischen Zusammensetzung verschiedene Bedingungen entstehen können, bei denen sich das ZrO_2 aus dem Glas ausscheidet.
Das Zirkondioxid wird als Katalysator zur Kristallisation verschiedener Gläser ent-

weder allein oder in Verbindung mit anderen Katalysatoren (TiO_2, P_2O_5 u. a.) angewendet. *Stookey* benutzte ZrO_2 (1,8 bis 3,9 %) zusammen mit TiO_2 (9,1 bis 15,3 %) zur Kristallisation von Gläsern in den Systemen $Li_2O-Al_2O_3-SiO_2$ und $MgO-Al_2O_3-SiO_2$. *Tashiro* und *Wada* verwendeten zur Kristallisation von Glas im System $Li_2O-Al_2O_3-SiO_2$ ZrO_2 (1 bis 4 %) und P_2O_5 (1 bis 5 %). Für die Kristallisation von Gläsern im System $MgO-Al_2O_3-SiO_2$ wird als Katalysator ein Gemisch aus ZrO_2 und eines der Oxide, wie TiO_2, V_2O_5, CoO, NiO, MoO_3, Fe_2O_3 oder ThO_2, eingesetzt.

Zinkoxid (ZnO) wird in der Glasproduktion eingesetzt, um einerseits dem Glas bessere thermochemische Eigenschaften zu verleihen, und andererseits zur Verstärkung der Trübung durch Fluor- und Phosphatverbindungen. In viele Zusammensetzungen von Milch- und Opalgläsern werden außer den Fluoriden und Phosphaten 2 bis 8 % ZnO eingeführt. In einer Reihe von Fällen wird das Zinkoxid erfolgreich als Katalysator zur Kristallisation von Gläsern unterschiedlicher Zusammensetzung angewendet. *Hinz* und *Kundt* verwendeten ZnO (3,7 bis 13,4 %) zur Kristallisation von Gläsern in den Systemen $MgO-Al_2O_3-SiO_2$ und $Li_2O-MgO-Al_2O_3-SiO_2$.
Es gibt Angaben zur Verwendung des ZnO (3,7 %) in Verbindung mit P_2O_5 (3 %) bei der Herstellung von glaskristallinen Materialien im System $Li_2O-MgO-Al_2O_3-SiO_2$. Für die Kristallisation von Gläsern im System $Na_2O-Al_2O_3-SiO_2$ benutzte die Firma »Corning Glass« einen Zusatz von ZnO (etwa 1 bis 4 Mol-%) zusammen mit TiO_2 (5 bis 8,6 Mol-%). Zur Herstellung von Vitrokeramiken in diesem System empfiehlt die Firma, anstelle von TiO_2 Verbindungen mit einer hexagonalen, dichten Struktur z. B. Ilmenite in einer Menge von nicht weniger als 6 % zu verwenden. Zu diesen Ilmeniten gehören die Titanate von Zink, Eisen, Magnesium, Cadmium, Mangan, Cobalt, Nickel und Chrom. Zinkoxid (etwa 1 %) wird auch zur Herstellung von farbigen Vitrokeramiken benutzt.

Oxide des Molybdäns und Wolframs sind sowohl als MoO_3 und WO_3 als auch als MoO_2 und WO_2 bekannt. Molybdän und Wolfram gehören zur Nebengruppe des Chroms und bilden, wie auch alle anderen Elemente dieser Nebengruppe, Verbindungen, in denen die Kationen dieser Metalle sechswertig sind.
Es existieren aber anscheinend auch andere Oxide des Wolframs und Molybdäns, z. B. Mo_2O_5 und W_2O_5, die aber schlecht erforscht sind.
Die Oxide von Molybdän und Wolfram werden zur Färbung von Glas (WO_3 verleiht eine blaue und MoO_3 eine violette Färbung.) und auch als Trübungsmittel eingesetzt, da sie eine Entmischung von bleihaltigen und einigen anderen Gläsern hervorrufen.
Die Ionen beider Metalle besitzen eine relativ hohe Feldstärke ($W^{6+} = 6:0,62 = 9,7$; $Mo^{6+} = 6:0,62 = 9,7$), was ihre Neigung bedingt, sich unter Bildung von Gruppen, die mit den entsprechenden Kationen angereichert sind, auszuscheiden. Die Löslichkeit der Oxide des Molybdäns und Wolframs in Gläsern ist nicht größer als 3 bis 4 %.
Als Katalysatoren wurden diese Oxide von *Hayami* u. a. in Verbindung mit As_2O_3 verwendet. Es wurde eine halbdurchsichtige Vitrokeramik aus Gläsern des Systems $Li_2O-Al_2O_3-SiO_2$ erhalten. Die Firma »Corning Glass« benutzte den Katalysator WO_3 in einer Menge von 2 % bei der Herstellung von niobhaltigen Vitrokeramiken, die sich durch eine hohe Dielektrizitätskonstante auszeichnen. Dieselben Oxide setzten *McMillan* und *Partridge* in einer Menge von 0,5 bis 4 % zur Kristallisation von lithiumhaltigen, hochtonerdehaltigen Gläsern ein.

Oxide des Vanadiums, Niobs und Tantals werden auch zur Kristallisation von Gläsern verwendet. Niob und Tantal gehören zur Nebengruppe des Vanadiums. Das typischste

Oxid dieser drei Elemente ist das Pentoxid Me_2O_5; für das Vanadium sind auch VO_2, V_2O_3 und VO charakteristisch. Die Salze der angeführten Vanadiumkationen besitzen in Lösungen eine unterschiedliche Färbung: Salze von V^{4+} – hellblau, V^{3+} – grün, V^{2+} – violett. Die Verbindungen der niederen Wertigkeiten oxydieren relativ leicht zu V_2O_5. Die Vanadiumoxide werden als Farbstoffe bei der Herstellung von Farbgläsern angewendet. Es wurde festgestellt, daß das V_2O_5 ein Netzwerkbildner ist, da Vanadatgläser erhalten wurden.
Als Katalysator verhält sich V_2O_5 anscheinend ähnlich dem P_2O_5. Das Vanadiumion besitzt eine große Feldstärke (5:0,59 = 8,5) und hat eine Wertigkeit, die sich von der des Siliciumions unterscheidet. Demnach wird das Vanadiumion in Silicatgläsern zur Entmischung beitragen. Eine ähnliche Wirkung besitzen wahrscheinlich auch die anderen Elemente dieser Nebengruppe.
Nach Angaben von *Sawai* und *Janakiramarao* wurde V_2O_5 in einer Menge von 16,2 % zur Kristallisation von Gläsern im System $Li_2O-Al_2O_3-SiO_2$, Nb_2O_5 zur Kristallisation von Gläsern im System K_2O-SiO_2 und Ta_2O_5 im System K_2O-GeO_2 angewendet.

Oxide des Arsens und Antimons werden schon seit langem als Trübungsmittel benutzt. Das Antimonoxid kann außerdem zur Herstellung von Farbgläsern angewendet werden (Antimonrubine). Um das Glas rot zu färben, verwendet man Sb_2O_3 (1,5 bis 2 %), Schwefel (0,5 bis 0,7 %) und Kohlenstoff (0,5 bis 1,5 %). Sb_2O_3 kann durch Antimonsulfid (Sb_2S_3 oder Sb_2S_5) ersetzt werden. Man nimmt an, daß die Farbträger der Antimonrubine das Sb_2S_3 und das $Sb_2O_3 \cdot Sb_2S_3$ sind. Die Färbung wird durch einen Anlaufprozeß erhalten. Aber auch bis zu diesem Anlaufprozeß sind diese Gläser nicht farblos, sondern intensiv gelb gefärbt. Sowohl Antimon und seine Verbindungen als auch die Verbindungen des Arsens werden zur Trübung von Emails und Gläsern eingesetzt. Der Gehalt an Antimonoxiden beträgt in den Emails 4 bis 8 %.
Bekannt ist die Verwendung der Arsen- und Antimonoxide als Katalysatoren der Kristallisation. *Hayami* wandte das Arsentrioxid zur Kristallisation eines Lithium-Alumosilicat-Glases an. *Bornemann* benutzte Zusätze von Antimontrioxid in einer Menge von 0,5 % zur Herstellung von Vitrokeramikzementen.

Zinndioxid (SnO_2) zählt zu den besten Trübungsmitteln von Gläsern und Emails. Zur Herstellung von Emails wird eine Menge von 5 bis 8 % Zinndioxid zugesetzt.
Die Firma »Owens« benutzte einen Mischkatalysator (Fluor, TiO_2, ZrO_2 und SnO_2) zur Herstellung einer Vitrokeramik der Cordieritzusammensetzung mit einer Biegebruchfestigkeit bis 1 GPa. SnO_2 verwandte man auch zur Kristallisation von Gläsern der Cordieritzusammensetzung. Diesen Katalysator setzten die japanischen Forscher *Moriya*, *Tykačinskij* u. a. ein.

Cerdioxid ist ein effektiveres Trübungsmittel von Emails als die Oxide des Zinns und Antimons. Die Trübung der Emails verstärkt sich, wenn das Ausgangsglas Al_2O_3, CaO, MgO und ZrO_2 enthält. Die Konzentration des CeO_2 zur Trübung von Emails beträgt 2 bis 2,5 %. Die Angaben über die Anwendung des CeO_2 zur Herstellung von Vitrokeramiken unterschiedlicher Art sind in den Patenten von *Stookey*, *Kreidl* u. a. angeführt.

5.3.5.2. Fluoride und Sulfide

Fluoride werden neben den Phosphaten schon seit langem als Trübungsmittel für Gläser verwendet. In der Glasproduktion werden Fluorverbindungen gewöhnlich in

Form von Kryolith Na_3AlF_6, Natriumsilicofluorid Na_2SiF_6 und Flußspat CaF_2 benutzt. Beim Zusatz von Fluoriden in die Zusammensetzung des Glases ist es notwendig, gleichzeitig Tonerde (etwa 20 % der Masse des Natriumsilicofluorids) hinzuzugeben, da es bei Abwesenheit von Al_2O_3 im Glas zu einer groben Kristallisation (Cristobalitsphärolithe mit einem Durchmesser bis zu 4 mm) kommt. Wenn als Trübungsmittel Kryolith verwendet wird, ist eine zusätzliche Zugabe von Tonerde nicht nötig. Anstelle von Al_2O_3 kann Magnesiumoxid zugesetzt werden, das auch eine grobe Kristallisation von fluorhaltigen Gläsern unterdrückt.

Der Grund für diese Wirkung von Tonerde und Magnesiumoxid besteht möglicherweise darin, daß nur die Ionen des Aluminiums und Magnesiums, aber nicht die des Calciums, Strontiums und Bariums Komplexsalze des Typs $MeMgF_4$, Me_3AlF_6 u. a. bilden. Durch die Röntgenanalyse konnte in eingetrübten Gläsern NaF, CaF_2 und Al_2O_3 festgestellt werden, und bei einer groben Kristallisation dieser Gläser fand man Cristobalit, seltener Devitrit und Pseudowollastonit.

Die Besonderheit der mit Fluoriden getrübten Gläser ist sowohl ihre Feinkörnigkeit (mit einer Korngröße von 0,1 bis 5 μm) als auch der Fakt, daß sie keine schwachen Trübungsgrade erzeugen. Diese Gläser erhält man entweder stark getrübt oder vollständig durchsichtig, wobei sich die Trübung erst nach einem Temperprozeß ergibt. Die Menge des eingeführten Kryoliths oder Natriumsilicofluorids schwankt in Abhängigkeit von der Zusammensetzung und dem geforderten Trübungsgrad in den Grenzen von 4 bis 15 %. Die Zugabe geringer Zusätze von Fluoriden in das Glas führt zu keiner Trübung. So werden Fluoride in einer Menge bis zu 1 % als Beschleuniger der Glasschmelze eingesetzt, ohne daß sie dadurch eine Trübung hervorrufen.

Die Verwendung der Fluoride als Katalysatoren der Kristallisation begründet sich darauf, daß sogar sehr kleine Zusätze von ihnen im Glas Veränderungen hervorrufen, die es erlauben, bei einer erneuten Erwärmung fluorhaltige Keime auszuscheiden, die die Kristallisation der Matrixphase erleichtern. Eine Erklärung für diese Erscheinung kann man finden, wenn man sich auf die modernen Vorstellungen über die Rolle des Fluorions im Strukturnetz des Glases stützt. Man nimmt an, daß sich das Fluorion in die Struktur der Silicatgläser einbaut, indem es darin ein Sauerstoffion ersetzt. Die Größe der Fluor- und Sauerstoffionen ist annähernd gleich (entsprechend 1,36 und 1,40 Å). Demnach kann der geometrische Faktor kein Hindernis für den Austausch des einen Anions durch das andere sein, aber beide Ionen besitzen ungleiche Wertigkeiten. Darum sind zur Erhaltung der Elektroneutralität für jedes Sauerstoffion zwei Fluorionen erforderlich. Im Ergebnis dieses Austausches kommt es zum Aufreißen der starken Volumenbindungen Si—O—Si der Silicium-Sauerstoff-Tetraeder, und es entstehen geschwächte lokale Si-F-Bindungen, die eine teilweise oder vollständige Trennung der benachbarten Tetraeder bedingen. Hieraus folgt, daß das Fluor eine Zerstörung des Glasnetzwerkes hervorruft. Das führt zur Verringerung der Schmelztemperatur von fluorhaltigen Gläsern und zur Verringerung ihrer Viskosität, zur Vergrößerung der Wärmedehnung und zu anderen Eigenschaftsänderungen, die auf eine Schwächung der Bindungen in der Struktur des Glases hinweisen. Diese Änderungen in der Struktur des fluorhaltigen Glases bestimmen anscheinend auch bei einer erneuten Erwärmung die Neigung zur Ausscheidung von fluorhaltigen Gruppierungen als Keime und damit die Vorbereitung des Glases zur Kristallisation.

Lungu und *Popescu-Has* wandten als erste Fluoride zur Herstellung von kristallisierten Gläsern an. Sie erhielten Vitrokeramiken in den Systemen $CaO-MgO-Al_2O_3-SiO_2$, $Na_2O-MgO-Al_2O_3-SiO_2$ u. a., die in der Zusammensetzung den synthetischen Glimmern ähnlich sind. Als Katalysator führten sie 8 bis 20 % Fluoride ein. *Stookey* setzte für die Kristallisation von hochsiliciumdioxidhaltigen Gläsern im System $K_2O-Na_2O-SiO_2$ 2,8 bis 3,6 % Fluor zu. Er stellte fest, daß Fluor nur den Schmelzvorgang erleichtert. In einem anderen Fall benutzte *Stookey* bei der Kristallisation von Gläsern im System $MgO-Al_2O_3-SiO_2$ Fluor als Zusatz zu TiO_2. Er setzte 10,8 % TiO_2 und 2,3 % Fluor zu. *Tykačinskij* und Mitarbeiter benutzten zur Herstellung von Vitrokeramiken im System $PbO-B_2O_3-Al_2O_3-SiO_2$ einen Zusatz von 2 bis 6 % Fluor.

McMillan und *Partridge* wandten Fluoride (0,5 bis 2 % Fluor) zur Kristallisation von lithiumhaltigen Gläsern an. *Hass* und *Steylin* setzten zur Kristallisation von Alumosilicatgläsern 3 bis 8 % Fluor zu. Sie behaupten, daß Fluoridkristalle die Kristallkeime darstellen.

Sulfide und Selenide werden auch als Färbungs- und Trübungsmittel verwandt. Zur Herstellung von gelben Gläsern wird Schwefel zugegeben, der unter reduzierenden Bedingungen unterschiedliche Sulfide bildet, wobei einige von ihnen eine stark färbende Wirkung besitzen (FeS, CuS, PbS u. a.). Die Bildung von Sulfiden kann man auch bei Zusatz von Sulfaten zusammen mit Kohle oder anderen Reduktionsmitteln zum Gemenge beobachten. Unter oxidierenden Bedingungen färbt Schwefel das Glas nicht, da er zu SO_2 oxydiert. Bei der Färbung mit Schwefel kann man eine gelbe bis schwarze Farbe erhalten. Die Menge des zuzusetzenden Schwefels zur Einstellung der gelben und braunen Färbung beträgt 0,4 bis 1,1 %.

Obwohl die Gläser, die mit Schwefel gefärbt sind, gewöhnlich zur Gruppe der molekulargefärbten gezählt werden, ist das anscheinend nicht ganz genau, da es unter den Sulfiden Verbindungen gibt, die einen Anlaufprozeß der Sulfidgläser ähnlich den kolloidgefärbten oder den getrübten Gläsern notwendig machen. Demnach können die Sulfide in Abhängigkeit vom Typ des Kations in der Rolle eines molekularen oder eines kolloidalen Farbmittels auftreten. Gläser, die Cadmiumsulfid enthalten, bleiben nach der Abkühlung durchsichtig, und bei Erwärmung (Anlaufprozeß) entsteht eine intensive, gelbe Färbung. Somit besteht also kein Zweifel an der kolloidalen Natur der Färbung dieser Gläser und der Möglichkeit zur Nutzung des CdS als Katalysator für die Kristallisation.

Zur Trübung von Gläsern wird Zinksulfid verwendet. Bei einer bestimmten Temperatur und Konzentration an ZnS kommt es zur Ausscheidung von Teilchen, die mit Zinksulfid angereichert sind und die dann nach dem Temperprozeß den Trübungseffekt hervorrufen. Es wurde festgestellt, daß sich die Trübung dieses Glases verstärkt, wenn es abgekühlt und danach erneut erwärmt wird. Gläsern, die Zinkoxide enthalten, werden zur Trübung 3 bis 6 % Schwefelpulver zugesetzt.

Es ist auch eine Trübung der Gläser mit Hilfe von Cadmiumsulfid und Selen bekannt. Diese Gläser können in Abhängigkeit vom Verhältnis CdS zu Selen eine gelbe, orange oder rote Färbung erhalten. Die Trübungsmittel werden in folgender Menge zugegeben: CdS: 2 bis 2,5 %, Se: 0,5 bis 0,6 %. Hierbei enthalten die Gläser gewöhnlich 6 bis 9 % Zinkoxid. Die Färbung mit CdS und Selen wird zur Herstellung von Selenrubingläsern angewendet, nur mit dem Unterschied zu den Trübgläsern, daß die Konzentrationen der Farbstoffe etwas geringer sind und nur 1,2 bis 1,8 % CdS und 0,4 bis 0,6 % Selen betragen. Man stellte fest, daß die Färbung dieser Gläser durch die Bildung von ultramikroskopischen Mischkristallen des Cadmiumsulfoselenids $CdS \cdot CdSe$ bestimmt wird. Wie bei der Trübung, können die Gläser in Abhängigkeit vom Selengehalt gelb, orange und rot gefärbt werden.

McMillan und *Partridge* führten 0,2 bis 2 % Cadmiumsulfoselenid als Katalysator zur Kristallisation von Gläsern der Zusammensetzung $Li_2O-MgO-Al_2O_3-SiO_2$ ein. Die Autoren geben an, daß sie mit Hilfe dieses Katalysators Vitrokeramiken mit einer hohen Festigkeit erhielten. Die Besonderheit der Schmelze dieser Gläser besteht in der Notwendigkeit einer reduzierenden Atmosphäre, da sonst der Sulfidschwefel ausbrennt. Die so hergestellten Vitrokeramiken sind gelb oder orange.

Als Katalysator der Kristallisation werden die Sulfide zur Herstellung von Vitrokeramiken aus Schlacken und Gesteinsschmelzen verwendet. So kristallisierte z. B. *Löscei* Gläser des Systems $Na_2O-CaO-MgO-Al_2O_3-SiO_2$ (ein Gemisch aus Hochofenschlacken und geschmolzenen Gesteinen) und gab einen Zusatz von Sulfaten und Kokspulver hinzu, um im Endeffekt 4 bis 5 % Sulfid zu erhalten. *Pavluškin* und *Kamaljan* führten zur Herstellung von Vitrokeramiken aus einem Gemenge auf Basaltbasis als Kristallisationskatalysator 6 % FeS ein.

5.3.5.3. Kombinierte Katalysatoren

In der Literatur kann man auch Angaben über die Verwendung von Halogeniden, Sulfaten, Kohlenstoff, Oxiden einiger Seltener Erden, z. B. Lanthan u. a., als Katalysatoren der Kristallisation finden. Eine Klassifikation der Katalysatoren und die Angabe ihrer gesamten Charakteristik ist im weiteren natürlich nur in dem Maße möglich, wie die entsprechenden Angaben gesammelt und ihre Zuverlässigkeit überprüft werden. Trotzdem kann man schon jetzt eine vorläufige Systematisierung der Katalysatoren vorlegen.
Mit den am meisten verwendeten Katalysatoren kann man entsprechend der Abnahme ihrer Bedeutung gegenwärtig folgende Reihenfolge aufstellen: TiO_2, MeF, P_2O_5, ZrO_2, Cr_2O_3, ZnO, MeS. In Tabelle 13 sind die Elemente aufgeführt (außer den Lanthaniden und Aktiniden), die schon als Katalysatoren angewendet werden, und Elemente, die für diese Zwecke noch nicht erprobt wurden.

Tabelle 13. Als Katalysatoren der Kristallisation verwendete Elemente des Periodensystems

Gruppe	Elemente	
	erprobte	nichterprobte
I	Li, Pb, Cs, Ag, Au, Cu	Na, K, Fr
II	Zn, Cd	Mg, Sr, Be, Ca, Ba, Hg, Ra
III	Ce, In, Tl	B, Al, Ga, Sc, Y, La
IV	Ti, Zr, Hf, C, Sn, Th, Si	Pb
V	V, Nb, Ta, P, As, Sb	Bi, N
VI	Cr, Mo, W, S, Se, Te	O, Po
VII	Mn, F, Cl, Br, J	Tc, Re, At
VIII	Fe, Co, Ni, Rh, Pd, Os, Ir, Pt	Ru

Aus der Tabelle ist ersichtlich, daß die Zahl der nichterprobten Elemente sehr gering ist, besonders, wenn man berücksichtigt, daß in der rechten Spalte viele Elemente eingeordnet sind, die als gewöhnliche Glaskomponenten (B, Ca, Ba, Mg, Pb, Bi, Na, K, Al) auftreten.
Das Studium der katalytischen Wirkung von Elementen und ihren Verbindungen befindet sich erst im Anfangsstadium, da die Möglichkeit der gesteuerten Kristallisation erst vor kurzem bekannt wurde. In diesen Untersuchungen ist nicht nur die volle Erfassung aller Elemente wichtig, sondern ihre systematischere Erforschung in bezug auf die unterschiedlichen Zusammensetzungen der Gläser und auf die Herstellungsbedingungen der Vitrokeramiken.
Eine selbständige und anscheinend sehr wichtige Aufgabe stellt in dieser Beziehung die Untersuchung von kombinierten Katalysatoren dar. Schon jetzt ist bekannt, daß die Anwendung eines Gemisches aus zwei oder mehr Katalysatoren manchmal einen positiven Effekt ergibt. In der Literatur sind z. B. Angaben über die Anwendung folgender kombinierter Katalysatoren vorhanden: $As_2O_3 + MoO_3$ (WO_3, Sb_2O_3);

$TiO_2 + MeF_2$ (ZrO_2, ZnO, P_2O_5); $ZrO_2 + TiO_2$ (P_2O_5, V_2O_5, CoO, NiO, MoO_3, Fe_2O_3, ThO_2); $AgCl + SnO_2$; $La_2O_3 + Cu_2O$.
Aus den Arbeiten des Moskauer Chemisch-Technologischen Instituts »*D. I. Mendeleev*« wurde auch bekannt, daß sehr kleine Zusätze einiger Oxide (Cr_2O_3, B_2O_3, Na_2O, NiO u. a.) zum Hauptkatalysator (TiO_2) nicht nur eine Beschleunigung des Kristallisationsprozesses hervorrufen, sondern in einer Reihe von Fällen auch die Reihenfolge der Phasenausscheidung ändern.

6. Technologie und Entwicklung der Vitrokeramiken

Bekanntlich wird zur Herstellung von Vitrokeramiken die Technologie der Glasproduktion genutzt, die in der Endphase etwas verändert und ergänzt wurde, da das aus dem entsprechenden Glas erhaltene Erzeugnis durch Kristallisation in eine Vitrokeramik umzuwandeln ist. Das technologische Schema zur Produktion von Glaserzeugnissen (Gemengeaufbereitung → Glasschmelze → Formgebung → Kühlprozeß) wird durch ein weiteres technologisches Element, die Kristallisation der Erzeugnisse, ergänzt, die entweder gleich auf die Formgebung ohne Kühlprozeß oder erst nach dem Kühlprozeß folgen kann.
In einigen Fällen wird zur Herstellung von Vitrokeramiken die keramische Technologie (Pulvermethode) nach folgendem Schema angewendet: Gemengeaufbereitung → Glasschmelze → Granulierung → Mahlen des Glases zu Pulver → Herstellung einer plastischen Masse, d. h. von Schlicker aus Glaspulver und Bindemittel → Formgebung der Erzeugnisse → Sintern und Kristallisation. Dieses technologische Verfahren ist weniger ideal, da die Erzeugnisse immer eine wenn auch kleine Porosität besitzen. Für besondere Anwendungsfälle und zur Herstellung von Teilen mit sehr komplizierter Form kann sich aber die Pulvermethode als unersetzlich erweisen.
Gegenwärtig existiert schon eine Vielzahl von Vorschriften zur Herstellung von Vitrokeramiken, die die unterschiedlichsten Eigenschaften besitzen. In den Patenten und Artikeln werden wichtige technologische Einzelheiten nicht immer mitgeteilt, z. B. die Temperregimes, die konkreten Zusammensetzungen der Vitrokeramiken und ihre Eigenschaften. All das stellt ein Geheimnis der unterschiedlichen Firmen und Einrichtungen dar. So sind nicht selten sogar bei Vorhandensein von Patentangaben zusätzliche Experimente notwendig, um die konkreten Zusammensetzungen mit den angegebenen Eigenschaften zu reproduzieren.
Ungeachtet dessen benötigt die Industrie neue Vitrokeramiken mit ganz spezifischen oder veränderten Eigenschaften. Das alles bestimmt die Wichtigkeit, die wissenschaftlichen Grundlagen zur Entwicklung von Vitrokeramiken mit vorgegebenen Eigenschaften zu schaffen. Obwohl zur Zeit noch keine standardisierten Entwicklungsmethoden existieren, kann man schon jetzt einige allgemeine Prinzipien des Herangehens an die Lösung dieser Aufgabe formulieren.

6.1. Technologie der Vitrokeramik

Vor der Darlegung der Grundlagen der Technologie der Vitrokeramik ist es angebracht, den Begriff »*Vitrokeramik*« selbst zu definieren. Jeder neue oder schon bekannte Stoff (z. B. Schmelzsteine), der nach der Methode der katalysierten Kristallisation aus künstlichen oder natürlichen Mineralgemischen hergestellt wurde, gehört zur neuen Werkstoffklasse der Vitrokeramik.
Was ist Vitrokeramik allgemein, unabhängig von ihrem Typ, und was unterscheidet sie von anderen ähnlichen Werkstoffen?
Als Vitrokeramik bezeichnet man einen künstlichen Werkstoff von mikrokristalliner

Struktur, der durch katalysierte Kristallisation aus einem Glas der entsprechenden Zusammensetzung hergestellt wurde und der im Vergleich zu diesem Glas bessere physikalisch-chemische Eigenschaften besitzt.
Die gewöhnliche Herstellungsmethode der Vitrokeramiken unterscheidet sich von den Herstellungsmethoden der anderen bekannten polykristallinen Werkstoffe (Korund, Mullit, Silica, Magnesit u. a.) dadurch, daß die Vitrokeramiken aus Schmelzen hergestellt werden,

- die glasig erstarren,
- die die Formgebungseigenschaften des Glases besitzen (Viskosität, Erstarrungsgeschwindigkeit u. a.),
- die fähig sind, im unterkühlten Zustand Kristallkeime zu bilden, deren Zahl durch das Temperregime bestimmt wird,
- die Kristallphasen ausscheiden, die die vorgegebenen Eigenschaften bestimmen,
- die es erlauben, einen katalysierten Kristallisationsprozeß durchzuführen und
- bei deren Kristallisation ein mehr oder weniger vollständiger Übergang des Glases in den kristallisierten Zustand unter Bildung eines Werkstoffs mit mikrokristalliner Struktur möglich ist.

So erhält man im Unterschied zu den anderen künstlichen, polykristallinen Werkstoffen Vitrokeramik aus einem Glas, das einen Katalysator und solche chemischen Komponenten enthält, aus denen im Ergebnis einer Wärmebehandlung Kristalle der vorgegebenen Phasen gebildet werden können. Ähnlich wie bei der Keramik, kann man Vitrokeramiken auch aus Glaspulver der entsprechenden chemischen Zusammensetzung herstellen. In diesem Falle ist die Anwendung des Terminus »*Sintervitrokeramik*« analog »*Sinterkorund*«, »*Sinterperiklas*« u. a. gerechtfertigt. Aber man sollte nicht vergessen, daß in der Keramik kristalline Pulver gesintert werden. Bei der Herstellung von Vitrokeramiken dagegen sintert man Glaspulver, die erst im Ergebnis der Sinterung kristallisieren und sich in ein monolithisches Material mit polykristalliner Struktur umwandeln.
Sintervitrokeramik wird durch zwei Methoden hergestellt:

1. Sinterung von Glaspulvern (Korngröße etwa 10 μm) unter Zusatz von Katalysatorpulver;
2. Sinterung von Glaspulver, in das der Katalysator bereits im Stadium der Glasschmelze zugegeben wurde.

Da sich die Technologie der Vitrokeramik in ihrem »*Glasteil*« nicht grundsätzlich von der Technologie des Glases unterscheidet, wird das Hauptaugenmerk den spezifischen Elementen der Technologie der Vitrokeramik gewidmet. Bei der Beschreibung der gebräuchlichen Elemente der Technologie der Glasproduktion werden nur die Besonderheiten erwähnt, die charakteristisch für die Vitrokeramikherstellung sind.

6.1.1. Gemengeaufbereitung

Bei der Herstellung des Gemenges werden die in der Glastechnik gebräuchlichen Verfahren der Aufbereitung der Rohstoffe und ihrer Mischung sowie des Gemengetransportes zu den Einlegemaschinen der Glasöfen benutzt. Der Unterschied eines Vitrokeramikgemenges zu einem Glasgemenge besteht darin, daß ersteres einen Katalysator für die Kristallisation enthält. Es muß betont werden, daß es in bezug auf die Homogenität und Läuterung keine Abstriche von den Regeln der Herstellung

eines hochwertigen Glases geben darf. Ein chemisch inhomogenes Glas mit einer großen Menge von Gaseinschlüssen kann keine guten physikalischen und chemischen Eigenschaften der Vitrokeramiken garantieren.
Die Forderungen an die Reinheit der Rohstoffe können in Abhängigkeit von der Art und dem Einsatz der Vitrokeramik unterschiedlich sein. So muß sich die Reinheit dieser Komponenten bei der Herstellung von durchsichtigen Vitrokeramiken auf dem Niveau eines hochqualitativen optischen Glases befinden, da sich kleinste Verunreinigungen, z. B. an Eisenoxiden, negativ auf die Farbe und Durchsichtigkeit der Vitrokeramik auswirken, indem sie sie eindunkeln. Ähnlich wirken sich bei der Herstellung von Vitrokeramiken mit sehr guten dielektrischen Eigenschaften Verunreinigungen durch Übergangsmetalle schädlich aus, da sie im Glas zu einer Elektronenleitfähigkeit führen können, die die elektrischen Eigenschaften der Vitrokeramik stark verschlechtert.
Gleichzeitig sind aber die Anforderungen an die Reinheit der Rohstoffe bei der Herstellung einer Reihe von technischen Vitrokeramiken und Schlackenvitrokeramiken wesentlich niedriger, als es in der Glastechnologie üblich ist. In den Zusammensetzungen dieser Vitrokeramiken kann z. B. eine erhöhte Konzentration an färbenden Oxiden (Fe_2O_3, Cr_2O_3, TiO_2 usw.) zugelassen werden. Die Komponenten (Tonerde, Oxide des Calciums, Magnesiums, Lithiums u. a.) können in das Vitrokeramikgemenge über unterschiedliche natürliche Mischungen und Minerale eingeführt werden, die auch geringeren Ansprüchen an den Gehalt an Verunreinigungen genügen. Das bezieht sich besonders auf verschiedene billige Zusammensetzungen zur Herstellung kristallisierter Gläser vom Typ der Schlackenvitrokeramik, der Gesteinsvitrokeramik u. a.
Mit anderen Worten, es muß die Frage über die zulässigen Grenzen der Verunreinigungen in Vitrokeramiken, auf jede konkrete Zusammensetzung bezogen, gelöst werden. Die zulässige Abweichung der Zusammensetzung der Vitrokeramik von der vorgegebenen wird auf der Grundlage des Vergleichs der wichtigsten Eigenschaften der Vitrokeramik ohne und mit Verunreinigungen bestimmt. Hierbei ist es notwendig anzumerken, daß, wie am Moskauer Chemisch-Technologischen Institut »*D. I. Mendeleev*« durchgeführte Arbeiten gezeigt haben, einige Oxide auch bei geringen Zusätzen einen wesentlichen Einfluß auf den Prozeß der Kristallisation und auf die Eigenschaften der dabei erhaltenen Vitrokeramiken ausüben.

6.1.2. Glasschmelze

Die Glasschmelze wird auch bei der Herstellung von Vitrokeramiken in unterschiedlichen Glasschmelzöfen durchgeführt. Schmelztemperatur und Zyklusdauer hängen von der Zusammensetzung des Glases ab. Neben leichtschmelzenden Gläsern, deren Schmelztemperatur etwa 1300 °C beträgt, werden zur Herstellung von Vitrokeramiken auch schwerer schmelzende Zusammensetzungen mit einer Schmelztemperatur von etwa 1700 °C angewendet.
Um einen hohen Homogenitätsgrad des Glases zu garantieren, werden, wenn es notwendig ist, unterschiedliche Verfahren zur Durchmischung des Glases benutzt.
Bei Verwendung flüchtiger Katalysatoren (Fluoride, Sulfide, einige Oxide u. a.) muß man auf spezielle Maßnahmen zur Verhinderung oder wenigstens Verminderung der Verluste dieser Komponenten während des Glasschmelzprozesses zurückgreifen. Es ist bekannt, daß die Menge des Katalysators einer definierten Größe entsprechen muß. Seine Verringerung im Resultat einer Verflüchtigung kann das Glas für die Kristallisation nach einem ausgewählten Regime unbrauchbar machen. Diese Sachlage kann zu ernsten Schwierigkeiten in der Produktion führen. Um diese zu umgehen, wendet man eine Reihe von Maßnahmen zur Stabilisierung der Menge der flüchtigen Komponenten an.

Im Moskauer Chemisch-Technologischen Institut »*D. I. Mendeleev*« wurden die Kinetik des Ausbrennens des Sulfidschwefels (*Černjakova*) in Abhängigkeit von verschiedenen Faktoren (Temperatur, Schmelzdauer, Gasatmosphäre, Anfangsgehalt des Schwefels und des Reduktionsmittels, Menge des Gemenges) und auch der Einfluß des Sulfidschwefels auf die Kristallisation der Gläser im System $CaO-Al_2O_3-SiO_2$ untersucht. Es wurde festgestellt, daß sich der Schwefel in den Gläsern in Form von Sulfiden und Sulfaten befindet und daß das Verhältnis zwischen ihnen durch die Menge des Reduktionsmittels im Gemenge und durch die Schmelzbedingungen (Temperatur, Dauer, Gasatmosphäre) bestimmt wird. Der Schwefel im Glas behält seine Sulfidform, wenn über der Oberfläche der Glasschmelze kein Sauerstoff vorhanden ist. Bei Anwesenheit von Sauerstoff in der Gasatmosphäre des Ofens wandelt sich ein Teil des Sulfidschwefels in die Sulfatform um, wobei sich dieser Prozeß mit Zunahme der Temperatur und Dauer aktiviert. Die Vergrößerung der Menge des Reduktionsmittels im Gemenge stabilisiert den Sulfidgehalt im Glas.
Bei Zugabe des Sulfidschwefels durch Natriumsulfat zusammen mit einem Reduktionsmittel (wie es gewöhnlich bei der Herstellung z. B. von Schlackenvitrokeramiken gemacht wird) brennt während der Schmelze in Luftatmosphäre nicht weniger als zwei Drittel des Anfangsgehaltes des Schwefels aus. In Gläsern, die in einer neutralen Atmosphäre geschmolzen wurden, sind die Verluste an Schwefel geringer. Der Hauptverlust an Schwefel (in Form von SO_2) entsteht im Prozeß der Glasschmelze durch thermische Dissoziation des Natriumsulfats.
Der Ausbrennprozeß des Sulfidschwefels aus der Glasschmelze kann in Anwesenheit von Sauerstoff in der Ofenatmosphäre schematisch folgendermaßen dargestellt werden:

I. Oxydation des Sulfidschwefels unter Bildung von Sekundärsulfaten
$S^{2-} + 2O_2 \rightarrow SO_4^{2-}$

II. Wechselwirkung verschiedener Schichten der Glasschmelze, die mit Sulfid- und Sulfatschwefel angereichert sind, in deren Ergebnis sich im Glas praktisch unlösliches Schwefeldioxid bildet.
$S^{2-} + SO_4^{2-} \rightarrow 2SO_2 \uparrow$

Das erste und begrenzende Stadium des Ausbrennprozesses des sulfidischen Schwefels ist die Sulfatbildung.
So ist bei der Schmelze von Gläsern, die sulfidischen Schwefel enthalten, die Anwesenheit von Sauerstoff in der Gasatmosphäre des Ofens unzulässig, um ein Ausbrennen des Schwefels zu verhindern. Die Schmelze von Vitrokeramikgläsern muß unter streng kontrollierbaren reduzierenden oder neutralen Bedingungen durchgeführt und die Temperatur und Schmelzdauer konstant gehalten werden. Wenn man diese Bedingungen nicht beachtet und die Glasschmelze mit einem Luftüberschuß geführt wurde, muß das geschmolzene Glas für die Verarbeitung aus einer Tiefe von mindestens 100 mm entnommen werden, um die Vermischung mit Oberflächenschichten, die an sulfidischem Schwefel verarmt sind, während der Formgebung auszuschließen.
Bei der Herstellung von Schlackenvitrokeramiken beträgt der notwendige Gehalt an sulfidischem Schwefel im Ausgangsglas 0,3 %. Seine Menge hat keinen Einfluß auf die Phasenzusammensetzung des Werkstoffes, aber von ihr hängen die Menge der ausgeschiedenen Kristallphasen und die Eigenschaften der kristallisierten Gläser ab. Die Kristallphasen sind Pseudowollastonit, Wollastonit und Anorthit. Ausscheidungen von sulfidhaltigen Kristallphasen wurden nicht beobachtet. Zur Herstellung einer Schlackenvitrokeramik mit einem maximalen Gehalt an Kristallphase und den besten Eigenschaften muß im Glas eine Menge von 0,3 bis 0,5 % S^{2-} erhalten bleiben. Bei einer geringeren Konzentration an S^{2-} kristallisiert das Glas nicht, und bei einer größeren Konzentration verläuft die Kristallisation spontan.

Darauffolgende Untersuchungen (*Čemerko*) zeigten, daß sich der Prozeß der Verflüchtigung des sulfidischen Schwefels auch in einer bestimmten Wechselwirkung mit der Verflüchtigung einer Reihe anderer Komponenten, in erster Linie des Fluors und Zinkoxids (wenn sie zusammen im Glas enthalten sind), befindet. Fluor, wie auch Schwefel, gehört zu den flüchtigen Komponenten. Seine Konzentration im Glas kann sich bei Änderung der Schmelzbedingungen wesentlich verändern. Durch Verdampfung werden besonders große Fluoridverluste in der Oberflächenschicht der Glasschmelze beobachtet, wobei 75 bis 90 % der Fluormenge, die in das Gemenge eingeführt wurden, verlorengehen. In einer Tiefe von 100 bis 300 mm verringern sich die Fluorverluste bis auf 35 bis 40 % des Anfangsgehaltes im Gemenge.
Die Anwesenheit von sulfidischem Schwefel erhöht die Fluorverluste, da die Geschwindigkeit der Fluorverflüchtigung vom Grad des Ausbrennens (Oxydation) des sulfidischen Schwefels abhängt. Das kann vermutlich mit der Wirkung von zwei Faktoren verbunden sein:

1. mit der Ansammlung von Schwefeltrioxid in der Schmelze, das die Viskosität und die Oberflächenspannung der Schmelze wesentlich verringert, und
2. mit der Bildung von flüchtigen chemischen Verbindungen des Fluors mit Oxydationsprodukten des sulfidischen Schwefels, z. B. SO_2F_2 und SOF_2 (Fluorsulfuryl und Thionylfluorid) nach dem Schema

$$SO_2 + F_2 \rightarrow SO_2F_2$$

$$SO_2 + F_2 \rightarrow SOF_2 + \frac{1}{2} O_2 .$$

Das Zinkoxid vergrößert auch die Fluorverluste, aber weniger als der sulfidische Schwefel. Da das Zinkoxid nur in der Periode des Durchschmelzens des Gemenges einen Einfluß auf die Fluorverflüchtigung hat, wird die Erhöhung der Fluorverluste anscheinend durch die gemeinsame Verdampfung der flüchtigen Fluoride und des Zinkoxids bestimmt.
Für die Zusammensetzungen des Systems $CaO-Al_2O_3-SiO_2$ ist eine Verflüchtigung des Fluors sowohl in der Schmelz- als auch in der Verarbeitungszone charakteristisch. Die Hauptverluste des Fluors aber werden in der Schmelzzone beobachtet und betragen für Gläser mit Zinkoxid im Mittel 80 % und ohne dieses Oxid 85 % der Gesamtfluorverluste im Schmelzprozeß.
Die Stabilisierung der genannten Zusätze im Glas ist ein komplizierter physikalisch-chemischer Prozeß, der bei gleichen Bedingungen (Temperatur/Zeit-Regime, chemische Grundzusammensetzung usw.) vor allem von der Konstanz des Gehaltes an sulfidischem Schwefel abhängt.
Für die Kristallisation von Vitrokeramiken unter Verwendung von Titandioxid spielen die Schmelzbedingungen eine große Rolle (*Chodakovskaja, Orlova*). Eine große Bedeutung besitzen die Besonderheiten der Titanstruktur und die Einlagerung des Titans in die Glasstruktur. Als polyvalentes Element kann es sich im Glas in verschiedenen Wertigkeitszuständen befinden. Es überwiegt gewöhnlich die höchste Oxydationsstufe des Titans, Ti^{4+}, aber bei hohen Temperaturen wachsen der Gehalt an dreiwertigem Titan in der Schmelze und seine Beständigkeit wesentlich. Nach seiner Einlagerung in die Glasstruktur gehört TiO_2 zur Gruppe der »*Zwischenoxide*«, und in Abhängigkeit von der Glaszusammensetzung und seinen Herstellungsbedingungen kann es entweder als Netzwerkbildner oder Netzwerkwandler auftreten. Die Koordination des Titans kann sich hierbei von der tetraedrischen zur oktaedrischen ändern. Letztere kann häufig auch bei Änderung der Schmelztemperatur eintreten. Diese Abhängigkeit des Valenz/Koordinations-Zustandes des Titans von den Schmelzbedingungen des Glases zeugt von der Möglichkeit eines merklichen Einflusses dieser

Bedingungen auf Struktur und Eigenschaften von titanhaltigen Gläsern und Vitrokeramiken.
Es wurde gezeigt, daß eine Erhöhung der Schmelztemperatur Strukturveränderungen im Glas hervorruft. Im Ergebnis der thermischen Dissoziation entsteht dreiwertiges Titan, dessen wahrscheinliche Umgebung ein deformierter Oktaeder aus sechs Sauerstoffionen ist; außerdem wächst die Symmetrie der Umgebung des vierwertigen Titankations, und es kommt zu Veränderungen im Vernetzungsgrad der Silicium-Sauerstoff-Gruppierungen. Das führt zu Veränderungen im Kristallisationsverlauf, und zwar der Bildungstemperatur der ersten Kristallphase, der Menge der ausgeschiedenen Kristallphasen und in einer Reihe von Fällen auch ihrer Art. Es kommt auch zu Veränderungen der Phasenzusammensetzung, der Struktur und der Eigenschaften der Vitrokeramik. So scheiden sich in Gläsern mit Cordieritzusammensetzung bei der Kristallisation gewöhnlich quarzähnliche Mischkristalle und Magnesiumalumotitanate aus. Bei einer Temperatur von 950 °C durchläuft die Menge der quarzähnlichen Phase ein Maximum, und die darauffolgende Verringerung ihres Gehaltes führt zu einem gleichzeitigen Wachstum des Sapphiringehaltes und der Bildung von Cristobalit. Im Bereich hoher Temperaturen kristallisieren diese Phasen in Cordierit um. Von den Titanphasen ist im Intervall 1 000 bis 1 150 °C außer den Magnesiumalumotitanaten noch Rutil vorhanden. Mit steigender Schmelztemperatur kommt es zur allmählichen Verringerung des Gehaltes an quarzähnlichen Mischkristallen bis zu ihrem vollständigen Verschwinden. In diesem Fall bleibt die Vitrokeramik im Anfangsstadium der Kristallisation durchsichtig, wobei sie eine andere Struktur und andere Eigenschaften besitzt.
Einen noch größeren Einfluß auf den Kristallisationsprozeß des Glases besitzt der Charakter der Gasatmosphäre während der Glasschmelze. Gläser, die in Sauerstoff- oder Luftatmosphäre geschmolzen wurden, kristallisieren im Bereich von 800 bis 850 °C. Unter reduzierenden Schmelzbedingungen entstehe ndie ersten sichtbaren Anzeichen einer Kristallisation im Intervall von 950 bis 1 000 °C. Bis zu diesen Temperaturen behält die Probe ihre (schwarze) Ausgangsfärbung und den glasartigen Glanz. Aber die DTA und die Röntgenphasenanalyse zeigen, daß die Kristallisation dieser Gläser in einem Bereich wesentlich niedrigerer Temperaturen verläuft. Schon vor den ersten Anzeichen einer sichtbaren Kristallisation enthält das Material im Intervall von 800 bis 900 °C eine bestimmte Menge einer Kristallphase.
Die Änderung der Gasatmosphäre von einer oxydierenden über die neutrale bis hin zur schwach reduzierenden hat keinen Einfluß auf den Charakter der Phasenumwandlungen. Er bleibt analog dem schon für ein Glas, das in Luftatmosphäre geschmolzen wurde, beschriebenen. Aber hierbei ändert sich der Gehalt der entsprechenden Kristallphasen in der Vitrokeramik wesentlich. Sogar bei schwach reduzierenden Schmelzbedingungen verringert sich die Menge der quarzähnlichen Phase in der Vitrokeramik merklich. Unter stark reduzierenden Bedingungen (z. B. bei Zugabe einer großen Menge des Reduktionsmittels) ändert sich der gesamte Verlauf der Phasenumwandlungen im Kristallisationsprozeß; eine Ausscheidung der quarzähnlichen Phase ist nicht feststellbar, und die einzige Kristallphase im Frühstadium der Kristallisation (800 bis 850 °C) sind die Magnesiumalumotitanate, wobei ihre Abstände der Gitterebenen den Abständen des reinen Anosovits Ti_3O_5 ähnlich sind.
Eine weitere Kristallisation ist durch das Entstehen von Spinell und das Anwachsen des Gehaltes der Magnesiumalumotitanate gekennzeichnet. Bei 1 050 °C kristallisiert der Spinell in Sapphirin um, der dann in Cordierit übergeht. Es ist interessant festzustellen, daß der Gehalt an Magnesiumalumotitanat in dem Maße etwas ansteigt, wie sich die reduzierenden Bedingungen verstärken. Hierbei kommt es im Unterschied zu Gläsern, die in einer Luft- oder nur schwach reduzierenden Atmosphäre geschmolzen wurden, nicht zur Bildung von Rutil (Bild 40).

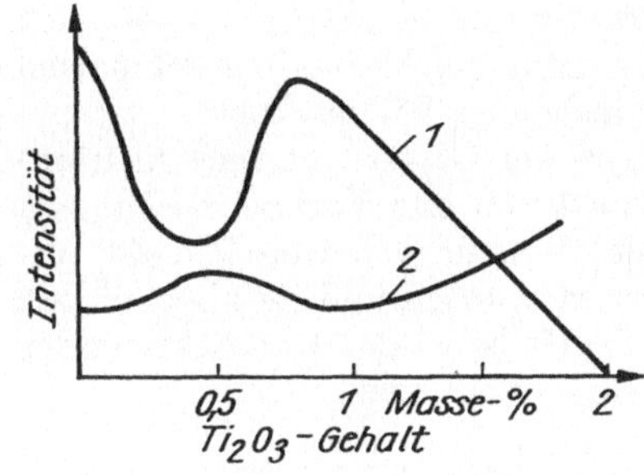

Bild 40. Abhängigkeit der Phasenzusammensetzung vom Reduktionsgrad des Titandioxids (Glas mit Cordieritzusammensetzung, Katalysator TiO_2, T = const = 1050 °C)
1 Spodumenmischkristall
2 Sapphirin

Der Einfluß der Schmelzbedingungen des Glases auf den Kristallisationsprozeß ist in erster Linie mit einer teilweisen Reduktion des Ti^{4+} in den dreiwertigen Zustand verbunden. Hierbei kann entsprechend dem Mechanismus seines Einflusses auf den Kristallisationsprozeß der Konzentrationsbereich des Ti_2O_3 in zwei Abschnitte geteilt werden:

1. Bereich der kleinen Konzentrationen des Ti_2O_3, der die Phasenzusammensetzung der Vitrokeramiken nur quantitativ ändert;
2. Bereich höherer Konzentrationen (etwa 2 % Ti_2O_3), die eine Änderung des gesamten Kristallisationsprozesses hervorrufen. Bei solchen Konzentrationen nimmt das Ti_2O_3 unmittelbar an der Bildung der Kristallphasen teil.

Eine genauere Strukturuntersuchung der Gläser, die bei unterschiedlichen Redox-Bedingungen geschmolzen wurden, mit Hilfe der EPR-Methode zeigte, daß solche starken Änderungen der Phasenumwandlungen nicht nur durch die Bildung des Ti^{3+} im Glas hervorgerufen werden, sondern auch durch tiefere Umstrukturierungen der Glasstruktur selbst bis hin zur Änderung der ersten Koordinationssphären der Kationen.

Der Kristallisationsprozeß des Glases hängt außer von seiner Zusammensetzung, der Art und der Menge des eingeführten Katalysators für die Kristallisation, den Temperbedingungen, der Anwesenheit geringer Zusätze und anderer Faktoren auch von der Wärmevorgeschichte ab, unter der man alle vorhergehenden Etappen der Wärmebehandlung versteht, deren Resultat die Bildung oder der Zerfall von Verbindungen bei Erwärmung der Gemengekomponenten im Glasschmelz- und Formgebungsprozeß ist.

Nach Angaben von *Shunina* beginnt bei Erwärmung eines Gemenges der Pyroxenzusammensetzung $SiO_2-CaO-MgO-Al_2O_3-Fe_2O_3-Na_2O$ die Bildung der Pyroxenphase bei Temperaturen von etwa 900 °C. Mit Erhöhung der Temperatur bis auf 1250 °C wächst der Gehalt an dieser Phase an. In dem Maße, wie die Temperatur von 1250 auf 1500 °C erhöht wird, verringert sich die Menge der Pyroxenphase durch ihren Übergang in eine Glasschmelze. In der Schmelze kommt es anscheinend nur zu einer teilweisen Zerstörung der Pyroxenstruktur, was durch die IR-Spektroskopie festgestellt wurde. Eine vollständige Zerstörung der Pyroxenstruktur tritt erst bei 1550 °C ein.

Die unvollständige Zerstörung der Pyroxenphase während des Schmelzprozesses kann man in abgekühlten Gläsern beobachten, was sich in ihren Eigenschaften äußert, hauptsächlich in der Kristallisationsfähigkeit. Die Kristallisationsfähigkeit eines Glases mit Pyroxenzusammensetzung hängt von den Temperatur/Zeit-Bedingungen ab, die beim Aufheizen des Gemenges bei Temperaturen der maximalen Pyroxenbildung herrschen. Eine entsprechende Haltezeit des Gemenges verkürzt die Dauer

der Phasenumwandlung des Glases in eine Vitrokeramik um die Hälfte im Vergleich zur Kristallisationszeit eines Glases, das nach herkömmlicher Methode geschmolzen wurde. Die Abkühlbedingungen der Schmelze sind in beiden Fällen gleich.
Den Unterschied in den Kristallisationseigenschaften der Gläser, die nach den angeführten Regimes geschmolzen wurden, kann man durch das Vorhandensein von Pyroxen-Strukturelementen in Form unendlicher Metasilicatketten $[SiO_3]^{\infty}$ erklären, die nicht vollständig im Schmelzprozeß zerstört wurden und im abgekühlten Glas erhalten blieben. Diesen Umstand muß man ebenfalls bei der Entwicklung der zweckmäßigsten Varianten der Vitrokeramiktechnologie beachten.

6.1.3. Formgebung des Glases

Für die Formgebung des Glases vor seiner Kristallisation kann man prinzipiell alle Methoden anwenden, die in der Glastechnik bekannt sind. In der Praxis ist die Formgebung von Vitrokeramikgläsern aber mit großen Schwierigkeiten verbunden; viele von ihnen (z. B. Gläser der Cordieritzusammensetzung) sind sehr kurze Gläser und besitzen ein sehr enges Temperaturintervall für die Formgebung, das außerdem noch in den Bereich höherer Temperaturen verschoben ist. Der Temperaturbereich der Formgebung entspricht einer Viskositätsänderung von $1 \cdot 10^2$ bis $4 \cdot 10^7$ Pa s. In Bild 41 ist die Abhängigkeit der Viskosität von Gläsern unterschiedlicher chemischer Zusammensetzung von der Temperatur dargestellt.

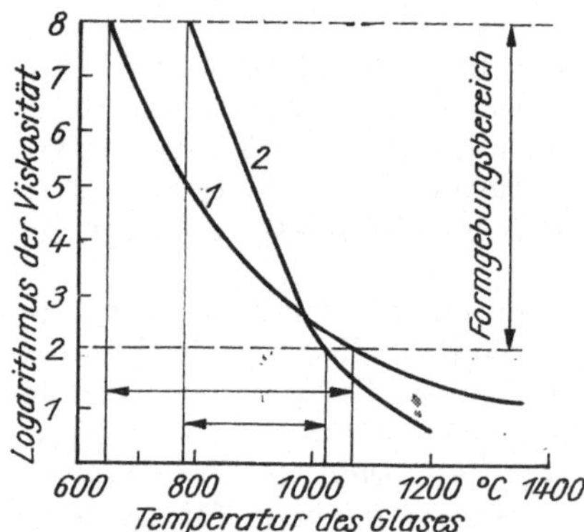

Bild 41. Viskositätskurven von Gläsern
1 langes Glas; *2* kurzes Glas

Unterschiedlichen Formgebungsverfahren entsprechen unterschiedliche Viskositätswerte: von den geringsten für das Gießen bis zu den höchsten für das Ziehen. In Verbindung damit werden für die Formgebung der Vitrokeramiken am häufigsten das Gießen, insbesondere der Schleuderguß, und das Pressen angewendet. Für den Einsatz von anderen Verfahren, die in der Glastechnik angewendet werden (kontinuierliches Walzen und Ziehen), ist es notwendig, die Zusammensetzung des Glases so zu korrigieren, daß sich die Viskosität mit der Temperatur analog den gewöhnlichen Gläsern (z. B. Fensterglas) ändert. Aber das ist sehr schwer zu verwirklichen, da die angeführte Korrektur der chemischen Zusammensetzung die Phasenzusammensetzung der Vitrokeramik ändert und demzufolge auch ihre Eigenschaften. Außerdem kann eine Korrektur der Zusammensetzung solche Zusätze erfordern (gewöhnlich alkalische), daß sich die Kosten für die Vitrokeramik wesentlich erhöhen.
Es gibt noch eine Schwierigkeit, die die Formgebung eines jeden Glases erschwert und besonders die von Gläsern mit einer erhöhten Kristallisationsneigung, zu denen die Gläser für die Vitrokeramikherstellung gehören; das Temperaturintervall der

Formgebung fällt oft mit dem Bereich der intensivsten Kristallisation des Glases zusammen. Dieser Umstand zwingt dazu, die Formgebung so zu führen, daß die vom Standpunkt der Kristallisation gefährliche Temperaturzone quasi übersprungen oder schnell durchlaufen wird. Aus diesem Grunde stellen der Schwerkraftguß und der Schleuderguß die am meisten verbreiteten Formgebungsverfahren der Gläser für die Herstellung von Vitrokeramiken dar. Diese Verfahren ermöglichen es relativ leicht, eine teilweise Kristallisation im Formgebungsprozeß zu umgehen, da sie bei einer minimalen Viskosität und demzufolge bei einer bewußt hohen Temperatur durchgeführt werden.

Im Glas bilden sich nach der Formgebung immer innere Spannungen, die die Festigkeitsgrenze überschreiten und das Erzeugnis zerstören können. Deshalb muß das geformte Erzeugnis zur Beseitigung dieser Spannungen gekühlt werden. Das Kühlen des Glases wird bei Temperaturen durchgeführt, die Viskositäten von $1 \cdot 10^{12}$ bis $4 \cdot 10^{13}$ Pa s entsprechen. Das Halten des Glases in diesem Temperaturbereich über eine Zeitdauer, die von der Erzeugnisdicke abhängt, führt zur Relaxation der Spannungen, wonach das Glas mehr oder weniger langsam auf Raumtemperatur abgekühlt wird.

Wenn die Glaserzeugnisse gleich nach der Formgebung kristallisiert werden, d. h. ohne Kühlung, entfällt damit diese Prozeßstufe. Die Erzeugnisse müssen nur auf die Temperatur für die Ausscheidung der maximalen Anzahl an Kristallisationszentren erwärmt werden.

6.1.4. Kristallisation des Glases

Zur Herstellung von Vitrokeramiken ist es notwendig,

- die entsprechende Zusammensetzung auszuwählen,
- einen Katalysator für die Kristallisation in diese Zusammensetzung einzuführen und ein Glas zu schmelzen,
- eine spezielle Wärmebehandlung des geformten Glaserzeugnisses, das einen Katalysator für die Kristallisation enthält, durchzuführen.

Die Fragen, welche Bedeutung die Glaszusammensetzung hat, und wie sie ausgewählt wird, wird bei der Erläuterung der Grundlagen zur Entwicklung der Vitrokeramiken betrachtet. Da die Rolle der Kristallisationskatalysatoren und ihre Typen schon dargelegt wurden, bleibt zu klären, worin die spezielle Wärmebehandlung der zu kristallisierenden Gläser besteht, und welche Bedeutung sie besitzt.

Es gibt allen Grund zu behaupten, daß eine optimale Temperung das wichtigste Element der Vitrokeramiktechnologie darstellt. Man kann die nötige Zusammensetzung des Glases relativ leicht finden, in sie einen erprobten Katalysator einführen und trotzdem keine gute Vitrokeramik erhalten, wenn nicht ein zweckmäßiges Temperregime garantiert ist. Man muß auch unterstreichen, daß die Auswahl des effektivsten Temperregimes sehr kompliziert ist und zur Zeit noch empirisch gelöst wird.

Der Zweck der Temperung besteht darin, daß sie erstens die Bildung einer maximalen Anzahl an Kristallisationszentren, zweitens den notwendigen Kristallisationsgrad und drittens die vorgegebene Phasenzusammensetzung der Vitrokeramik garantiert. Die erste Bedingung bestimmt die Feinkörnigkeit der Struktur, die zweite eine möglichst vollständige Umwandlung des Glases in ein polykristallines Material und die dritte die Ausscheidung von Kristallphasen mit bestimmten Eigenschaften. Eine wichtige technologische Forderung an das Temperregime stellt seine kurze Dauer

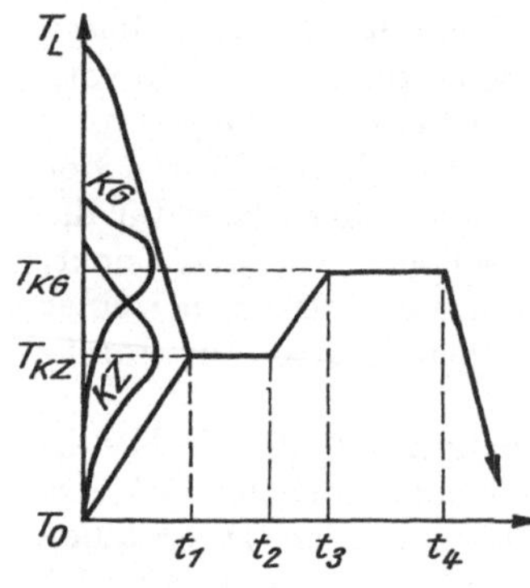

Bild 42. Zusammengesetztes Schema des Temperregimes eines Glases bei seiner Umwandlung in eine Vitrokeramik

dar, d. h., die Temperzeit muß minimal sein. Schematisch ist das Temperregime eines Glases in Bild 42 dargestellt.

Ausgehend von den von *Tammann* festgestellten Gesetzmäßigkeiten, sind im Schema zwei charakteristische Temperaturen festgehalten. Eine davon entspricht dem Maximum der Bildung von Kristallkeimen und die andere dem Maximum der linearen Wachstumsgeschwindigkeit der Kristalle. Zur besseren Veranschaulichung wurde das Schema auf Bild 42 aus zwei zusammengesetzten Grafiken erstellt. Das erlaubt es, eine Verbindung der bekannten Abhängigkeiten der Maxima der Bildung der Kristallisationszentren (*KZ*) und der linearen Geschwindigkeit des Kristallwachstums (*KG*) mit der Grafik des Temperregimes herzustellen. Der Kristallisationsprozeß kann sowohl bei Abkühlung der Schmelze als auch bei Erwärmung des erstarrten Glases durchgeführt werden. Prinzipiell ist es bedeutungslos, ob der Prozeß bei der Abkühlung oder der Erwärmung geführt wird. Eine entscheidende Bedeutung besitzen das Auffinden der optimalen Temperaturen für die erste und zweite Halteperiode auf der Kurve der Temperbehandlung und die Dauer dieser Haltezeiten.

Wie aus dem Schema ersichtlich ist, existiert für jede Temperstufe nur eine ganz bestimmte Temperatur, die mit dem Maximum der *Tammann*-Kurven zusammenfällt. Sie zu finden, muß experimentell gelöst werden. Zum einen ist es notwendig zu entscheiden, wie lange auf diesen beiden Temperstufen gehalten werden soll, zum anderen verlangt ein optimales Regime auf den anderen Abschnitten der Temperkurve die Vorgabe einer zweckmäßigen Aufheiz- oder Abkühlungsgeschwindigkeit. Die Aufheizgeschwindigkeit kann einen entscheidenden Einfluß auf die Struktur des kristallisierten Werkstoffs haben.

Nach Angaben von *Stookey* kann das Temperregime für die Kristallisation von Gläsern des Systems $MgO-Al_2O_3-SiO_2$ und einiger anderer komplizierter sein als das Regime, das in Bild 42 dargestellt ist. Dieses kompliziertere Temperregime ist auf Bild 43 zu sehen. Ein Glas, das bei einer Temperatur oberhalb von T_L (Liquidustemperatur) geschmolzen wurde (*1*), wird geformt und dann mit einer Geschwindigkeit von etwa 3,5 K min^{-1} bis zur Kühltemperatur (*3*) abgekühlt (*2*). Die Temperatur

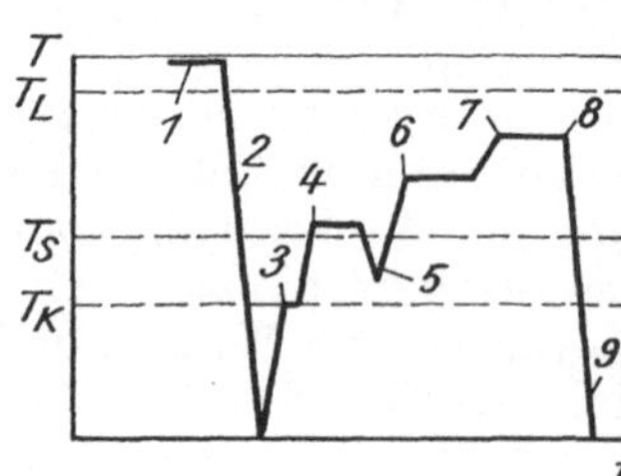

Bild 43. Typisches Temperregime der Kristallisation eines Glases des Systems $MgO-Al_2O_3-SiO_2$

des Erzeugnisses kann auch bis auf Zimmertemperatur fallen. Wenn man berücksichtigt, daß der Kühlprozeß nicht immer notwendig ist (genau wie das Abkühlen auf Zimmertemperatur), unterscheidet sich die Kurve bis zur Temperatur der ersten Temperstufe (*4*) nicht von der Kurve, die in Bild 42 dargestellt ist. Bei der Temperatur T_s oder etwas höher (*4*) wird eine Stunde zur Ausscheidung der Kristallkeime gehalten. Während der darauffolgenden, mit 2,5 bis 8 K min^{-1} ablaufenden Abkühlung um 50 bis 100 °C (*5*) wächst auch die Anzahl der Keime. Danach wird das Glas mit einer Geschwindigkeit von 2 bis 10 K min^{-1} bis auf eine Temperatur, die um 50 bis 100 °C höher als T_s liegt (*6*), aufgeheizt. Bei einer Haltezeit von zwei bis vier Stunden bilden sich bei dieser Temperatur auf den Keimen bis zu 10 μm große Kristalle. Die letzte Temperstufe mit einer Dauer von ebenfalls zwei bis vier Stunden entspricht einer Temperatur, die um 100 bis 200 °C unter T_L liegt. Hierbei kristallisieren 85 bis 95 % des Glases, und die Größe der Kristalle erreicht 25 μm. Dieses Regime stellt ein Beispiel für eine dreistufige Temperung des Glases dar.
Es ist auch ein Regime möglich, bei dem die Stufen (Haltezeiten) fehlen. In diesem Fall wird eine sehr langsame Aufheizgeschwindigkeit vorgegeben. Die Prozesse, die bei der Kristallisation des Glases ablaufen, vollenden sich dann entsprechend der langsamen Temperaturerhöhung. Dieses Regime kann, mit Ausnahme besonderer Fälle, technologisch kaum gerechtfertigt werden, da es durch die niedrigen Geschwindigkeiten der Temperaturerhöhung nur einen geringen Ausstoß von kristallisierten Erzeugnissen zuläßt.

Welche Bedeutung hat die genaue Bestimmung der Parameter des Temperregimes, wie der Temperatur der Stufen, der Dauer der Haltezeiten bei diesen Temperaturen und der Aufheizgeschwindigkeit zu verschiedenen Etappen der Temperung?

Die richtige Auswahl und genaue Einhaltung des Temperregimes besitzt eine entscheidende Bedeutung in der Technologie der Vitrokeramik, da dadurch die Bildung der gewünschten Kristallphasen (oder -phase) im optimalen Verhältnis zur Restglasphase garantiert wird und die Möglichkeit besteht, den Prozeß in kürzester Zeit durchzuführen. Der erste Umstand bedingt die verbesserten und speziellen Eigenschaften der Vitrokeramik, d. h., er rechtfertigt den Prozeß der Umwandlung des Glases in eine Vitrokeramik, der zusätzliche Wärmeenergie für die Kristallisation erfordert. Der zweite Umstand garantiert einen hohen Produktionsausstoß und die Rentabilität der Produktion.
Betrachten wir die Besonderheiten des zweistufigen Temperregimes etwas genauer.

Aufheizgeschwindigkeit

Die Geschwindigkeit, mit der die Temperatur erhöht wird, kann von einer Reihe von Faktoren abhängen:

- der Neigung der Erzeugnisse zur Deformation,
- dem Entstehen von Grenzspannungen,
- dem Auftreten von gefährlichen Temperaturgradienten,
- den Möglichkeiten der Heizeinrichtung.

Die Möglichkeiten vieler Heizanlagen erlauben es in den meisten Fällen, den Temperaturanstieg mit einer sehr hohen Geschwindigkeit zu führen. So kann man z. B. in Elektroöfen mit Cr—Ni-Wicklung eine Aufheizgeschwindigkeit bis zu 20 K min^{-1}, in Öfen mit Platinwicklung bis 40 K min^{-1} und in Hochfrequenzöfen bis 100 K min^{-1} erreichen. Demzufolge stellen die Heizeinrichtungen kein wesentliches Hindernis bei der Verwirklichung von sehr hohen Aufheizgeschwindigkeiten dar.

Die Aufheizgeschwindigkeit wird von anderen Faktoren begrenzt. Erstens können dickwandige Erzeugnisse bei einer sehr hohen Aufheizgeschwindigkeit (zwischen 20 und 30 K min^{-1}) durch die Entstehung eines Temperaturgradienten, der die Festigkeitsgrenze überschreitende Spannungen hervorruft, zerstört werden. Für sehr dünnwandige Erzeugnisse ist eine Begrenzung der Aufheizgeschwindigkeit nicht mehr erforderlich. Für Gläser mit einer geringen Wärmedehnung sind diese Spannungen weniger gefährlich als für Gläser mit großer Wärmedehnung. Zweitens sind bei hohen Aufheizgeschwindigkeiten im Temperaturbereich oberhalb der Erweichungstemperatur Deformationen der Erzeugnisse möglich, wenn bei der vorgegebenen Aufheizgeschwindigkeit der Bildungsprozeß eines Kristallgerüstes, das das Erzeugnis stützt, nicht voll abläuft. Die Deformationsmöglichkeit des Erzeugnisses ist die gefährlichste Erscheinung, die bei der Herstellung von Vitrokeramiken unbedingt zu umgehen ist, da sie ansonsten zur Unbrauchbarkeit der Erzeugnisse führt. Drittens können sich auch bei Nichtvorhandensein eines Temperaturgradienten über die Dicke des Erzeugnisses begrenzende Spannungen bilden, die eine Zerstörung des Erzeugnisses oder die Bildung von Rissen hervorrufen können. Das kommt dann vor, wenn die Volumenänderungen, die die Kristallisation begleiten, so schnell ablaufen, daß es die hierbei entstehenden Spannungen sowohl zwischen den Kristallen der unterschiedlichen Phasen als auch zwischen diesen und der Glasphase durch die hohe Aufheizgeschwindigkeit nicht schaffen, sich abzubauen.

So muß man also bei der Festlegung der Aufheizgeschwindigkeit darauf achten, daß sie keine Erscheinungen hervorruft, die für die Festigkeit und Form der Erzeugnisse gefährlich werden könnten. Aber für die Vitrokeramiktechnologie ist es trotzdem wichtig, die Aufheizgeschwindigkeit bis zur maximal zulässigen Grenze zu erhöhen, um den Temperzyklus so kurz wie möglich zu gestalten. Praktisch beträgt die Aufheizgeschwindigkeit gewöhnlich 2 bis 5 K min^{-1} und erreicht für dünnwandige Erzeugnisse 10 K min^{-1} und mehr.

Erste Temperstufe

Die erste Temperatur/Zeit-Stufe in der Nähe des Transformationsbereiches entspricht einem Regime, bei dem die Bildung der Kristallkeime vonstatten geht. Bei richtiger Bestimmung der für die maximale Ausscheidung der genannten Keime optimalen Temperatur kann diese Stufe kurz sein, und umgedreht wächst die Haltedauer, wenn die falsche Temperatur festgestellt wurde, und die Stufe verlängert sich. Zur Zeit gibt es noch kein hundertprozentig zuverlässiges Kriterium zur Auswahl der optimalen Temperatur der ersten Stufe, und deshalb wird sie über verschiedene indirekte Methoden bestimmt, die noch aufgeführt werden. So muß man sich in der Vitrokeramiktechnologie mit dem Umstand abfinden, daß die Temperatur der ersten Temperstufe experimentell bestimmt wird.

Was passiert, wenn diese Temperatur über oder unter der optimalen bei gleicher Haltezeit liegt?

Die Zahl der in der ersten Temperstufe gebildeten Kristallisationszentren wird bestimmt durch Kristallgröße, Kristallanzahl, Kristallisationsgrad und Eigenschaften der Vitrokeramik.

Betrachten wir die Grenzfälle der Temperaturbedingungen bei der Keimbildung, ausgehend von einem idealisierten Temperregime. Wenn die Temperatur der ersten Stufe eindeutig unter der optimalen liegt, kommt es hierbei zur Bildung von wenig Kristallisationszentren, auf denen dann in der zweiten Temperstufe relativ große Kristalle wachsen, die in einer verhältnismäßig großen Menge an Glasphase verteilt sind. Die Eigenschaften dieser Vitrokeramik werden hauptsächlich durch die Eigenschaften der Restglasphase bestimmt. Im zweiten Fall (die Temperatur der ersten Stufe übersteigt die optimale) wird die Anzahl der Keime noch geringer sein, und demzufolge erhält man dasselbe (oder ein noch schlechteres) Resultat in bezug auf die Phasenzusammensetzung und die Eigenschaften.

Warum werden bei einer überhöhten Temperatur der ersten Stufe weniger Kristallisationszentren gebildet?

Das steht damit in Verbindung, daß in diesem Fall die erste Temperstufe über der Temperatur der maximalen Keimbildung liegt und daß das Glas entweder diese Temperatur ganz überspringt (wenn das Erzeugnis gleich nach der Formgebung in der ersten Stufe getempert wird) oder sie mit einer entsprechend hohen Aufheizgeschwindigkeit durchläuft.

Im Fall der verringerten Temperatur der ersten Temperstufe durchläuft das Glas bei der darauffolgenden weiteren Erwärmung unausweichlich den Bereich der maximalen Bildung der Kristallisationszentren; aber in diesem Bereich wird nicht gehalten, und zu der kleinen Anzahl der in der ersten Stufe gebildeten Keime kommt nur eine sehr geringe Anzahl weiterer Keime hinzu.

Wie schon gesagt wurde, gelten diese Überlegungen nur für vereinfachte Vorstellungen über die Maxima auf den Kurven *KZ* und *KG*. Wie das Verhältnis dieser Maxima in Wirklichkeit aussieht, kann man nur vermuten. Gegenwärtig befinden wir uns erst auf dem Weg zur Lösung der Aufgabe, wie man die Form der Kurven $KZ(T)$ und $KG(T)$ bei der Kristallisation einer jeden konkreten Zusammensetzung bestimmt.

Zweite Temperstufe

Zwischen der ersten und zweiten Stufe befindet sich ein Kurvenabschnitt, der einem stetigen Temperaturanstieg mit einer bestimmten Geschwindigkeit, die eine Deformation ausschließt, entspricht. *Stookey* empfiehlt, zur Vergrößerung der Anzahl der Kristallkeime nach der ersten Stufe die Temperatur zunächst um 50 bis 100 °C zu verringern. Diese Empfehlung ist auf Zusammensetzungen des Cordierittyps bezogen. Man kann sie aber kaum theoretisch begründen. Am ehesten kann man diese Abkühlung des getemperten Glases als ein Verfahren zur Sondierung von tieferen Temperaturen ansehen, um das Temperaturoptimum für die Bildung der Kristallkeime tatsächlich aufzufinden.

Die zweite Temperstufe entspricht dem Temperaturmaximum des Kristallwachstums und die Dauer dieser Stufe der Zeit, die zur Kristallisation des Glases im gesamten Volumen notwendig ist. Die Temperatur der zweiten Stufe kann wesentlich genauer bestimmt werden als die Temperatur der ersten Stufe, da es mit der DTA-Methode relativ leicht möglich ist, einen exothermen Peak festzustellen, der der Temperatur der maximalen Ausscheidung der einen oder anderen Kristallphase entspricht. Die Aufgabe zur Auffindung dieser Temperatur wird etwas schwieriger, wenn bei der Kristallisation mehrere Phasen entstehen. Was die Haltedauer der zweiten Stufe betrifft, so wird sie auch relativ genau durch die Änderung der Struktur und der Eigenschaften der Vitrokeramik bestimmt.

6.1.5. Kühlprozeß der Erzeugnisse

Das Abkühlen der Erzeugnisse aus Vitrokeramik kann man ohne besondere Vorsichtsmaßnahmen durchführen, wenn diese Erzeugnisse dünnwandig sind oder kleine Abmessungen besitzen, da die Wahrscheinlichkeit der Zerstörung durch das Abschrecken sehr gering ist. Das bezieht sich besonders auf Vitrokeramiken mit einem niedrigen thermischen Ausdehnungskoeffizienten. Für Erzeugnisse mit großen Abmessungen, wie z. B. Raketenspitzen, Konusse von Hydrozyklonen u. a., muß ein langsameres Abkühlregime gewählt werden, um gefährliche Spannungen zu vermeiden.

6.2. Entwicklung der Vitrokeramiken

Die Fähigkeit, wissenschaftlich fundiert an die Entwicklung einer neuen oder verbesserten Vitrokeramikvariante heranzugehen, setzt die Kenntnis von einigen schon existierenden experimentellen Methoden voraus. Die Notwendigkeit der Entwicklung neuer Vitrokeramiken ergibt sich durch die Anforderungen aus Wissenschaft und Technik. Demzufolge ist immer bekannt, welche Eigenschaften die zu entwickelnde Vitrokeramik besitzen muß. Als allgemeine Empfehlung kann man folgendes festhalten:

Aus der Reihe der gewünschten Eigenschaften muß man am Anfang eine Haupteigenschaft, d. h. eine führende Eigenschaft, auswählen, von der ausgehend man die Entwicklung der neuen Zusammensetzung beginnt. Diese Festlegung geht von dem leicht verständlichen Umstand aus, daß es in den meisten Fällen unmöglich ist, eine Vitrokeramik mit dem gesamten Komplex an gewünschten Eigenschaften sofort zu erhalten. Hier muß man schrittweise herangehen, wenn es überhaupt gelingt. Es ist z. B. bekannt, daß es sehr schwer ist, eine Vitrokeramik der Spodumenzusammensetzung herzustellen, die gleichzeitig einen niedrigen thermischen Ausdehnungskoeffizienten und eine hohe mechanische Festigkeit besitzt. Diese Vitrokeramiken, wie auch einige andere, sind durch die Anisotropie der thermischen Dehnung der Kristalle in mechanischer Hinsicht immer relativ geschwächt. Um die Festigkeit dieser Vitrokeramiken zu vergrößern, muß man entweder eine Erhöhung des Ausdehnungskoeffizienten durch teilweise Bildung einer verfestigenden Phase in Kauf nehmen oder Methoden der Oberflächenverfestigung des Erzeugnisses anwenden (Ionenaustausch, Härten, Ätzen u. a.).

Bei der Lösung der Aufgabe zur Entwicklung einer Vitrokeramik mit vorgegebenen Eigenschaften ist es notwendig,

- die Ausgangszusammensetzung auszuwählen,
- den effektivsten Katalysator oder ein Gemisch von Katalysatoren zu finden und
- das optimale Temperregime festzulegen.

6.2.1. Auswahl der Zusammensetzung

Bei der Auswahl der Ausgangszusammensetzung, die später überprüft und korrigiert wird, geht man von folgenden Überlegungen aus. In der Vitrokeramik muß die Kristallphase (oder -phasen) enthalten sein, die die führende Eigenschaft, die durch die Aufgabenstellung zur Entwicklung der Vitrokeramik gefordert ist, besitzt. Um die Realisierung dieser Eigenschaft in der Vitrokeramik zu garantieren, muß man die Bildung einer maximalen Menge der gewünschten Phase anstreben. Der Forscher muß zuerst alle Literaturangaben über die Eigenschaften der verschiedenen Minerale und künstlichen Verbindungen gründlich studieren, um die Verbindungen herauszusuchen, deren Eigenschaften den vorgegebenen am nächsten kommen, und unter ihnen eine oder mehrere (meist eine) für die weiteren Experimente auszuwählen. Man kann z. B. anführen, daß für temperaturwechselbeständige Vitrokeramiken Zusammensetzungen ausgewählt werden, die Cordierit, Spodumen, Eukryptit u. a. ausscheiden können, für hochfeste Vitrokeramiken Spinell, Mullit u. a. und für Dielektrika Cordierit, Diopsid, Wollastonit u. a.

Die nächste Etappe ist die Arbeit mit den entsprechenden Zustandsdiagrammen, die die Hauptkomponenten der ausgewählten Verbindung enthalten (z. B. das Zustandsdiagramm $Li_2O-Al_2O_3-SiO_2$ für die Lithiumalumosilicate, wie β-Spodumen und β-Eukryptit). Mit Hilfe des Zustandsdiagramms wird die Zusammensetzung der Ausgangsgläser im Kristallisationsfeld der geforderten Verbindung ausgewählt. Diese Zusammensetzung wird dann weiter verändert, um die endgültige Zusammensetzung zu erhalten, die der Aufgabenstellung entspricht.

Ist es möglich, nur durch theoretische Überlegungen, ausgehend vom Zustandsdiagramm, die erforderliche Zusammensetzung des Ausgangsglases sofort festzulegen?

Das ist in der Regel nicht möglich, da das Zustandsdiagramm nur eine Aussage darüber gibt, welche Verbindung sich ausscheidet und bei welcher Temperatur das passiert. Aber es enthält nichts darüber, ob aus dieser Zusammensetzung ein Glas herstellbar ist, welcher Art die Übergangsbedingungen der Schmelze in den kristallinen Zustand sind, wie sich die Schmelze bei schneller und langsamer Abkühlung verhält usw. Außerdem gelten die Zustandsdiagramme nur für eine Gleichgewichtskristallisation aus der Schmelze. Bekanntlich ist aber die Kristallisation des Glases in bestimmten Stadien kein Gleichgewichtsprozeß. In Verbindung damit bilden sich bei der Temperung des Glases, besonders im Bereich niedriger Temperaturen, in der Vitrokeramik öfter ganz andere Phasen, als im Zustandsdiagramm für diese Zusammensetzung angegeben sind. Aus diesem Grunde wird bei der Auswahl des Ausgangsglases ein mehr oder wenig großer Abschnitt des Mehrstoffsystems sowohl im Kristallisationsfeld der gewünschten Verbindung als auch auf den Linien der binären und in den Punkten der ternären Eutektika, die an dieses Feld anliegen, untersucht. Diese Methode erlaubt es, eine Zusammensetzung zu finden, die den Anforderungen an das Ausgangsglas am besten genügt. Außerdem sind in der Regel die eutektischen Zusammensetzungen die am leichtesten schmelzbaren, was in technologischer Hinsicht sehr wichtig ist.

Welche Anforderungen muß das Ausgangsglas erfüllen?

Das Glas darf im Prozeß der Formgebung und während der Kühlung nicht kristallisieren. Außerdem darf es sich nicht durch eine besondere Stabilität des amorphen Zustands auszeichnen, wie es z. B. für die Albitzusammensetzung zutrifft. Die gewöhnliche Prüfung auf Kristallisationsneigung (Methode der Massenkristallisation) muß eine vollständige Volumenkristallisation aufweisen. Für diese Prüfung (2 bis 3 h, Temperung bis zur Temperatur T_L) werden als Ausgangsprobe oder -proben (gewöhnlich zwei bis fünf Proben) die Gläser ausgewählt, die eine ausreichende Kristallisationsneigung unter Bildung einer relativ feinkristallinen Struktur besitzen.

Kann man in der Hoffnung auf die Wirkung der später zuzuführenden Kristallisationskatalysatoren die aufgezählten Anforderungen unbeachtet lassen?

Natürlich ändert der in das Glas eingeführte Kristallisationskatalysator in der Regel in irgendeiner Weise die Kristallisationsneigung des Glases. Aber es ist bekannt, daß einige Gläser fast nicht auf die Katalysatorwirkung reagieren und andere sich gänzlich indifferent verhalten. Demzufolge ist es durchaus logisch, auf die katalysierende Wirkung des Zusatzes genau in dem Fall zu rechnen, wenn das Glas bereits ohne Zusatz ein eindeutiges Bestreben besitzt, bei günstigen Wärmebedingungen in den kristallinen Zustand überzugehen.

An die Auswahl der Ausgangszusammensetzung kann man auch anders herangehen. Bekanntlich ist es notwendig, in der Vitrokeramik eine bestimmte Phasenzusammensetzung zu garantieren, die Träger ihrer Eigenschaften ist. Ausgehend davon, kann man als Ausgangszusammensetzung die stöchiometrische Zusammensetzung einer Verbindung annehmen, die für die gestellten Ziele günstig ist. Solch eine Verbindung können Cordierit, Spodumen, Spinell und überhaupt jede der in den Vitrokeramiken anzutreffenden Verbindungen entsprechend Anhang 1 und 2 sein.

Für eine Einmineralvitrokeramik wäre das die einfachste und bequemste Lösung zur Auswahl der Ausgangszusammensetzung. Leider ist solch ein vereinfachtes Herangehen an die Auswahl der Ausgangszusammensetzung in der Regel nicht möglich, da erstens diese Zusammensetzung bei der Abkühlung ein Glas ergeben und zweitens dieses Glas technologisch geeignet sein muß, d. h., es muß eine akzeptable Schmelztemperatur, Verarbeitungstemperatur usw. besitzen. Aus letzterem Grunde ist es notwendig, sogar stöchiometrische Zusammensetzungen, die bei Abkühlung der Schmelze ein Glas bilden, z. B. den Cordierit, zu korrigieren, um eine technologisch befriedigende Ausgangszusammensetzung des Glases zu erhalten.

Diese Auswahl der Ausgangszusammensetzung für Einmineralvitrokeramiken kann sogar effektiver im Vergleich mit der Auswahl nach dem Zustandsdiagramm sein, wenn sie folgendermaßen durchgeführt wird: Die stöchiometrische Zusammensetzung des gewünschten Typs wird zuerst auf die Glasbildung hin überprüft. Diese Untersuchung wird mit Hilfe der Platinschleife unter dem Erhitzungsmikroskop durchgeführt und durch eine Schmelze in kleinen Platin- oder Korundtiegeln wiederholt. Wenn die Zusammensetzung bei gewöhnlichen Abkühlgeschwindigkeiten ein Glas bildet (z. B. beim Ausgießen), dann wird die Kristallisationsneigung dieses Glases bestimmt. Wenn man für dieses Glas eine Kristallisationsneigung feststellt, kann man es für weitere Untersuchungen als brauchbar betrachten. Ist dies nicht der Fall, wird die Zusammensetzung des Glases korrigiert, um befriedigende Resultate zu erhalten.

Wenn die Überprüfung eines Gemenges mit stöchiometrischer Zusammensetzung bezüglich der Glasbildung ein negatives Resultat ergibt, ist es notwendig, entweder zusätzliche Oxide in die Zusammensetzung einzuführen, die seine Neigung zur Glasbildung erhöhen (P_2O_5, PbO, B_2O_3 u. a.), oder Flußmittel in Form eines Glases der einen oder anderen Zusammensetzung zuzugeben. Durch das Ausprobieren unterschiedlicher Verhältnisse der genannten Komponenten kann man eine Zusammensetzung erhalten, die ein Glas bildet und den oben angeführten Anforderungen entspricht. Die Menge des zugegebenen Glases soll 50 % nicht übersteigen, und das Glas selbst sollte bei der Temperung entweder überhaupt nicht kristallisieren und so in der Vitrokeramik als Glasphase verbleiben oder unter Bildung von Phasen kristallisieren, die der Aufgabenstellung entsprechen. Dieses Verfahren kann einen besonderen Wert erhalten, wenn es mit seiner Hilfe gelingt, Vitrokeramiken herzustellen, die eine große Menge an Verbindungen enthalten, die bis jetzt noch nicht in feinkristallinem Zustand erhalten wurden, wie z. B. Al_2O_3, ZrO_2, MgO, ThO_2 und andere schwerschmelzbare Oxide.

Man muß darauf hinweisen, daß man bei solchen Kombinationen aus Glas und Mineral (oder Verbindungen allgemein) fast nicht damit rechnen kann, daß sich dieses Mineral bei der Kristallisation eines Glases der gemischten Zusammensetzung voll ausscheidet. Die Bildung neuer Verbindungen und auch die Änderung der Zusammensetzung des bewußt eingeführten Glases selbst (der Glasphase der zukünftigen Vitrokeramik) sind nicht vollständig auszuschließen. In Verbindung damit muß ein derartiges Herangehen an die Auswahl der Ausgangszusammensetzung genau untersucht werden.

Nachdem die Ausgangszusammensetzung zur Herstellung der Vitrokeramik ausgewählt wurde, nimmt man eine weitere Korrektur vor, um die bisher ausgeklammerten Eigenschaften zu verbessern und um ihre technologischen Parameter (Schmelztemperatur, Viskosität, Erstarrungsgeschwindigkeit u. a.) dem Produktionsprozeß mehr anzugleichen.

Bei der Korrektur der Ausgangszusammensetzung geht man von denselben Überlegungen aus, die aus der Glastechnik bekannt sind, mit einer Ausnahme, die zum Schluß erhaltene Zusammensetzung muß eine merkliche Neigung zur feinkörnigen Kristallisation besitzen. Außerdem muß man beachten, daß die eingeführten Oxide zusätzliche Kristallphasen bilden oder die Zusammensetzung sowie Eigenschaften der Restglasphase ändern können und damit auch auf die Eigenschaften der Vitrokeramik wirken.

Vom Staatlichen Institut für Glas in Moskau (*Tykačinskij*) wurde die Methode der Anteilkombination für die Entwicklung von Vitrokeramikzusammensetzungen vorgeschlagen. Sie geht von folgenden Überlegungen aus: Vitrokeramiken sind hiernach ein Kompositsystem, in dem das Glas die zusammenhängende Matrixphase darstellt. In diesem Glas ist eine große Zahl von mehr oder weniger eng gepackten Kristallen ungeordnet verteilt. Solch ein Kompositsystem kann man auch als Gemisch der Glas- und Kristallphasen entwickeln. Die Eigenschaften der Glas- und Kristallphasen können nach den Summenformeln berechnet werden, ebenso die Eigenschaften des Kompositwerkstoffs, d. h. der Vitrokeramik selbst. Die Ausgangszusammensetzung der zu entwickelnden Vitrokeramik wird durch Berechnung der stöchiometrischen Summe der notwendigen kristallinen und Glasphasen bestimmt. Die errechnete Phasenzusammensetzung, die den nötigen Katalysator enthält, wird in der fertigen Vitrokeramik bei entsprechender Temperung realisiert.

Das Haupthindernis bei der Umwandlung der im Labor entwickelten Vitrokeramik in eine reale besteht darin, daß es unmöglich ist, vorherzusehen, welche Nebenwechselwirkungen zwischen den Komponenten solch eines stöchiometrischen Gemisches entstehen, und wie weit diese Wechselwirkungen voranschreiten. Bekanntlich hängen die Nebenwechselwirkungen von vielen, oft nicht steuerbaren Faktoren ab. Zu solchen Faktoren gehören: Temperatur, Zeit, Atmosphäre, Verunreinigungen u. a. Hierbei muß man beachten, daß der Umwandlungsprozeß des Glases in eine Vitrokeramik selbst unter thermodynamischen Nichtgleichgewichtsbedingungen verläuft. Darum kann man nur mehr oder weniger genau bestimmen, in welchem Zustand (glasig oder kristallin) und in welcher Übergangsstufe sich die eine oder andere Komponente des stöchiometrischen Gemisches befindet.

Die Entwicklung nach der Methode der Anteilkombination zur Abschätzung der Verhältnisse der glasigen und kristallinen Phasen kann wahrscheinlich nur als Orientierungshilfe für die Vorhersage der Struktur und der Eigenschaften der Vitrokeramiken nützlich sein. Sogar wenn die Zusammensetzung der Vitrokeramik nach dieser Methode so ausgewählt wurde, daß diese Zusammensetzung einer bestimmten chemischen Verbindung entspricht, heißt das nicht, wie Untersuchungen zeigten, daß sich genau die Kristalle dieser Verbindung (oder nur diese Kristalle) bei der Kristallisation des Glases ausscheiden.

Die Untersuchung einer breiten Serie von Gläsern unterschiedlicher chemischer Zusammensetzung zeigte, daß der Kristallisationsprozeß in der Regel über eine Reihe von Phasenumwandlungen verläuft, so daß der Bildung der endgültigen Kristallphase die Ausscheidung von metastabilen Zwischenphasen vorausgeht. Hierbei scheiden sich in erster Linie Kristallphasen aus, deren Nahordnung am meisten der Struktur des Ausgangsglases entspricht. So bildet sich z. B. im System $CaO-Al_2O_3-SiO_2$ zu Beginn des Prozesses Wollastonit, der später in Anorthit umkristallisiert. Die erste Phase bei der Temperung eines Glases mit Spodumenzusammensetzung ist β-Eukryptit oder seine Mischkristalle. Noch komplizierter sind die Phasenumwandlungen im System $MgO-Al_2O_3-SiO_2-TiO_2$ (Bild 44a). Die erste Hauptphase im Glas mit Cordieritzusammensetzung sind die Hochquarzmischkristalle, die dann in Quarz und Spinell (Sapphirin) umkristallisieren. Erst im Bereich höherer Temperaturen entsteht die Endphase Cordierit.

Die Analyse der Phasenumwandlungen im Kristallisationsprozeß zeigte, daß auf der Grundlage eines Glases mit ein und derselben chemischen Zusammensetzung eine Serie von Vitrokeramiken erhalten werden kann, die unterschiedliche Phasenzusammensetzungen und unterschiedliche Eigenschaften besitzen. So können Vitrokeramiken auf der Basis eines Glases, das in Bild 44a dargestellt ist, folgende Eigenschaften besitzen: thermischer Ausdehnungskoeffizient 120 bis $150 \cdot 10^{-7}$ K^{-1}, Dichte 2590 bis 3050 kg m^{-3}, Biegebruchfestigkeit 100 bis 400 MPa.

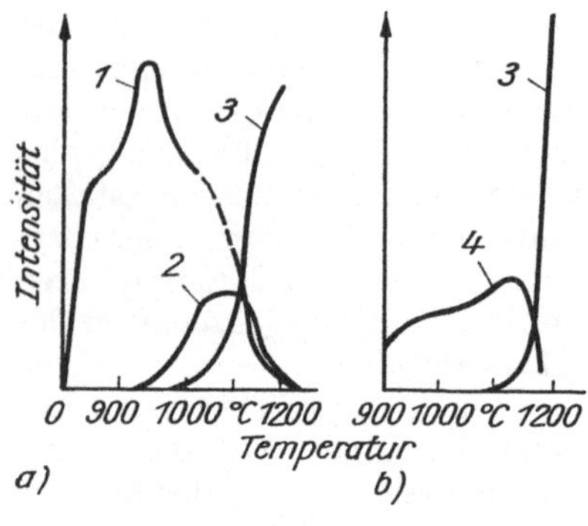

Bild 44. Änderung der Phasenzusammensetzung während der Kristallisation eines Glases mit Cordieritzusammensetzung (Katalysator TiO_2)

a) ohne Zusatz
b) mit 0,3 Masse-% Cr_2O_3
1 Quarz; *2* Spinell; *3* Cordierit; *4* Sapphirin

Im Moskauer Chemisch-Technologischen Institut »*D. I. Mendeleev*« durchgeführte Untersuchungen (*Chodakovskaja, Zueva, Timofeeva*) zeigten, daß geringe, manchmal auch verunreinigende Zusätze einiger Komponenten (z. B. B_2O_3, Na_2O, Cr_2O_3, Sn_2O, V_2O_5, Ti_2O_3, NiO und viele andere) einen wesentlichen Einfluß auf die Phasenzusammensetzung und Eigenschaften der Vitrokeramiken besitzen können. Ihre Zugabe ändert den Verlauf der Kristallisation und den Charakter der Phasenumwandlungen wesentlich, womit es möglich wird, auf der Grundlage eines Glases mit ein und derselben Zusammensetzung unter Nutzung desselben Temperregimes Vitrokeramiken mit vollkommen anderen Phasenzusammensetzungen, Strukturen und Eigenschaften zu erhalten. Hierbei kann die Wirkung der kleinen Zusätze in Abhängigkeit von der Art und der Konzentration des eingeführten Kations unterschiedlich sein.
Die ersten, geringfügigen Zusätze (in einer Menge von 0,1 bis 0,5 Mol-% des Oxids) intensivieren in der Regel den Kristallisationsprozeß, ohne die Art der sich ausscheidenden Kristalle zu ändern. Hierbei erhöhen sie den Gehalt der entsprechenden Kristallphasen in der Vitrokeramik. Eine geringe weitere Erhöhung des Zusatzes (um 1 bis 2 %) führt zu einer vollständigen Änderung der Phasenzusammensetzung der Vitrokeramiken, d. h. zum Verschwinden der sich gewöhnlich bildenden und zum Entstehen von neuen Phasen (s. Bild 44). In Verbindung damit ändern sich auch die Eigenschaften des Werkstoffs. So bilden sich z. B. bei Zugabe von 0,15 Mol-% NiO (0,0025 g-Kation Ni^{2+}) in einer Vitrokeramik der Cordieritzusammensetzung anstelle der Hochquarzmischkristalle (Silica-O), die sich sonst in der Vitrokeramik bei Temperung im Bereich von 1 050 bis 1 070 °C ausscheiden, Quarz und Spinell (oder Sapphirin). Im Resultat dessen erhöht sich der thermische Ausdehnungskoeffizient der Vitrokeramik von $70 \cdot 10^{-7}$ auf $110 \cdot 10^{-7}\,K^{-1}$ (Bild 45). Bei weiterer Erhöhung der Konzentration an NiO um 0,5 bis 1,5 Mol-% verringert sich nach und nach die Menge der quarzähnlichen Phase in der Vitrokeramik bis zu ihrem vollständigen Verschwinden (0,025 g-Kation Ni^{2+}). Die Hauptkristallphasen in ihr sind Sapphirin und Rutil. Dementsprechend ändern sich wiederum auch die Eigenschaften des hergestellten Werkstoffs. Bei Zugabe von 0,4 Masse-% Cr_2O_3 kann man eine noch größere Änderung der Phasenzusammensetzung und der Struktur der Vitrokeramik beobachten. Das Material, das durch Temperung des Glases bei Temperaturen von 800 bis 1 000 °C erhalten wird, wird durchsichtig. Hierbei sind keine Anzeichen der Bildung von quarzähnlichen Phasen im Kristallisationsprozeß solch eines modifizierten Glases festzustellen. Die Hauptkristallphase stellt in einem breiten Temperaturintervall der Spinell (oder Sapphirin) dar, dessen Kristallgröße 0,1 µm nicht überschreitet (s. Bild 44). Die Eigenschaften der durchsichtigen Vitrokeramik unterscheiden sich von den Eigenschaften der undurchsichtigen, die gewöhnlich aus einem Glas der-

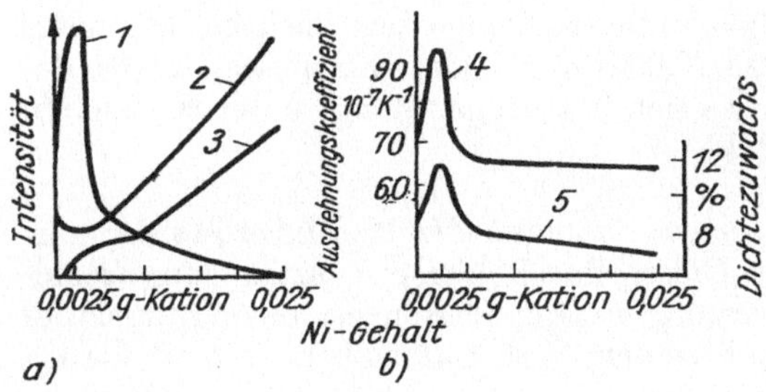

Bild 45. Einfluß geringer Zusätze des Nickeloxids auf

a) die Phasenzusammensetzung und *b)* die Dichte sowie Wärmeausdehnung (Glas mit Cordieritzusammensetzung, Katalysator TiO_2, T = const = 1050°C)

1 Quarz; *2* Sapphirin; *3* Rutil; *4* linearer thermischer Ausdehnungskoeffizient; *5* Dichtezuwachs

selben Cordieritzusammensetzung ohne kleine Zusätze erhalten wird, grundlegend (s. Bild 45).

Bei erhöhten Konzentrationen der Zusätze (mehr als 0,025-g-Kation) beginnen die individuellen Eigenschaften der Kationen und ihre Lage in der Glasstruktur spürbar zu werden. Alle untersuchten Kationen können in den gegebenen Konzentrationen entsprechend ihrem modifizierenden Charakter in drei Hauptgruppen eingeteilt werden.

1. Kationen, die in das Netzwerk eingehen (B^{3+}, P^{5+}, V^{5+} u. a.); ihre Zugabe in einer Menge von 1 bis 3 Masse-% ändert den Charakter der Phasenumwandlungen nicht, verschiebt aber den gesamten Kristallisationsprozeß in den Bereich niedrigerer Temperaturen, wobei sich die Menge des Cordierits und Rutils erhöht (Bild 46).
2. Netzwerkwandlerkationen der 1. und 2. Gruppe des Periodischen Systems (Na^+, K^+, Cs^+, Ba^{2+} u. a.); ihre Zugabe verringert ebenfalls die Bildungstemperatur der ersten Kristallphasen, gleichzeitig erhöht sie aber die Ausscheidungstemperatur der Endphasen, des Cordierits und Rutils. Die Menge dieser Phasen in der Vitrokeramik verringert sich merklich (s. Bild 46). Die Besonderheit der Wirkung dieser Zusätze besteht darin, daß in den Frühstadien der Kristallisation (um 1050 bis 1100 °C) die Hochquarzmischkristalle, die die Basis des Ausgangsmaterials darstellen, nicht anzutreffen sind. In diesem Fall bleibt das glaskristalline Material in einem Temperaturbereich von 750 bis 875 °C durchsichtig, und die Hauptphasen stellen hierbei die Magnesiumalumotitanate und der Spinell (oder Sapphirin) dar.
3. Polyvalente Kationen (Cr^{3+}, Ni^{3+}, Co^{2+}, Fe^{3+} u. a.); diese besitzen einerseits die effektivste Wirkung auf den Kristallisationsprozeß des Glases, indem sie die Bildung der quarzähnlichen Phase unterdrücken und andererseits die Menge der endgültigen Kristallphasen (Cordierit und Rutil) stark erhöhen. Eine genauere Analyse ihres Einflusses wurde schon am Beispiel des Cr^{3+} dargelegt (s. Bild 44).

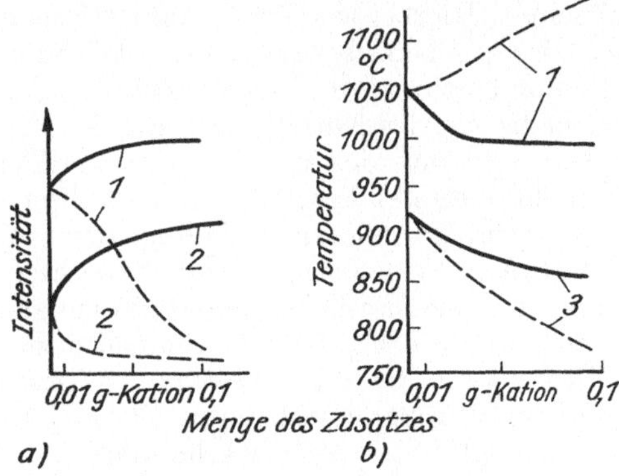

Bild 46. Einfluß geringer Zusätze von Bor- und Natriumoxid auf *a)* die Menge der Kristallphasen und *b)* ihre Bildungstemperaturen (Glas mit Cordieritzusammensetzung, Katalysator TiO_2)

1 Cordierit; *2* Rutil; *3* Primärkristallphase; —— Bor; ---- Natrium

Die modifizierende Wirkung der polyvalenten Kationen zeigt sich bei besonders geringen Konzentrationen der Zusätze (0,0025-g-Kation). Zu dieser Gruppe der Zusätze muß man auch Ti^{3+} zählen, das sich in geringer Menge unter reduzierenden Bedingungen der Glasschmelze bildet.

Die Resultate dieser Untersuchungen zeigen, daß man die Modifizierung der ausgewählten Grundzusammensetzung des Glases durch kleine Zusätze von Fremdoxiden als eine der Methoden zur Einwirkung auf die Phasenzusammensetzung der Vitrokeramik benutzen kann, die es erlaubt, einen Werkstoff nach Maß zu erhalten.

6.2.2. Auswahl des Katalysators

Bei der Beschreibung der Katalysatoren wurde darauf hingewiesen, daß ihre Anzahl sehr groß ist. Wie die Untersuchungen zeigten, besitzen unterschiedliche Verbindungen in vielen Fällen eine katalytische Vorzugswirkung in bezug auf in der chemischen Zusammensetzung ungleiche Gläser. Das bedeutet, daß ein Katalysator, der für ein Glas einer Zusammensetzung erprobt ist, nicht unbedingt als Initiator der Kristallisation für ein Glas mit einer anderen Zusammensetzung wirkt. Sogar ein universeller Katalysator, wie das Titandioxid, beeinflußt nicht immer den Kristallisationsprozeß. TiO_2 erwies sich hauptsächlich für Alumosilicatgläser als effektiv und hierbei für Zusammensetzungen, die ein Verhältnis $RO(R_2O) : Al_2O_3$ von entweder fast 1 oder etwas kleiner besitzen. Der Zusatz von TiO_2 in stark basische Zusammensetzungen $[RO(R_2O):Al_2O_3 \gg 1]$ trägt nicht nur nicht zur Kristallisation bei, sondern unterdrückt sogar die Entmischung und die Kristallisation des Glases. In Schlackengläsern erweisen sich andere Katalysatoren als geeigneter, z. B. S^{2-}, Cr_2O_3, F^- u. a. Hierbei rufen Metallsulfide eine katalysierte Kristallisation von Gläsern hervor, deren Zusammensetzungen im Bereich des Wollastonits liegen, und tragen nicht zur Volumenkristallisation von Gläsern auf Anorthitbasis bei. Cr_2O_3 ist ein effektiver Katalysator für Gläser der Pyroxenzusammensetzung. In Verbindung damit ist es bei der Entwicklung von Vitrokeramiken nach der Auswahl der Glaszusammensetzungen notwendig, einen oder mehrere Katalysatoren zu finden, deren Wirkung auf die Kristallisation dieser Gläser am effektivsten ist.

Die Frage über den Wirkmechanismus der Katalysatoren unterschiedlichster Art und über die Kriterien, denen sie entsprechen müssen, wurde schon behandelt. Darum wird an dieser Stelle nur die praktische Seite der Auswahl der Katalysatoren beschrieben.

Ausgehend von den Überlegungen, die oben dargelegt wurden, werden einige Katalysatoren ausgewählt, in das zur Untersuchung vorgesehene Glas eingeführt und ihr Einfluß auf den Kristallisationsprozeß beobachtet. Hierbei werden die katalytischen Zusätze in unterschiedlichen Mengen in das Glas gegeben, da ihre positive Wirkung auf die Struktur des Werkstoffes nur bei einer bestimmten Konzentration in der Vitrokeramik festzustellen ist, deren Größe von der Art des Katalysators und der Zusammensetzung des Glases abhängt. Die Konzentration des Katalysators im Glas ändert sich in relativ breiten Grenzen; von hundertstel Prozent (für metallische Katalysatoren) bis zu zehn und mehr Prozenten (für Titandioxid und einige andere). Bei Untersuchung des Einflusses der Katalysatoren werden sie gewöhnlich in unterschiedlichen Konzentrationen zugesetzt, wobei man sich an bekannten Angaben aus der Literatur über ihre mittlere Konzentration in ähnlichen Vitrokeramiken orientiert. Der Katalysator, der die effektivste Wirkung auf die Kristallisation des Glases hat, wird für die Herstellung der Endvariante der Vitrokeramik benutzt. Seine Konzentration wird hierbei etwas korrigiert, um einen optimalen Wert zu erhalten.

Man muß anmerken, daß in einer Reihe von Fällen die Anwendung von kombinierten Katalysatoren (zwei, drei usw.) effektiver ist. Beim gemeinsamen Zusatz von Katalysatoren verringert sich ihre Gesamtkonzentration etwas, und nach einem noch nicht geklärten Mechanismus kann es zu einer merklichen Verstärkung ihrer Wirkung auf den Kristallisationsprozeß kommen. Dieses wenig untersuchte Gebiet der kombinierten Katalysatoren enthält u. U. noch zusätzliche Quellen für effektive Erreger der Kristallisation.

Die Wärmebehandlung wird bei der Auswahl der Katalysatoren an einer relativ groben Probe nach dem Verfahren der Massenkristallisation bei drei bis vier Temperaturen (mit einem Intervall von 30 bis 50 °C) oberhalb der Erweichungstemperatur des Glases durchgeführt. Um die potentiellen Möglichkeiten der untersuchten Katalysatoren und den Charakter ihrer Wirkung noch besser zu klären, ist eine langsame Erwärmung der Proben im Ofen bis zur Kristallisationstemperatur wünschenswert. In diesem Fall bleibt das Glas beim Durchgang durch den Bereich der niederen Temperaturen für eine gewisse Zeit auch im Bereich des Maximums der Kristallkeimbildung, wodurch die Wirkung des Katalysators besser zur Geltung kommt. Je effektiver der Katalysator wirkt, desto größer ist die Zahl der im Glas ausgeschiedenen Keime und desto feindisperser wird die Struktur der kristallisierten Probe.

Für die Bestimmung des erforderlichen Cr_2O_3-Katalysatorgehalts in Gläsern mit Pyroxenzusammensetzung benutzten *Žunin* und *Jaglov* die Methode der Differential-Thermo-Analyse. Die Thermogramme der Gläser, die einen unterschiedlichen Gehalt an Cr_2O_3 (0 bis 0,9 Masse-%) enthalten, sind in Bild 47 dargestellt. Es ist ersichtlich, daß Form, Intensität und Temperatur der endo- und exothermen Effekte wesentlich von der Menge des Kristallisationskatalysators abhängen. Über die Intensität des Kristallisationsprozesses kann man nicht nur nach der Temperatur der endo- und exothermen Effekte (T_1, T_2) urteilen, sondern auch nach dem Abstand *b* zwischen

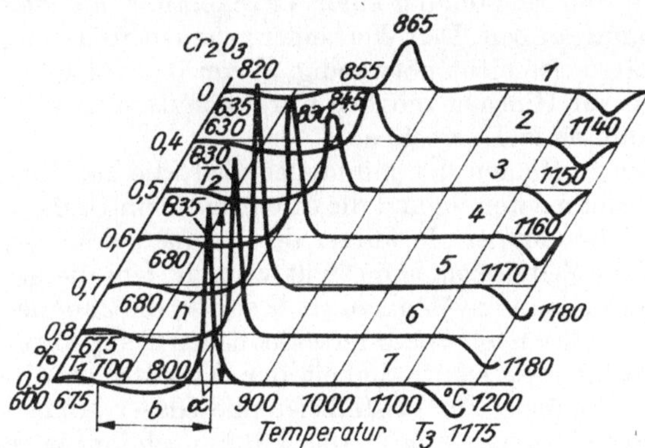

Bild 47. DTA-Kurven eines Glases mit unterschiedlichem Cr_2O_3-Gehalt

den endo- und exothermen Effekten, der das Intervall zwischen der Temperatur der Kristallkeimbildung und der Temperatur des Wachsens der Hauptkristallphase charakterisiert (*7*). Bei Vergrößerung des Katalysatorgehaltes auf 0,7 % läuft ein Prozeß ab, der mit einer Verkürzung dieses Intervalls (*5*) bis auf eine kritische Größe einhergeht. Die Verkürzung des Intervalls führt zu einer Annäherung der Maxima der Kurven der Keimbildung und des Kristallwachstums, was sich positiv auf den Kristallisationsprozeß auswirkt.

Je intensiver die Kristallisation verläuft, desto größer sind der Anstiegswinkel α des exothermen Peaks und seine Höhe *h* (*1* bis *5*). Bei einem optimalen Katalysatorgehalt, der den vollständigsten Kristallisationsprozeß garantiert, besitzen diese beiden Parameter einen maximalen Wert (*5*). Aus Bild 47 wird ersichtlich, daß der optimale

Gehalt an Cr_2O_3 0,7 Masse-% beträgt, da seine weitere Vergrößerung zu einer Änderung der thermografischen Parameter führt. Die Änderung der thermografischen Parameter – Temperaturen der endo- und exothermen Effekte (T_1, T_2, T_3), Höhe h der exothermen Peaks, Anstiegswinkel α, Breite b – ist in Bild 48 dargestellt. Es wird sichtbar, daß alle Kurven einen charakteristischen Wendepunkt bei einem Gehalt von 0,7 % Cr_2O_3 besitzen.
Nach den Temperaturen der endo- und exothermen Effekte können auch die Temperaturen der ersten und zweiten Temperstufe ausgewählt werden.

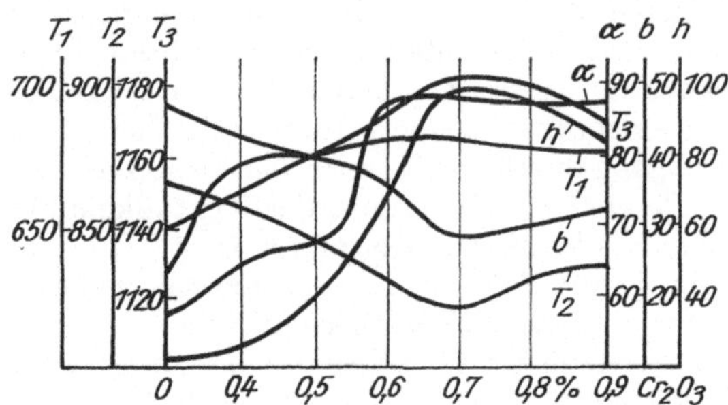

Bild 48. Änderung der Parameter der DTA-Kurven eines Glases in Abhängigkeit vom Cr_2O_3-Gehalt

6.2.3. Bestimmung des Regimes der Wärmebehandlung

Die Auswahl des optimalen Regimes der Temperung ist in zwei Beziehungen wichtig: Erstens garantiert ein solches Regime die vorgegebene Phasenzusammensetzung in vollem Maße, zweitens erfordert dann die Herstellung einer Vitrokeramik mit den vorgegebenen Eigenschaften ein Minimum an Zeit. Den Wert einer genauen Steuerung der Phasenzusammensetzung zu erklären, ist nicht notwendig. Wenn das völlig zuverlässig in quantitativer und qualitativer Hinsicht möglich wäre, könnte man viele Eigenschaften einer neuen Vitrokeramik einfach errechnen.
Eine besondere Bedeutung besitzt das Auffinden der minimalen Zeit, die zur Umwandlung des Glases in eine Vitrokeramik notwendig und die direkt mit dem Umfang und der Ökonomie der Produktion verbunden ist. Je kürzer der Temperzyklus ist, desto mehr Erzeugnisse können in einer Zeiteinheit hergestellt werden. Um die gestellten Aufgaben lösen zu können, müßte man die Möglichkeit besitzen, die Zahl der Kristallisationszentren, die sich in einer Zeiteinheit bei unterschiedlichen Temperaturen bilden, auszuzählen und die Wachstumsgeschwindigkeit der Kristalle in Abhängigkeit von der Temperatur zu bestimmen. Für kristallisierende Gläser können wir dies noch nicht, da weder die Form der Kurven $KZ(T)$ und $KG(T)$ noch ihre Lage zueinander bekannt ist. Wenn diese Kurven für ein gegebenes konkretes Glas einen sehr steilen Verlauf besitzen, dann kann sogar ein Fehler in der Bestimmung der Temperaturmaxima der $KZ(T)$ und $KG(T)$ von einem Zehntel Grad die Dauer der Temperbehandlung, die zur vollen Kristallisation des Glases notwendig ist, wesentlich ändern. Deshalb ist es nicht ausgeschlossen, daß wir unter Nutzung von Näherungsmethoden zur Bestimmung der Temperatur/Zeit-Kristallisationsbedingungen für die Temperung Stunden erhalten und nicht wissen, wie man die Temperatur findet, bei der die Temperung nur Minuten dauern würde.
Welche indirekten Methoden zur Bestimmung des Regimes der Wärmebehandlung stehen uns zur Verfügung?
Während der Kristallisation ändern sich in größerem oder kleinerem Maße alle Eigenschaften des Materials. Demzufolge kann man bei Fixierung dieser Eigenschafts-

änderungen eine annähernde Vorstellung über die Vollständigkeit des ablaufenden Prozesses erhalten. Als Indikatoreigenschaften für den Kristallisationsprozeß werden Dichte, Festigkeit (Biegebruchfestigkeit, Härte, Elastizität), Wärmedehnung, elektrische Eigenschaften, Viskosität u. a. benutzt. Parallel führt man Untersuchungen der Struktur und Phasenzusammensetzung der Vitrokeramiken durch.

Die Methoden, mit deren Hilfe die Struktur- und Eigenschaftsänderungen fixiert werden, sind sehr vielfältig, und ihre Zahl nimmt ständig zu. Zu den am meisten angewandten Verfahren gehören die Röntgen-, elektronenmikroskopische, differentialthermische, Viskositäts- und dilatometrische Analyse sowie unterschiedliche optische Analysen u. a.

Wenn man mit der Bestimmung des Temperregimes des Glases beginnt, sind die Eigenschaften dieses Glases schon bekannt, da sie bereits vorher gemessen wurden. Gewöhnlich werden vor allem die Eigenschaften genau bestimmt, mit Hilfe derer man dann den Kristallisationsprozeß verfolgen will. Bei der Auswahl des Temperregimes muß man beachten, daß sich die erste Temperstufe in der Nähe der Erweichungstemperatur des Glases befindet. So entspricht nach *Stookey* die Temperatur der ersten Temperstufe dem oberen Kühlpunkt des Glases (bei einer Viskosität von 10^{12} Pa s), oder sie liegt 50 °C über ihm. Die zweite Temperstufe befindet sich im Bereich höherer Temperaturen, im Intervall der Kristallisation des Glases.

In Verbindung damit wird die Temperung eines Glasstabes oder von Glasstücken mit einer Masse von etwa 1 g, die sich in einem Keramikschiffchen im erhitzten Gradientenofen befinden, als orientierender Versuch zur annähernden Bestimmung der Temperaturbereiche der unterschiedlichen Kristallisationsetappen benutzt. Bei einer Behandlung im Intervall von 400 bis 1 200 °C kommt es innerhalb von 2 bis 3 h entlang dem Stab oder dem Schiffchen mit den Glasstücken zu Veränderungen des äußeren Erscheinungsbildes des Glases (Opaleszenz, Trübung u. a.), nach denen man sich Vorstellungen über die Prozesse, die im Glas bei den entsprechenden Temperaturbedingungen ablaufen, machen kann.

In Bild 49 sind die Strukturänderungen eines in einem Gradientenofen getemperten Glases schematisch dargestellt. Die Temperatur im Intervall $T_1 - T_2$, in dem es zur Opaleszenz kommt, liegt eindeutig über der Temperatur der ersten Temperstufe, da in diesem Temperaturintervall die Kristallkeime schon zu sichtbaren Teilchen ge-

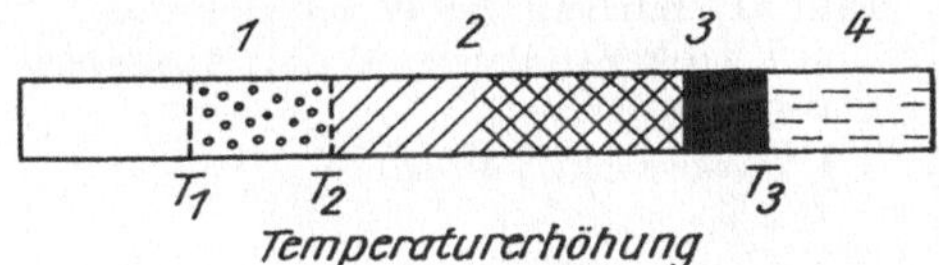

Bild 49. Schema der Strukturänderungen in einem im Gradientenofen getemperten Glas

1 Opaleszenz; *2* feinkristalline Struktur; *3* Kristallvergrößerung; *4* Aufschmelzen der Kristalle

wachsen sind. Eine Ausnahme stellen hierbei einige Zusammensetzungen dar, die zur Mikroentmischung unter Bildung relativ großer Bezirke neigen. In diesen Gläsern muß die Opaleszenz nicht mit dem Kristallisationsbeginn verbunden sein, sondern kann auf reine Mikroentmischung hinweisen. Im Temperaturintervall $T_2 - T_3$ beobachtet man zuerst eine feinkristalline und danach eine gröbere Struktur. Bei der Temperatur T_3 kommt es zum Schmelzen der Kristalle unter Bildung einer flüssigen Phase. So kann man auf der Grundlage dieser Probe (Gradientenstäbchen) schließen, daß sich die Temperatur der ersten Temperstufe unterhalb T_1 und die Temperatur der zweiten Stufe irgendwo in der Mitte des Intervalls $T_2 - T_3$ befindet. Die Temperatur T_3 entspricht ungefähr der Schmelztemperatur der Vitrokeramik, die aus dem untersuchten Glas hergestellt wurde.

Anhand der Gradientenprobe kann man auch durch Röntgenanalyse die Phasenzusammensetzung, die der einen oder anderen Temperatur unmittelbar entspricht, bestimmen. Nach den Angaben von *Filipovič* befindet sich die Temperatur der maximalen Keimbildungsgeschwindigkeit in der Nähe der Transformationstemperatur T_g. Mit der DTA (exothermer Peak) kann man die Bildungstemperatur der verschiedenen Phasen verhältnismäßig genau bestimmen. In Bild 50 ist die DTA-Kurve für die Bildung von zwei Kristallphasen dargestellt. Der endotherme Effekt entspricht dem Temperaturintervall der Erweichung des Glases.

Weder die Gradientenmethode noch die DTA-Methode geben eine Antwort auf die Frage, was für eine Temperatur die erste Temperstufe besitzt. Diese Temperatur, bei der man optimale Werte solcher Eigenschaften, wie Dichte, Festigkeit, Wärmedehnung u. a., erreicht, muß man nach nicht idealen empirischen Methoden finden. Der thermische Ausdehnungskoeffizient ist ein sehr empfindlicher Indikator für die Änderungen der Phasenzusammensetzung bei der Kristallisation. Auf Bild 51 wird gezeigt, daß sich zwei Gläser, die zunächst fast gleiche Werte von α besitzen, nach der Kristallisation in der Wärmedehnung durch ungleiche Phasenumwandlungen stark unterscheiden.

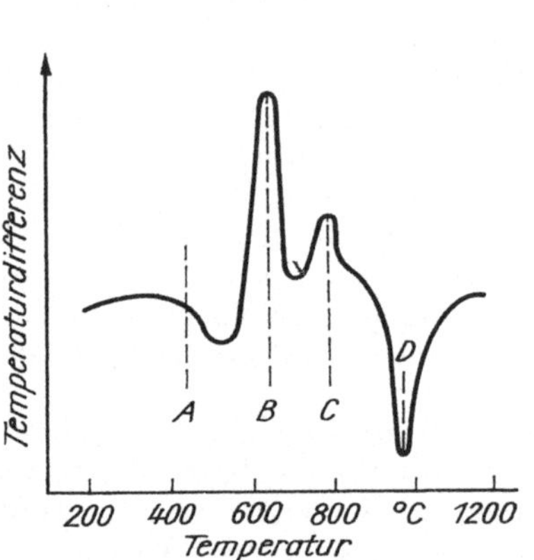

Bild 50. DTA-Kurve eines kristallisierenden Glases

A obere Kühltemperatur; *B, C* exothermer Kristallisationseffekt; *D* endothermer Effekt des Aufschmelzens

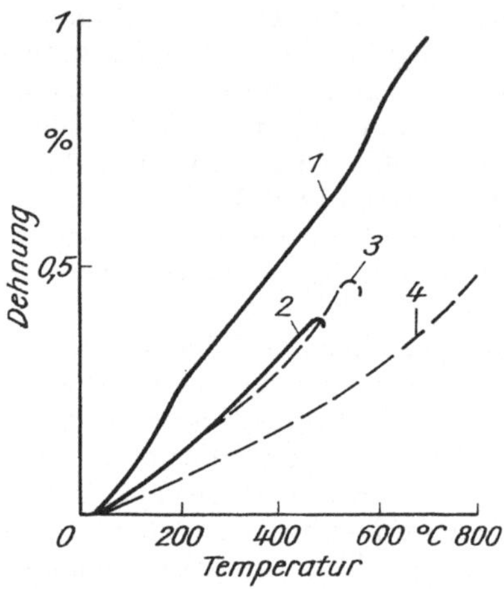

Bild 51. Kurven der Wärmedehnung von Vitrokeramiken und den Ausgangsgläsern

1, 4 Vitrokeramik; *2, 3* Glas

Vom praktischen Standpunkt aus gesehen, sollte man eine solche Indikatoreigenschaft auswählen, die für die Vitrokeramik die Haupteigenschaft darstellt und nach der die Zusammensetzung des Glases bestimmt wurde. So müßte man für die Herstellung von hochfesten Vitrokeramiken die Festigkeit in Abhängigkeit vom Temperregime messen, für temperaturwechselbeständige den thermischen Ausdehnungskoeffizienten usw. Nicht selten dient als Kristallisationsindikator die Dichte des Glases, deren Wert bei der Umwandlung des Glases in eine Vitrokeramik in der Regel um so stärker wächst, je höher der Kristallisationsgrad des Glases ist. Das ist aber nicht immer angebracht, da es einige Kristallphasen gibt, deren Dichten fast gleich oder sogar kleiner als die Dichte des Ausgangsglases sind. In diesem Fall unterscheidet sich die Dichte der Vitrokeramik, wie das aus Tabelle 14 ersichtlich ist, wenig von der Dichte des Glases, und ihre Messung gibt überhaupt keine Information über den Verlauf des Kristallisationsprozesses.

Tabelle 14. Dichte von Gläsern und den entsprechenden Vitrokeramiken

Glaszusammensetzung in Masse-%				Dichte in kg m^{-3}	
SiO_2	Al_2O_3	ZnO	TiO_2	Glas	Vitrokeramik
48,5	14,6	34	2,9	3170	3130
41,7	9,3	41,6	7,4	3230	3230
50,9	23,2	18,5	7,4	2920	2990

Ausgehend davon, daß sich die Temperatur der ersten Temperstufe in der Nähe der Erweichungstemperatur befindet, untersucht man den Temperaturbereich, der um 50 bis 150 °C ober- und unterhalb dieser Temperatur liegt, indem man die Meßpunkte über den genannten Bereich in Intervallen von 30 bis 50 °C legt. Für den Prozeßfortschritt nimmt man als Indikator entweder die Wärmedehnung, die Dichte, die Festigkeit oder irgendeine andere Eigenschaft bzw. einen Komplex von Eigenschaften und gibt eine bestimmte Dauer für die erste Temperstufe sowie Temperatur und Dauer für die zweite Temperstufe vor. Der Temperatur der zweiten Stufe wählt man nach der Temperatur eines bestimmten exothermen Effekts auf der DTA-Kurve und die Haltedauer auf der ersten und zweiten Stufe willkürlich, gewöhnlich mit 2 bis 3 h. Demzufolge stellt nur die Temperatur der ersten Temperstufe eine variable Größe dar. Nachdem man eine optimale Temperatur gefunden hat, bei der z. B. ein Festigkeitsmaximum auftritt, wird sie als Temperatur der ersten Stufe festgeschrieben. In der zweiten Etappe zur Festlegung des Temperregimes werden nur noch die Haltezeiten auf der ersten Stufe in den Grenzen von 0,25 bis 3 h oder mehr geändert. Als optimal wird die Zeit angenommen, bei der man das beste Resultat erhielt. In der dritten Etappe wird nur die Temperatur der zweiten Stufe in den Grenzen der Kristallisationstemperaturen, die nach der Gradientenmethode oder der DTA bestimmt wurden, geändert. Als letztes wird die Haltedauer auf der zweiten Stufe festgelegt. Im Ergebnis dessen erhält man ein Temperregime, das einen relativ hohen Kristallisationsgrad des Glases und die entsprechenden Eigenschaften der Vitrokeramik garantiert.

Solch eine Auswahlmethode für die Temperbedingungen führt nur zu annähernd optimalen Regimes. Deshalb suchen die Forscher in den verschiedenen Ländern neue Methoden einer korrekten Bestimmung des genannten Regimes. Hierbei nutzt man zur Fixierung der Strukturänderungen, die im Glas im Bereich geringer Temperaturen vonstatten gehen und die der ersten Temperstufe entsprechen, solche genauen Untersuchungsmethoden, wie optische Verfahren (im sichtbaren, UV- und IR-Bereich des Spektrums), elektronen-paramagnetische und kernmagnetische Resonanz u. a. In letzter Zeit erhalten im Ausland und in der UdSSR statistische Methoden der Optimierung der chemischen Prozesse eine immer größere Verbreitung. Diese Methoden besitzen eine große Perspektive, da sie es erlauben, mit einer minimalen Anzahl an Experimenten ein Resultat zu erhalten, das dem Optimum sehr nahe kommt. Sie können durchaus auch bei der Entwicklung von Vitrokeramiken sowohl zur Auswahl der optimalen Zusammensetzungen und der katalytischen Zusätze als auch zur Bestimmung der geeigneten Temperregimes angewendet werden.

Dadurch, daß für die Optimierung des Temperregimes kein mathematisches Modell der Abhängigkeit der Eigenschaften der Vitrokeramiken von den Parametern des Regimes der Wärmebehandlung existiert, muß man gradientenlose Methoden anwenden, bei denen man für die Suche des Optimums eine Information benutzt, die nicht aus der Analyse der Differentiale, sondern durch die Abschätzung des Charakters der Änderung des Optimierungskriteriums im Ergebnis der Realisierung des nächsten Schrittes erhalten wird.

Das Regime der Wärmebehandlung einer Vitrokeramik beinhaltet fünf unabhängige Variable: Temperatur und Zeit der ersten Stufe (T_1 und t_1), Temperatur und Zeit der zweiten Stufe (T_2 und t_2) und die Geschwindigkeit des Temperaturanstiegs (v). Für ihre Optimierung wird am häufigsten die *Gauß-Seidel*-Methode (Methode der sukzessiven Änderung der Variablen) benutzt. Bei dieser Methode wird jede Variable so lange variiert, bis in der gegebenen Achsrichtung kein Extremum des Parameters, nach dem optimiert wird, mehr gefunden wird (Bild 52). Danach beginnt der Prozeß der schrittweisen Suche in der nächsten Achsrichtung. Die Suche des Extremums kann für jede Variable nach einer der Methoden durchgeführt werden, die man zum Auffinden des Extremums von Funktionen mit einer Variablen benutzt (z. B. Methode des simultanen Funktionswertvergleichs, Methode des »*Goldenen Schnitts*«, *Fibonačči*-Suche). Die Reihenfolge der Änderung der Variablen kann man beliebig festlegen, aber gewöhnlich beginnt man die Suche des Optimums mit der Änderung des Parameters T_1.

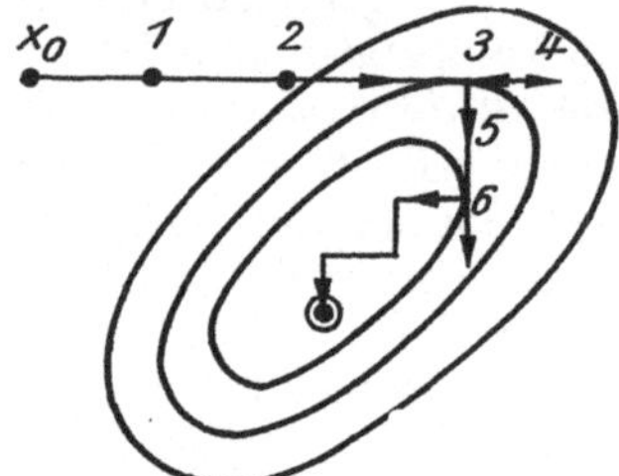

Bild 52. Schritte zum Auffinden des Optimums nach der *Gauß-Seidel*-Methode

Die Geschwindigkeit, mit der man sich dem Optimum nähert, und die Genauigkeit seiner Bestimmung hängen von der Schrittlänge der Änderung der unabhängigen Variablen ab. Der einfachste Algorithmus der Schrittlängenänderung bei der Methode des simultanen Funktionswertvergleichs besteht in folgendem: Zu Beginn der Annäherung an das Extremum werden das gesamte Intervall ($x^{(0)}$, $x^{(k)}$) in N gleiche Teile (Schrittlänge h_1) eingeteilt und experimentell die Werte der Funktion $R = \mathrm{R}(x)$ an den Grenzen aller Teilintervalle ermittelt. Dann wählt man ein neues Intervall, das die beiden Teilintervalle um das gesuchte Extremum einschließt, und teilt es wieder in nun aber kleinere Intervalle (h_2). Indem man $\mathrm{R}(x)$ an den Grenzen dieser Teilintervalle bestimmt, lokalisiert man das Extremum in einem noch kleineren Intervall der Variablen x. Die Suche nach dem Extremum wird beendet, wenn der Schritt $h^{(k)}$ kleiner als die Genauigkeit wird, mit der man die Variable x (z. B. T) angeben oder den Optimierungs-Parameter R (z. B. die Festigkeit) bestimmen kann.

Als Beispiel betrachten wir die Auswahl des optimalen Regimes der Temperung für eine technische Vitrokeramik, deren Zusammensetzung dem Cordierit ähnlich ist. Die Biegebruchfestigkeit benutzen wir als Zielfunktion R. Die Reihenfolge der Operationen bei der Suche des maximalen Wertes von R besteht in folgendem:

1. Wir bestimmen das Intervall der Variationsbreite der unabhängigen Variablen. Ausgehend von den bisherigen Informationen über den Kristallisationsprozeß, die durch die DTA oder durch die Röntgenphasenanalyse erhalten wurden, legen wir das Variationsintervall mit $T_1 = 640$ bis 800 °C, $T_2 = 840$ bis 1160 °C fest. Die Variationsbreite der Temperzeiten und der Geschwindigkeit des Temperaturanstiegs nehmen wir, ausgehend von technologischen Gesichtspunkten, mit $t_1 = 0$ bis 4 h, $t_2 = 0$ bis 4 h, $v = 3$ bis 11 K min^{-1} an.
2. Wir teilen das Intervall der Werte für T_1 in vier Teilintervalle ($h_1 = 40$ °C) und lassen die Werte der übrigen Variablen T_2, t_1, t_2, v konstant. Wir wählen für sie z. B. Werte

im Zentrum der Variationsintervalle: $T_2 = 1000\,°C$, $t_1 = 2$ h, $t_2 = 2$ h, $v = 6$ K min^{-1}. Zum Auffinden der Lage des Maximums der Funktion $R = R(T_1)$ im Intervall ($x^{(0)}$, $x^{(k)}$) bestimmen wir den Wert R in den Grenzen eines jeden Teilintervalls (Bild 53a). Es ist ersichtlich, daß sich das Maximum der Funktion im Intervall von 680 bis 760 °C befindet. Zur weiteren Lokalisierung des Extrems verringern wir h auf $h_2 = h_1/2 = 20\,°C$. Die Resultate der Festigkeitsbestimmung der Vitrokeramik zeigen (Bild 53b), daß das Optimum der Funktion im Intervall von 720 bis 760 °C liegt. Eine weitere Verringerung von h auf $h_3 = h_2/2 = 10\,°C$ (Meßgenauigkeit der Temperatur $\pm 5\,°C$) gibt die Lage R^{max} bei $T_1 = 730\,°C$ (Bild 53c) an. Somit beträgt die optimale Temperatur der ersten Temperstufe 730 °C (mit einer Genauigkeit von $\pm 10\,°C$).

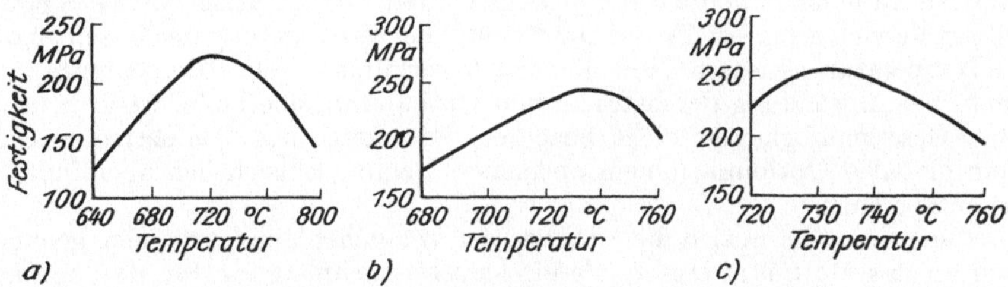

Bild 53. Festigkeit der Schlackenvitrokeramik in den Grenzen der Temperaturteilintervalle h

a) h = 40°C; *b*) h = 20°C; *c*) h = 10°C

Die geringste Anzahl der Experimente entspricht einer Teilung des Intervalls in $N = 4$. Hierbei ist, ungeachtet der Notwendigkeit einer Wiederholung der Teilung der Intervalle, die Zahl der neuen Experimente in jeder Etappe gering; den Wert R muß man nur für zwei neue Punkte bestimmen (s. Bild 53). Im vorliegenden Fall wurden zur Ermittlung des Optimums von T_1 mit einer Genauigkeit von $\pm 10\,°C$ neun Versuche benötigt. Bei einer Teilung des gesamten Intervalls für T_1 (640 bis 800 °C) mit $h_1 = 10\,°C$ wären 15 Versuche notwendig gewesen.

3. Nun ändern wir die Variable t_1 ($h_1 = 1$ h), indem wir die anderen Parameter des Temperregimes konstant lassen:
   $T_1 = 730\,°C$, $T_2 = 1000\,°C$, $t_2 = 2$ h, $v = 6$ K min^{-1}. Die sich anschließende Teilung der Intervalle in der Nähe des Extremums ist $h_2 = 0{,}5$ h, $h_3 = 0{,}25$ h. Nach Abarbeiten des Lösungsweges, der in Punkt *2* beschrieben wurde, erhalten wir nach neun Versuchen $t_1^{opt} = 3{,}25$ h.
4. Wir ändern T_2 ($h_1 = 80\,°C$) und legen für $T_1 = 730\,°C$, $t_1 = 3{,}25$ h, $t_2 = 2$ h, $v = 6$ K min^{-1}, $h_2 = 40\,°C$, $h_3 = 20\,°C$, $h_4 = 10\,°C$ fest. Die Zahl der Versuche beträgt 11. Damit finden wir $T_2^{opt} = 940\,°C$.
5. Nun variieren wir die Variable t_2 ($h_1 = 1$ h) und legen fest, daß $T_1 = 730\,°C$, $t_1 = 3{,}25$ h, $T_2 = 940\,°C$, $v = 6$ K min^{-1}, $h_2 = 0{,}5$ h, $h_3 = 0{,}25$ h ist. Die Zahl der Versuche beträgt neun. Wir finden $t_2^{opt} = 1{,}5$ h.
6. Ändern wir nun die Variable v ($h_1 = 2$ K min^{-1}) und legen für $T_1 = 730\,°C$, $t_1 = 3{,}25$ h, $T_2 = 940\,°C$, $t_2 = 1{,}5$ h, $h_2 = 1$ K min^{-1} fest. Die Zahl der Versuche ist sieben, und wir ermitteln $v^{opt} = 8$ K min^{-1}.

Demzufolge besitzt ein optimales Temperregime, das es erlaubt, eine Vitrokeramik mit der höchsten Festigkeit von $R = 320$ MPa (gemessen an Laborproben der Größe $5 \times 5 \times 50$ mm^3) herzustellen, folgende Parameter: $T_1 = 730\,°C$, $t_1 = 3{,}25$ h, $T_2 = 940\,°C$, $t_2 = 1{,}5$ h, $v = 8$ K min^{-1}.

Zum Auffinden des optimalen Temperregimes mit der *Gauß-Seidel*-Methode würde man also 45 Versuche benötigen. Bestimmt man die Lage des Extremums mit einer geringeren Genauigkeit (mit einem größeren h), verringert sich die Anzahl der Versuche. Die Versuchsanzahl kann auch verringert werden, wenn die Suche nach dem Extremum einer Funktion für jede Variable $y = y(x)$ nach der Methode des »*Goldenen Schnitts*« (Teilung des Intervalls ($x^{(o)}$, $x^{(k)}$) in Teilintervalle, die von den Endpunkten $x^{(o)}$ und $x^{(k)}$ etwa 0,38 ($x^{(o)} - x^{(k)}$) entfernt liegen.) durchgeführt oder zur Bestimmung des minimalen Suchschrittes die *Fibonačči*-Suche benutzt wird.

Bei der Optimierung der Temper-Parameter mit der *Gauß-Seidel*-Methode werden alle Parameter des Regimes als unabhängige Variable betrachtet. Den Wert der Funktion R können auch sogenannte »*paarweise Wechselbeziehungen*« der Parameter beeinflussen. Ihr Wesen besteht darin, daß der Charakter des Einflusses eines Parameters vom Bereich abhängt, in dem die Werte des anderen Parameters ausgewählt wurden. So führt z. B. eine Erhöhung der Haltezeit auf der zweiten Temperstufe t_2 von 1 auf 2 h zu einer Erhöhung der Festigkeit der Vitrokeramik bei $T_2 = 850$ °C und zu ihrer Verringerung bei $T_2 = 1\,200$ °C, oder bei Verringerung der Geschwindigkeit des Temperaturanstiegs v kann die Zeit t_1 verkürzt werden. Dementsprechend findet man bei Anwendung der betrachteten Optimierungsmethode, wenn man die genannten Gesetzmäßigkeiten nicht beachtet, Parameter des Temperregimes, die nicht dem globalen Optimum (einem optimalen Regime hinsichtlich aller fünf Parameter) entsprechen.
In Verbindung damit kann sich die Methode der Versuchsplanung, die eine genauere Näherung an das Optimum ergibt, als effektivere Suchmethode für das optimale Temperregime erweisen. Die Auswahl der Methode hängt von der Vollständigkeit der Angaben über den Kristallisationsprozeß ab, die uns zur Verfügung stehen. Bei Kenntnis der Temperatur des Kristallisationsbeginns des Glases (nach den Angaben der DTA und der Kristallisation im Gradientenofen) und des Charakters der Phasenumwandlungen (Phasenzusammensetzung der Vitrokeramik bei verschiedenen Tempertemperaturen) kann man den Untersuchungsbereich für die Temperaturen der ersten und zweiten Temperstufe (T_1 und T_2) festlegen. Die Grenzen der Untersuchungsbereiche für die Temperzeit auf jeder Stufe (t_1 und t_2) und auch die Geschwindigkeit des Temperaturanstiegs v werden, wie schon erwähnt, in sinnvollen Grenzen ausgewählt, ausgehend von der Notwendigkeit der Minimierung der Zeit des technologischen Zyklus der Vitrokeramikherstellung.
Wenn die Ausgangsinformationen über den Prozeß zu gering sind, um die Optimumbereiche vorauszusagen, nimmt man in der ersten Untersuchungsetappe gewöhnlich an, daß die Abhängigkeit der untersuchten Eigenschaft von jedem der Faktoren linear ist. (Über die Richtigkeit dieser Annahme entscheidet man beim Signifikanztest der Regressionsgleichung, d. h., inwieweit eine Übereinstimmung der experimentellen Werte mit den aus der Regressionsgleichung errechneten Werten gegeben ist.) Bei Kenntnis der Untersuchungsbereiche zum Auffinden der optimalen Werte der Parameter kann man Versuchspläne mit zwei Niveaus benutzen. Das Grundniveau wählt man entweder in der Mitte des Variationsbereiches oder in einem Punkt, wo man den besten Wert des Parameters vermutet, nach dem optimiert wird. Die Variationsbereiche wählt man so aus, daß sowohl diese Bereiche als auch die ihnen entsprechende Differenz der Werte der Optimierungsparameter den Fehler des Experiments wesentlich übersteigen.

Betrachten wir die Optimierung des Regimes der Wärmebehandlung eines Glases für die Herstellung einer Schlackenvitrokeramik. Als Optimierungsparameter R benutzen wir die Biegebruchfestigkeit. Die Grenzen des Untersuchungsbereiches für T_2 befinden sich zwischen 500 °C (eindeutig niedriger als die Temperatur des Kristallisationsbeginns) und 1 500 °C (Schmelztemperatur der Vitrokeramik). Nach Auswahl der Grundniveaus und der Variationsbereiche für die fünf Faktoren (T_1, t_1, T_2, t_2, v) werden diese Faktoren in codierter Form dargestellt (Tabelle 15).
Bei Aufstellung des Versuchsplanes nach dem vollständigen 2^n-Faktorplan berücksichtigt man neben den Grundfaktoren ihre Wechselwirkungseffekte. In unserem Fall ist ein

Tabelle 15. Bereiche und Niveaus der Faktorvariation

Faktor	Untersuchungsbereich	Grundniveau	Variationsbereich	Oberes Niveau der Werte		Unteres Niveau der Werte	
				real	codiert	real	codiert
T_1	400...800 °C	500 °C	25 °C	525 °C	+1	475 °C	−1
t_1	15 min...3 h	1 h	30 min	1,5 h	+1	30 min	−1
T_2	600...1 200 °C	800 °C	25 °C	825 °C	+1	775 °C	−1
t_2	15 min...3 h	1 h	30 min	1,5 h	+1	30 min	−1
v	1...10 °C min^{-1}	5 °C min^{-1}	2 °C min^{-1}	7 °C min^{-1}	+1	3 °C min^{-1}	−1

Wechselwirkungseffekt zwischen der Temperatur und der Zeit der Temperung möglich. Die Anzahl der Versuche im 2^n-Faktorplan beträgt bei einer Faktorenanzahl von $n = 5$: $2^5 = 32$.
Um die Anzahl der Versuche zu kürzen, kann man einen Teilfaktorplan 2^{5-1} benutzen, wobei die Effekte der dreifachen Wechselwirkung nicht berücksichtigt werden. Wenn man alle Wechselwirkungseffekte unberücksichtigt läßt und ein lineares Modell zugrunde legt, kann man den Plan auf ein Viertel (2^{5-2}) vom 2^5-Faktorplan begrenzen. Dieser Plan ist in codierter Form in Tabelle 16 dargestellt und in realen Größen in Tabelle 17. Wie aus den Tabellen ersichtlich wird, besteht der Plan in diesem Fall nur noch aus acht Versuchen.
Im Ergebnis der Abarbeitung des Planes (Temperung des Glases nach den vorgegebenen Regimes und Messung der Probenfestigkeit) erhalten wir die Festigkeitswerte R der Schlackenvitrokeramik, die in Tabelle 17 angeführt sind. Die Regressionsgleichung für

Tabelle 16. Matrix des Teilfaktorplanes mit fünf Faktoren

Nr. des Versuches	x_0	T_1 (x_1)	T_2 (x_2)	t_1 (x_3)	t_2 (x_4)	v (x_5)
1	+1	+1	+1	+1	+1	+1
2	+1	+1	+1	−1	−1	−1
3	+1	+1	−1	−1	+1	+1
4	+1	+1	−1	+1	−1	−1
5	+1	−1	+1	−1	+1	−1
6	+1	−1	+1	+1	−1	+1
7	+1	−1	−1	+1	+1	−1
8	+1	−1	−1	−1	−1	+1

Tabelle 17. Matrix des Faktorplanes mit den Realwerten der Variablen

Nr. des Versuches	T_1 in °C	T_2 in °C	t_1 in h	t_2 in h	v in K min^{-1}	R in MPa
1	525	825	1,5	1,5	7	103
2	525	825	0,5	0,5	3	84
3	525	775	0,5	1,5	7	95
4	525	775	1,5	0,5	3	78
5	475	825	0,5	1,5	3	75
6	475	825	1,5	0,5	7	65
7	475	775	1,5	1,5	3	54
8	475	775	0,5	0,5	7	52

das lineare Modell ist

$y = b_0 + b_1x_1 + b_2x_2 + b_3x_3 + b_4x_4 + b_5x_5$

y Optimierungsparameter
$b_0 \ldots b_5$ Regressionskoeffizienten
$x_1 \ldots x_5$ codierte Faktorenwerte.

Die Werte der Regressionskoeffizienten werden nach

$$b_i = \sum_{j=1}^{n} x_{ij}\, y_j/n$$

n Faktoranzahl

berechnet.

Nach Berechnung der Regressionskoeffizienten erhalten wir die Gleichung

$$R = 7{,}57 + 1{,}42x_1 + 0{,}6x_2 - 0{,}07x_3 + 0{,}6x_4 + 0{,}3x_5,$$

in die die Faktoren in codierter Form eingehen. Die Koeffizienten weisen bei unabhängigen Variablen auf den Grad und die Richtung des Einflusses jedes Faktors hin. In diesem Fall hat die Temperatur der ersten Temperstufe den größten Einfluß auf die Festigkeit der Schlackenvitrokeramik (mit Vergrößerung von T_1 wächst R) und die Haltezeit bei dieser Stufe den geringsten.

Nach Überprüfung der Signifikanz der Regressionskoeffizienten nach dem *Student*-Test finden wir für einige, daß sie nicht signifikant sind, und zwar x_3 und x_5. Somit verändern die Haltezeit während der ersten Temperstufe t_1[1]) und die Aufheizgeschwindigkeit v im untersuchten Faktorengebiet die Festigkeit der Schlackenvitrokeramik nicht. Indem wir für die nicht signifikanten Koeffizienten Null einsetzen, erhalten wir folgende Regressionsgleichung:

$$R = 7{,}57 + 1{,}42x_1 + 0{,}6x_2 + 0{,}6x_4,$$

die nach Überprüfung mit dem *Fischer*-Test signifikant ist.

In der nächsten Etappe der Versuchsplanung wird die Annäherung an das Optimum nach dem Verfahren des steilsten Anstiegs realisiert. Als Ausgangspunkt des Verfahrens nehmen wir den Versuch Nr. *1* (s. Tabelle 16 u. 17) mit dem besten Wert für R. Die nicht signifikanten Faktoren (v und t_1) werden auf dem vom Standpunkt der Versuchsdurchführung sinnvollsten Niveau fixiert ($t_1 = 0{,}5$ h; $v = 7$ K min^{-1}). Der in Richtung des steilsten Anstiegs errechnete Schritt beträgt $b_i\,\Delta z_i$, wobei b_i die Regressionskoeffizienten und Δz_i die Variationsbereiche der Variablen sind. Da alle Koeffizienten ein positives Vorzeichen besitzen, werden die errechneten Schritte zu den Werten der Variablen (Grundniveaus) hinzugezählt. Die erhaltenen Werte der Variablen und die ihnen entsprechenden Festigkeitswerte der getemperten Proben sind in Tabelle 18 angegeben.

Tabelle 18. Verfahren des steilsten Anstiegs

Niveaus der Änderung der Variablen und Versuchs-Nr.	T_1 in °C	T_2 in °C	t_1 in h	t_2 in h	v in K min^{-1}	R in MPa
Anfangsniveau	525	825	0,5	1,5	7	
b_i	1,42	0,6	—	0,6	—	
Δz_i	25	25	—	0,5	—	
$b_i\,\Delta z_i$	35	15	—	0,3	—	
Versuchs-Nr.						
9	560	840	0,5	1,8	7	11,2
10	595	855	—	2,1	—	11,7
11	630	870	—	2,4	—	12,1
12	665	885	—	2,7	—	10,5

[1]) Das bedeutet, daß sich die Kristallisationszentren in der notwendigen Anzahl innerhalb einer Zeit $t_1 < 0{,}25$ h bilden.

Wie aus Tabelle 18 ersichtlich ist, wurde die größte Festigkeit im Versuch Nr. *11* erhalten. Bei einer weiteren Variierung nach diesem Verfahren kommt es zu einer Verringerung der Festigkeit. Das weist darauf hin, daß wir uns dem optimalen Bereich genähert haben, in dem die von uns angenommene lineare Annäherung, die durch die Regressionsgleichung beschrieben wird, nicht signifikant ist.

Zur Aufstellung einer Gleichung, die den Bereich des Optimums des Temperregimes beschreibt, und zur Bestimmung der Koordinaten im Punkt des Extremums benutzen wir ein Polynom zweiter Ordnung, das auch quadratische Glieder besitzt. Um diese Regressionsgleichung zu erhalten, wenden wir zusammengesetzte Faktorpläne an, in denen jeder Faktor auf fünf Niveaus variiert wird. Dazu werden zur Matrix des Zwei-Niveau-Faktorplans die sogenannten »*Sternpunkte*« hinzugefügt, d. h. zwei je Faktor im Abstand von $x = \pm 1{,}682$ zum Grundniveau, sowie das Grundniveau selbst.

Im betrachteten Beispiel beträgt die Anzahl der unabhängigen Faktoren drei (t_1, v = const). Als Grundniveau benutzen wir die Bedingungen des besten Versuchs nach dem Verfahren des steilsten Anstiegs (Versuch Nr. *11*) und als Variationsbereich solche Werte, daß sich die »Sternpunkte« in den Grenzen des optimalen Bereiches befinden, d. h., daß sie die Werte der Variablen in Versuch Nr. *12* nicht übersteigen. Der Versuchsplan in realen Variablen ist in Tabelle 19 angeführt. Hier sind auch die Festigkeitswerte der Schlackenvitrokeramiken, die nach den aufgeführten Regimes getempert wurden, angegeben.

Tabelle 19. Matrix des Versuchsplans mit Realwerten der Faktoren

Niveaus der Änderung der Variablen und Versuchs-Nr.	T_1 in °C	T_2 in °C	t in h	R in MPa
Grundniveau	630	870	2,4	
Variationsbereich	20	10	0,2	
Versuchs-Nr.				
1	610	860	2,2	72
2	650	860	2,2	101
3	610	880	2,2	97
4	650	880	2,2	128
5	610	860	2,6	103
6	650	860	2,6	113
7	610	880	2,6	95
8	650	880	2,6	125
9	595	870	2,4	105
10	665	870	2,4	108
11	630	855	2,4	101
12	630	885	2,4	110
13	630	870	2,05	119
14	630	870	2,75	118
15	630	870	2,4	121

Nach Berechnung der Regressionskoeffizienten in der Regressionsgleichung zweiter Ordnung und Überprüfung ihrer Signifikanz erhalten wir folgende Gleichung:

$$R = 2 + 0{,}483x_1 + 0{,}381x_2 + 0{,}124x_3 + 2{,}92x_1^2 + 2{,}9x_2^2 + 0{,}525x_1x_2 - 0{,}1x_2x_3 .$$

Die Optimierung der Temperparameter nach dieser Gleichung, die einen maximalen Festigkeitswert garantieren, kann man mit einer beliebigen Methode der nichtlinearen Programmierung unter Verwendung einer EDV-Anlage durchführen.

Im Ergebnis der Untersuchung der erhaltenen Regressionsgleichung erwies sich folgendes Temperregime als optimal:

$$T_1 = 625\,°\mathrm{C};\ t_1 = 0{,}5\ \mathrm{h};\ T_2 = 870\,°\mathrm{C};\ t_2 = 2{,}4\ \mathrm{h};\ v = 7\ \mathrm{K\ min}^{-1}.$$

Die Behandlung von Proben aus Schlackenglas nach diesem Regime führte zur Herstellung einer Schlackenvitrokeramik mit der größten Festigkeit von $R = 129$ MPa.

Bei der Temperung des Glases ist es sehr wichtig, den Prozeß so zu führen, daß die Möglichkeit einer Deformation des Erzeugnisses ausgeschlossen ist. Die optimale Temperatur und Dauer der Temperung auf der ersten Stufe und auch die Geschwindigkeit der Temperaturerhöhung zur zweiten Temperstufe, die für eine Kristallisation der Gläser ohne ihre Deformation notwendig sind, können annähernd nach der im Moskauer Chemisch-Technologischen Institut »*D. I. Mendeleev*« entwickelten Methode der isoviskosen Kristallisation bestimmt werden. Ihr Prinzip besteht in folgendem: Die Temperung des Glases, in deren Ergebnis es zu seiner Kristallisation kommt, ruft eine Erhöhung der scheinbaren Viskosität des Erzeugnisses hervor, was zu einer Abbremsung des Kristallisationsprozesses führen kann, wenn die Temperatur nicht mit einer ausreichenden Geschwindigkeit erhöht wird, d. h., die Viskosität auf den ursprünglichen Wert verringert wird. Ein isoviskoses Regime der Kristallisation ist ein Regime, das bei konstanter Viskosität durchgeführt wird, die in Abhängigkeit von Form und Masse des Erzeugnisses derart ausgewählt werden muß, daß seine Deformation ausgeschlossen und gleichzeitig die maximal mögliche Kristallisationsgeschwindigkeit erreicht wird. Das isoviskose Regime setzt die Kristallisation unter möglichst optimalen Bedingungen in kürzester Zeit voraus.

Zur Verwirklichung des isoviskosen Regimes wird eine speziell konstruierte Anlage benutzt, in deren Ofen die Temperatur um die Temperatur der Deformation des Erzeugnisses schwankt. Die Temperaturregelung wird automatisch durch Ausschalten des Ofens bei der geringsten Deformation der Probe und Einschalten der Heizung bei einer kleinen Temperaturverringerung gesteuert.

Die Temperatur kann sich nur erhöhen, wenn die Kristallphase in der Probe zunimmt. Sie hält sich so lange auf einem bestimmten Niveau, bis sich im Glas eine ausreichende Anzahl von Keimen zur Absicherung der weiteren Kristallisation gebildet hat. Durch dieses Verfahren können die Temperatur und die Dauer der ersten Temperstufe annähernd bestimmt werden. Die Geschwindigkeit des Temperaturanstieges nach der ersten Temperstufe ist mit der Intensität der Zunahme der Kristallphase verbunden. Die Kurve der Abhängigkeit der Temperatur von der Prozeßdauer stellt die isoviskose Kristallisationskurve dar. Nach dieser Kurve kann man das schnellste Temperregime ohne Deformation durchführen. Die genannte Methode kann auch zur relativen Abschätzung der Kristallisationseigenschaften des Glases dienen: Je kürzer die Haltedauer auf der ersten Temperstufe und die Gesamtzeit der isoviskosen Kristallisation sind, desto besser sind die Kristallisationseigenschaften des Glases.

Ein anderes Verfahren zur Bestimmung des optimalen Kristallisationsregimes ohne Deformation basiert auf der Viskositätsmessung der Gläser während ihrer Temperung im Intervall 10^5 bis 10^{13} Pa s (*Sarkissov, Kozlovskij*). Das Experiment wird folgender-

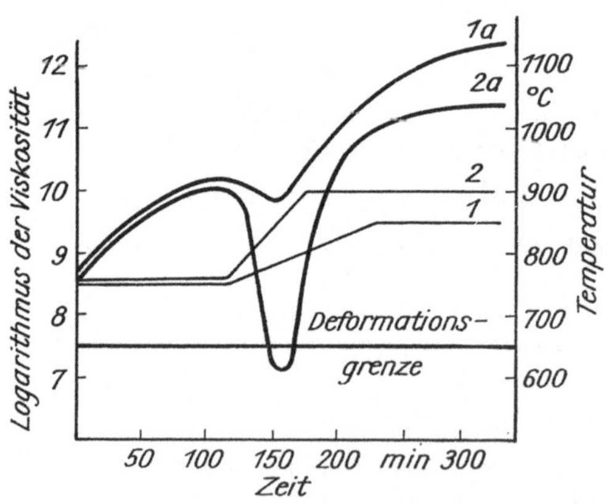

Bild 54. Änderung der Viskosität eines Glases bei seiner Temperung nach verschiedenen Regimes

1, 2 Temperregimes (*1a, 2a* ihnen entsprechende Viskositätsänderung)

maßen durchgeführt. Nachdem ein vorläufiges Regime der Wärmebehandlung nach einer der beschriebenen Methoden ausgewählt wurde, werden die Glasproben nach einigen Versuchsregimes getempert. Während des Temperprozesses wird die Viskosität gemessen. Die im Verlaufe des Experimentes erhaltenen Kurven der Viskositätsänderung des Glases erlauben es, die optimalen Varianten der Kristallisationsregimes zu bestimmen.

In Bild 54 sind die Kurven der Viskositätsänderung *1a* und *2a* angeführt, die nach Durchführung der Kristallisation entsprechend der Temperregimes *1* und *2* erhalten wurden. Die für diesen Fall ausgewählten Regimes den Wärmebehandlung unterscheiden sich hauptsächlich durch die Geschwindigkeit des Temperaturanstieges von der ersten Kristallisationsstufe zur zweiten. Für Regime *1* beträgt sie 1 K min^{-1} und für Regime *2* 3 K min^{-1}.

Wie aus Bild 54 ersichtlich ist, erhöht sich die Viskosität der Gläser bei ihrer Kristallisation. Das ist mit der Bildung einer kristallinen Phase im Glas und mit der langsamen Erhöhung ihres Gehaltes verbunden. Bei Erhöhung der Temperatur im Übergangsbereich kommt es dazu, daß die Temperatur schneller als die Viskosität wächst, was zu einem Abfall auf der Viskositätskurve führt. Die Tiefe dieses Abfalls hängt von der Zusammensetzung des Glases und von der Aufheizgeschwindigkeit ab. Die Ursache für die Bildung dieses Abfalls auf der Viskositätskurve liegt in folgendem: Ein kristallisierendes Glas stellt ein zweiphasiges (oder mehrphasiges) System dar, das aus der Glasmatrix und einer gewissen Menge von Kristallen, die in Zahl und Größe variabel sind, sowie ihren Keimen besteht. Die Viskosität wächst in solch einem System unter isothermen Bedingungen in dem Maße, wie die Zahl und Größe der Keime und/oder Kristalle zunehmen. Bei Temperaturanstieg kommt es zur zeitweiligen Störung der sich einstellenden Abhängigkeit. Diese Störung besteht darin, daß eine höhere Temperatur eine Verflüssigung des Systems hervorruft. Dieser Zustand wird relativ schnell beseitigt, da es unter den neuen Temperaturbedingungen zu einer intensiveren Zunahme an Kristallphase bei Verringerung der Menge an Glasphase kommt, was zu einem ständigen Anwachsen der Viskosität bis zum Ende der Temperung führt.

Bei Regime *1* findet man nur eine unwesentliche Viskositätsverringerung. Die geringe Geschwindigkeit des Temperaturanstiegs (1 K min^{-1}) bedingt im gefährdeten Bereich ein intensiveres Wachstum der Kristalle, wodurch der Abfall auf der Viskositätskurve nicht die Deformationsgrenze erreicht. Regime *2* führt zu einer starken Viskositätsverringerung. Die höhere Geschwindigkeit des Temperaturanstieges (3 K min^{-1}) ruft einen solchen Abfall der Viskosität hervor, daß es unvermeidbar zu einer Deformation des Erzeugnisses kommt.

Die Gegenüberstellung der Minimalwerte der Viskosität mit den empirisch ermittelten Deformationsgrenzen (z. B. für eine Schlackenvitrokeramik $10^{7,5}$ Pa s) erlaubt es, kurze Kristallisationsregimes festzulegen, die Deformationserscheinungen ausschließen. Das von diesem Standpunkt aus optimale Regime auf Bild 54 ist das Regime *1*. Bei Temperung nach diesem Regime verringert sich die Viskosität des Glases nach der ersten Temperetappe nur unwesentlich, nicht unter $10^{9,5}$ Pa s. Regime *2* ist für die Kristallisation dieses Glases unbrauchbar, da es eine Verringerung der Viskosität bis auf 10^7 Pa s hervorruft und damit unweigerlich zur Deformation des Erzeugnisses führt.

Wie schon angemerkt wurde, ändern sich bei einer Wärmebehandlung des Glases seine Mikrostruktur, Phasenzusammensetzung und Eigenschaften. Um diese Veränderungen festzustellen, werden unterschiedliche Untersuchungsmethoden angewendet, die ebenfalls schon erwähnt wurden. Von den aufgeführten werden die Röntgenanalyse und elektronenmikroskopische Untersuchungen am meisten verwandt.

Die Röntgenanalyse erlaubt es, unter Zuhilfenahme der entsprechenden Tabellen zur Entschlüsselung der erhaltenen Röntgenogramme die Phasenzusammensetzung genau zu bestimmen. Hierfür werden gewöhnlich Anlagen verwendet, die auf dem Ionisationsprinzip beruhen (z. B. die sowjetischen Geräte URS-50 IM, DRON-1 u. a.) und die sich durch eine hohe Empfindlichkeit auszeichnen. Außer der qualitativen Phasenanalyse führt man mit diesen Anlagen auch quantitative Phasenanalysen durch, die jedoch wesentlich arbeitsaufwendiger sind, da es für sie unter anderem notwendig ist, Standardmischungen herzustellen und einige Minerale zu synthetisieren.

Bei Nutzung einer Hochtemperaturkammer ist es möglich, die Änderung der Röntgenspektrallinien unmittelbar während der Phasenumwandlungen zu beobachten. Die Ermittlung der Phasenzusammensetzung mit Hilfe der Röntgenphasenanalyse wird dann erschwert, wenn sich in der Vitrokeramik eine unbekannte Phase bildet, deren Parameter nicht in den entsprechenden Tabellen angegeben sind. Bei Einschätzung der Möglichkeiten der Röntgenphasenanalyse ist zu beachten, daß die Empfindlichkeit dieser Methode in großen Grenzen schwankt und sowohl von der Kristallgröße als auch von den Besonderheiten der Phase selbst abhängt. Der Mindestphasengehalt für eine zuverlässige Bestimmung beträgt 1 bis 2 %, und in einzelnen Fällen erhöht er sich sogar auf 20 bis 30 % ($2CaO \cdot SiO_2$ und Vitrokeramiken mit Blei und Zinn).

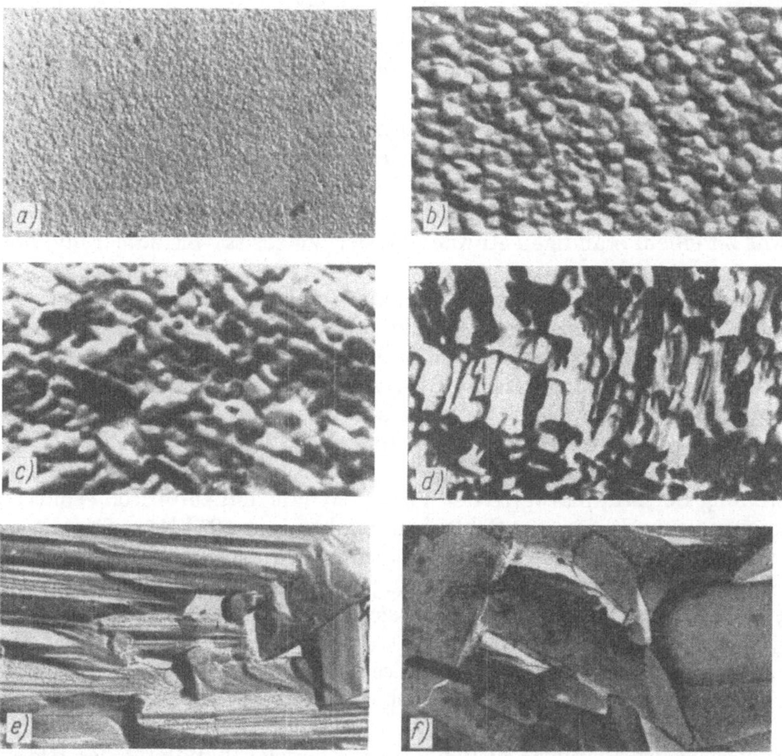

Bild 55. Elektronenmikroskopische Aufnahmen eines Glases des Systems $MgO-CaO-Al_2O_3-SiO_2$ während der Kristallisation (Haltezeit bei jeder Temperatur 2 h, Vergrößerung 11500fach)

a) Ausgangsglas; *b)* Glas bei einer Temperatur von 700 °C; *c)* 800 °C; *d)* 900 °C; *e)* 1000 °C; *f)* 1100 °C

Im Anhang 1 und 2 sind Verbindungen in Vitrokeramiken mit Angabe einiger Eigenschaften sowie der kristallografischen und röntgenografischen Parameter aufgeführt.
Elektronenmikroskopische Untersuchungen erlauben eine anschauliche Darstellung der Mikrostrukturänderungen im gesamten Umwandlungsbereich des Glases in eine Vitrokeramik. Mit Hilfe des Elektronenmikroskops kann man bei extrem hohen Vergrößerungen das Stadium der Keimbildung feststellen und dann alle darauffolgenden Etappen des Keimwachstums und der Entstehung von Kristallen verfolgen. Diese Methode erlaubt es nur, rein qualitative Vorstellungen über die Änderung der Mikrostruktur zu erhalten. Sie ist aber für diese Zwecke unersetzbar.
Für die Herstellung von Mikroaufnahmen wendet man gewöhnlich die Methode des Platin-Kohlenstoff-Abdrucks bzw. andere Abdruckverfahren von polierten Oberflächen oder frischen Bruchflächen der Proben an. Diese Flächen werden dazu vorher in schwacher Flußsäure angeätzt.
Auf Bild 55 sind elektronenmikroskopische Aufnahmen dargestellt (*Kuzmenkov*), die den Prozeß der Mikrostrukturänderung eines Glases im System $MgO-CaO-Al_2O_3-SiO_2$ bei Erwärmung und die dabei ablaufenden Umwandlungen in eine Diopsidvitrokeramik zeigen.
Außer dem Abdruckverfahren ist eine direkte elektronenmikroskopische Untersuchung der Kristallisationskinetik möglich. In diesem Fall werden extrem dünn ge-

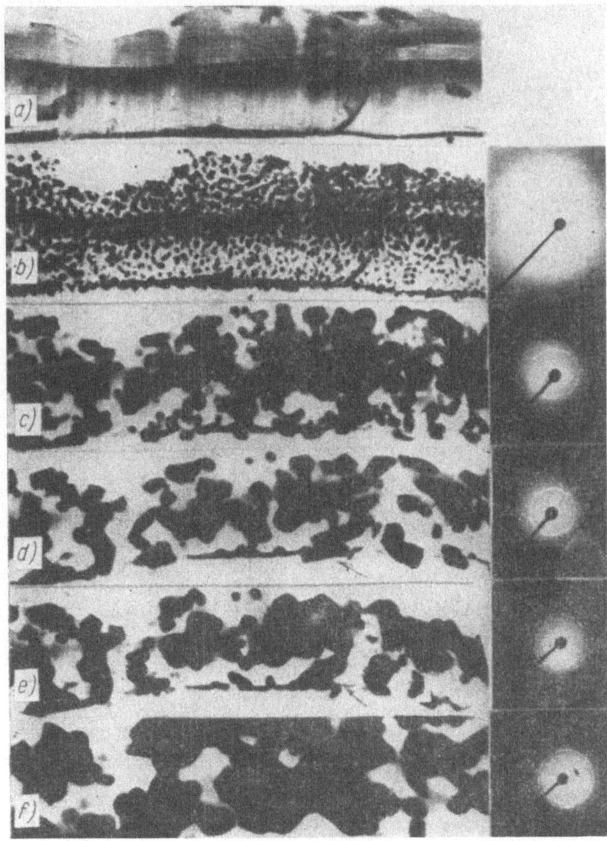

Bild 56. Elektronenmikroskopische Aufnahmen von ultradünnen Proben eines Glases des Systems $SiO_2-Al_2O_3-CaO-MgO$ während der Kristallisation (Vergrößerung 5400fach)

a) Ausgangsglas
b) Glas bei einer Temperatur von 540 °C (5 min)
c) bei 610 °C (7 min)
d) bei 700 °C (5 min)
e) bei 800 °C (5 min)
f) bei 900 °C (20 min)

schnittene Proben mit einer Dicke von 250 Å durchstrahlt. Die Probenherstellung erfolgt mit einem Spezialgerät (Ultratom), das ein Diamantmesser besitzt. Diese Glasfolien werden in den Strahlengang des Elektronenmikroskops gebracht, wo man sie auf 900 °C aufheizt. Man erhält in den verschiedenen Stadien gleichzeitig Elektronenbeugungs- und elektronenmikroskopische Aufnahmen unmittelbar während des Kristallisationsprozesses. Wie aus Bild 56 (*Kuzmenkov*) ersichtlich ist, bilden sich bei Erwärmung ab 540 °C im Glas des genannten Systems Inhomogenitäten, die sich vergrößern, verändern und bei 900 °C als Diopsidkristalle identifiziert werden.
Für Pyroxenvitrokeramik vermutet man eine genetische Verbindung zwischen den Prozessen, die in folgender Reihe ablaufen: Gemenge → Schmelze → Glas → Kristall → Schmelze.
Berechnungen zeigen, daß im Gemenge die Reaktion der Diopsidbildung im Vergleich zu den anderen möglichen thermodynamisch am günstigsten ist.
Mit Hilfe der IR-Spektroskopie wurde gezeigt, daß die Produkte der Festkörperumwandlungen ihre Nahordnung auch noch in der Schmelze behalten und sich dann bei Abkühlung ordnen. Bei der Temperung dieses Glases scheiden sich ebenfalls diopsidähnliche Mischkristalle als erste Kristallphase aus.

7. Vitrokeramiktyp

Gegenwärtig wird eine große Zahl von Vitrokeramiken unterschiedlicher Typen in Abhängigkeit von der Ausgangszusammensetzung hergestellt. Alle bekannten Vitrokeramiken kann man bedingt in zwei Gruppen teilen: technische Vitrokeramiken und Vitrokeramiken auf der Basis von Industrieanfallstoffen und Gesteinen.

Technische Vitrokeramiken schließen alle künstlichen Zusammensetzungen ein, die auf der Basis von Mischungen unterschiedlichster Verbindungen der Elemente hergestellt werden. Eine besondere Untergruppe der technischen Vitrokeramiken stellen die Photovitrokeramiken dar. Technische Vitrokeramiken kann man entweder nach der Zusammensetzung (z. B. lithiumhaltige, bleihaltige usw.) oder nach der führenden Eigenschaft (z. B. temperaturwechselbeständige, durchsichtige u. a.) einteilen. Es existiert auch eine Klassifikation der Vitrokeramiken nach der Art der angewandten Katalysatoren. Nach dieser Klassifikation unterscheidet man Herstellungsverfahren von Vitrokeramiken unter Verwendung von Edelmetallen (Gold, Silber, Platin), Kupfer, Fluoriden, TiO_2, ZrO_2, P_2O_5, ZnO, Li_2O, Übergangselementen (Cr^{3+}, V^{5+}, Ni^{2+}) u. a.

Obwohl die Einteilung nach der chemischen Zusammensetzung die zweckmäßigere ist, da die Eigenschaften der Vitrokeramik in der Regel durch ihre Zusammensetzung bestimmt werden, muß man jedoch noch eine gemischte Klassifikation anwenden. In diesem Kapitel werden Spodumen-, Cordierit-, bleihaltige, hochsiliciumdioxidhaltige und auch Photovitrokeramiken, Vitrokeramiklote, durchsichtige Vitrokeramik u. a. behandelt.

In Abhängigkeit von den konkreten Anforderungen an das Glas (Schmelztemperatur, Viskosität u. a.) und an die Vitrokeramik (Eigenschaften, Temperregime u. a.) können die Zusammensetzungen der Grundtypen (z. B. Cordierit) durch Zugabe unterschiedlicher Zusätze, die auf den Schmelzprozeß, die Formgebung, die Eigenschaften u. a. einwirken, stark modifiziert werden. Alkali-, Erdalkali- und andere (praktisch alle) Oxide können als solche Zusätze genutzt werden.

Die Vitrokeramikgruppe auf der Basis von Industrieanfallstoffen und Gesteinen besteht hauptsächlich aus den Schlackenvitrokeramiken und Gesteinsvitrokeramiken. Schlackenvitrokeramiken umfassen Vitrokeramiken auf der Basis von Schlacken der Schwarz- und Buntmetallurgie. Zu dieser Gruppe gehören auch Vitrokeramiken auf der Basis verschiedener anderer Schlacken (der Phosphorproduktion, Asche von Heizkraftwerken u. a.). Gesteinsvitrokeramiken schließen Vitrokeramiken auf der Basis von Gesteinen (Basalte, Diabase u. a.) und auch auf der Basis von Abgängen von Aufbereitungsanlagen (Berge der Erzaufbereitung usw.) ein.

7.1. Technische Vitrokeramiken

7.1.1. Vitrokeramiken mit Spodumenzusammensetzung

Zusammensetzungen dieses Typs sind dadurch bemerkenswert, daß aus ihnen Vitrokeramiken mit einem thermischen Ausdehnungskoeffizienten hergestellt werden können, der Null, positiv oder negativ ist. Diese Zusammensetzungen werden auch zur Herstellung von Photovitrokeramiken angewendet. Bekanntlich besitzt das Kieselglas die niedrigste thermische Dehnung ($\alpha = 5{,}4 \cdot 10^{-7}\,K^{-1}$) unter den künstlichen Werkstoffen auf Mineralbasis. Die Methode der katalysierten Kristallisation erlaubt jedoch die Herstellung von Vitrokeramiken mit einer thermischen Dehnung von Null. Diese Vitrokeramiken sind gegen Temperaturwechsel unempfindlich, und sie können mit einer beliebigen Geschwindigkeit erwärmt und abgekühlt werden.

Unter den natürlichen Verbindungen besitzen die Lithiumalumosilicate eine besonders geringe Wärmedehnung (Tabelle 20). β-Eukryptit zeichnet sich durch eine starke Anisotropie der Wärmedehnung aus. So beträgt bei 800 °C sein Ausdehnungskoeffizient entlang der c-Achse $-176 \cdot 10^{-7}\,K^{-1}$ und entlang den Achsen a und b $+182{,}1 \cdot 10^{-7}\,K^{-1}$.

Tabelle 20. Wärmedehnung einiger Lithiumalumosilicatverbindungen

Verbindung	Formel	α in $10^{-7}\,K^{-1}$	Temperatur in °C
β-Eukryptit	$Li[AlSiO_4]$	−90	1200
β-Spodumen	$Li[AlSi_2O_6]$	+9	1200
Petalit	$Li[AlSi_4O_{10}]$	+3	1200

Tabelle 21. Zusammensetzung, Eigenschaften und Temperregimes von Gläsern im System $Li_2O-Al_2O_3-SiO_2$ und der aus ihnen hergestellten Vitrokeramiken

Parameter	Zusammensetzung						
	1	2	3	4	5	6	7
Gehalt, Masse-%							
SiO_2	73,5	69,5	65,5	65,5	61,3	53	54,5
Al_2O_3	16,2	17,5	21	26	26	26	34,5
Li_2O	4,3	7,5	9	4	7,7	14	5,5
Ti_2O	6	5,5	4,5	4,5	5	7	5,5
Glaseigenschaften							
thermischer Ausdehnungskoeffizient α, $10^{-7} \cdot K^{-1}$	42	59,9	66,6	38	60,9	85,6	46,7
Dichte, kg m^{-3}	2340	2400	2420	2410	2420	2490	2450
Vitrokeramikeigenschaften							
thermischer Ausdehnungskoeffizient α, $10^{-7}\,K^{-1}$	−0,7	12,7	14,5	5,3	8,6	−7,7	12,8
Dichte, kg m^{-3}	2460	2450	2420	2510	2430	2440	2560
Biegebruchfestigkeit, MPa	—	—	—	140	142	—	127
Temperregimes							
Kühltemperatur, °C	678	—	—	703	—	—	698
1. Temperstufe:							
Temperatur, °C	800	740	740	900	700	570	900
Haltezeit, h	2	2	2	2	2	2	2
2. Temperstufe:							
Temperatur, °C	1150	1000	1000	1090	1100	1100	1090
Haltezeit, h	4	2	2	2	2	2	2
Kristallphasen	Sp, R	Sp, R	Sp, R	Sp, K	Sp, R	Eu, AT	Sp,

Gläser im System $Li_2O-Al_2O_3-SiO_2$, deren Zusammensetzung der stöchiometrischen Zusammensetzung des Spodumens oder Eukryptits mit oder ohne Zusatz eines Katalysators (gewöhnlich TiO_2) entspricht, können unter Bildung von Spodumen, Eukryptit, quarzähnlichen Mischkristallen und Rutil (bei Zusatz von TiO_2) kristallisieren. In Tabelle 21 sind einige Spodumenzusammensetzungen nach Angaben der Firma »Corning Glass«, die Eigenschaften der Gläser und Vitrokeramiken sowie auch die Temperaturregimes und die Hauptkristallphasen der Vitrokeramiken angeführt.
In Tabelle 21 und auch im weiteren werden folgende Abkürzungen der Kristallphasen verwendet:

Sp	β-Spodumen	Wol	Wollastonit
Eu	β-Eukryptit	An	Anorthit
Cor	Cordierit	K	Korund
α-Qu	α-Quarz	MT	Magnesiumtitanat
β-Qu	β-Quarz	MAT	Magnesiumalumotitanat
Tr	Tridymit	LS	Lithiumsilicat
Cri	Cristobalit	LZS	Lithiumzinksilicat
R	Rutil	AT	Aluminiumtitanat

Aus den Angaben in Tabelle 21 ist ersichtlich, daß alle Vitrokeramiken als Hauptkristallphase β-Spodumen enthalten und als Begleitphase Rutil (Vitrokeramik Nr. 4 – Korund). Nur in Vitrokeramik Nr. 6 scheiden sich β-Eukryptit und Aluminiumtitanat aus.
Obwohl sich die Phasenzusammensetzungen aller Vitrokeramiken mit Ausnahme der Nr. 6 und teilweise Nr. 4 qualitativ nicht unterscheiden, gibt es doch starke Schwankungen des thermischen Ausdehnungskoeffizienten in den Grenzen von $+14{,}5 \cdot 10^{-7}$ bis $-0{,}7 \cdot 10^{-7}\,K^{-1}$. Es entsteht die Frage, warum qualitativ gleiche Phasenzusammensetzungen unterschiedliche Eigenschaften der Vitrokeramiken ergeben. Man könnte darauf antworten, wenn man die Angaben der quantitativen Phasenanalyse besäße, die jedoch für die betrachteten Vitrokeramiken nicht vorhanden sind.
Nach Meinung einer Reihe von Forschern ist bei der Kristallisation von Gläsern des Systems $Li_2O-Al_2O_3-SiO_2$ die Koexistenz von Mischkristallen sowohl der unterschiedlichen Lithiumalumosilicate (Eukryptit, Spodumen, Petalit) untereinander als auch von Quarz mit diesen Verbindungen möglich. So bildet Eukryptit Mischkristalle, die bis zu 68 % Spodumen enthalten, und Spodumen kann bis zu 16 % Eukryptit besitzen. In kristallisierten Gläsern dieses Systems wurden außerdem metastabile Mischkristalle von β-Eukryptit und β-Quarz entdeckt. Diese Mischkristalle erhielten die Spezialbezeichnung Silica-O (nach *Roy*). Bekanntlich ist der Hochquarz (β-Quarz) bei Zimmertemperatur instabil. Im Unterschied dazu ist Silica-O unter gewöhnlichen Bedingungen stabil. Die Bildung von Silica-O wurde in Silicatsystemen entdeckt, die Aluminium oder Lithium enthalten. Seine Entstehung ist auch in Silicatsystemen möglich, die die genannten Elemente nicht enthalten. Für Vitrokeramiken des Spodumentyps ist auch die Bildung von Mischkristallen charakteristisch, die die Bezeichnung Silica-K erhielten, wobei die Endglieder dieser Reihe β-Spodumen und Keatit (tetragonale Quarzmodifikation) sind.
Die Wärmedehnung der Vitrokeramiken des Spodumentyps kann man ausgehend von ihrer Phasenzusammensetzung als resultierende Summe der Dehnungen der einzelnen Phasen betrachten, die im Glas während der Kristallisation entstehen. Die Größe der Wärmedehnung (oder Kontraktion) wird durch das Verhältnis dieser Phasen bestimmt, da eine von ihnen einen negativen (Eukryptit) und die anderen einen positiven Ausdehnungskoeffizienten (Spodumen, Mischkristalle) besitzen. Zum Beispiel beträgt bei Vitrokeramiken mit mehr als 50 % Eukryptit der thermische Ausdehnungskoeffizient Null, oder er ist negativ.

Die Existenz von mehreren Phasen in der Vitrokeramik, die Wärmedehnungen mit unterschiedlichen Vorzeichen besitzen, trägt anscheinend zur Schwächung des kristallisierten Systems durch Spannungen bei, die an den Korngrenzen der unterschiedlichen Phasen entstehen.

7.1.2. Vitrokeramiken mit Cordieritzusammensetzung

Zusammensetzungen dieses Typs enthalten keine Rohstoffe, die realtiv knapp und deswegen sehr teuer sind, da bei ihnen im Unterschied zu den Spodumenvitrokeramiken Lithiumoxid gegen Magnesiumoxid ausgetauscht ist. Diese Zusammensetzungen besitzen dadurch, daß in ihnen keine Alkalioxide vorhanden sind, gute dielektrische Eigenschaften. Zur Verbesserung der technologischen Parameter werden den Cordieritzusammensetzungen in einigen Fällen Alkalioxide oder andere Komponenten in einer Menge zugesetzt, die nicht zu einer wesentlichen Verschlechterung der dielektrischen Eigenschaften führt. Cordierit $2MgO \cdot 2Al_2O_3 \cdot 5SiO_2$ besitzt einen niedrigen thermischen Ausdehnungskoeffizienten von etwa $10 \cdot 10^{-7}\,K^{-1}$, wodurch die Vitrokeramiken des Cordierittyps eine hohe Temperaturwechselbeständigkeit erhalten.
Die Kristallphasen in Vitrokeramiken dieses Typs können in Abhängigkeit von der Glaszusammensetzung und dem Temperregime sehr unterschiedlich sein: α-Cordierit, Spinell, Sapphirin, Mullit, Rutil und Magnesiumalumotitanate. In den Frühstadien der Kristallisation scheiden sich gewöhnlich Mischkristalle mit Hochquarzstruktur (Silica-O-Typ) aus.
In Tabelle 22 sind einige Glaszusammensetzungen des Cordierittyps sowie Eigenschaften und Phasenzusammensetzungen der entsprechenden Vitrokeramiken angeführt (nach Angaben der Firma »Corning Glass«).

Tabelle 22. Zusammensetzungen und Temperregimes der Gläser und Eigenschaften der Vitrokeramiken des Cordierittyps

Parameter	Zusammensetzung					
	1	2	3	4	5	6
Gehalt, Masse-%						
SiO_2	45,5	46,7	58,1	50,2	53,3	45,8
Al_2O_3	30,5	28,9	19.1	26,5	26,7	25,3
MgO	12,5	13,3	13,7	11,9	3,6	17,8
TiO_2	11,5	10,2	9,1	11,4	11,1	11,1
Li_2O	—	0,9	—	—	—	—
CaO	—	—	—	—	5,3	—
Vitrokeramikeigenschaften						
thermischer Ausdehnungskoeffizient α, $10^{-7}\,K^{-1}$	4,1	17,7	63,3	21,5	33,8	22,6
Dichte, kg m^{-3}	2620	—	2560	2600	2650	2680
Biegebruchfestigkeit, MPa	262	140	234	210	175	121
Temperregimes						
Kristallisationstemperatur, °C	1345	1300	1300	1250	1250	1300
Haltezeit, h	1	16	16	2	3	16
Kristallphasen	Cor, R	Cor, MT	Cor, Cri, MT	Cor, R	Cor, MAT	Cor, MT

Die Bildung von Mischkristallen durch Austausch und die Abweichung des Cordierits von der theoretischen Zusammensetzung erfolgt durch gegenseitigen Ersatz der Ionen. In Abhängigkeit von den Ionenradien und den Koordinationszahlen sind folgende Kombinationen möglich:

$2\,Mg^{2+} \rightleftharpoons Li^{+} + Al^{3+}$

$Al^{3+} + Mg^{2+} \rightleftharpoons Li^{+} + Si^{4+}$

$Mg^{2+} \rightleftharpoons Fe^{2+}$

$Mg^{2+} \rightleftharpoons Mn^{2+}$

$2\,Al^{3+} \rightleftharpoons Mg^{2+} + Si^{4+}$

$2\,Al^{3+} + Mg^{2+} \rightleftharpoons 2\,Si^{4+}$

7.1.3. Hochsiliciumdioxidhaltige Vitrokeramiken

Vitrokeramiken dieses Typs zeichnen sich durch eine ungewöhnlich hohe Wärmedehnung aus. Unter den bekannten Silicatzusammensetzungen gab es keine synthetischen amorphen oder polykristallinen Werkstoffe, deren thermischer Ausdehnungskoeffizient den Wert $150 \cdot 10^{-7}\,K^{-1}$ überstieg. Hochsiliciumdioxidhaltige Vitrokeramiken können diesen Koeffizienten in den Grenzen von 177 bis $316 \cdot 10^{-7}\,K^{-1}$ besitzen, wodurch angepaßte Lotverbindungen mit solchen Metallen, wie Kupfer, Silber, Aluminium u. a., hergestellt werden können.

Tabelle 23. Zusammensetzungen, Eigenschaften und Temperregimes hochsiliciumdioxidhaltiger Gläser und der aus ihnen hergestellten Vitrokeramiken

Parameter	Zusammensetzungen				
	1	2	3	4	5
Gehalt, Masse-%					
SiO_2	87	92,5	85,5	89,5	86,5
Na_2O	11	7,5	14,5	8,5	—
K_2O	—	—	—	—	13,5
Al_2O_3	2	—	—	2	—
F^-	3,6	—	—	3,6	3,6
Glaseigenschaften					
thermischer Ausdehnungskoeffizient α, $10^{-7}\,K^{-1}$	56	41	76	37	43
Dichte, $kg\,m^{-3}$	—	—	2340	2270	2280
Vitrokeramikeigenschaften					
thermischer Ausdehnungskoeffizient α, $10^{-7}\,K^{-1}$	306	261	177	>316	224
Dichte, $kg\,m^{-3}$	—	2310	2370	2340	2940
Biegebruchfestigkeit, MPa	73	—	70	124	103
Temperregimes					
1. Temperstufe:					
Temperatur, °C	720	720	720	720	720
Haltezeit, h	2	3	2	2	2
2. Temperstufe:					
Temperatur, °C	840	900	900	890	900
Haltezeit, h	5	10	8	1	8
Kristallphasen	Tr	Tr	Tr	Cri	Tr

Solch ein α-Wert dieser Vitrokeramiken ist mit dem Vorhandensein einer großen Menge von Kristallphasen verbunden, die einen extrem hohen thermischen Ausdehnungskoeffizienten (Cristobalit, Tridymit) besitzen. Vitrokeramiken dieses Typs haben folgende Zusammensetzung (in Masse-%): 85 bis 92 SiO_2, 6,5 bis 15 Na_2O oder K_2O, 0 bis 8 Al_2O_3 und 0 bis 5 Fluor. In Tabelle 23 sind Zusammensetzungen und Eigenschaften einiger hochsiliciumdioxidhaltiger Gläser und der Vitrokeramiken auf ihrer Basis angeführt.

Stookey weist darauf hin, daß die Oberflächen von Erzeugnissen aus diesen Vitrokeramiken glasig sind und dadurch einen geringeren thermischen Ausdehnungskoeffizienten besitzen, was eine Druckspannung in der Oberflächenschicht und somit eine allgemein erhöhte mechanische Festigkeit der Erzeugnisse bedingt. Man nimmt an, daß Fluor in diesem Fall nicht als Kristallisationskatalysator auftritt, sondern nur die Funktion eines Flußmittels besitzt, das zur Bildung einer glasigen Oberflächenschicht durch Aufschmelzen der in der ersten Etappe der Temperung gebildeten Natrium- oder Kaliumfluoride beiträgt. Die Glasschmelze der genannten Zusammensetzungen ist unter Zusatz von Läutermitteln (As_2O_3, $NaNO_3$, KNO_3) bei 1400 °C mit einer Haltezeit von 4 h möglich. Der Zusatz von 8 % Al_2O_3 in das Glas erschwert die Kristallisation während der Temperung.

7.1.4. Bleihaltige Vitrokeramiken

Gläser mit einem hohen Gehalt an Bleioxid haben eine hohe Dichte und eine relativ niedrige Erweichungstemperatur. Bleihaltige Vitrokeramiken (Vitrokeramiklote) werden zum Löten und zur hermetischen Abdichtung von verschiedenen vakuumdichten Erzeugnissen der Elektrotechnik/Elektronik, für Kondensatoren u. a. breit angewendet. Solche Vitrokeramiken wurden z. B. im System $PbO-ZnO-B_2O_3-SiO_2$ erhalten. Sie zeichnen sich besonders dadurch aus, daß sie bei relativ niedrigen Temperaturen (350 bis 450 °C) kristallisieren. Das erlaubt es, sie zum Verlöten der Teile der Farbfernsehröhre einzusetzen, die während des Lötprozesses nicht über 450 °C erwärmt werden dürfen. Die Gläser kristallisieren erst nach einer gewissen Haltezeit (30 bis 60 min), weshalb sie bei Erweichungstemperatur die Werkstücke gut benetzen können und eine dichte und feste Lötverbindung schaffen, die dann bei weiterer Temperung in den kristallinen Zustand überführt wird.

Die Glaszusammensetzungen enthalten (in Masse-%): 75 bis 82 PbO, 7 bis 14 ZnO, 6,5 bis 12 B_2O_3, 1,5 bis 2 SiO_2 und 0 bis 3 Al_2O_3. Ein Teil des PbO und ZnO kann durch bis zu 5 % CdO und Fe_2O_3 ausgetauscht werden, ohne die Erweichungstemperatur des Glases zu erhöhen. Eine Vergrößerung der Festigkeit der Lotverbindung und der Adhäsion wird durch Zusatz von bis zu 40 % BaO, bis zu 1 % Li_2O oder Na_2O erreicht. In einigen Fällen wird eine geringe Menge anderer Oxide verwendet. Als Kristallisationskatalysatoren werden für diese Gläser Gold, Silber u. a. genommen.

In Tabelle 24 sind einige Glaszusammensetzungen des genannten Typs angeführt. Ihr Wärmeausdehnungskoeffizient bewegt sich in den Grenzen von 80 bis $105 \cdot 10^{-7}\ K^{-1}$. Wenn in die Zusammensetzung dieser Gläser mehr als 12 % B_2O_3 und 3 % SiO_2 eingeführt werden, verläuft die Kristallisation langsam und unvollständig. Wenn aber B_2O_3 in einer Menge von weniger als 6,3 % und ZnO von mehr als 14 % vorhanden sind, kristallisieren die Gläser sehr schnell, ohne eine gute Lotverbindung zu bilden.

Es existieren viele andere Zusammensetzungen von bleihaltigen Vitrokeramikloten, die von unterschiedlichen Wissenschaftlern patentiert wurden. Diese Zusammensetzungen ändern sich in Abhängigkeit vom thermischen Ausdehnungskoeffizienten der zu verlötenden Teile: Je niedriger der Koeffizient liegt, desto höher sind die Erweichungs- und Kristallisationstemperatur des Glases. So wird z. B. ein Glas der

Tabelle 24. Zusammensetzungen und Erweichungstemperatur von Gläsern zur Herstellung von bleihaltigen Vitrokeramiken

Parameter	Zusammensetzung				
	1	2	3	4	5
Gehalt, Masse-%					
PbO	77,5	75,5	76	75	75
ZnO	10	11	11	10	10
B_2O_3	7,5	9	9	9	9
SiO_2	2,5	2	2,5	2,5	2,5
Al_2O_3	2,5	0,5	1	1	1
BaO	—	2	—	—	—
Na_2O	—	—	0,3	—	—
Li_2O	—	—	0,2	—	—
CdO	—	—	—	—	2,5
Fe_2O_3	—	—	—	2,5	—
Erweichungstemperatur, °C	372	370	370	382	379

Zusammensetzung (in Masse-%) 16 bis 18 PbO, 12 bis 15 B_2O_3, 48 bis 52 ZnO, 18 bis 20 SiO_2 zum Verlöten von Werkstoffen angewendet, deren Ausdehnungskoeffizient etwa $50 \cdot 10^{-7}$ K^{-1} beträgt. Die Erweichungstemperatur dieses Glases liegt bei 600 bis 700 °C, und es kristallisiert bei 675 bis 750 °C innerhalb einer Stunde. Ein Glas der Zusammensetzung (in Masse-%) 5 PbO, 17 bis 19 B_2O_3, 59 bis 61 ZnO, 14 bis 16 TiO_2, 2 bis 3 CuO wird für Lotverbindungen von Teilen mit $\alpha = 35$ bis $50 \cdot 10^{-7}$ K^{-1} benützt. Seine Erweichungstemperatur beträgt 600 bis 700 °C und seine Kristallisationstemperatur 675 bis 750°C.

Bleioxid wird auch in Zusammensetzungen von einigen Vitrokeramiken eingesetzt, die bessere thermische und mechanische Eigenschaften besitzen. So bildet ein Glas der Zusammensetzung (in Masse-%) 43 bis 48 SiO_2, 22 bis 27 Al_2O_3, 18 bis 23 B_2O_3, 8 bis 13 PbO und 2 bis 6 Fluor nach der Kristallisation bei 800 und 1 200 °C eine Vitrokeramik mit einer Biegebruchfestigkeit bis zu 250 MPa, einer Temperaturwechselbeständigkeit bis 1 230 K und einer Erweichungstemperatur von mehr als 1 400 °C.

McMillan und *Hudson* patentierten Vitrokeramiken im System Li_2O—ZnO—PbO—SiO_2 auf der Basis von Gläsern der Zusammensetzung (in Masse-%) 45 bis 79 SiO_2, 5 bis 30 PbO, 10 bis 25 ZnO, 7 bis 15 Li_2O, 0,5 bis 6 P_2O_5. Als Katalysator werden (außer P_2O_5) WO_3 und MoO_3 in einer Menge von 0,5 bis 4 % einzeln oder gemeinsam und auch in Verbindung mit P_2O_5 eingesetzt. Ein Glas der Zusammensetzung (in Masse-%) 59,2 SiO_2, 14 PbO, 13,1 ZnO, 9 Li_2O, 2 K_2O, 2,7 P_2O_5 wurde bei 1 300 °C geschmolzen. Nach der Formgebung wurde eine Temperung nach folgendem Regime durchgeführt: Erwärmung mit einer Geschwindigkeit von 5 K min^{-1} auf 500 °C mit einer Haltezeit von 2 h, danach Erhitzen auf 725 °C mit einer Haltezeit von 1 h. Die erhaltene Vitrokeramik besitzt eine Biegebruchfestigkeit von 210 bis 245 MPa; $\alpha = 145 \cdot 10^{-7}$ K^{-1}; eine Dielektrizitätskonstante von 5,8 bis 5,9; $\tan \delta = 8,5$ bis $5,3 \cdot 10^{-4}$ im Frequenzbereich von 10 kHz bis 1 GHz. Ein anderes Glas dieser Serie besitzt eine Zusammensetzung (in Masse-%) von 47,8 SiO_2, 29,9 PbO, 11 ZnO, 7,3 Li_2O, 1,6 K_2O und 2,4 P_2O_5. Das Glas wurde bei 1 225 °C geschmolzen und bei 440 und 700 °C je 1 h getempert. Die erhaltene Vitrokeramik besitzt eine Wärmedehnung von $\alpha = 127 \cdot 10^{-7}$ K^{-1}.

7.1.5. Andere technische Vitrokeramiken

Gegenwärtig existiert schon eine sehr große Zahl von Vitrokeramikzusammensetzungen, in die fast alle Elemente des Periodensystems (außer künstliche und radioaktive) eingehen. Die Anzahl dieser Zusammensetzungen erreicht sehr schnell die Anzahl der Glaszusammensetzungen, um so mehr, da im Prinzip jedes Glas mit mehr oder weniger großem Erfolg unter Verwendung der Methoden der katalytischen Einwirkung kristallisiert werden kann. In Verbindung damit ist es, ausgehend von der Aufgabe dieses Buches, unangebracht zu versuchen, hier alle oder fast alle existierenden Vitrokeramikvarianten zu beschreiben. Von den vielen technischen Vitrokeramiken werden nur die kurz charakterisiert, die für die Technik von ihrer Bedeutung her am wichtigsten sind, und zwar: Vitrokeramiklote, durchsichtige Vitrokeramik, Strahlenschutz-Vitrokeramiken, Vitrokeramiken für Kondensatoren und farbige Vitrokeramiken.

Vitrokeramiklote

Der wichtigste Vertreter dieses Vitrokeramiktyps wurde schon bei der Beschreibung der bleihaltigen Vitrokeramiken behandelt. Vitrokeramiklote (Lotgläser, Dichtmaterialien u. a.) umfassen viele andere Zusammensetzungen, wobei jede von ihnen durch die konkreten Anforderungen der Löttechnik bestimmt wird. Zu diesen Anforderungen gehören die Anpassung der Ausdehnungskoeffizienten der zu verlötenden Teile und der Vitrokeramik, die Benetzung und die Adhäsionskraft an der Grenze zwischen Vitrokeramik und zu verlötendem Teil, Festigkeit, Dichtheit und chemische Beständigkeit der Lotverbindung, seine dielektrischen Eigenschaften u. a.
Gläser, die bei 700 °C und darüber langsam kristallisieren und zum Verlöten von Materialien verwendet werden, bei denen $\alpha = 30$ bis $50 \cdot 10^{-7}\,K^{-1}$ (Molybdän, Wolfram, Zirkon, Elektroporzellan u. a.) beträgt, enthalten (in Masse-%): 60 bis 70 ZnO, 19 bis 25 B_2O_3 und 10 bis 16 SiO_2.
Zum Verlöten von Molybdän und Wolfram schlug *Stookey* Gläser mit Cordieritzusammensetzung vor, die als Kristallisationskatalysator Cr_2O_3 enthalten. Im Unterschied zu TiO_2 erlaubt Cr_2O_3 das Verlöten von Wolfram und Molybdän in einer (reduzierenden) Schutzgasatmosphäre, die bei TiO_2 nicht anwendbar ist, da sie zur Reduktion des Ti^{4+} zu Ti^{3+} führt. Gläser, die zum Verlöten verwendet werden und als Katalysator Fluor besitzen, bestehen aus (in Masse-%): 64 bis 69 SiO_2, 18 bis 20 B_2O_3, 0,8 bis 1,8 Al_2O_3, 0,4 bis 0,8 Na_2O, 7 bis 9,5 K_2O, 1 bis 4 BaO, 0,2 bis 1,5 F und 0,5 bis 2 KCl. Zum Verlöten des Konus mit dem Schirm der Bildröhre wird ein elektrisch leitfähiges, kristallisierendes Glas mit folgender Zusammensetzung (in Masse-%) verwendet: 75 bis 82 PbO, 7 bis 14 ZnO, 6,5 bis 12 B_2O_3, 1,5 bis 3 Na_2O, 0,3 Al_2O_3 und 4,5 bis 6 Silberpulver oder 5 bis 7 Ag_2O. Das metallische Silber, das dem Glaspulver zugegeben oder aus Ag_2O reduziert wurde, garantiert beim Verlöten (450 bis 475 °C) den Kontakt der Aluminiumfilme des Schirmes und des Konus.
Gläser für Vitrokeramiklote werden gewöhnlich in Form von Suspensionen oder Pasten (gemischt mit Wasser oder organischen Flüssigkeiten) verwendet, die auf die zu verlötende Stelle durch Zerstäuben, mit dem Pinsel oder durch Eintauchen aufgetragen werden.

Durchsichtige Vitrokeramiken (Sichtbarer Spektralbereich)

Wenn man einige Gläser, die einen Kristallisationskatalysator enthalten, einer speziellen Temperung mit dem Ziel unterzieht, die sich in ihnen bildenden Kristalle sehr klein zu halten, bewahren diese feinkristallinen Materialien ihre optische Durchlässigkeit und sehen äußerlich einem gewöhnlichen Fensterglas mit einer leichten

oder sogar ohne Färbung ähnlich. In diesen Vitrokeramiken darf die Kristallgröße die halbe Wellenlänge des sichtbaren Lichtes nicht übersteigen, und die Brechzahlen der Kristalle und der Glasphase müssen gleich sein oder sehr ähnliche Werte besitzen, um die Lichtstreuung an der Phasengrenze Glas – Kristall auszuschließen.
Die praktische Bedeutung der durchsichtigen Vitrokeramiken besteht darin, daß sie einen sehr kleinen oder negativen thermischen Ausdehnungskoeffizienten besitzen, dadurch gegenüber Temperaturwechsel unempfindlich sind und somit optisch durchsichtiges Kieselglas ersetzen können.
Durchsichtige Vitrokeramiken wurden erstmalig auf der Basis von Gläsern mit Spodumenzusammensetzung erhalten. Die Temperatur ihrer Wärmebehandlung darf 900 °C nicht übersteigen. In diesem Fall erhält man Vitrokeramiken, die im sichtbaren Spektralbereich durchsichtig sind, die einen geringeren α-Wert als das Ausgangsglas besitzen und die bei Temperaturen unter 1200 °C nicht deformieren. Ihre Kristallphase besteht aus β-Eukryptit und β-Spodumen. Außer diesen wurden durchsichtige Vitrokeramiken einer Reihe anderer Zusammensetzungen erhalten, z. B. in den Systemen $MgO-Al_2O_3-SiO_2$, $Li_2O-Ga_2O_3-SiO_2$, $K_2O-TiO_2-SiO_2$ u. a.
In Tabelle 25 sind die Glaszusammensetzungen und die Bedingungen für ihre Umwandlung in durchsichtige Vitrokeramiken angeführt.
Die Besonderheit dieser Vitrokeramiken besteht darin, daß die Erwärmung bis zu einer bestimmten Temperatur zum Verlust ihrer Durchsichtigkeit durch Vergrößerung der Kristalle oder durch das Entstehen neuer Phasen führt. Diese Temperatur fällt gewöhnlich mit der Temperatur der zweiten Temperstufe zusammen oder liegt

Tabelle 25. Zusammensetzungen, Eigenschaften und Temperregimes von Gläsern und von aus ihnen hergestellten durchsichtigen Vitrokeramiken

Parameter	Zusammensetzung			
	1	2	3	4
Gehalt, Masse-%				
SiO_2	73,5	69,5	61,3	54,5
Al_2O_3	16,2	17,5	26	34,5
LiO_2	4,3	7,5	7,7	5,5
TiO_2	6	5,5	5	5,5
Glaseigenschaften				
thermischer Ausdehnungskoeffizient α, 10^{-7} K^{-1}	42	59,9	60,9	46,7
Dichte, kg m^{-3}	2340	2400	2420	2450
Vitrokeramikeigenschaften				
thermischer Ausdehnungskoeffizient α, 10^{-7} K^{-1}	−4,6	10,3	5,2	1,1
Dichte, kg m^{-3}	2470	2470	2440	2450
Temperregimes				
Kühltemperatur, °C	678	—	—	688
1. Temperstufe:				
Temperatur, °C	800	800	700	700
Haltezeit, h	2	2	2	2
2. Temperstufe:				
Temperatur, °C	880	880	800	800
Haltezeit, h	2	2	2	2
Kristallphasen	Sp	R	Sp	Eu

etwas höher. Nach Meinung von *Maurer* ist die Durchsichtigkeit der Vitrokeramiken mit dem Wachstumsmechanismus der Kristalle verbunden. Während des Wachstums ist für viele Vitrokeramiken die Bildung von Bezirken in Form von Keimen charakteristisch. Diesen Keim umgibt eine Diffusionsschicht. Diese komplexen Bezirke streuen das Licht nur schwach, was dann auch die Durchsichtigkeit von teilweise kristallisierten Gläsern bedingt.

Durchsichtige Vitrokeramiken (Infraroter Spektralbereich)

Vitrokeramiken, die im infraroten Spektralbereich durchsichtig sind, wurden auf der Basis von Calciumaluminatgläsern erhalten. Ihre Schmelztemperatur hängt vom $CaO \cdot Al_2O_3$-Gehalt ab und bewegt sich in den Grenzen von 1370 bis 1540 °C. Die Dauer der Temperung beträgt einige Minuten bis zu 10 h. In Tabelle 26 sind die Zusammensetzungen zweier Gläser angeführt, die bei Kristallisation Vitrokeramiken ergeben, die im infraroten Spektralbereich durchsichtig sind.

Tabelle 26. Glaszusammensetzungen für die Herstellung von im IR-Spektralbereich durchsichtigen Vitrokeramiken

Glas	Gehalt in Masse-%											
	CaO	Al_2O_3	Na_2O	K_2O	MgO	BaO	TiO_2	ZrO_2	Fe_2O_3	Cu_2O	La_2O_3	SiO_2
1	31,04	49,92	3,96	2,01	1,38	5,23	1,36	2,09	2,7	0,3	—	—
2	40,74	33,95	5,09	1,7	2,72	2,72	—	—	6,79	1,53	1,36	3,4

Die Erweichungstemperatur des Glases Nr. *1* beträgt etwa 900 °C und der Vitrokeramik etwa 1300 °C. Dieses Glas wird bei 1510 °C geschmolzen, bei einer Temperatur von 1480 °C einer langen (15 h) Homogenisierung unterzogen und bei 1450 °C in Formen gegossen. Danach wird das Glas bei 750 °C 24 h gekühlt und bei 900 °C 6 h kristallisiert. Die entstandene Vitrokeramik enthält Kristalle bis 1 μm Größe und ist für Wellenlängen im Bereich von 1,75 bis 6 μm mit einem Maximum (85 %) im Intervall von 3,75 bis 4,75 μm durchlässig.

Neutronenabsorbierende Vitrokeramiken

Es wurden Vitrokeramiken entwickelt, die langsame (thermische) Neutronen absorbieren. Diese Vitrokeramiken wurden in den Systemen $CdO—In_2O_3—SiO_2$ und $CdO—In_2O_3—B_2O_3$ erhalten. Sie zeichnen sich durch einen hohen thermischen Ausdehnungskoeffizienten ($\alpha > 100 \cdot 10^{-7}$ K^{-1}) und durch die Fähigkeit, mit nichtrostendem Stahl eine feste Lötverbindung einzugehen, aus. Aus diesem Grunde werden sie zur Herstellung von Kontrollstäben für Kernreaktoren eingesetzt.

Bekanntlich sind für die Neutronenabsorption Oxide mit einem großen Einfangquerschnitt ($>10^{-26}$ m^2 für Neutronen mit einer Energie von $4 \cdot 10^{-17}$ J) anwendbar. In Tabelle 27 sind sowohl die Einfangquerschnitte der wichtigsten neutronenabsorbierenden Oxide als auch für einige Netzwerkbildneroxide angegeben.

Das Cadmiumoxid besitzt nur für Neutronen mit einer begrenzten Energie einen hohen Einfangquerschnitt. Zur Verbreiterung dieses Bereiches wird bis zu 5 % In_2O_3 eingeführt. In Tabelle 28 sind die Zusammensetzungen von Cadmiumsilicatgläsern angeführt, denen zur Erhöhung der thermischen Dehnung TiO_2 und K_2O zugesetzt wurden.

Die Temperung zur Kristallisation der Boratgläser wird bei 750 bis 900 °C durchgeführt. Im Ergebnis erhält man plättchenförmige unregelmäßig angeordnete Kristalle

Tabelle 27. Einfangquerschnitte einiger Oxide

Oxid	Einfangquerschnitt σ in 10^{-28} m²	Oxid	Einfangquerschnitt σ in 10^{-28} m²
Gd_2O_3	92012	In_2P_3	393
Eu_2O_3	9212	P_2O_5	30
CdO	2354	GeO_2	14
B_2O_3	1433	SiO_2	11

Tabelle 28. Zusammensetzungen und Eigenschaften von Gläsern zur Herstellung von neutronenabsorbierenden Vitrokeramiken

Parameter	Zusammensetzungen					
	1	2	3	4	5	6
Gehalt, Masse-%						
CdO	30	30	60	60	60	60
In_2O_3	5	5	5	5	5	5
B_2O_3	35	35	—	—	—	—
SiO_2	—	—	35	25	15	25
TiO_2	20	15	—	10	20	—
K_2O	10	—	—	—	—	10
Al_2O_3	—	15	—	—	—	—
thermischer Ausdehnungskoeffizient α (20 bis 500 °C), 10^{-7} K^{-1}	129	126	65	68	86	—
Erweichungstemperatur, °C	840	800	650	675	675	775

Tabelle 29. Zusammensetzungen von Cadmiumsilicatgläsern zur Herstellung von Vitrokeramiken

Komponente	Gehalt in Masse-%					
	7	8	9	10	11	12
CdO	60	60	60	60	60	60
In_2O_3	5	5	5	5	5	5
SiO_2	25	20	20	20	25	25
TiO_2	—	5	—	—	—	—
Na_2O	5	5	5	10	—	5
CaF_2	5	5	10	5	10	—
BaF_2	—	—	—	—	—	5
Gold	0,03	0,03	0,03	0,03	0,03	0,03

des rhomboedrischen Cadmiumtitanats. Das Titandioxid erfüllt in den Boratgläsern die Funktion des Kristallisationskatalysators. Für Silicatgläser erwies es sich als uneffektiv und wurde deshalb gegen AuCl eingetauscht.

In Tabelle 29 ist noch eine Serie von Cadmiumsilicatgläsern angegeben, aus denen Vitrokeramiken hergestellt wurden. Ihre Tempertemperatur beträgt 825 bis 925 °C. Die Dichte der Gläser liegt bei 4350 bis 4590 kg m^{-3}. Nach der Kristallisation erreicht sie einen Wert von 4360 bis 4600 kg m^{-3}. Die Dichte der borhaltigen Gläser entspricht einem Wert von 3000 bis 3300 kg m^{-3}. Ihre Volumenänderung nach der Kristallisation übersteigt 2 % nicht.

Die Boratvitrokeramik der Zusammensetzung Nr. *2* (s. Tab. 28) besitzt einen Absorptionskoeffizienten für Neutronen (mit einer Energie von $4 \cdot 10^{-17}$ J) von 26,1 cm^{-1} und ein Cadmiumäquivalent (Dicke einer Schicht metallischen Cadmiums mit dem gleichen Absorptionsgrad wie eine Dickeneinheit des zu vergleichenden Werkstoffs) von 0,24. Für die Silicatvitrokeramik betragen diese Werte entsprechend 32,9 und 0,27. Zum Vergleich sei angeführt, daß Stahl mit einem Zusatz von 4 % Bor entsprechende Werte von 13,5 und 0,12 besitzt, also halb so groß.

Um die Dichtheit der Verbindung mit Stahl zu garantieren, müssen die Vitrokeramiken eine hohe thermische Ausdehnung besitzen und dürfen sich bis 650 °C nicht deformieren. Die Vitrokeramiken der Zusammensetzungen Nr. *7* bis *12* haben einen thermischen Ausdehnungskoeffizienten von 92,9 bis $100 \cdot 10^{-7}$ K^{-1}, bei der Vitrokeramik der Zusammensetzung Nr. *1* ist er gleich $105 \cdot 10^{-7}$ K^{-1} (beim Ausgangsglas $\alpha = 129 \cdot 10^{-7}$ K^{-1}) und für die Vitrokeramik der Zusammensetzung Nr. *2* sogar $148 \cdot 10^{-7}$ K^{-1} (für das Ausgangsglas $\alpha = 126 \cdot 10^{-7}$ K^{-1}). Die Erweichungstemperatur der Boratvitrokeramik liegt bei 750 bis 850 °C und für Silicatvitrokeramiken bei 850 bis 1000 °C.

Die Biegebruchfestigkeit der Silicatvitrokeramiken, die an Stäben mit einem Durchmesser von 5 mm gemessen wurde, beträgt 70 bis 105 MPa. Eine minimale Festigkeit der Vitrokeramiken wurde im Bereich 300 bis 400 °C beobachtet. Um 500 °C erhöht sich dann die Festigkeit etwas, was mit dem Verschmelzen der Risse auf der Probenoberfläche erklärt werden kann. Die Elastizitätsmoduln der Gläser und Vitrokeramiken sind unterschiedlich und besitzen Werte von 4 bzw. 121 GPa.

Vitrokeramiken für Kondensatoren

Auf der Basis von Gläsern des Systems $BaO-Al_2O_3-TiO_2-SiO_2$ wurden Vitrokeramiken mit einer hohen Dielektrizitätskonstanten ε und einem geringen Verlustwinkel tan δ erhalten. In diesen Gläsern scheiden sich bei der Kristallisation Verbindungen (Bariumtitanat $BaTiO_3$) mit ferroelektrischen Eigenschaften aus, und die erhaltenen Vitrokeramiken können für die Herstellung von Niederfrequenzkondensatoren mit hoher Kapazität, Piezoelementen und nichtlinearen Elementen genutzt werden. Zur Verbesserung der Glasbildung werden in das Glas SiO_2 und Al_2O_3 eingeführt, und als Flußmittel werden Fluoride der Alkali- und Erdalkalimetalle verwendet.

Die Glaszusammensetzung (in Masse-%) liegt in folgenden Grenzen: 45,9 bis 68,8 BaO, 12 bis 32 TiO_2, 4,3 bis 15,6 SiO_2, 1,5 bis 15,3 Al_2O_3 und 0,2 bis 0,6 Fluor. Um die Bildung anderer Verbindungen auszuschließen, z. B. von Bariumtitansilicat, wird das Bariumoxid dem Glas mit einem Überschuß (bis zu 100 %) im Vergleich zur stöchiometrisch erforderlichen Menge zugesetzt. Die Nichtbeachtung dieser Bedingung und auch eine zu hohe Konzentration an SiO_2 oder eine unzureichende Menge an Al_2O_3 führen zur Verringerung des Bariumtitanatgehaltes und damit zur Verringerung der Dielektrizitätskonstanten der Vitrokeramik. Umgekehrt führt ein Mangel an SiO_2 und ein Überschuß an Al_2O_3 im Vergleich zu den angeführten Werten zur spontanen Kristallisation des Glases während des Abkühlprozesses. In Tabelle 30 sind einige Glaszusammensetzungen, ihre Kristallisationsbedingungen und die Eigenschaften der aus ihnen hergestellten Vitrokeramiken angegeben.

Die Gläser werden in Abhängigkeit von der Zusammensetzung unter oxydierender oder neutraler Gasatmosphäre bei 1400 °C und höher sowie einer Dauer von 1 bis 8 h geschmolzen. Die Gläser sind sehr dünnflüssig (etwa 0,1 Pa s bei 1400 °C) und kristallisieren leicht. Deshalb werden die Erzeugnisse nach der Formgebung abgeschreckt.

Tabelle 30. Zusammensetzungen und Temperregimes von Gläsern des Systems $BaO-Al_2O_3-TiO_2-SiO_2$ und Eigenschaften der aus ihnen hergestellten Vitrokeramiken

Parameter	Zusammensetzung					
	1	2	3	4	5	6
Gehalt, Masse-%						
BaO	64,9	54,9	55,2	55,9	56,4	57,5
TiO_2	17,2	16,9	28,8	23,1	26,1	25,7
SiO_2	9	14	10	10,1	8,5	8,9
Al_2O_3	7,9	13	5	9	8	7
F_2	0,3	0,3	0,3	0,5	0,3	0,2
CaO	0,7	0,9	0,7	1,4	—	0,7
ZnO	—	—	—	—	0,7	—
Überschuß an BaO	142,1	114,4	—	41,6	20,4	25,8
Vitrokeramikeigenschaften						
ε	240	300	600	820	1220	1370
$\tan \delta$, %	1,5	3,2	2,4	3,1	3,2	2,8
Temperregimes						
Temperatur, °C	1000	925	915	925	1075	925
Haltezeit, h	2	2	2,5	3	2	3

Tabelle 31. Zusammensetzungen von Niobatgläsern und Eigenschaften der auf ihrer Basis hergestellten Vitrokeramiken

Parameter	Zusammensetzung					
	1	2	3	4	5	6
Gehalt, Masse-%						
Nb_2O_5	64,7	57,6	59,1	62,3	60,7	40,3
Na_2O	10	9	10,1	9,7	9,4	—
CdO	10,3	9,4	13,8	10	9,6	—
BaO	—	12	—	—	—	23
PbO	—	—	—	—	—	17,6
SrO	—	—	—	—	—	7,1
TiO_2	—	—	—	6	—	—
Al_2O_3	—	—	—	—	—	1
SiO_2	15	12	11,9	12	12	7,9
WO_3	—	—	5,1	—	—	—
Ta_2O_5	—	—	—	—	8,3	—
B_2O_3	—	—	—	—	—	3,1
Vitrokeramikeigenschaften						
ε	375	520	645	990	1138	1200
$\tan \delta$, %	2,4	1,6	2,3	1,5	2,2	3,7

Die Formgebung von Erzeugnissen geringer Dicke kann durch Walzen, Gießen und Pressen geschehen. Erzeugnisse mit größeren Dicken werden gewöhnlich nach dem Schlickergußverfahren aus Glaspulver, seiner Sinterung bei der Erweichungstemperatur und der darauffolgenden Kristallisation zur Umwandlung n eine Vitrokeramik hergestellt.

Ein anderer Typ von niederfrequenten Kondensatorwerkstoffen stellen die Niobatgläser dar, aus denen bei Kristallisation Niobate der Alkali- und Erdalkalimetalle

ausgeschieden werden können. Diese Verbindungen zeichnen sich ebenfalls durch hohe Werte der Dielektrizitätskonstanten und geringe dielektrische Verluste aus. In Tabelle 31 sind einige Zusammensetzungen dieser Gläser angeführt. Vitrokeramiken, die in dieser Tabelle angegeben sind, enthalten folgende Kristallphasen:
Vitrokeramik der Zusammensetzung Nr. *1* – Natrium- und Cadmiumniobate;
Vitrokeramik der Zusammensetzung Nr. *2* – Natrium-, Cadmium- und Bariumniobate. Die anderen Vitrokeramiken enthalten außer den entsprechenden Niobaten Verbindungen des Tantals, des Wolframs und des Titans.
Diese Vitrokeramiken besitzen bei 400 °C einen hohen spezifischen elektrischen Widerstand bis zu 1 GΩ m.

Farbige Vitrokeramiken

Vitrokeramiken kann man eine beliebige Färbung geben. Hierbei kann die Färbung durchgängig (im gesamten Volumen) oder nur oberflächlich sein.
Für die *durchgängige Färbung* werden in die Glaszusammensetzung färbende Oxide (Cr_2O_3, CoO, CuO, V_2O_5, NiO, Fe_2O_3, CdO, MnO u. a.) eingeführt. So haben z. B. Vitrokeramiken des Systems $Na_2O—Al_2O_3—SiO_2$ mit TiO_2 als Katalysator unter Zusatz von CdO (und auch von MgO und ZnO) eine weiße Farbe. Sie erhalten bei Zugabe von MnO, CoO, NiO, FeO oder Cr_2O_3 die entsprechende Farbe in Abhängigkeit vom Typ des Farboxids und seiner Konzentration. In Tabelle 32 sind Zusammensetzungen einiger Gläser dieses Systems angeführt.

Tabelle 32. Zusammensetzungen und Temperregimes von Gläsern und Eigenschaften der aus ihnen hergestellten farbigen Vitrokeramiken

Parameter	Zusammensetzung			
	1	2	3	4
Gehalt, Masse-%				
SiO_2	61,7	51,8	57,4	51,8
Na_2O	21,8	23,9	21,3	23,9
Al_2O_3	16,5	24,3	21,3	24,3
CdO	3,9	—	—	—
TiO_2	8,4	—	—	4,9
Cr_2O_3	—	0,11	0,18	—
FeO	—	—	—	3
Vitrokeramikeigenschaften				
thermischer Ausdehnungskoeffizient α, 10^{-7} K^{-1}	—	—	120	—
Dichte, kg m^{-3}	—	—	2520	—
Farbe	weiß	grau	grün	braun
Temperregimes				
1. Temperstufe:				
Temperatur, °C	800	700	800	815
Haltezeit, h	2	3	3	3
2. Temperstufe:				
Temperatur, °C	900	800	900	1030
Haltezeit, h	8	3	3	3
3. Temperstufe:				
Temperatur, °C	1000	1020	1100	—
Haltezeit, h	8	3	3	—

Mit Hilfe der Röntgenstrukturanalyse und des Elektronenmikroskops wurde festgestellt, daß in Vitrokeramiken mit Nickel- oder Cobaltverbindungen die entsprechenden Aluminate $NiAl_2O_4$ und $CoAl_2O_4$, die Minerale der Spinellgruppe sind und eine grün-blaue Färbung hervorrufen, als Farbkörper auftreten.
Bei der *Oberflächendekoration* können Vitrokeramiken mit einer Farbschicht, ähnlich dem Glasieren bzw. Emaillieren, bedeckt werden. Dazu wird auf die Erzeugnisoberfläche vor der Kristallisation die Farbschicht durch Zerstäuben oder Siebdruck aufgebracht. Die dekorative Schicht kann einfarbig, mehrfarbig, mit Muster usw. sein.
Als Überzug trägt man entweder entsprechende keramische Farben oder farbige bzw. weiße Emails auf. Es wurde auch das Aufbringen einer Farbschicht empfohlen, die Oxide des Eisens, Cobalts oder Nickels enthält und der ein »*Verdünner*« in Form von TiO_2, Al_2O_3, MgO, ZnO, SiO_2 u. a. zugesetzt wird, der die Färbung abschwächt und die Homogenität der Schicht verbessert. Der »Verdünner« wird gemeinsam mit dem Farbkörper in Wasser oder einem anderen flüssigen Medium (Alkohol usw.) in einer Kugelmühle gemahlen, und die so erhaltene Suspension wird mit einem gegebenen Verfahren auf das Erzeugnis aufgetragen. Während der Kristallisation des Erzeugnisses kommt es zum Aufschmelzen der aufgetragenen Farbschicht und zu seiner festen Verbindung mit der Vitrokeramik.

Tabelle 33. Glaszusammensetzungen für die Herstellung von mit einem Farbüberzug zu bedeckenden Vitrokeramiken

Oxide	Gehalt in Masse-%				
	1	2	3	4	5
SiO_2	71	69,2	67,9	71	56
Li_2O	2,5	3,9	4,3	2,5	—
Al_2O_3	18	20,5	20,4	18	19,7
TiO_2	4,5	5,4	5,4	4,5	9
MgO	3	—	—	4	14,7
ZnO	1	—	1	—	—
BaO	—	1	1	—	—

Tabelle 34. Zusammensetzungen der Farbüberzüge für Vitrokeramiken

Fluß-Nr. (Gläser 1 bis 5 aus Tabelle 33)	Komponenten des Farbkörpergemisches und ihr Gehalt in Masseteilen		Farbe des Überzuges
	Farbkörper	»Verdünner«	
1	30 Co_3O_4	70 SiO_2	dunkelblau
	40 NiO	60 Sillimanit	grau
	15 NiO	70 TiO_2, 15 Cr_2O_3	grau-grün
	30 Fe_2O_3	70 TiO_2	hellgelb
	$Ni(NO_3)_2 \cdot 6H_2O$	—	hellgrün
	Fe_2O_3	—	rot-gelb
2	20 Co_3O_4	80 TiO_2	purpur
3	20 Co_3O_4	80 TiO_2	purpur
4	20 Co_3O_4	80 TiO_2	grau
5	20 Co_3O_4	80 TiO_2	blau

In Tabelle 33 sind Glaszusammensetzungen für die Vitrokeramiken, auf die die Farbüberzüge aufgetragen werden, und in Tabelle 34 die Zusammensetzungen der Farbüberzüge angegeben.

Glimmervitrokeramiken

Die Firma »Corning Glass« entwickelte Vitrokeramiken auf der Basis von synthetischen Glimmern (Firmenbezeichnung 9656, 9652, 9650). Die Hauptkristallphase dieser Vitrokeramiken sind Phlogopitmischkristalle. Die Erzeugnisse können mit genauen Abmessungen durch Bearbeitung auf gewöhnlichen metallbearbeitenden Maschinen hergestellt werden. Die relative Bearbeitbarkeit dieser Vitrokeramiken ist mit Kupfer und Aluminium vergleichbar.
Der thermische Ausdehnungskoeffizient der Glimmervitrokeramiken beträgt $\alpha =$ 60 bis $100 \cdot 10^{-7}\,K^{-1}$ und die Temperaturwechselbeständigkeit 800 K. Sie besitzen eine Biegebruchfestigkeit von 200 bis 350 MPa. Neben den guten thermischen, mechanischen und dielektrischen Eigenschaften haben diese Vitrokeramiken eine verringerte chemische Beständigkeit.

Hochfeuerfeste Vitrokeramiken

In den USA (Firma »Corning Glass«) wurde eine hochfeuerfeste Vitrokeramik entwickelt, die gegenüber geschmolzenem Metall inert ist. Die Zusammensetzung der Vitrokeramik ist (in Masse-%): 20 bis 35 Cs_2O, 25 bis 40 Al_2O_3, 30 bis 55 SiO_2. Die Hauptkristallphase ist ein Mischkristall des Pollucits $Cs_2O \cdot Al_2O_3 \cdot 4SiO_2$. Außerdem enthält die Vitrokeramik eine geringe Menge Mullit.
Die Vitrokeramik bewahrt bis 1550 °C Abmessungsstabilität. Sie wird als Formkern beim Gießen von Nickel-Cobalt-Legierungen verwendet. In die Ausgangszusammensetzung können bis zu 7 % Alkalioxide (Lithiumoxid nicht mehr als 2 %) und um 5 bis 10 % andere Flußmittel (B_2O_3 u. a.) eingeführt werden. Die Gläser kristallisieren in der Regel ohne Katalysator. Sie werden in geschlossenen Rhodiumtiegeln im Elektroofen bei 1850 bis 2000 °C 8 h lang geschmolzen. Die Kristallisation der Gläser wird nach einem Zweistufenregime durchgeführt: 2 bis 6 h bei 800 bis 1000 °C und 1 bis 8 h bei 1200 bis 1600 °C. Der Kristallisationsgrad beträgt 80 %, und die Kristalle sind kleiner als 1 mm.

Vitrokeramikemail

Ein perspektivisches Anwendungsgebiet der Vitrokeramiken stellt ihre Nutzung als glaskristalline Deckschichten dar.
Mit der Entwicklung der Technik erhöht sich die Nachfrage nach Konstruktionswerkstoffen, die Belastungen standhalten, aggressive Medien nicht scheuen und bei hohen Temperaturen arbeitsfähig bleiben. Aber sogar die besten der gegenwärtig bekannten Werkstoffe, im speziellen Metallegierungen, die die geforderte mechanische Festigkeit besitzen, benötigen einen chemischen und thermischen Schutz, d. h. Schutz vor Korrosion und Überhitzung. Solch ein Schutz wird hauptsächlich durch Überzüge gewährleistet, die auf die Oberfläche des Werkstücks aufgetragen werden und mit dem aggressiven Medium bei erhöhten Temperaturen in Kontakt stehen.
Die Anforderungen, die an die Schutzüberzüge gestellt werden, können in Abhängigkeit von der Einsatzdauer, die von einigen Sekunden bis zu 1000 Stunden schwankt, und den Einsatzbedingungen sehr unterschiedlich sein. Hitzebeständige Überzüge müssen neben ihrer Beständigkeit gegenüber hohen Temperaturen eine erhöhte Temperaturwechselbeständigkeit und mechanische Festigkeit besitzen. Außerdem müssen sie für gasförmige und flüssige aggressive Medien undurchlässig sein, da sie ansonsten ihre Schutzfunktion nicht erfüllen können.

Gegenwärtig werden zum Schutz der Metalle vor Korrosion bei erhöhten Temperaturen Überzüge aus Glasemail verwendet. Ein Mangel dieser Überzüge besteht in ihrer geringen Widerstandsfähigkeit gegenüber mechanischen Schlägen und thermischen Schocks. Die Hitzebeständigkeit der besten Glasemails übersteigt 800 bis 900 °C nicht, und sie werden durch Schläge oder durch die Einwirkung von starken Temperaturwechseln zerstört. In Verbindung damit entstand die Aufgabe zur Entwicklung von Schutzschichten, die im Vergleich zu den Glasemails eine höhere mechanische und Temperaturwechselbeständigkeit besitzen. Wie die Untersuchungen zeigten, besitzen glaskristalline Überzüge oder Vitrokeramikemails solche Eigenschaften.

Vitrokeramikemails werden in zwei Etappen aufgetragen. In der ersten Etappe wird auf die Oberfläche des zu beschichtenden Werkstücks das speziell zusammengesetzte Email auf übliche Weise aufgetragen, das dann zu einem glasigen Überzug aufgeschmolzen wird. In der zweiten Etappe erfolgt die katalysierte Kristallisation des Überzuges durch eine ein- oder zweistufige Temperung. Die Temperatur der zweiten Etappe muß unter der Einbrenntemperatur des Emails liegen. Es ist auch möglich, das Einbrennen und die Umwandlung in ein Vitrokeramikemail gleichzeitig durchzuführen.

Die Zusammensetzungen der Vitrokeramikemails unterscheiden sich etwas von den bekannten Zusammensetzungen der technischen Vitrokeramiken, da an sie spezifische Anforderungen gestellt werden, wie

- verringerte Viskosität und Oberflächenspannung im Bereich der Einbrenntemperatur zum besseren Auseinanderlaufen der Emails auf der Unterlage und
- Übereinstimmung der thermischen Ausdehnungskoeffizienten des Überzugs und des zu beschichtenden Werkstoffs.

In einigen Fällen, z. B. beim Emaillieren von weichen, kohlenstoffarmen Stählen, muß die Temperatur der obersten Kristallisationsgrenze des Emails unter 900 °C liegen, da das Email sonst bereits während des Einbrennens kristallisiert, was zu einer Verschlechterung der mechanischen und thermischen Eigenschaften des Überzuges führt.

Die Vielfältigkeit der Zusammensetzungen von Vitrokeramikemails wird durch die Spezifik der an sie gestellten Anforderungen hervorgerufen. Im System $PbO-ZnO-B_2O_3-SiO_2$ unter Zusatz von 5 bis 15 % TiO_2 wurden glaskristalline Emails mit einem Ausdehnungskoeffizienten in den Grenzen von 48 bis $70 \cdot 10^{-7}\,K^{-1}$, einer Kristallisationstemperatur von 500 bis 600 °C und einer Einsatztemperatur von 600 bis 650 °C hergestellt. Säurebeständige Vitrokeramikemails mit Zusatz von Titandioxid als Katalysator wurden im System $Li_2O-MgO-Al_2O_3-SiO_2$ erhalten. Die Einbrenntemperatur dieser Emails liegt bei 900 °C, und die Kristallisation erfolgt bei 560 °C und 4 h Haltedauer. Mit der Erhöhung der chemischen Beständigkeit gegenüber Säuren vergrößert sich nach der Kristallisation auch gleichzeitig die mechanische Festigkeit.

Hitzebeständige Überzüge mit einer relativ geringen Einbrenntemperatur wurden im Ergebnis der Kristallisation eines Glases folgender Zusammensetzung erhalten (in Masse-%): 73,7 SiO_2, 12,5 Li_2O, 10 Al_2O_3, 4 K_2O, 0,01 SnO_2, 0,1 Cu_2O und 5 MoO_3 (zusätzlich zu 100 %) als Katalysator. Eine 30minütige Temperung dieses Glases im Temperaturbereich von 850 bis 900 °C führt zur Ausscheidung von β-Spodumen, was eine wesentliche Erhöhung der Temperaturwechselbeständigkeit (auf 200 bis 400 K) und der Säurebeständigkeit des Überzuges zur Folge hat. (Die Säurebeständigkeit der kristallisierten Schicht ist zweimal höher als die des speziellen, säurebeständigen Emails der Bezeichnung 2/3a.)

Im System (Li_2O + Na_2O)—CaO—B_2O_3—SiO_2 mit Fluor und TiO_2 als Katalysatoren wurden Vitrokeramikemails entwickelt, die eine Einbrenntemperatur von 800 bis 840 °C und eine Kristallisationstemperatur von 630 bis 650 °C besitzen. Als Kristallphasen scheiden sich LiF, CaF_2 und NaF aus.
Die Vitrokeramiküberzüge haben außer der erhöhten Hitzebeständigkeit im Vergleich zu gewöhnlichen Emails auch eine vergrößerte Temperaturwechselbeständigkeit (bis 600 K), Festigkeit und Abriebfestigkeit. Als Beispiel kann man die Eigenschaften des glaskristallinen Überzuges Nucerite, der als Deckschicht auf Stahl verwendet wird, anführen:

maximale Einsatztemperatur, °C	840
Härte (nach *Mohs*)	6 bis 7
Abrieb nach 15 min, mg cm^{-2}	0,25
elektrischer Volumenwiderstand, GΩ m	2.

Vitrokeramiküberzüge kann man als Überzüge auf Teilen von Dieselmotoren, Gasturbinen, elektrischen Heizelementen, Teilen von Atomreaktoren u. a. verwenden. Ein breites Anwendungsgebiet eröffnet sich vor den glaskristallinen Überzügen in der Raketen- und Flugzeugtechnik, d. h. überall da, wo eine hohe Einsatztemperatur mit einem aggressiven Medium verbunden ist.

7.1.6. Photovitrokeramiken und photochromatische Gläser

Photovitrokeramiken

Vitrokeramiken, die aus photosensiblen Gläsern hergestellt wurden, werden als Photovitrokeramiken bezeichnet (nach amerikanischer Terminologie – photoceram). Diese Gläser enthalten Zusätze, die im Ergebnis einer Belichtung und einer Temperung in diesem Glas eine partielle oder vollständige Volumenkristallisation hervorrufen. Die partielle oder stellenweise Kristallisation wird durch Schablonen erhalten, die es erlauben, nur die Stellen des Glases zu belichten und während der Temperung in den kristallinen Zustand zu überführen, die eine Zeichnung, eine Kontur oder ein Bild darstellen sollen. Wenn jedoch das gesamte photosensible Glas belichtet wird, kristallisiert es bei der Temperung vollständig.
Die Photosensibilität ist nicht mit der Fähigkeit gewöhnlicher Gläser zu verwechseln, nach langwährender Einwirkung der Sonnenstrahlung eine leichte Färbung zu erhalten. Dieser Effekt, der unter der Bezeichnung Solarisation bekannt ist, entsteht im Ergebnis der Umwandlung

$$Fe^{2+} + h\nu \rightarrow Fe^{3+} + e^-.$$

Die Solarisation kann durch Erwärmung auf 400 bis 500 °C vollständig beseitigt werden.
Die Photosensibilität eines Glases wird dadurch bestimmt, daß die sich in einem Glas befindenden Elementarteilchen einiger Metalle unter Einwirkung von Prozeßaktivatoren (Belichtung, Sensibilisierung, Temperung) Kristallkeime bilden. Diese Keime sind in direkter Abhängigkeit von der Intensität der optischen und thermischen Bearbeitung zum weiteren Wachstum fähig. Das erlaubt es, durch gewöhnliche photographische Verfahren mit Negativen ein positives Bild oder – allgemein – mit Masken bzw. Schablonen ein Abbild beliebiger Form herzustellen.
Die im photosensiblen Glas gebildeten metallischen Kristallkeime können bis zu kolloidalen oder größeren Abmessungen durch gleiche Elementarteilchen (Atome, Ione) oder durch Teilchen einer anderen Phase, gewöhnlich der Silicatphase, wachsen.

Im ersten Fall muß die Menge der Metallteilchen ausreichend sein, damit sie relativ große Ansammlungen bilden können, und im zweiten Fall müssen die Teilchen nur zur Bildung von Keimen dieser Phase ausreichen.
In Abhängigkeit davon existieren zwei Typen von photosensiblen Gläsern: Der eine Typ erlaubt die Herstellung von farbigen und durchsichtigen Abbildern unter Beteiligung von metallischen Kristallen, der andere ergibt eine farblose, opaleszierende Abbildung unter Beteiligung von nichtmetallischen Kristallen.

Photosensible Zusätze

Solche Zusätze sind photosensible Metalle (Gold, Silber, Kupfer u. a.) in einer Menge von 0,03 % und darunter, thermische Sensibilisatoren (Sb_2O_3, SnO_2 u. a.) in einer Menge von etwa 0,02 %, die die Fähigkeit der lichtempfindlichen Metallteilchen erhöhen und sich bei der Temperung ausscheiden, optische Sensibilisatoren (gewöhnlich CeO_2) in einer Menge von nicht mehr als 0,02 %, die die Empfindlichkeit des Metallzusatzes gegenüber einer Lichtbestrahlung erhöhen.
Das photosensible Glas kann einen oder zwei Sensibilisatoren enthalten, wobei am meisten der optische Sensibilisator (CeO_2) einzeln oder in Verbindung mit einem thermischen Sensibilisator (SnO_2) verwendet wird. In einigen Fällen kann in einem photosensiblen Glas eine geringe Menge eines Reduktionsmittels (Zucker u. a.) vorhanden sein und der Sensibilisator vollständig fehlen. Bei Au^+-, Ag^+- und Cu^+-haltigen Gläsern wurden die besten Ergebnisse durch Einführung von Sensibilisatoren erhalten. Gläser mit Zusatz von Platin und Metallen der Platingruppe (Rhenium, Palladium, Iridium, Osmium) erfordern keine Sensibilisatoren, da sich diese Metalle sogar unter oxydierenden Bedingungen der Glasschmelze in atomarer Form ausscheiden. Eine Selbstsensibilisierung eines lichtempfindlichen Metalls ist möglich, wenn ein Teil der Ionen unter dem Einfluß der Lichtenergie das zweite Elektron verliert und der andere Teil der gleichen Ionen dieses Elektron übernimmt und so in den neutralen Zustand übergeht.
Es muß noch auf die Möglichkeit aufmerksam gemacht werden, Vitrokeramiken unter Verwendung von lichtempfindlichen Metallen, Kupfer oder einem Metall aus der Platingruppe (Gold, Silber), oder einem der thermischen Sensibilisatoren ohne Belichtung nur durch Temperung herzustellen. In diesem Fall ist eine höhere Metallkonzentration erforderlich.

Photographischer Prozeß

Um eine Abbildung im Glas zu erhalten, wird das photosensible Glas einer speziellen Bearbeitung unterzogen, die aus zwei Etappen besteht, der Belichtung und der Entwicklung. Die Belichtungszeit des Glases beträgt 5 bis 10 min. Zur Belichtung werden gewöhnlich UV-Strahlen, aber manchmal auch Röntgen- oder γ-Strahlen verwendet. Im Ergebnis der Belichtung entsteht im Glas ein latentes Bild, das erst nach der Entwicklung sichtbar wird. Das Glas ist beständig und verändert sich im Intervall von -170 bis $+580$ °C nicht. Die Entwicklung des latenten Bildes geschieht um so schneller, je höher die Temperatur der Wärmebehandlung (d. h. je geringer die Viskosität) ist. So beträgt die Entwicklungsdauer bei Kühltemperatur einige Stunden, bei einer etwas höheren Temperatur eine Stunde und bei Erweichungstemperatur nur 8 min. Die Erhöhung der Entwicklungstemperatur ist durch eine mögliche Deformation des Erzeugnisses begrenzt. In Verbindung damit liegt diese Temperatur immer unter der Erweichungstemperatur. So befindet sich die optimale Entwicklungstemperatur für ein Glas mit einer Kühltemperatur von 525 °C und einer Erweichungstemperatur von 700 °C im Intervall von 580 bis 680 °C. Die mittlere Entwicklungszeit beträgt hierbei 10 bis 60 min.

Die Farbe und die Tiefe der Einfärbung, die Intensität und der Kontrast des entwickelten Bildes hängen von der Lichtquelle, der Belichtungszeit, der Konzentration des lichtempfindlichen Metalls und dem Temperregime des Glases ab.

Mechanismus der Lichtempfindlichkeit

Zum Mechanismus der Lichtempfindlichkeit in Gläsern existiert noch kein einheitlicher Standpunkt. Bei der Analyse dieses Mechanismus muß man in erster Linie die Frage beantworten, in welchem Zustand sich die Elementarteilchen der lichtempfindlichen Metalle (Gold, Silber, Kupfer u. a.) im Glas befinden. Hierzu gibt es zwei Meinungen:

1. Das Gold (oder ein anderes Metall) ist im Glas in Form von Au^{+}- oder Au^{3+}-Ionen gelöst, die sich bei der Temperung (dem Anlaufen) zu Atomen reduzieren und sich dann zu Keimen und Kristallen gruppieren.
2. Das Gold ist im Glas in Form von neutralen Atomen gelöst, die bei Abkühlung Keime bilden, bei erneuter Erwärmung wachsen und zur Färbung führen.

Die Anfangsgröße des Metallkeimes hat anscheinend einen Durchmesser von 5 bis 10 Å. Der Färbeeffekt entsteht aber nur bei einer Aggregation der Goldatome zu Teilchen mit einer Größe von 100 bis 150 Å, wenn sie die Fähigkeit erhalten, das durch das Glas gehende Licht selektiv zu absorbieren. Damit der Metallkeim als Initiator der Kristallisation einer anderen Phase, z. B. des Lithiummetasilicats, dienen kann, muß seine Größe nach *Maurer* mindestens 80 Å betragen.
Aus der Praxis der Glasherstellung ist bekannt, daß die Färbung des Glases durch Gold (Goldrubin) durch die Konzentration des Metalls und die Azidität der Schmelze bestimmt wird. Eine hohe Goldkonzentration führt zur Erhöhung der Intensität der Glasfärbung, aber nur unter reduzierenden Bedingungen. Wenn die Schmelzbedingungen oxydierend sind, bleibt das Glas farblos. Dieser Umstand bestärkt die erste Hypothese, daß sich das Gold anscheinend im Ionenzustand im Glas befindet, und um es in den atomaren Zustand zu überführen, sind reduzierende Bedingungen notwendig.
Spezielle Untersuchungen von *Stookey* mit einem Glas, das Gold enthält, unterstützen diese Vermutungen. Dieses Glas zeigte nach Abkühlung und erneuter Temperung keine Färbung, wenn es unter oxydierenden Bedingungen geschmolzen wurde und keine Reduktionsmittel enthielt. Das Glas färbte sich aber bei Zusatz eines Reduktionsmittels, unabhängig davon, zu welcher Herstellungsetappe des Glases dieses Mittel zugegeben wurde (dem Gemenge, dem Glas bei der Schmelze oder dem fertigen Glas durch Wasserstoffeinwirkung). Bei Anwesenheit von mehrwertigen Ionen in der Glaszusammensetzung wurde dieses Glas während der Schmelze und des Abkühlens farblos, aber es färbte sich bei erneuter Erwärmung. Dieser Einfluß der mehrwertigen Ionen erklärt sich damit, daß sie bei hohen Temperaturen (der Schmelze) als Oxydationsmittel und bei niedrigen als Reduktionsmittel auftreten, z. B.

$$As_2O_5 \rightarrow As_2O_3 + O_2 \qquad As_2O_3 + O_2 \rightarrow As_2O_5 .$$

Demzufolge enthält ein Glas ohne Reduktionsmittel die betrachteten Metalle (Gold, Silber und Kupfer) in Form von Ionen und ist deshalb farblos. Dieses Glas kann aber leicht durch Überführung der Ionen in den atomaren Zustand und Bildung von Atomaggregaten der Metalle durch photochemische Mittel (Sensibilisatoren) gefärbt werden.
In Übereinstimmung damit kann nach den Vorstellungen von *Stookey* der Mechanismus der Lichtempfindlichkeit folgendermaßen beschrieben werden: Das Ausgangsglas stellt eine amorphe Silicatmatrix dar, in der die Ionen der lichtempfindlichen Metalle

(Au^+, Ag^+ u. a.) und in der Regel auch die Ionen der Sensibilisatoren (Ce^{3+}, Sn^{4+}, Sb^{3+} u. a.) gleichmäßig verteilt sind. Im Ergebnis der Belichtung entstehen im Glas freie Elektronen (Photoelektronen), die von den lichtempfindlichen Ionen unter dem Einfluß der kurzwelligen Energiestrahlung abgegeben werden. Das Vorhandensein von Photoelektronen im belichteten Glas, die zeitweilig um das Metallion oder in Strukturdefekten lokalisiert sind, schafft einen metastabilen Zustand, der bei gewöhnlichen Temperaturen stabil bestehen bleibt (Bildung des latenten Bildes). Bei Erwärmung und Verringerung der Viskosität des Glases kommt es zur Anlagerung der Photoelektronen an die Metallionen unter Bildung von freien Atomen, zur darauffolgenden Gruppierung der Atome zu einem Keim und dann zum Wachstum der Keime (Entwicklungsprozeß mit Bildung eines sichtbaren Bildes). Die Temperung zur Entwicklung des Bildes muß nach einem genau ausgewählten Regime erfolgen. Wenn das Glas mit dem latenten Bild überhitzt wird, wird das Bild zerstört, wodurch ein Selbstleuchten (Thermolumineszenz) entsteht. Dieser Effekt erklärt sich durch die Rückanlagerung des Photoelektrons, wobei ein Lichtquant abgegeben wird.
Die photochemischen Reaktionen, die in einem lichtempfindlichen Glas ablaufen, stellt *Stookey* folgendermaßen dar:

1. Stadium der Belichtung

$$A^x + h\nu \rightarrow A^{x+1} + e^{\omega}$$

A^x Ion des Metalles A, das Licht absorbiert und die Wertigkeit x besitzt
$h\nu$ Quant der absorbierten Energie
e^{ω} angeregtes Photoelektron

2. Stadium der Entwicklung

$$M^y + y\,e^{\omega} \rightleftharpoons (M^o)^{\omega} \rightarrow M^o + \omega$$

M^y Metallion mit der Wertigkeit y ($y = 1$ für Kupfer, Silber und auch für Gold möglich)
$(M^o)^{\omega}$ Metallatom mit durch das Photoelektron vermittelter überschüssiger Energie
ω überschüssige Energie, die in Form von Wärme oder Licht abgegeben wird.

Typische, oben beschriebene Reaktionen haben an konkreten Metallen folgende Form:

- Sensibilisierung des Goldes durch Cer

$$Ce^{3+} + Au^+ + h\nu \rightarrow Ce^{4+} + Au^o + \omega$$

- Selbstsensibilisierung des Kupfers

$$2\,Cu^+ + h\nu \rightarrow Cu^{2+} + Cu^o + \omega$$

- Selbstsensibilisierung des Silbers

$$2\,Ag^+ + h\nu \rightarrow Ag^{2+} + Ag^o + \omega$$

- Thermolumineszenz bei schneller Erwärmung

$$Ce^{4+} + e^{\omega} \rightarrow Ce^{3+} + h\nu$$

Zur Herstellung von photosensiblen Gläsern können viele Silicatzusammensetzungen genutzt werden, in die geringe Zusätze von Verbindungen der lichtempfindlichen Metalle zusammen mit den Sensibilisatoren eingeführt werden.
Stark bleihaltige sowie auch Borat- und Phosphatzusammensetzungen sind in der Regel für die Herstellung von lichtempfindlichen Gläsern unbrauchbar, da erstere

die kurzwellige Strahlung intensiv absorbieren und die anderen eine unkontrollierbare Färbung bei der Abkühlung und der Erwärmung ergeben.

Es gibt auch noch andere Einschränkungen bei der Auswahl der Zusammensetzungen für photosensible Gläser. Diese Gläser dürfen nicht weniger als 5 % R_2O enthalten; bis zu 15 % können Oxide der Alkalimetalle (Li_2O, K_2O, Na_2O), Erdalkalimetalle (MgO, CaO, SrO, ZnO, BaO) und auch B_2O_3 sowie Al_2O_3 eingeführt werden. Die Reinheit der eingesetzten Materialien muß ausreichend hoch sein (Fe $< 0{,}05$ %; $TiO_2 <$ 0,02 %), da ein erhöhter Gehalt an färbenden Verunreinigungen das Glas im kurzwelligen Spektralbereich undurchsichtig macht.

In Zusammensetzungen von photosensiblen Gläsern dürfen auch keine polyvalenten Elemente, wie Arsen und Vanadium, enthalten sein, die die Wirkung der Sensibilisatoren neutralisieren können:

$$Ce^{3+} + V^{3+} + h\nu \rightleftharpoons Ce^{4+} + V^{2+}.$$

Tabelle 35. Zusammensetzungen für Photovitrokeramiken

Oxide und Metalle	Gehalt in Masse-%					
	1	2	3	4	5	6
SiO_2	77,5	79	80	73,5	75,4	55,1
Li_2O	12,5	9	12,5	12,5	18	1
Na_2O	–	2	–	–	1	6
K_2O	–	2,5	2,5	4	–	–
Al_2O_3	10	7,5	4	10	2	2
AgCl	0,002	0,002	–	–	–	0,1
CeO_2	0,02	0,02	0,03	–	–	–
SnO_2	–	–	–	0,01	–	0,5
BaO	–	–	–	–	3	35
Platin	–	–	–	–	0,01	–
Gold	–	–	0,003	–	0,1	–
Cu_2O	–	–	–	0,1	–	0,4
ZnO	–	–	1	–	–	–
Sb_2O_3	–	–	–	–	0,5	–

In Tabelle 35 sind Zusammensetzungen einiger Photovitrokeramiken angegeben. Die Zusammensetzungen Nr. *1* und *2* besitzen eine erhöhte Lichtempfindlichkeit und zeichnen sich durch stark unterschiedliche Lösungsgeschwindigkeiten der Kristall- und Glasphase in HF aus. Photovitrokeramiken dieses Typs werden zur Herstellung von unterschiedlichen Leiterkarten mit Durchbrüchen und von anderen Substraten durch das Ätzverfahren (Photoformverfahren) verwendet; die Kristallphase kann in diesen Erzeugnissen bereits vollständig durch HF in einer Zeit gelöst werden, in der sich die Glasphase erst aufzulösen beginnt. Aus den Zusammensetzungen Nr. *3* und *4* stellt man vollständig kristallisierte Erzeugnisse her. Die Zusammensetzungen Nr. *5* und *6* ergeben Vitrokeramiken, ohne diese zu belichten, sondern nur durch Temperung.

Photochromatische Gläser

Eine besondere Gruppe stellen photosensible Gläser dar, die sich reversibel färben können und die die Bezeichnung photochromatische Gläser erhielten.

Die Änderung der Farbe einiger Stoffe bei Lichteinwirkung wurde bereits vor etwa 100 Jahren (1876) entdeckt. Diese Eigenschaft besitzen viele organische und anorganische Stoffe, die aber einen Mangel haben: Die Färbung ist nicht reversibel.

Arminstead und *Stookey* stellten ein Borosilicatglas her, das eine volle Reversibilität der Färbung besitzt und diese Eigenschaft über eine Reihe von Jahren beibehält. Etwas früher (1962) wurden auch photochromatische Silicatgläser unter Zusatz von Cer und Europium erhalten, aber sie erwiesen sich als wenig brauchbar, da der photochromatische Effekt nach wiederholten Zyklen von Eindunklung und Aufhellung nachläßt.

Der photochromatische Effekt ist durch das Vorhandensein von Mikrokristallen eines Silberhalogenids, die gleichmäßig in der Glasmatrix verteilt sind, bedingt. Diese Eigenschaft hängt von der Konzentration und Größe der Mikroteilchen des Silberhalogenids ab. Gewöhnliche photochromatische Gläser enthalten Mikrokristalle einer mittleren Größe von 100 Å, deren Anzahl bei einer Konzentration von 0,2 Masse-% AgCl im Glas $4 \cdot 10^{15}$ beträgt und die einen mittleren Abstand zueinander von 600 Å haben. Wenn die Größe der Mikrokristalle kleiner als 50 Å ist, besitzt dieses Glas keine photochromatischen Eigenschaften. Eine Vergrößerung der Mikrokristallabmessungen über 300 Å führt zur Opaleszenz des Glases, obwohl die photochromatischen Eigenschaften noch erhalten bleiben.

Arminstead und *Stookey* sind der Meinung, daß sich der photochromatische Prozeß vom gewöhnlichen Prozeß in der Photographie nur durch seine Reversibilität unterscheidet. Diese Reversibilität ist dadurch bedingt, daß die Mikrokristalle der Silberhalogenide in einer versteiften, chemisch inerten Glasmatrix eingebettet sind, die die Diffusion der Farbzentren und die Bildung von stabilen Silberpartikeln aus diesen Zentren behindert.

Der irreversible photographische Prozeß kann folgendermaßen dargestellt werden:

$$n\,\mathrm{AgCl} + h\nu \rightarrow n\,\mathrm{Ag}^{0} + n\,\mathrm{Cl}^{0} \rightarrow (\mathrm{Ag}^{0})_{n} + n\,\mathrm{Cl}^{0}.$$

Während des photographischen Prozesses zerlegt sich das Silberhalogenid unter dem Einfluß des Lichtes in elementares Silber und in das Halogen, das aus der Reaktionszone entfernt wird und damit den Prozeß unumkehrbar macht.

Der reversible photochromatische Prozeß verläuft nach einem anderen Schema:

$$\mathrm{AgCl} + h\nu \rightleftharpoons \mathrm{Ag}^{0} + \mathrm{Cl}^{0}.$$

In diesem Fall geben bei der Belichtung die Chlorionen an die Silberionen Elektronen ab. Hierbei bilden sich Silberatome, deren Aggregate als Farbzentren dienen. Bei Änderung der Bedingungen (Beendigung der Wirkung der aktivierenden Strahlung, Einwirkung von langwelliger Strahlung oder Erwärmung) verläuft die Rückreaktion, wobei das Glas in den Ausgangszustand zurückgeführt und damit aufgehellt wird. Diese Reaktion wird sofort irreversibel, wenn die Möglichkeit zum Zusammenschluß der Silberatome zu kolloidalen Teilchen und die Abführung der Chloratome aus der Reaktionssphäre gegeben wird. Diese Bedingungen wurden experimentell durch Erwärmung des Glases auf 400 °C und gleichzeitige langwährende UV-Bestrahlung geschaffen. Nach dieser Behandlung dunkelt das »*photochromatische*« Glas unumkehrbar durch Ausscheidung von kolloidalen Silberteilchen ein.

In Abhängigkeit von der Zusammensetzung der photochromatischen Gläser und auch vom Regime ihrer Temperung können sich sowohl Geschwindigkeit, Temperatur und Grad der Eindunklung als auch ihre spektrale Empfindlichkeit stark ändern. Die Aufhellgeschwindigkeit vergrößert sich mit Temperaturerhöhung sowie bei Bestrahlung mit rotem Licht und verringert sich bis auf Null bei einer Temperatur von −210 °C. Die Aufhellung der photochromatischen Gläser unterschiedlicher Zusammensetzung schwankt von Sekunden bis zu Stunden. Im Zyklus Eindunklung ⇌ Aufhellung ist die Geschwindigkeit des ersten Prozesses wesentlich höher als die des zweiten. In Abhängigkeit von der Intensität und der spektralen Zusammensetzung

Tabelle 36. Zusammensetzungen photochromatischer Gläser

Bestandteile	Gehalt in Masse-%						
	1	2	3	4	5	6	7
SiO_2	60,1	62,8	59,2	59,2	60,1	52,4	51
Na_2O	10	10	10,9	14,9	10	1,8	1,7
B_2O_3	20	15,9	20	16	20	20	19,5
Al_2O_3	9,5	10	9,4	9,4	9,5	6,9	6,8
Li_2O	—	—	—	—	—	2,6	2,5
PbO	—	—	—	—	—	4,8	4,7
BaO	—	—	—	—	—	8,2	8
ZrO_2	—	—	—	—	—	2,1	4,6
Silber	0,4	0,38	0,56	0,5	0,4	0,31	0,3
Brom	0,17	—	—	0,6	0,17	0,23	0,11
Chlor	0,1	1,7	0,39	—	0,1	0,66	0,69
Fluor	0,84	2,5	1,45	1,45	0,84	—	—
CuO	—	0,016	0,016	0,015	0,016	0,016	0,016

der Strahlung kann die Geschwindigkeit der Eindunklung Mikrosekunden erreichen. UV-Strahlung führt zur stärksten Eindunklung der Gläser.

Die Zusammensetzungen einer Reihe von photochromatischen Gläsern sind in Tabelle 36 angeführt. Außer dem Silber, dessen Konzentration 0,3 bis 0,5% beträgt, enthalten diese Zusammensetzungen zwei und in einigen Fällen auch drei unterschiedliche Halogene. Derartige Zusammensetzungen bedingen die Bildung von verschiedenen Silberhalogeniden, was die spektrale Empfindlichkeit dieser Gläser in den Grenzen von 300 bis 650 nm erweitert. Für Gläser, die nur AgCl enthalten, ist diese Empfindlichkeit auf den Bereich von 300 bis 400 nm begrenzt. Untersuchungen derartiger Gläser unter wechselnder Bestrahlung und Abdunklung bei 60 s Zyklusdauer zeigten, daß die optische Dichte eines jeden Zyklus auch nach 300000 Zyklen noch konstant blieb. Organische Folien dagegen »ermüden« schon nach 200 bis 300 Zyklen. Zur Verstärkung der Lichtempfindlichkeit werden in das Glas CuO oder andere Reduktionsmittel (SnO, FeO, Sb_2O_3, As_2O_3) eingeführt.

Photochromatische Gläser werden bei 1400 bis 1500 °C und 4 bis 8 h Haltezeit geschmolzen. Das Glas wird mit gewöhnlichen Verfahren geformt. Eine erhöhte Silberkonzentration (0,5 bis 0,7 %) erlaubt es, photochromatische Gläser schon nach dem Entspannen und anschließenden Abkühlen zu erhalten. Eine geringere Silberkonzentration erfordert eine erneute Temperung im Bereich zwischen Kühl- und Erweichungstemperatur. Erst durch diese Temperung, die einige Minuten bis zu einigen Stunden dauert, bilden sich im Glas Mikrokristalle der optimalen Größe, und es erhält photochromatische Eigenschaften.

Man stellt sich vor, daß die photochromatischen Gläser ihre Anwendung in unterschiedlichen optischen Systemen, bei denen eine Regulierung der Lichtmenge notwendig ist (Fenster von Gebäuden, Autoscheiben, Scheiben von Lokomotiven und Flugzeugen, Sonnenbrillen u. a.), finden könnten. Es ist vorgesehen, die photochromatischen Gläser in selbstlöschenden photoelektronischen Speichern, in Bullaugen von Raumschiffen, zum Blendschutz bei Kernexplosionen u. a. einzusetzen.

7.2. Vitrokeramiken auf der Basis von Industrieanfallstoffen und Gesteinen

Industrieanfallstoffe sind Nebenprodukte verschiedener Produktionen. Die Verarbeitung einer großen Menge von Bodenschätzen (Erze von Schwarz- und Bunt-

metallen, Steinkohle, Schiefer, Gesteine, die Salze des Phosphors und Kaliums sowie elementaren Schwefel u. a. enthalten, usw.) führt dazu, daß Halden von taubem Gestein und anderen Abfällen, die bisher keine Verwendung fanden, entstehen. Aus den Abfällen der Aufbereitungsanlagen und den Industrieabfällen entstehen Berge (Halden, Schlackenhalden, Rückstände usw.) und sogar »*Seen*« (z. B. die Calciumchloridlauge bei der Sodaproduktion). Um die Betriebsterritorien von den Abprodukten zu entlasten, werden große Mittel aufgewendet, um sie aus dem Betrieb an andere Stellen abzutransportieren, wo sie ihrerseits wiederum große Bodenflächen beanspruchen und unbrauchbar machen. Wenn man berücksichtigt, daß die Anfallstoffe in dem Maße mehr werden, wie sich die Industrie, die mineralische Rohstoffe verarbeitet, entwickelt, wird klar, welche große Bedeutung die Weiter- bzw. Wiederaufbereitung dieser Anfallstoffe besitzt.
Es ist deshalb nicht verwunderlich, daß eine Reihe von Vorschlägen entstanden, diese Produkte, die zu einer unangenehmen, besorgniserregenden Begleiterscheinung der Produktion wurden, in nützliche Materialien umzuwandeln. Einige von diesen Vorschlägen wurden verwirklicht. So wird z. B. die Schlacke zur Herstellung von Schlakkenzementen, leichten Füllstoffen, Schotter, gegossenen Pflastersteinen u. a. genutzt. Hierbei wird nur etwa die Hälfte der anfallenden Schlacken verwendet. Die andere Hälfte wird weiterhin auf die Halde gefahren. Innerhalb vieler Jahre wurden in der UdSSR auf den Halden der metallurgischen Werke etwa 300 Mt Schlacke angesammelt. Die Menge der metallurgischen Schlacken, die jedes Jahr in der UdSSR anfällt, übersteigt 50 Mt, und sie steigt jedes Jahr weiter. Deshalb ist es notwendig, neue und radikalere Verfahren zur Nutzung der metallurgischen Schlacken zu entwickeln. Solch ein neues Verfahren stellt die Verarbeitung der Schlacken mit den Methoden der gesteuerten Kristallisation in modernen, hochproduktiven, kontinuierlichen Produktionsverfahren dar. In Tabelle 37 sind chemische Zusammensetzungen einiger Hochofenschlacken angeführt.

Tabelle 37. Chemische Zusammensetzungen von Hochofenschlacken

Hochofenschlacke	Gehalt in Masse-%						
	SiO_2	Al_2O_3	CaO	MgO	Fe_2O_3	FeO	MnO
Süden der UdSSR	33...38	5...9	40...45	2...4	0,5...1,5	1 ...3	2 ...3
Zentralteil der UdSSR	37...40	7...9	44...48	1...3	0,1...0,3	0,3...0,5	0,5...1,5
Ural und Sibirien	35...37	12...16	30...38	4...7	0,1...0,3	0,1...0,4	0,5...2

Außer den Schlacken und den anderen Industrieanfallstoffen sind die Gesteine ein wichtiges Objekt für die Verfahren der katalysierten Kristallisation. Bekanntlich ist die Herstellung von gegossenen Erzeugnissen aus geschmolzenen Gesteinen (Basalt, Diabas u. a.) in allen industriell entwickelten Ländern weit verbreitet. Die Materialien, die durch Steinguß (Schmelzsteine) hergestellt werden, besitzen gute mechanische und chemische Eigenschaften und fanden deshalb in verschiedenen Anlagen eine breite Anwendung, wo eine hohe chemische Beständigkeit und Abriebfestigkeit notwendig sind. Der Gebrauchswert dieser Erzeugnisse kann noch erhöht werden, wenn in der Technologie der Schmelzsteinproduktion das Vitrokeramikherstellungsverfahren (Methode der katalysierten Kristallisation) angewendet wird.

7.2.1. Schlackenvitrokeramiken

Die ersten Proben einer Vitrokeramik auf der Basis einer Hochofenschlacke (Bezeichnung in der UdSSR: Schlackensitall) wurden im Moskauer Chemisch-Technologischen Institut »*D. I. Mendeleev*« unter Leitung von Prof. *I. I. Kitajgorodskij* und im Konstantinovskaer Werk »Autoglas« unter Leitung von *K. T. Bondarev* im Jahre 1959 hergestellt. Fast zur gleichen Zeit führte der ungarische Forscher *Löcsei* ähnliche Arbeiten durch und entwickelte eine Vitrokeramik unter Verwendung einer Hochofenschlacke, die als Minelbit bezeichnet wurde (BRD-Patent Nr. 1 085 804 vom 12. 1. 1961, angemeldet am 19. 4. 1958, und auch UVR-Patent Nr. 146 137 vom 15. 2. 1960).
Nachdem die Ergebnisse über diese Arbeiten in die Fachliteratur gelangten, begannen hierzu auch in anderen Ländern (DDR, VRP, England, Japan) die Forschungen.
Schlackenvitrokeramiken unterscheiden sich prinzipiell nicht von technischen Vitrokeramiken, da für die Herstellung sowohl der einen als auch der anderen gleiche Verfahren angewendet werden. Im Gesamtproblem der Vitrokeramiken nehmen die Schlackenvitrokeramiken einen besonderen Platz ein, der durch die möglichen Produktionsmaßstäbe und durch die billigen Rohstoffpreise bestimmt wird. Technische Vitrokeramiken werden auf der Basis von speziellen Mineralmischungen, nicht selten unter Verwendung von solch teuren Komponenten, wie Lithiumoxid, Borsäure, Zinkoxid, Titandioxid u. a., hergestellt. Schlackenvitrokeramiken erhält man aus Produktionsanfallstoffen unter Zusatz von Quarzsand und einer geringen Menge anderer Komponenten. Somit ist die Produktion von Schlackenvitrokeramiken eines der radikalsten und rentabelsten Verfahren zur Weiterverarbeitung von Industrieabfällen, das es erlaubt, ein billiges und notwendiges Konstruktions- und Baumaterial zu erhalten. Ein großer Produktionsausstoß an Schlackenvitrokeramik konnte nicht durch alte Formgebungsverfahren garantiert werden, die von der Gußeisenproduktion übernommen wurden und in den Werken zur Schmelzsteinherstellung Einsatz finden. Diese Verfahren bedingen von vornherein einen geringen Produktionsausstoß, einen erhöhten Arbeitsaufwand und demzufolge relativ schlechte Produktionsmaßstäbe.
Nach dem Vorhaben der Forschungsleiter für Schlackenvitrokeramik, *I. I. Kitajgorodskij* und *K. T. Bondarev*, sollte die Verarbeitung der Schlacken zu Schlackenvitrokeramiken nach den modernen Verfahren der kontinuierlichen Glastechnologie auf Fließlinien, ähnlich denen, wie sie bei der Produktion von poliertem Glas existieren, durchgeführt werden. Die Lösung dieser Aufgabe erforderte die Überwindung einer Reihe von Schwierigkeiten, die damit verbunden waren, daß sich das Schlackenglas in den Eigenschaften (Aggressivität, Viskosität, Erstarrungsgeschwindigkeit, Deformierbarkeit bei der Temperung u. a.) grundlegend von einem gewöhnlichen Industrieglas unterscheidet. Diese Schwierigkeiten wurden erfolgreich beseitigt, und Ende 1966 begann in der UdSSR die erste Fließlinie der Welt für gewalzte Schlackenvitrokeramik zu arbeiten. Die Leistung betrug 1 500 m^2/Tag.
Die Produktion der Schlackenvitrokeramik beinhaltet zwei Hauptetappen:

1. die Herstellung eines Glases auf der Basis der Schlacke und die Fertigung von Erzeugnissen aus diesem Glas,
2. die Temperung der Erzeugnisse, die zur Kristallisation des Glases und seinem Übergang in ein glaskristallines Material führt.

Das Herstellungsschema der Schlackenvitrokeramikproduktion ist in Bild 57 dargestellt.
Zur Umwandlung einer hochbasischen Schlacke in ein formbares Glas werden ihr Quarzsand und einige andere Komponenten, die die notwendigen technologischen

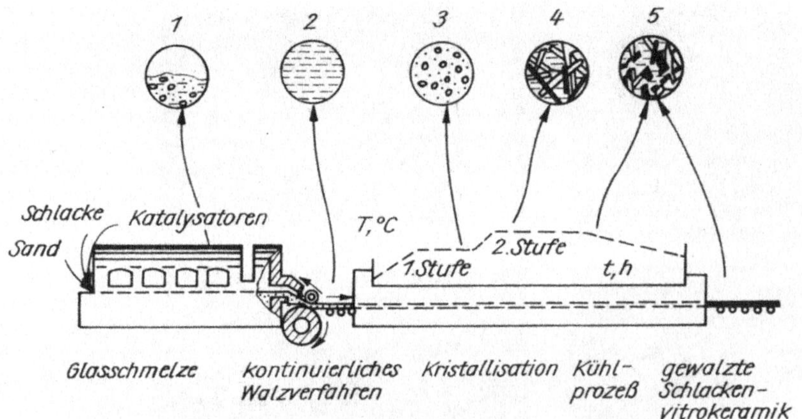

Bild 57. Herstellungsschema einer Schlackenvitrokeramik

1 Glasschmelze; *2* CaO—Al_2O_3—SiO_2-Glas; *3* Kristallisationskeime; *4* Wollastonit CaO · SiO_2 und Glasphase; *5* Wollastonit CaO · SiO_2, Anorthit CaO · Al_2O_3 · SiO_2 und Glasphase

Eigenschaften einer Glasschmelze sichern, zugegeben. Ein Gemenge zur Herstellung eines Schlackenglases besteht aus (in Masse-%): Hochofenschlacke 50 bis 65; Quarzsand 20 bis 40; Ton 0 bis 11; Natriumsulfat 4 bis 6; Kohle 1 bis 3 und Katalysatoren 0,5 bis 10.

Schlackengläser haben folgende chemische Zusammensetzung (in Masse-%): 49 bis 63 SiO_2, 5,4 bis 10,7 Al_2O_3, 22,9 bis 29,6 CaO, 1,3 bis 12 MgO, 0,1 bis 10 Fe_2O_3, 1 bis 3,5 MnO, 2,6 bis 5 Na_2O und 0,1 bis 2 Cr_2O_3. Als Katalysatoren kann man MnS + FeS (1,5 bis 5%); MnS + FeS (1,5 bis 5%) + F (1,6 bis 2,5%); ZnS (2,2 bis 4,5%) + F (1,6 bis 2,5%); TiO_2 (3 bis 6%) + P_2O_5 (5 bis 10%); Cr_2O_3 (1 bis 3%) + MgO (5 bis 10%) anwenden. Bei Verwendung der Katalysatoren MnS + FeS erhält man eine gräulich-schwarze Schlackenvitrokeramik. Um eine weiße Schlackenvitrokeramik herzustellen, wird dem Glas ZnO zugesetzt, das mit den Sulfiden der Schwermetalle, die eine dunkle Färbung besitzen, unter Bildung von Zinksulfid, das weiß gefärbt ist, reagiert. Die bleichende Wirkung des ZnO entsteht durch folgende Austauschreaktionen:

$$FeS + ZnO \rightarrow ZnS + FeO$$

$$MnS + ZnO \rightarrow ZnS + MnO\,.$$

Einer derart gebleichten Schlackenvitrokeramik kann mit den aus der Glastechnologie bekannten Farbstoffen jede beliebige Färbung gegeben werden. Während der Kristallisation bildet sich gewöhnlich zuerst eine metastabile Phase, die die geringste freie Energie an der Phasengrenze Kristall – Glas besitzt. Bei weiterer Temperaturerhöhung entwickelt sich der Kristallisationsprozeß weiter sowohl in Richtung Kristallwachstum und Anwachsen des Gehaltes der gegebenen Kristallphase als auch in Richtung der Ausscheidung neuer Kristallphasen. Hierbei kommt es in der Regel zur Umkristallisation einer Kristallphase in eine andere (Wollastonit → Anorthit usw.), so daß sich Phasenzusammensetzung und Struktur der Schlackenvitrokeramiken in Abhängigkeit von den Temperbedingungen ändern können und somit unterschiedliche Eigenschaften des Materials bedingen.

In Übereinstimmung mit den angeführten Gesetzmäßigkeiten des Kristallisationsprozesses stellt das zweistufige Temperregime die Optimalvariante dar, wobei jede Stufe ein bestimmtes Stadium des Prozesses widerspiegelt. Im ersten Stadium der

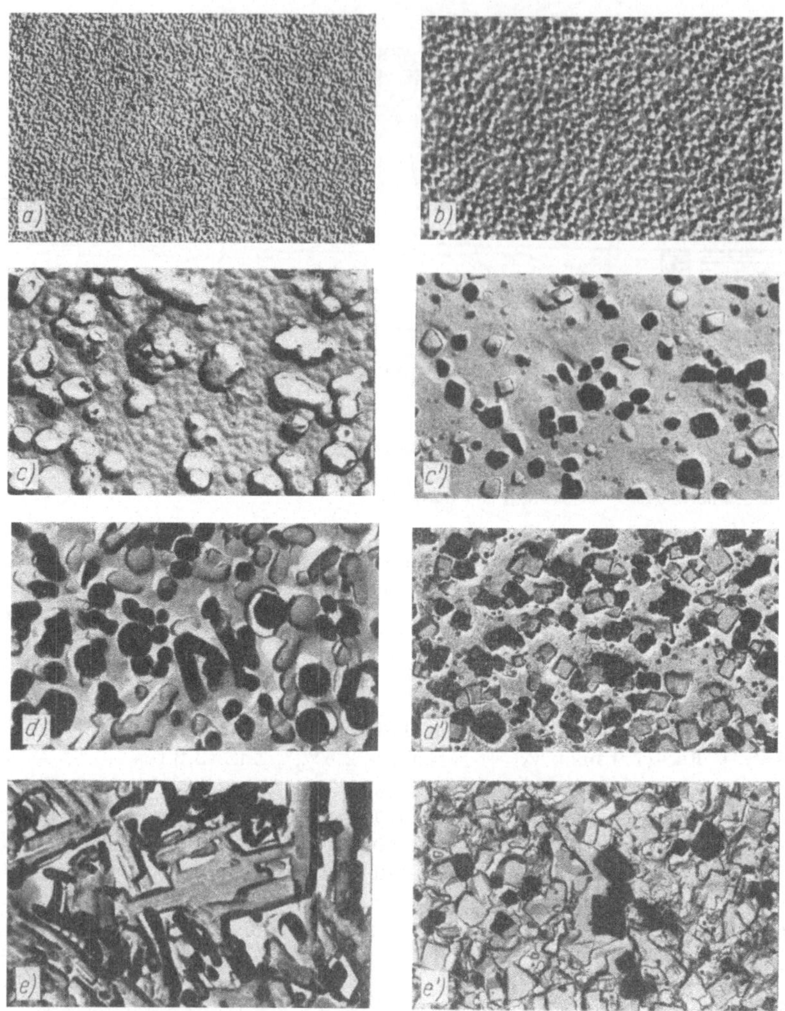

Bild 58. Elektronenmikroskopische Aufnahmen, die den Übergangsprozeß eines Glases in eine Vitrokeramik zeigen (Temperaturintervall 20 bis 1 000 °C, Vergrößerung 75 000fach)

Temperung, im Bereich niedriger Temperaturen, kommt es zur Ausscheidung von Kristallkeimen, im zweiten, der im Bereich höherer Temperaturen liegt, bilden sich die Hauptkristallphasen, und es entsteht eine feinkristalline Struktur des Werkstoffs. Um die allmähliche Entwicklung der beschriebenen Strukturänderungen in einem Schlackenglas zu illustrieren, sind in Bild 58 elektronenmikroskopische Aufnahmen eines dieser Materialien im Temperaturintervall von 20 bis 1 000 °C angeführt.

Das Ausgangsglas besitzt eine mikroinhomogene Struktur (Bild 58a). Eine Vortemperung führt zum Wachstum der Mikroinhomogenitätsbezirke (Bild 58b). Im Bereich höherer Temperaturen (800 bis 1 000°C) kommt es zur gleichmäßigen Kristallisation des Glases, die zur Bildung eines kristallisierten Materials führt, das entweder aus Kristallen des Wollastonits (Bild 58c, d, e) oder Kristallen des Anorthits (Bild 58c′, d′, e′) besteht. Es können aber auch Vitrokeramiken erhalten werden, die beide Phasen oder Kristalle anderer Art (Diopsid, Pyroxene, Gehlenit u. a.) enthalten. Die

Möglichkeit, die chemische Zusammensetzung, den Mineralisatortyp und die Temperbedingungen der Kristallisation zu variieren, erlaubtes, den Prozeß in die gewünschte Richtung zu lenken und so eine Schlackenvitrokeramik mit der benötigten Struktur und mineralogischen Zusammensetzung zu erhalten. Dies wiederum garantiert die notwendigen physikalisch-chemischen und mechanischen Eigenschaften des Materials.

Von der Struktur her stellt die Schlackenvitrokeramik einen Werkstoff dar, der zu 60 bis 70 % aus Kristallphase besteht, deren einzelne Körner von einer Restglasschicht umgeben sind und von ihr zusammengehalten werden. Die Kristallgröße übersteigt 0,5 bis 1 μm nicht. Die sehr kleine Kristallgröße, die geringen Unterschiede der Ausdehnungskoeffizienten und der Dichte der Kristall- und Glasphase, der gute Zusammenhalt zwischen den Kristallen und der Glaszwischenschicht sichern eine erhöhte Festigkeit und guten Korrosionswiderstand der Schlackenvitrokeramiken. Ihre mineralogische Zusammensetzung bedingt gute dielektrische Parameter. Die Eigenschaften der Schlackenvitrokeramiken sind in Anhang 3 angeführt.

Bisher wurden in der UdSSR Zusammensetzungen von Schlackenvitrokeramiken auf der Grundlage von Hochofenschlacken unterschiedlicher chemischer Zusammensetzung, Schlacken der Buntmetallurgie, Konverterschlacken und Schlacken der Phosphorproduktion entwickelt.

Nach der Art der Hauptkristallphasen, die sich im Prozeß der katalysierten Kristallisation von Schlackengläsern ausscheiden, kann man die entwickelten Schlackenvitrokeramiken in folgende Typen einteilen:

- *Wollastonit-Schlackenvitrokeramiken*; Hauptkristallphase: Wollastonit (β-$CaSiO_3$),
- *Pyroxen-Schlackenvitrokeramiken*; Hauptkristallphase: Pyroxenphase des Diopsidtyps,
- *Pyroxen-Eisen-Schlackenvitrokeramiken*; Mischkristalle entweder des Pyroxen-Augit-Typs oder des Pyroxen-Hedenbergit-Typs,
- *Anorthit-Schlackenvitrokeramiken*,
- *Melilith-Schlackenvitrokeramiken*; Hauptkristallphase: Mischkristalle des Meliliths (überwiegend Gehlenit- oder Åkermanitbestandteile),
- *Forsterit-Schlackenvitrokeramiken*.

Für Pyroxenschlackenvitrokeramiken stellt das Chromoxid den effektivsten katalytischen Zusatz dar. Es können auch kombinierte Zusätze angewendet werden: Cr_2O_3 und TiO_2; Cr_2O_3 und Eisenoxide; Cr_2O_3 und Fluoride. Anorthitschlackenvitrokeramiken werden mit Titandioxid hergestellt. Melilithschlackenvitrokeramiken kann man auf der Basis von hochtonerdehaltigen Schlacken und unter Verwendung von Sulfiden des Eisens bzw. Zinks oder von Chromoxid als Katalysator erhalten.

Wollastonitschlackenvitrokeramiken wurden auf der Grundlage der Konstantinovskaer Hochofenschlacke entwickelt. Als Kristallisationskatalysator werden Eisen-, Mangan- oder Zinksulfid und Fluoride eingesetzt. Es wurde ein industrielles Verfahren zur Herstellung von Walzmaterial und gepreßten Fliesen mit weißer oder schwarzer Farbe entwickelt und übergeleitet (gemeinsames Projekt des Forschungsinstitutes von »Autoglas« und des Moskauer Chemisch-Technologischen Instituts »*D. I. Mendeleev*«). Gegenwärtig laufen in den Konstantinovskaer Glaswerken »Autoglas« und »Oktoberrevolution« kontinuierliche technologische Linien zur Herstellung von Schlackenvitrokeramik.

Pyroxenschlackenvitrokeramiken wurden auf der Basis der hochmagnesiumhaltigen Hochofenschlacken des Westsibirischen Metallurgischen Werkes hergestellt; sie enthalten folgende Komponenten (in Masse-%): 36 bis 39,6 SiO_2, 15,7 bis 16,7 Al_2O_3,

28,6 bis 30 CaO, 12,2 bis 14,6 MgO, 0,7 TiO_2, 0,2 bis 0,27 FeO, 0,6 bis 1 MnO, 1,5 Na_2O und 0,6 Schwefel (*Shurba, Kostjunin*). Im Gemenge befinden sich 60 % Schlacke, Quarzsand und Natriumsulfat. Die optimale Zusammensetzung des Schlackenglases ist (in Masse-%): 58,9 SiO_2, 9,43 Al_2O_3, 17,05 CaO, 7,7 MgO, 0,32 MnO, 0,4 TiO_2, 0,16 FeO und 5 Na_2O. Bei Verwendung von Zinksulfid (Menge des S^{2-}: 0,3 %) kann man helle, glaskristalline Materialien erhalten. Um eine Deformation der Schlackengläser während der Kristallisation auszuschließen, ist es angebracht, Fluor in einer Menge von 1 bis 1,4 % zuzusetzen. Es ist möglich, eine Schlackenvitrokeramik auch mit 1,5 % Cr_2O_3 auf der Basis der angeführten Zusammensetzung herzustellen.

In den Arbeiten von *Kostjunin* wurden TiO_2 und Cr_2O_3 gemeinsam als Kristallisationskatalysator eingesetzt. Die Untersuchungen der Struktur- und Phasenumwandlungen des Schlackenglases während seiner Temperung erlaubten die Annahme, daß es im Intervall von 650 bis 750 °C zu einer intensiven Mikrophasentrennung kommt. Die dichteste Struktur mit einer Kristallgröße des Diopsids von 0,5 μm entsteht im Bereich von 850 bis 900 °C. Der Diopsid verleiht dem glaskristallinen Material eine hohe Hitzebeständigkeit.

Arbeiten zur Entwicklung von Pyroxen-Eisen-Schlackenvitrokeramiken wurden im Moskauer Chemisch-Technologischen Institut »*D. I. Mendeleev*« (*Gurevič, Skopin*) und im Belorussischen Polytechnischen Institut (*Žunina, Baranceva*) durchgeführt. Gegenwärtig werden Pyroxen-Eisen-Schlackenvitrokeramiken auf der Basis von sauren Hochofenschlacken des Magnitogorsker Metallurgischen Kombinats erhalten (*Kuzina*). Es wurden zwei Zusammensetzungstypen von Pyroxenschlackenvitrokeramiken entwickelt, schwacheisenhaltige und eisenhaltige. Hierfür werden kombinierte Katalysatoren eingesetzt, für erstere sulfidischer Schwefel + Fluor sowie Chromoxid + Fluor, für den zweiten Typ Chromoxid + sulfidischer Schwefel. Diese Zusammensetzungen der Pyroxenschlackenvitrokeramiken übertreffen die Wollastonitschlackenvitrokeramiken bezüglich Abriebfestigkeit. Schwacheisenhaltige Schlackenvitrokeramiken haben folgende chemische Zusammensetzung (in Masse-%): 40 bis 54 SiO_2, 9 bis 19 Al_2O_3, 27,9 bis 33,1 CaO, 6,3 bis 7,5 MgO, 0,5 bis 1,1 (FeO + Fe_2O_3), 0,2 MnO, 0,6 bis 0,8 TiO_2 und 0,6 Schwefel. Eisenhaltige Pyroxenschlackenvitrokeramiken enthalten (in Masse-%): 44,7 bis 50,1 SiO_2, 9,3 bis 10,3 Al_2O_3, 25,8 bis 28,6 CaO, 5,9 bis 6,5 MgO, 7,6 bis 8,5 (FeO + Fe_2O_3), 0,2 MnO, 0,6 bis 0,8 TiO_2 und 0,6 Schwefel.

Anorthitschlackenvitrokeramiken wurden auf der Grundlage von Schlackengläsern folgender Zusammensetzung entwickelt (in Masse-%): 40 bis 60 SiO_2, 15 bis 36 Al_2O_3, 14 bis 30 CaO und 4 bis 10 MgO. Als Katalysatoren wurden Zusätze von TiO_2 und P_2O_5 untersucht (*Belousov*).

Man kann Schlackenvitrokeramiken auf der Basis der Hochofenschlacken des Tscheljabinsker Metallurgischen Werkes (TschMS) erhalten, die folgende Zusammensetzung besitzen (in Masse-%): 36,9 bis 38,5 SiO_2, 12,1 bis 13,8 Al_2O_3, 34,35 bis 36,13 CaO, 7,8 bis 13,07 MgO, 0,31 bis 0,54 FeO, 0,83 bis 0,92 MnO und 0,8 bis 1,08 Schwefel. Die Gemengezusammensetzung wurde durch Quarzsand korrigiert, den man mit 15 bis 40 % zusetzte. Der sulfidische Schwefel tritt hier als Kristallisationskatalysator auf, der bei der Schmelze des Schlackenglases in reduzierender Atmosphäre erhalten bleibt (*Buchmastov*).

Auf der Grundlage von Schlacke des TschMS wurden Schlackenvitrokeramiken der Melilithzusammensetzung ohne zusätzliche Kristallisationskatalysatoren hergestellt. Dies geschah durch Korrektur der Hauptkomponenten der Schlacke bis zu den eutektischen Zusammensetzungen des Systems CaO—MgO—Al_2O_3—SiO_2 und durch Gewährleistung eines Mindestgehalts des sulfidischen Schwefels in der Glaszusammensetzung von 0,45 bis 0,50 % bei reduzierender Schmelze (*Jašukova*).

Schlackenvitrokeramiken werden auch aus Schlacken der Buntmetallurgie erhalten.

Im Moskauer Chemisch-Technologischen Institut »*D. I. Mendeleev*« wurden Schlakkenvitrokeramiken auf der Basis von hocheisenhaltigen Schlacken aus Kupferhütten entwickelt (*Nurbekov*). Die Schlacke besteht aus (in Masse-%): 48,5 bis 53 SiO_2, 13 bis 16,5 Al_2O_3, 9,5 bis 12 CaO, 1,5 bis 2 MgO, 16,5 bis 20 Fe_2O_3, 1,5 Na_2O und 0,06 Schwefel. Es wurde die Kristallisation von Gläsern auf der Grundlage dieser Schlakken bei Zusatz folgender Katalysatoren untersucht: TiO_2, CaF_2, Na_2SiF_6, FeS und $Ca_3(PO_4)_2$. Eine gleichmäßige, feinkörnige Struktur der Schlackenvitrokeramiken erhält man bei Zusatz von P_2O_5, TiO_2 und Fluor. Die Hauptkristallphasen stellen Hedenbergit $CaO \cdot FeO \cdot 2SiO_2$, Magnetit Fe_3O_4, Hämatit α-Fe_2O_3 und Anorthit $CaO \cdot Al_2O_3 \cdot 2SiO_2$ dar.

Die Möglichkeit zur Herstellung von glaskristallinen Materialien auf der Basis von Kupferhüttenschlacken folgender Zusammensetzung wurde von *Badaljan* untersucht (in Masse-%): 43,7 bis 57,4 SiO_2, 11,46 bis 11,86 Al_2O_3, 25,9 bis 35,46 CaO, 0,76 bis 4,77 MgO, 0,64 bis 0,73 TiO_2, 0,08 bis 0,13 P_2O_5, 0 bis 0,39 Fe_2O_3, 1,36 bis 2,26 FeO, 0,11 bis 0,29 MnO, 0,59 bis 0,71 R_2O, 0,21 bis 0,36 Schwefel, 0,02 bis 0,05 Kupfer, 0,001 bis 0,01 Blei und 0,001 bis 0,01 Zink. Es wurde festgestellt, daß TiO_2 (bis zu 9 %) und Cr_2O_3 (bis zu 6 %) die effektivsten Katalysatoren sind. Die Schlackenvitrokeramiken der entwickelten Zusammensetzungen besitzen sehr gute physikalisch-chemische und mechanische Eigenschaften.

Ein praktisches Interesse besteht an der Nutzung der Silicomanganschlacken aus der Produktion von Ferrolegierungen. Silicomanganschlacken enthalten etwa 20 % MnO. Es wurden Untersuchungen zum Einfluß von Manganoxiden auf die technologischen und physikalisch-chemischen Eigenschaften der Gläser durchgeführt und Zusammensetzungen von glaskristallinen Materialien auf der Basis von Silicomanganschlacken entwickelt (*Maščenko*). Das Gemenge enthält 70 bis 75 % Schlacke, 25 bis 30 % Sand und 5 % Na_2O. Ein Zusatz von bis zu 9 % Titandioxid trägt zur Kristallisation des Glases bei. Die Hauptkristallphase ist Bustamit. Als Kristallisationskatalysator kann man auch 0,6 % Cr_2O_3 verwenden. Die besten Ergebnisse wurden mit 2 bis 3 % Fluor erreicht, das zur Ausscheidung von Mischkristallen des Pyroxentyps und einer feinkristallinen Struktur beiträgt. Schlackenvitrokeramiken auf der Grundlage von Silicomanganschlacken sind in den technologischen, physikalisch-chemischen und mechanischen Eigenschaften den Wollastonitschlackenvitrokeramiken ähnlich.

In einer Arbeit des Uraler Polytechnischen Instituts »*S. M. Kirov*« wurden Schlacken von Halden der Nickelproduktion aus dem Ural untersucht (*Kručinina*). Diese Schlacken der Schmelze oxydierter Nickelerze besitzen einen hohen Gehalt an Siliciumdioxid, Eisenoxid (überwiegend FeO) und Magnesiumoxid. Sie enthalten (in Masse-%): 42 bis 49 SiO_2, 4 bis 14 Al_2O_3, 17 bis 27 ($FeO + Fe_2O_3$), 6 bis 13 MgO und 10 bis 20 CaO. Nach der mineralogischen Zusammensetzung bestehen die Haldenschlacken vorwiegend aus Pyroxenphasen Augit und Klinoferrosilit. Das schafft die Voraussetzungen für die Herstellung von glaskristallinen Materialien des Pyroxentyps.

Auf der Basis von Haldenschlacken der Nickelproduktion wurde eine hochqualitative Schlackenvitrokeramik folgender Zusammensetzung entwickelt (in Masse-%): 50 bis 52 SiO_2, 8 bis 9 CaO, 10 bis 11 MgO und 17 bis 18 ($FeO + Fe_2O_3$). Es werden keine speziellen Katalysatoren angewendet. Die aktive Rolle der Fe^{2+}-Ionen im Prozeß der Strukturumwandlungen wurde nachgewiesen. Die Fe^{2+}-Ionen depolymerisieren die Struktur der Schmelzen und Gläser, verringern die Viskosität und die Temperatur der Strukturumwandlungen, verstärken die Neigung der Schmelzen und Gläser zur Mikroentmischung und nehmen aktiv an der Bildung und Kristallisation der Pyroxenphasen teil.

Es wurden Zusammensetzungen von Schlackenvitrokeramiken auf der Basis von Konverterschlacken entwickelt, die folgende Komponenten enthalten (in Masse-%):

15 bis 18 SiO_2, 0,8 bis 2,8 Al_2O_3, 11 bis 38 (Fe_2O_3 + FeO), 34 bis 50 CaO, 2,3 bis 3,8 MgO und 6 bis 12 MnO. Als Kristallisationskatalysator wird Chromoxid eingesetzt. Die Untersuchungsergebnisse zur Verwendung von verarmten Schlacken der Nickel- und Bleiproduktion für die Herstellung von Schlackenvitrokeramiken sind in den Arbeiten von *Šeludjakov* (Institut der Chemischen Wissenschaften der AdW der Kasachischen SSR) dargelegt.

Umfangreiche Untersuchungen zur Entwicklung von glaskristallinen Materialien auf der Grundlage von Schlacken werden im Ausland durchgeführt. *Löcsei* untersuchte Glaszusammensetzungen unter Verwendung von Hochofenschlacke und Sulfiden der Schwermetalle als Katalysator. Aus diesen Zusammensetzungen erhielt er nach der Kristallisation eine Vitrokeramik (Minelbit). Das Gemenge enthält (in Masseanteilen): 100 Schlacke, 50 Quarzsand, 8,5 Na_2CO_3, 10 Na_2SO_4 und 10 Ton. Die verwendete Schlacke hat folgende Zusammensetzung (in Masse-%): 34 SiO_2, 40,6 CaO, 9,9 Al_2O_3, 3,9 MgO, 3,6 MnO, 2,3 BaO, 2,2 Fe_2O_2, 1 TiO_2, 0,3 Na_2O, 0,3 K_2O und 1,9 Schwefel. Der Ton besteht aus 20 % Al_2O_3 und 80 % SiO_2. Der Gesamtgehalt des Katalysators beträgt unter Beachtung des Eisenoxids der Schlacke und einem Zusatz von 1,5 bis 2 % Sulfid 4 bis 5 %. Die Gläser wurden in reduzierender Atmosphäre bei 1430 °C geschmolzen. Die Temperung der gegossenen Erzeugnisse wurde in zwei Stufen durchgeführt, die erste Stufe 1 h bei 800 °C und die zweite 1 bis 5 h bei 800 bis 1000 °C. Die Dichte änderte sich während der Kristallisation von 2700 bis auf 3100 kg m^{-3} und der Ausdehnungskoeffizient von $96 \cdot 10^{-7}$ bis auf $72 \cdot 10^{-7}$ K^{-1}. Im Ergebnis der Kristallisation wurde eine Vitrokeramik mit vorwiegend Diopsidphase erhalten. In Tabelle 38 ist die chemische Zusammensetzung zweier unterschiedlicher Vitrokeramiken angegeben.

Tabelle 38. Chemische Zusammensetzungen von Schlackenvitrokeramiken

Oxide	Gehalt in Masse-%		Oxide	Gehalt in Masse-%	
	1	2		1	2
SiO_2	56,1	60,9	MnO	2	2
CaO	21,9	9	Na_2O	5	3,2
Al_2O_3	7,9	14,2	K_2O	1	1,9
MgO	2,6	5,7	Fe_2O_3	1,5	2,5
BaO	1,5	0,4	TiO_2	0,5	0,2

Anmerkung: Vitrokeramik Nr. 1 hat vorwiegend Diopsid- und Vitrokeramik Nr. 2 eine Feldspatzusammensetzung

Eine Erhöhung des Feldspatgehaltes führt zur Verbesserung der mechanischen, thermischen und chemischen Eigenschaften der Vitrokeramik. Die besten mechanischen Eigenschaften besitzen Vitrokeramiken, deren chemische Zusammensetzungen entlang den Linien der Eutektika des Systems Albit-Anorthit-Diopsid liegen.

Löcsei schlug außerdem vor, zur Herstellung von Vitrokeramiken ein Gemisch aus Schlacken und Gesteinen zu verwenden. Tabelle 39 zeigt die chemische Zusammensetzung von Schlacken und Gesteinen, die als Gemengekomponenten fungieren.

Die chemische Zusammensetzung der aus diesen Komponenten hergestellten Gläser befindet sich in folgenden Grenzen (in Masse-%): 50 bis 62 SiO_2, 5,5 bis 12 Al_2O_3, 20 bis 33 RO, 3 bis 7,5 R_2O, 1,5 bis 10 MnO, 0,1 bis 5 FeO und 0,3 S^{2-}. In die Zusammensetzungen des Glases werden entweder die Sulfide des Calciums, Magnesiums, Eisens und Mangans eingeführt, oder sie werden durch Reduktion der entsprechenden Sulfate erhalten, wozu dem Gemenge ein Reduktionsmittel (z. B. Koks) beigegeben wird. Die Gläser werden bei 1400 bis 1500 °C in einer reduzierenden Gasatmosphäre

Tabelle 39. Chemische Zusammensetzungen von zur Vitrokeramikherstellung verwendeten Schlacken und Gesteinen

Schlacken und Gesteine	Gehalt in Masse-%							
	SiO_2	CaO	Al_2O_3	Fe_2O_3	BaO	MgO	MnO	R_2O
Schlacke	36,7	41,6	7	0,9	1,2	5,5	6,1	0,4
Aplit	77,5	—	12,6	1,2	—	—	—	7
Phonolith	57,6	1,9	20,6	3,6	—	0,3	—	13,1
Dolomit	3,1	27	2,5	0,5	—	19,3	—	—
Quarzsand	63,7	—	0,3	0,1	—	31	—	—
Manganerz	10	3,3	6,7	15	—	—	65	—

Tabelle 40. Gemengezusammensetzungen für die Herstellung von Gläsern auf der Basis von Schlacken und Gesteinen

Gemenge-komponente	Gehalt in Masse-%					
	1	2	3	4	5	6
Schlacke	—	—	—	31	—	—
Aplith	50	—	—	16	30	30
Phonolith	—	31,5	31,5	16	25	—
Dolomit	38	—	48,3	—	38	10
Talk	27,5	60,6	—	36	—	34
Quarzsand	—	—	38,6	—	22	—
Manganerz	3	3	3	4	4	4
Na_2SO_4	5	2,5	3,3	3,5	6	3
$MgSO_4$	5	19,4	—	—	1	6
$CaSO_4$	—	—	2	—	—	—
Koks	5	4	4	4	1	1

geschmolzen. Die Erzeugnisse werden durch Gießen der Schmelze oder durch Pressen von Glaspulver (Korngröße $>0{,}1$ mm) mit anschließender Sinterung und Kristallisation geformt.

In Tabelle 40 sind Gemengezusammensetzungen zur Herstellung von derartigen Gläsern angegeben. Die Kristallisation der gegossenen Erzeugnisse wurde in Abhängigkeit von der Zusammensetzung bei 750 bis 1000 °C durchgeführt. So wurde z. B. Zusammensetzung Nr. *1* bei 1400 bis 1500 °C geschmolzen. Die Probenherstellung erfolgte durch Gießen oder Pressen (Stäbe mit einer Länge von 40 mm). Die Temperung bestand in der Erwärmung bis auf 820 °C und einer weiteren Temperaturerhöhung innerhalb von 4 h bis auf 900 °C. Danach wurden die Proben mit einer Geschwindigkeit von 30 bis 60 K h^{-1} auf 500 °C und danach weiter mit 50 bis 80 K h^{-1} abgekühlt. Die Größe der entstandenen Kristalle betrug 1 bis 2 µm. Die Festigkeitsgrenzen lagen für die Druckspannung bei 500 MPa und für die Biegespannung bei 46 MPa. Die Abriebfestigkeit ist höher als bei Stahl. Die Temperung der Zusammensetzung Nr. *5* wurde bei 770 bis 860 °C durchgeführt. Zusammensetzung Nr. *6* wurde in 4 h von 850 auf 970 °C erwärmt und dann wie Nr. *1* abgekühlt.

Alle Vitrokeramiken besaßen bei Temperaturen bis 100 °C eine hohe Säurebeständigkeit. Proben mit mehr als 25 % MgO wiesen die beste Temperaturwechselbeständigkeit auf. Eine größere Abriebfestigkeit zeigten die Proben der Zusammensetzungen Nr. *5* und *6*. Die dielektrischen Verluste tan δ der Vitrokeramiken bewegten sich in

den Grenzen von 12 bis $20 \cdot 10^{-4}$, die Dielektrizitätskonstanten in den Grenzen von 6 bis 8,5, und die Durchschlagfestigkeiten betrugen 16 bis 22 kV mm^{-1}.
Hinz und *Wihsmann* beschrieben Ergebnisse zur Anwendung der katalysierten Kristallisation bei der Herstellung von Schlacken der Mansfelder Kupferhütte. In Tabelle 41 sind die Zusammensetzungen dieser Schlacken angeführt. Es wird ersichtlich, daß die Schlacken relativ sauer sind und deshalb in reiner Form ohne Zusatz von Quarzsand eingesetzt werden können. Außerdem enthält die Schlacke Spuren von Zinn, Cobalt, Nickel, Silber, Blei, Vanadium, Beryllium und Chrom.

Tabelle 41. Chemische Zusammensetzungen von Schlacken der Kupferhüttenproduktion

Komponente	Gehalt in Masse-%	Komponente	Gehalt in Masse-%
Hauptkomponenten		*Spurenverbindungen*	
SiO_2	46...50	MnO	0,2...0,3
CaO	16...22	TiO_2	0,1...1
Al_2O_3	15...19	BaO	0,35
MgO	6...9	ZnO	0,35
$K_2O + Na_2O$	3...5	Kupfer	0,2...0,3
FeO	3...5	Schwefel	0,45
		Kohlenstoff	0,03...0,3

Die Autoren weisen darauf hin, daß die Hauptkomponenten des Glases die Basizität, das Erweichungsintervall, die Formbarkeit, die Viskosität, die chemische Beständigkeit, die Phasenzusammensetzung, die Eigenschaften und das Verhalten während der Kristallisation bestimmen. Die Nebenkomponenten und Spurenelemente haben fast keinen Einfluß auf die Eigenschaften und können durch andere ersetzt oder ganz und gar aus der Schlacke entfernt werden. Hierbei schließen die Autoren nur das Manganoxid, den Kohlenstoff und das Chrom aus, die nach ihrer Meinung die Kristallisation der Schlacke beeinflussen.
Es konnte festgestellt werden, daß künstliche Zusammensetzungen, die denen der Kupferhüttenschlacken ähnlich sind, ohne Chrom und Kohlenstoff eine geringere Kristallisationsneigung zeigen und nach der Kristallisation eine grobkörnige Struktur besitzen. Der Zusatz von 0,1 % Chrom in beliebiger Form oder als Chromerz garantierte eine feinkörnige Struktur des Materials. Eine Erhöhung des Chromgehaltes bis auf 0,3 % verschlechterte die Struktur und die Homogenität der Proben. Die Effektivität der Wirkung des Cr_2O_3 verbinden die Autoren damit, daß es eine Entmischung der Schmelze hervorruft. Cr_2O_3 besitzt eine geringe Löslichkeit in Kupferschlacken. Bei einem Gehalt von mehr als 2 % kommt es bereits während der Schmelze der Schlacke zur Entmischung, bei einem Cr_2O_3-Gehalt von mehr als 0,3 % beginnt die Entmischung erst beim Abkühlen der Schmelze, und bei einer Konzentration von weniger als 0,3 % Cr_2O_3 entmischt das Glas erst bei einer erneuten Erwärmung.
Die Bildung von tröpfchenförmigen amorphen Entmischungsbezirken wurde an Hand von elektronenmikroskopischen Aufnahmen festgestellt (bei sehr hohen Vergrößerungen). Bei der Entmischung der Schmelze schied sich nur eine disperse, chromangereicherte Phase aus, die als erste kristallisierte und als Erreger für die Kristallisation der Hauptmasse der Schlacke diente. In einer Schlacke, die mehr als 2 % Cr_2O_3 enthält, wurde mit der Röntgenphasenanalyse Chromspinell festgestellt, der auch Kristallisationszentren bildete.
Um dem Gemenge der künstlichen Zusammensetzungen Kohlenstoff zuzusetzen, verwendeten die Autoren Asche, die ihrer Meinung nach am besten hierfür geeignet ist, da sie unverbrannten Kohlenstoff enthält. Der Kohlenstoffgehalt der Schlacken

schwankt in den Grenzen von 0,03 bis 0,3 %. Um das Ausbrennen des Kohlenstoffes zu kompensieren, wurde er in das Gemenge mit etwa 3 % eingeführt. Obwohl der Kohlenstoff ebenfalls eine spontane und gleichmäßige Kristallisation der Schlacke hervorruft, ist das Material nicht so feinkörnig wie bei Zusatz von Cr_2O_3. Diese Besonderheit wird mit der ungleichmäßigen Verteilung des Kohlenstoffs und seiner Unlöslichkeit in der Schlackenschmelze verbunden.

Nach Meinung der Autoren ist die im Vergleich zu Kohlenstoff höhere Effektivität des Cr_2O_3 (und auch des TiO_2) durch seine höhere Löslichkeit in der Schlackenschmelze bedingt, was zu einer intensiveren Kristallkeimbildung durch die unmittelbare Ausscheidung der Kristallkeime aus der übersättigten Lösung oder zu einer vorhergehenden Entmischung der flüssigen Phase führt.

Das Glühen einer feingemahlenen Schlacke bei 800 bis 1 000 °C an der Luft verringert ihre Kristallisationsneigung wesentlich, was mit dem Ausbrennen des Kohlenstoffs erklärt wird. Das gleiche Resultat erhält man bei Verlängerung der Schmelzdauer der Schlacke. Es wird auf den Einfluß der Gasatmosphäre während des Schmelzprozesses der Schlacken hingewiesen, was zur Verringerung oder zur Erhaltung des Kohlenstoffs in der Schmelze führen kann. Schlacken, die in einer reduzierenden Atmosphäre aufgeschmolzen wurden, ergaben feinkristalline Proben mit einer schwarzen, glatten Oberfläche. Eine oxydierende Atmosphäre verleiht der Oberfläche ein runzliges Aussehen und eine gelblich-braune Färbung. Letzteres verbinden die Autoren mit dem Ausbrennen des Kohlenstoffs und der Oxydation des Fe^{2+} zu Fe^{3+}, was eine erhöhte Kristallisation der Oberfläche hervorruft. An dieser Stelle muß angeführt werden, daß man nicht ganz mit den Überlegungen von *Hinz* und *Wihsmann* einverstanden sein kann. Sie berücksichtigten überhaupt nicht den Schwefel in der Schlacke, dessen Konzentration (0,45 %) den Kohlenstoffgehalt übersteigt. Auf der Grundlage von Ergebnissen, die aus Untersuchungen über die Rolle des S^{2-} während der Kristallisation von Schlackengläsern im Moskauer Chemisch-Technologischen Institut »*D. I. Mendeleev*« erhalten wurden, kann man die Aussage treffen, daß diese Komponente nicht unterschätzt werden darf. Mehr noch, diese Menge an sulfidischem Schwefel ist voll ausreichend, um allein eine katalysierte Kristallisation zu garantieren (unabhängig von der Existenz anderer Oxide und Elemente in der Schlacke, wie Cr_2O_3, Kohlenstoff usw.). Der Kohlenstoff spielt hier jedoch nur die Rolle eines Reduktionsmittels. In diesem Fall kann die Verschlechterung der Kristallisationseigenschaften der Gläser nach dem Glühen, nach Verlängerung der Schmelzdauer oder durch eine oxydierende Gasatmosphäre nicht mit dem Ausbrennen des Kohlenstoffs, sondern mit dem sulfidischen Schwefel und der Verringerung seiner Konzentration erklärt werden. Der Zusatz allein von Kohlenstoff in ein Glas (ohne andere, noch in einer Schlacke enthaltene Zusätze) führt nach Ergebnissen des Moskauer Chemisch-Technologischen Instituts »*D. I. Mendeleev*« nicht zur Bildung einer Vitrokeramik.

Hinz und *Wihsmann* führten die Temperung der Proben in Abhängigkeit von der Erzeugnisform nach verschiedenen Regimes durch. Bei der Herstellung von Erzeugnissen wird die Schmelze in die Formen gegossen und etwas abgekühlt, damit die äußere Form erhalten bleibt. Danach werden sie in den Kühlofen gebracht. Vor der vollständigen Abkühlung werden die Erzeugnisse nochmals etwas über die Erweichungstemperatur erwärmt und dann langsam abgekühlt, um die Spannungen abzubauen. Zur Kristallisation schließt sich eine weitere Erwärmung an. Nach einer zweiten Variante wird das Erzeugnis nach der Formgebung sofort kristallisiert, wobei die Temperatur mit einer Geschwindigkeit von 2 K min^{-1} bis auf 200 K über T_g erhöht und dann bei dieser Temperatur einige Zeit gehalten wird. Anschließend läßt man das Erzeugnis langsam abkühlen. Um eine vollständige Kristallisation zu erhalten, wird das Erzeugnis vor dem Abkühlen auf eine Temperatur, die etwas unter der Liquidustemperatur liegt, erwärmt. Solch ein Temperregime garantiert eine opti-

male Keimbildungsgeschwindigkeit und das darauffolgende Wachstum dieser Keime.
Es wird darauf hingewiesen, daß die Zusammensetzung der Kupferhüttenschlacken gewährleistet, daß in den kristallisierten Materialien nur ein Mineral (monokliner Pyroxen) vorhanden ist, das die hohe Abriebfestigkeit des Materials bedingt. Weiterhin wurde die Notwendigkeit einer vollständigen und feinkörnigen Kristallisation, die dem Erzeugnis die verbesserten Eigenschaften verleiht, betont. Zur Verbesserung der Fließfähigkeit der Schlacke wird empfohlen, bis zu 3 % CaO und MgO zuzusetzen und die in diesem Falle auftretende größere Deformationsneigung der Erzeugnisse durch Erhöhung des Chromoxidgehalts bis 1 % auszugleichen.
Die polnischen Wissenschaftler *Ziemba* und *Chlopicka* stellten Schlackenvitrokeramiken auf der Basis von metallurgischen Schlacken her. Diese Materialien besitzen gute mechanische und dielektrische Eigenschaften. Ihre chemische Beständigkeit entspricht der zweiten oder dritten hydrolytischen Klasse. In Tabelle 42 sind die Zusammensetzungen von zwei Schlackenvitrokeramiken angeführt. Der thermische Ausdehnungskoeffizient beträgt für die Schlackenvitrokeramik ZN-164: $62 \cdot 10^{-7}\,K^{-1}$ und für die Schlackenvitrokeramik 2S-143: $84 \cdot 10^{-7}\,K^{-1}$.

Tabelle 42. Zusammensetzungen von Schlackenvitrokeramiken auf der Basis von polnischen metallurgischen Schlacken

Typ	Gehalt in Masse-%							
	SiO_2	CaO	Al_2O_3	Fe_2O_3	MgO	TiO_2	MnO	R_2O
ZN-164	58,9	28,5	5,8	0,2	3,9	0,2	0,4	1,24
2S-143	56,9	32,2	6,5	0,3	3	—	—	0,6

Die japanische Firma »Nippon Gaisi« (*Adati*, *Kato*, *Suwa* und *Takheara*) erhielt 1964 ein Patent für ein Herstellungsverfahren von keramischen Erzeugnissen auf der Basis von metallurgischen Schlacken. Im Patent wird unterstrichen, daß bei der Produktion von 1 t Gußeisen 0,8 t Schlacke anfallen und deshalb die Anwendung der Schlacke für keramische Erzeugnisse ökonomisch gerechtfertigt ist. Die japanische metallurgische Schlacke besitzt folgende Zusammensetzung (in Masse-%): 30 bis 34 SiO_2, 39 bis 42 CaO, 14 bis 18 Al_2O_3, 2 bis 5 MgO, 0,5 bis 1 K_2O, 0,5 bis 1 Na_2O, <1 FeO, 0,8 bis 1,5 MnO, 0,2 TiO_2 und 0,9 bis 1,2 Schwefel. Um eine Schlackenvitrokeramik zu erhalten, wird folgendes Gemenge vorgeschlagen (in Masse-%): 30 bis 70 Schlacke; 30 bis 70 Quarzsand; 10 bis 30 $CaCO_3$; 2 bis 12 $MgCO_3$; 2 bis 12 Na_2CO_3 und 0,5 bis 10 Katalysatoren. Als Katalysatoren können Cr_2O_3, MgO, CaF_2 und P_2O_5 einzeln oder miteinander kombiniert verwendet werden. Nach der Formgebung werden die Erzeugnisse bei 700 bis 900 oder 900 bis 1200 °C getempert. Die so hergestellten Schlackenvitrokeramiken haben folgende chemische Zusammensetzung (in Masse-%): 40 bis 70 SiO_2, 15 bis 35 CaO, 5 bis 15 Al_2O_3, 2 bis 12 MgO, 2 bis 12 Na_2O und 0,5 bis 10 Katalysatoren.
Die angegebenen Grenzen der chemischen Zusammensetzung der Gläser sind für Schlackenvitrokeramiken optimal. Eine Verringerung oder Vergrößerung der Menge der einen oder anderen Komponente führt zur Verschlechterung der technologischen Eigenschaften. So erschwert eine Verringerung des CaO-Gehaltes (Er spielt in der Zusammensetzung eine Hauptrolle.) die Kristallisation, und eine Überschreitung des Maximums ruft eine spontane Kristallisation der Gläser hervor. Bei weniger als 2 % MgO verringert sich die chemische Beständigkeit des Glases, und bei mehr als 12 % wird das Glas schwer schmelzbar. Über 12 % Na_2O führen dazu, daß das Glas

schlecht kristallisiert. Dasselbe Resultat wird bei einem Si_2O-Gehalt von über 70 % beobachtet. Die für das Glas empfohlene Katalysatormenge kann unterschiedlich sein, Cr_2O_3 von 0,5 bis 10 %, MgO, CaF_2 und P_2O_5 von 3 bis 10 %. Letztere können in Verbindung mit Cr_2O_3 eingesetzt werden, wenn ihre Konzentration im Glas weniger als 3 % beträgt. Eine Überschreitung dieser Katalysatormengen führt zur spontanen Kristallisation während des Formgebungsprozesses.
Die Firma empfiehlt, die Schlackenvitrokeramik für die Herstellung von Heizelementen (Armierung von Heizelementen), von Erzeugnissen mit einer hohen magnetischen Permeabilität (in Verbindung mit Magneteinlagen), von Teilen für Wärmeaustauscher (unter Zusatz einer geringen Menge BeO), von Glasloten (unter Zusatz von leichtschmelzenden Gläsern) u. a. einzusetzen.
Takehara und Mitarbeiter erhielten auch ein Patent (USA Nr. 3 170 780 vom 28. 2. 1965) für ein Herstellungsverfahren von Porzellanerzeugnissen durch Kristallisation von Gläsern, die mindestens 25 % Hochofenschlacke in ihrer Zusammensetzung enthalten. Das Ausgangsglas enthält folgende Komponenten (in Masse-%): 40 bis 70 SiO_2, 5 bis 12 Al_2O_3, 20 bis 38 CaO + MgO, 3 bis 8 Na_2O und 0 bis 2 Fluor. Als Keimbildner wird ZnS oder ZnO + Schwefel in einer Menge von 1 bis 5 % verwendet. Zur Herstellung von farbigen Schlackenvitrokeramiken werden empfohlen: CdS (gelb), SeS (rot) und CoO (grün). Die Gläser werden bei 1 400 bis 1 500 °C in einer reduzierenden oder neutralen Gasatmosphäre unter Zusatz von 0 bis 3 % Schwefel zum Gemenge geschmolzen. Es wird folgendes Temperregime angewendet: 0 bis 6 h bei Erweichungstemperatur, danach wird die Temperatur mit einer Geschwindigkeit von nicht mehr als 200 K h^{-1} bis auf 900 bis 1 000 °C angehoben und hier bis zum Abschluß der Kristallisation 0,4 bis 4 h gehalten. Der Zusatz von Fluor verhindert die Deformation der Erzeugnisse während der Temperung, aber bei einem Gehalt von mehr als 2 % verschwindet der Oberflächenglanz. In Tabelle 43 sind Gemengezusammensetzungen, Temperregimes und Eigenschaften der erhaltenen Vitrokeramiken angeführt.

Tabelle 43. Zusammensetzungen, Temperregimes und Eigenschaften der Schlackenvitrokeramiken

Parameter	Zusammensetzung		Parameter	Zusammensetzung	
	1	2		1	2
Gehalt, %			*Eigenschaften der Schlackenvitrokeramik*		
Hochofenschlacke	38,5	38,5			
SiO_2	43,5	43,5	thermischer Ausdehnungskoeffizient α (25–325 °C), 10^{-7} K^{-1}	70	64
CaO	8,7	8,7	Biegebruchfestigkeit, MPa	264	165
MgO	4	4	Mikrohärte nach *Knoop*	8 000	7 500
Na_2O	5,3	5,3	Farbe	grau	weiß
NaF	2	2			
ZnS	2	4			
Temperregime					
1. Temperstufe:					
Temperatur, °C	700	700			
Haltezeit, h	1,4	3			
2. Temperstufe:					
Temperatur, °C	1 000	1 000			
Haltezeit, h	1	1			

Die englische Forschungsvereinigung für Stahl und Eisen erhielt 1965 ein Patent für das Herstellungsverfahren eines Materials auf der Basis eines kristallisierten Glases aus metallurgischen Schlacken (*Clementaski*, *Archibald*, *Shultz*, *Sikorski* und *Rodgers*), das als Schlackenkeram bezeichnet wurde. Es wird durch die Kristallisation eines Glases hergestellt, das aus einer metallurgischen Schlacke erschmolzen wurde und folgende Komponenten enthält (in Masse-%): 45 bis 65 SiO_2, 5 bis 30 Al_2O_3, 15 bis 45 CaO, bis zu 10 MgO und eine notwendige Menge von katalytischen Zusätzen. Man kann aber auch ein nichtkristallisierendes Schlackenglas erhalten, wenn die Katalysatoren nicht eingeführt werden und die Temperung durch einen gewöhnlichen Kühlprozeß ersetzt wird.

Für die Herstellung der Schlackenkerame oder Schlackengläser können viele Hochofenschlacken in flüssiger oder fester Form benutzt werden. Den Sand kann man kalt und auch vorgewärmt zusetzen. Die Auswahl des Katalysators hängt von der Ofenatmosphäre während der Schmelze ab. Hierfür werden Oxide der Übergangselemente, wie Vanadium, Mangan, Chrom, Titan und Eisen, Fluoride (CaF_2, NaF u. a.), Phosphate (Apatit u. a.), Gemische oder Verbindungen (Kryolith, Ilmenit, Chrom u. a.), Vanadium- oder Manganschlacken, Knochen- oder Ofenasche eingesetzt. Die Katalysatormenge sollte in der Zusammensetzung der Schlackenvitrokeramik 5 % nicht übersteigen.

In Tabelle 44 sind die chemischen Zusammensetzungen einiger Schlackenkeramiken angegeben. In alle Zusammensetzungen wurden außer der Schlacke noch Quarzsand, in die Zusammensetzungen Nr. *4* und *5* außerdem noch gebrannter Ton und in die Zusammensetzung Nr. *7* Marmor eingeführt. Tabelle 45 enthält die Zusammensetzungen der Hochofenschlacken, die für die Herstellung der Schlackenkerame verwendet wurden. Die Schlacken Nr. *1* und *2* wurden den Zusammensetzungen Nr. *1* und *2* (s. Tabelle 44), Schlacke Nr. *3* der Zusammensetzung Nr. *3* und Schlacke Nr. *4* den Zusammensetzungen Nr. *4* bis *7* zugegeben.

Die Gemengekomponenten werden so lange erwärmt, bis sie eine homogene Schmelze bilden. Wenn dieser Prozeß in einem gewöhnlichen Ofen durchgeführt wird, erfolgt die Homogenisierung der Schmelze durch die Konvektionsströme und durch mechanische Mittel. In einem Drehrohrofen wird die Schmelze schneller durchmischt, aber es sind Spezialmaßnahmen notwendig, um die Blasen, die in der Schmelze verblieben sind, zu entfernen. Die Formgebung der Erzeugnisse erfolgt direkt aus der Schmelze. Die Formgebungsverfahren sind denen bei der Herstellung von Gläsern gleich.

Tabelle 44. Chemische Zusammensetzungen einiger Schlackenkeramiken

Oxide	Zusammensetzung in Masse-%						
	1	2	3	4	5	6	7
Hauptkomponenten							
SiO_2	46,3	45,4	43,8	52,8	48,2	50,9	44,5
Al_2O_3	13,5	14,2	12,4	20,1	22,5	10,1	5,6
CaO	28,1	32,6	27,4	18	20,1	25,2	41,2
MgO	5,8	3	6,5	2,5	2,8	3,6	2
weitere Komponenten							
R_2O	1,4	1,1	2	1,1	1,2	1,5	1,3
RO	1,6	1,3	3,1	1,8	1,9	2,4	2
R_2O_3	2,5	2,4	3,3	2,9	2,4	5,1	2,5
RO_2	0,8	—	1,5	0,8	0,9	1,2	0,9

Tabelle 45. Chemische Zusammensetzungen von Hochofenschlacken zur Herstellung von Schlackenkeramiken

Oxide	Zusammensetzung in Masse-%			
	1	2	3	4
Hauptkomponenten				
SiO_2	32,5	32,5	30,5	29,8
Al_2O_3	17,4	19,2	15	11,6
CaO	36,5	41,4	37,9	36,2
MgO	7,5	4,1	5,4	9,2
weitere Komponenten				
R_2O	1,6	1,3	2,3	2,8
RO	1,9	1,5	3,6	4,1
R_2O_3	1,6	—	3,6	4,1
RO_2	1	—	1,7	2,2

Am günstigsten ist es, die Schlackenkerame durch Pressen zu formen. Dieses Verfahren erlaubt es, mit relativ einfachen Ausrüstungen Erzeugnisse mit verhältnismäßig komplizierter Geometrie in großer Stückzahl zu erhalten; der Prozeß kann automatisiert werden. Es wurde auch ein Verfahren zum Gießen in Sand- und Metallformen entwickelt, das für die Massenproduktion von einfachen Erzeugnissen empfohlen wurde. Die Art der Bearbeitung der Oberflächen hängt hauptsächlich vom Formgebungsverfahren ab. Wenn eine glatte Oberfläche gefordert ist, wendet man den Kokillenguß oder das Pressen an.

Die ausgeformten Erzeugnisse werden in den Temperofen gegeben. Es wird ein zweistufiges Kristallisationsregime angewendet, das aus der Primärtemperung bei einer Temperatur, die etwas über der Kühltemperatur (650 bis 750 °C) liegt, und der Sekundärtemperung bei einer höheren Temperatur (800 bis 950 °C) besteht. Bei der Primärtemperung bilden sich submikroskopische Keime, auf denen dann bei weiterer Erwärmung die Kristalle wachsen. Die Aufheizgeschwindigkeit von der Temperatur der Keimbildung auf die Temperatur des Kristallwachstums ist sehr wichtig, und sie wird so gewählt, daß die sich ausscheidenden Kristalle im Material ein Gerüst bilden können und somit einer Deformation des Erzeugnisses entgegenwirken. In Tabelle 46 sind die Temperregimes für die Zusammensetzungen aus Tabelle 44 angeführt. Die Zusammensetzungen Nr. *1* und *2* wurden in Graphittiegeln und Nr. *3* bis *7* in Sillimanitgefäßen geschmolzen. Die Gesamtschmelzdauer betrug für die Zusammensetzungen Nr. *1* und *2* 6 h, für die Zusammensetzung Nr. *3* 20 h und für die Zusammensetzungen Nr. *4* bis *7* 12 h. Als Katalysatoren wurden in den Zusammensetzungen Nr. *1* TiO_2 (3 %), Nr. *2* Fe_2O_3 (4 %), Nr. *3* Chromit (1,5 %) und Nr. *4* bis *7* Chromit (1 %) eingesetzt. Durch Chromit wird in die Schlacke Cr_2O_3 eingebracht, das hier als Katalysator fungiert. Der Katalysatorgehalt beträgt in diesem Fall etwa 2/3 der Masse des Chromits. Durch Änderung des Temperregimes kann man die Struktur der Schlackenkerame in breiten Grenzen regulieren, wobei die benötigte Kritstallgröße durch ihren späteren Einsatz bestimmt wird.

Die Schlackenkerame können sofort nach der Kristallisation verwendet werden, und für den Großteil der Erzeugnisse ist keine Nachbearbeitung erforderlich. In einigen Fällen ist eine Oberflächenpolitur der Schlackenkerame oder ihre Emaillierung notwendig. Die Politur wird mit Poliermitteln unterschiedlicher Korngröße ähnlich der

Tabelle 46. Temperregimes für die Herstellung von Schlackenkeramen

Regime	Zusammensetzung			
	1	2	3	4 bis 7
Kühltemperatur, °C	800	—	—	750
Temperung				
a) Temperatur, °C	700...750	820...840	720	720
Aufheizgeschwindigkeit, K min^{-1}	1,5	1,5	—	—
Haltezeit, h	2,5	3	3	3
b) Temperatur, °C	850	950...1000	950	720...840
Aufheizgeschwindigkeit, K min^{-1}	—	—	—	2
Haltezeit, h	3	1	3	3
c) Temperatur, °C	850...1000	—	—	840...950
Aufheizgeschwindigkeit, K min^{-1}	1	—	—	2
Haltezeit, h	—	—	—	1

Politur von Granit durchgeführt. Das Emaillieren kann vor der Temperung erfolgen, aber beide Prozesse können auch zusammengelegt werden, was zu einer Kosteneinsparung führt.

Schlackenkerame können mit Diamantscheiben getrennt werden, obwohl es wünschenswert ist, die Endform mit Durchbrüchen und Vorsprüngen direkt im Prozeß der Formgebung (vor der Kristallisation) zu erhalten.

Die Haupteigenschaften der Schlackenkerame (hohe Festigkeit, Härte und Abriebfestigkeit) erlauben die Anwendung dieses Materials im Bauwesen. Eine ökonomische Abschätzung des Gesamtprozesses zeigt seine Effektivität.

7.2.2. Aschenvitrokeramiken

In Wärmekraftwerken, die feste, staubförmige Brennstoffe verarbeiten, fällt eine große Menge von Rückständen an (trockene Rückstände – Asche, geschmolzene Rückstände – Schlacke). So wurden in der UdSSR innerhalb mehrerer Jahre mehr als 100 Mt Asche- und Schlackenrückstände der Wärmekraftwerke angesammelt. Die Flächen, auf denen sich diese Rückstände ansammeln, betragen beim Großteil der Wärmekraftwerke 300 bis 500, bei einigen sogar 1500 ha. Die Ascheberge stellen einen intensiven Staubverursacher dar und sind die Ursache dafür, daß große Bodenflächen unbrauchbar werden. Das einzige Mittel, sich dieser belastenden Rückstände zu entledigen, ist die Verarbeitung zu für die Volkswirtschaft nützlichen Baumaterialien und Konstruktionswerkstoffen.

Alle festen Brennstoffe enthalten 5 bis 30 % nichtbrennbare Mineralstoffe. Im Ergebnis des Hochtemperaturprozesses bildet der Mineralteil der Brennstoffe Asche und Schlacke. Die Aschen und Schlacken des Brennstoffes unterscheiden sich voneinander in Abhängigkeit von der Brennstoffart und vom Verbrennungsverfahren. Die chemische Zusammensetzungen der Aschen und der Schlacken einiger Kohlen sind in Tabelle 47 angeführt.

Es ist ersichtlich, daß der größte Teil der Brennstoffschlacken zu den sauren Schlakken gehört und sich von den metallurgischen Schlacken dadurch unterscheidet, daß sie eine geringe Menge an Alkalioxiden (bis 4 %) und eine große Menge an Eisenoxiden (bis 30 %) enthalten.

Tabelle 47. Chemische Zusammensetzungen der Flugaschen und Schlacken einiger Kohlensorten

Kohlensorte	Zusammensetzung in Masse-%							
	SiO_2	Al_2O_3	Fe_2O_3	FeO	CaO	MgO	SO_3	$Na_2O + K_2O$
Moskauer Kohle								
Flugasche	45,8	38,4	8,4	—	3,6	1	1,9	—
Schlacke	53,1	27	3,1	13,4	2,6	0,2	1,2	—
Anthrazitstaub								
Flugasche	47,7	30,3	12,5	—	3,4	1,7	1	4,6
Schlacke aus der Vorfeuerung	54,3	26,3	—	11,3	3	1,7	Spuren	4,5
Irscha-Borodiner Kohle								
Asche aus dem Multizyklon	36,3	8,5	8,4	—	37,7	4,8	0,9	0,6
Schlacke	48,4	10,6	7,9	3,5	23,6	4,1	0,6	1,3
Angrener Kohle								
Asche	23,2	13,7	7,4	—	26,7	4,9	16	2,8
Schlacke aus der Vorfeuerung	44	20,2	5	14,4	10,7	3,1	0,8	2,9

Zusammensetzung und Eigenschaften der Brennstoffaschen und -schlacken eines Kraftwerkes zeichnen sich durch eine relative Konstanz aus. Die jährliche Schwankung des Siliciumdioxidgehalts in einer Brennstoffschlacke ist nicht größer als 2 bis 3%. Die chemische Zusammensetzung der Asche schwankt in größeren Grenzen. Dieser Unterschied erklärt sich damit, daß die Schlacke als Schmelze flüssig ist und damit eine Durchmischung möglich macht, was dann auch bei der abgekühlten Schlacke in einer höheren chemischen Gleichmäßigkeit zum Ausdruck kommt. Der chemischen Zusammensetzung nach sind die Aschen und Schlacken der Brennstoffe den alkaliarmen, hochtonerde- und eisenhaltigen Silicatgläsern ähnlich.

Eine geringe Menge der Aschen und Schlacken wird in der Zementindustrie als Zuschlagstoff für Leichtbetone verwendet. Es werden Versuche unternommen, die Brennstoffaschen und -schlacken für die Herstellung von schwarzen hocheisenhaltigen Gläsern, gegossenen Steinen und anderen Materialien anzuwenden.

Weiterhin wurden Arbeiten zur Nutzung der Brennstoffrückstände für die Herstellung von glaskristallinen Materialien (Schlackenvitrokeramiken) durchgeführt. So verwendet man die Asche des Dobrotworsker Kraftwerkes (*Jaščišin*) für die Herstellung eines Glases auf der Basis eines Asche-Liparith-Dolomit-Gemisches (100 Masseteile Asche, 103 Masseteile Liparith und 102 Masseteile Dolomit). Dieses Glas hat folgende chemische Zusammensetzung (in Mol-%): 54 SiO_2, 10 Al_2O_3, 1,5 Fe_2O_3, 0,6 FeO, 14,5 MgO, 16,4 CaO, 0,5 R_2O und 0,1 SO_3. Die Schmelztemperatur beträgt 1500 °C. Eine Volumenkristallisation wurde bei Zusatz von 0,75 % Cr_2O_3 erreicht. Nach Ergebnissen der Röntgenstrukturanalyse und elektronenmikroskopischen Untersuchungen wurde ein Schema der Kristallisation dieses Glases aufgestellt, wonach Cr_2O_3 gemeinsam mit den Eisenoxiden die Primärmineralphase (Spinell) bildet. Auf diesen Kristallen scheidet sich dann die Hauptmineralphase, monokline Pyroxene mit komplizierter Zusammensetzung, ab. Eine Entmischung konnte in diesem Glas nicht festgestellt werden. Das Glas besitzt folgendes optimales Temperregime: erste Stufe bei 700 °C und 1 h Dauer, zweite Stufe bei 900 °C und ebenfalls 1 h Dauer.

Die erhaltene Aschenvitrokeramik stellt ein billiges Material dar, das verbesserte physikalisch-chemische Eigenschaften besitzt. Sie kann im Bauwesen, in der chemischen Industrie und in anderen Industriezweigen als abriebfestes, mechanisch widerstandsfähiges, temperaturwechselbeständiges und chemisch beständiges Material eingesetzt werden. Die Eigenschaften des Ausgangsglases und des glaskristallinen Materials, das auf Aschenbasis hergestellt wurde, sind in Tabelle 48 angeführt.

Tabelle 48. Eigenschaften von Gläsern und der aus ihnen hergestellten Vitrokeramiken.

Eigenschaft	Ausgangsglas	Glaskristallines Material
thermischer Ausdehnungskoeffizient α (20 bis 500 °C), $10^{-7}\,K^{-1}$	66,8	81,9
Temperaturwechselbeständigkeit, K	230	410
Dichte, kg m^{-3}	2700	2910
Biegebruchfestigkeit, MPa	105	163
Druckfestigkeit, MPa	450	870
Mikrohärte, MPa	10300	12300
Schlagzähigkeit, kJ m^{-2}	1,59	2,13
chemische Beständigkeit, %		
gegenüber 2n HCl	55,57	99,81
gegenüber 2n NaOH	98,97	98,72

Im Moskauer Chemisch-Technologischen Institut »*D. I. Mendeleev*« wurden Arbeiten zur Untersuchung der Anwendungsmöglichkeiten von Brennstoffrückständen (Aschen und Schlacken) durchgeführt, die bei der Verbrennung von Kohle aus dem Kansko-Atchinsker Kohlebassin entstehen. Die chemische Zusammensetzung der untersuchten Aschen und Schlacken ist in Tabelle 49 dargestellt.

Für die Untersuchungen wurde eine Gruppe von Gläsern mit drei unterschiedlichen Zusammensetzungen ausgewählt (Tabelle 50). Die Gläser schmolzen bei einer Temperatur von 1450 °C und 2 h Haltezeit befriedigend durch.

Die Kristallisationsneigung der Gläser wurde nach der Methode der Massenkristallisation bei Temperaturen von 700, 800, 900, 1000, 1100 und 1200 °C bei 2 h Dauer bestimmt. Die Kristallisation erfolgte nur bei Gläsern mit einem erhöhten Anteil von Fe_2O_3 (28 Masse-%) im ganzen Volumen und war feinkörnig. In Gläsern mit einem Fe_2O_3-Gehalt von 9 bis 12 Masse-% lag eine grobkörnige Oberflächenkristallisation vor. Demzufolge sind die hocheisenhaltigen Gläser für die Herstellung von Schlackenvitrokeramiken mit einem hohen Kristallisationsgrad und feinkristalliner Struktur von größerem Interesse.

Tabelle 49. Chemische Zusammensetzung einer Asche und einer Schlacke

Material	Gehalt in Masse-%								
	SiO_2	CaO	Al_2O_3	MgO	Fe_2O_3	FeO	$Na_2O + K_2O$	TiO_2	SO_3
Flugasche	47,7	20,48	6,58	3,76	16,28	–	2,24	0,31	2,19
Schlacke	32,78	35,39	9,28	5,02	4,18	10,83	0,89	0,27	0,59

Tabelle 50. Zusammensetzungen von Gemengen und Gläsern

Nr. der Zusammensetzung	Gemengezusammensetzung in Masseteilen								
	Schlacke	Asche	Kaolin	Sand	Kreide	Pyritabbrand			
1	60	—	20	20	—	—			
2	—	70	20	—	10	—			
3	—	60	—	—	10	30			
	Glaszusammensetzung in Masse-%								
	SiO_2	CaO	Al_2O_3	MgO	Fe_2O_3 + FeO	Na_2O + K_2O	TiO_2	S^{2-}	übrige
1	49,87	22,11	13,81	3,2	9,26	1,3	0,29	0,16	—
2	46,3	21,7	13,65	2,9	12,6	1,79	0,37	0,67	—
3	42,97	18,31	5,21	2,28	28,03	1,34	0,27	0,53	1,08

Röntgenografische Analysen zeigten, daß sich in schwacheisenhaltigen Gläsern während der Kristallisation hauptsächlich Anorthit $CaO \cdot Al_2O_3 \cdot 2SiO_2$ ausscheidet, weiterhin etwas Eisendiopsid oder Hedenbergit $FeO \cdot CaO \cdot 2SiO_2$. In den hocheisenhaltigen Gläsern bildet sich außer Anorthit ein höherer Gehalt an Hedenbergit, und es entsteht noch eine geringe Menge von Wollastonit β-$CaO \cdot SiO_2$.
Die Ergebnisse zur Kristallisation der untersuchten Gläser zeigen, daß es möglich ist, auf der Grundlage von Brennstoffaschen und -schlacken ohne Zusatz von Katalysatoren glaskristalline Materialien zu erhalten

7.2.3. Gesteinsvitrokeramiken (Petrositalle)

Auf der Basis von unterschiedlichen Gesteinen, von Eruptivgesteinen (Basalt, Diabas, Granit, Nephelinsyenit u. a.), von Sedimentgesteinen (Sande, Tone, Mergel, Kaoline u. a.) und von metamorphen Gesteinen (Gneise, Schiefer, Marmor, Serpentin u. a.), wurden auch Vitrokeramiken erhalten.
Im Moskauer Chemisch-Technologischen Institut »*D. I. Mendeleev*« wurden Untersuchungen zur Anwendung der katalysierten Kristallisation für die Herstellung von Schmelzsteinerzeugnissen auf der Grundlage von Basalt (*Kamaljan*) durchgeführt. Hierfür verwendete man Basalt folgender Zusammensetzung (in Masse-%): 48,4 SiO_2, 14,5 Al_2O_3, 10 FeO, 6,1 Fe_2O_3, 9,4 CaO, 5,8 MgO, 2,6 TiO_2, 0,2 MnO, 2,5 Na_2O und 0,5 K_2O. Als Katalysatoren wurden FeS, TiO_2, Cr_2O_3 und CaF_2 in den Mengen (in Masse-%): 2 bis 10 FeS und TiO_2, 0,5 bis 10 CaF_2 und 1 bis 4 Cr_2O_3 erprobt. Die besten Resultate wurden mit dem Zusatz von 2 bis 4 % CaF_2 erzielt. Die Basaltmaterialien besaßen mit anderen Zusätzen nach der Kristallisation eine geringere Biegebruchfestigkeit und eine weniger dichte Struktur. In allen Proben des kristallisierten Basalts schieden sich, unabhängig von der Art und Konzentration des Katalysators, drei Kristallphasen aus, was mit der Röntgenphasenanalyse nachgewiesen wurde, und zwar Magnetit, Augit und Plagioklas (Labrador). Für die Temperung wurde ein Einstufenregime verwendet, 90 min bei 900 bis 950 °C, 10 K min^{-1} Aufheizgeschwindigkeit.
Die erhaltenen Gesteinsvitrokeramiken wurden mit industriell hergestellten Schmelzsteinen aus Basalt verglichen. Hierbei stellte sich heraus, daß die Gesteinsvitrokeramiken bessere Eigenschaften besitzen. Sie weisen eine geringere Porosität, eine feinkörnigere Struktur, eine höhere mechanische Festigkeit sowie auch eine größere

Tabelle 51. Eigenschaften von Gesteinsvitrokeramiken und Schmelzsteinen

Eigenschaft	Gesteinsvitrokeramiken 22	Gesteinsvitrokeramiken 23	Platte aus Schmelzsteinen
thermischer Ausdehnungskoeffizient α, $10^{-7}\,K^{-1}$	74	75	77,9
Dichte, kg m^{-3}	2950	2970	2940
Biegebruchfestigkeit, MPa	130	170	80
Druckfestigkeit, MPa	730	875	480
Elastizitätsmodul, GPa	50	42	40
Mikrohärte, MPa	11600	11600	8900
Säurebeständigkeit, %	99,78	99,86	99,57
Basenbeständigkeit, %	94,3	95,94	92,49
scheinbare Porosität, %	0	0	6,02

Beständigkeit gegenüber Säuren und Laugen auf. In Tabelle 51 sind die Eigenschaften der erhaltenen Gesteinsvitrokeramiken mit denen der Schmelzsteine verglichen.

Die wesentliche Festigkeitserhöhung des Materials beim Übergang vom industriell geschmolzenen Basalt zu den Gesteinsvitrokeramiken kann man mit der Theorie zur Festigkeit von heterogenen Systemen erklären. Diese Steigerung ist in erster Linie mit der feinkörnigen Struktur der Gesteinsvitrokeramiken verbunden, wodurch sich die Spannungen an den Kristallgrenzen verringern. Außerdem steigt die Zahl der Versetzungen mit der Größe des Kristalls. Schon die Überschneidung von zwei Versetzungen kann zu einem gefährdenden Defekt im Kristall führen. Aus diesem Grunde besitzen die Kristalle der Gesteinsvitrokeramiken durch ihre geringe Größe (bis 1 μm) weniger Defekte als die großen Kristalle (bis 50 μm) der gewöhnlichen Schmelzsteine. Die feinkörnige Struktur verhindert die Ausbreitung von Mikrorissen im Material, die durch unterschiedliche Ursachen entstehen, da die große Zahl von Kristallen je Volumeneinheit die Wahrscheinlichkeit des Auftreffens des Risses auf einen Kristall vergrößert, was in der Regel die Rißfortpflanzung im Material zum Stehen bringt.

Ein anderer Grund für die Festigkeitssteigerung der Gesteinsvitrokeramiken ist die Verringerung der Differenz der thermischen Ausdehnung zwischen Kristallphasen und der Restglasphase. Die Zusammensetzung der sich ausscheidenden Kristallphasen ist in den industriell hergestellten Schmelzsteinen und den Gesteinsvitrokeramiken qualitativ gleich. Die hier beschriebenen Gesteinsvitrokeramiken besitzen einen um 3 bis $10 \cdot 10^{-7}\,K^{-1}$ größeren thermischen Ausdehnungskoeffizienten als das Ausgangsglas. Diese Gesteinsvitrokeramiken wurden unter Zusatz von Fluor erhalten, das wahrscheinlich die Ausdehnung der Glasphase mehr erhöht als die der Kristallphasen. Deshalb hat die Restglasphase in den Gesteinsvitrokeramiken eine höhere Wärmedehnung als in den industriell gefertigten schmelzgegossenen Basaltsteinen. Das führt zu einer Verringerung der inneren Spannungen im Material und im Endergebnis zu einer Erhöhung der mechanischen Festigkeit.

Nach Angaben der Firma »Corning Glass« ist es möglich, Vitrokeramiken im System $Na_2O-Al_2O_3-SiO_2$ herzustellen, deren Hauptkristallphase Nephelin darstellt, eine Komponente, die in Eruptivgesteinen, die reich an Alkalioxiden sind, verbreitet ist (z. B. Nephelinsyenit). Diese Vitrokeramiken haben folgende Zusammensetzung (in Masse-%): 50 bis 68 SiO_2, 16 bis 34 Al_2O_3, 7 bis 34 Na_2O, 0 bis 23 CaO und 0 bis 16 K_2O. Die Biegebruchfestigkeit der Vitrokeramiken beträgt in Abhängigkeit von der Zusammensetzung 65 bis 137 MPa und der thermische Ausdehnungskoeffizient 60 bis 120 · 10^{-7} K^{-1}. Als Katalysator verwendet man TiO_2 und Titanate des Eisens, Zinks, Magnesiums, Mangans, Cobalts, Nickels und des Chroms. Ihre Konzentration im Glas darf nicht kleiner als 6 % sein. Die Gläser werden bei 1400 °C und darüber 4 h lang in neutraler Atmosphäre geschmolzen. Um eine vollständige Kristallisation zu erreichen, wird in der Regel eine Dreistufentemperung durchgeführt, die aus einer Erwärmung mit 5 K min^{-1} auf 700 bis 850 °C und einer Haltezeit von 1 bis 6 h, dann einer Aufheizung auf 850 bis 1050 °C mit einer Haltezeit von 1 bis 12 h und im letzten Zyklus einer Aufheizung auf 1000 bis 1080 °C mit einer 2- bis 12stündigen Haltezeit besteht.

Im Belorussischen Polytechnischen Institut (*Lukinskaja*, *Žunina* u. a.) wurden Untersuchungen zur katalysierten Kristallisation von Gläsern auf der Basis von unterschiedlichen Gesteinen durchgeführt. Es wurde die Kristallisation eines Glases auf der Grundlage eines Alkaliminerals aus der Gruppe der Pyroxene, des Ägirins $NaFe(Si_2O_6)$ untersucht, das folgende chemische Zusammensetzung besitzt (in Masse-%): 52 SiO_2, 34,6 Fe_2O_3 und 13,4 Na_2O. Als Katalysatoren benutzte man TiO_2, Cr_2O_3, CuO u. a. Die Temperung wurde in zwei Stufen durchgeführt. Als bestes erwies sich ein Regime, das aus einer Temperung des Glases von je 6 h bei 600 und 800 °C besteht. Es wurden Proben mit einer homogenen Struktur und einer Kristallgröße von 1 bis 3 µm erhalten. Die Kristallphase setzte sich aus Hämatit und Ägirin zusammen.

Außerdem wurde auch die Kristallisation von Gläsern im System $CaO-MgO-Al_2O_3-SiO_2$ (Kristallisationsfeld des Diopsids) untersucht. Die Gläser besaßen folgende Zusammensetzung (in Masse-%): 48 bis 55 SiO_2, 11 bis 15 Al_2O_3, 9 bis 18 CaO, 6 bis 15 MgO und 2 bis 3 Fe_2O_3. Leichtschmelzender, kalkhaltiger Ton war die Hauptgemengekomponente für die Herstellung dieser Gläser. Er enthält (in Masse-%): 49,8 SiO_2, 16,5 Al_2O_3, 3 Fe_2O_3, 9,6 CaO, 6 MgO und 1 R_2O. Der Glühverlust beträgt 14 %. Als Katalysator wurden SnO_2, P_2O_5, ZrO_2, TiO_2, Cr_2O_3, NiO, CoO und Fluor erprobt. Die Temperung wurde im Bereich von 650 bis 1000 °C bei einer Dauer von 2, 4 und 6 h durchgeführt.

Befriedigende Ergebnisse wurden nur bei Verwendung von TiO_2 und Cr_2O_3 erhalten. Die anderen Katalysatoren führten nicht zu einer feinkörnigen Volumenkristallisation. Als überwiegende Phase kristallisierte bei Zusatz von TiO_2 ein Pyroxen mit einer vermutlichen Zusammensetzung von $m CaAl_2SiO_6 \cdot n CaFe_2SiO_6 \cdot p CaMgSi_2O_6$ und außerdem noch Titanverbindungen (Rutil, Anatas). Demnach besitzt die erhaltene Vitrokeramik eine Polymineral-Zusammensetzung, und der Kristallisationsprozeß dieser Zusammensetzungen unter Verwendung von TiO_2 ist schwer steuerbar, da hierbei komplizierte Vorgänge ablaufen (Entmischung, Polymineral-Kristallisation, Änderung des Koordinationszustandes, Bildung von Mischkristallen). Um die Kristallisation zu vereinfachen, wurde dem Ton Dolomit beigegeben, damit nur ein Mineral (Bildung von Pyroxenen) kristallisiert. Als Katalysator wurde Cr_2O_3 (3 bis 5 %) ausgewählt.

Beim Studium des Kristallisationsprozesses wurde festgestellt, daß sich zuerst chromspinellartige Keime des $Mg(Fe)(Al, Fe, Cr)_2O_4$-Typs bilden. Ihre maximale Menge entsteht bei 800 bis 900 °C. Danach kommt es im Bereich von 850 bis 900 °C um die Spinellkeime zu Pyroxenneubildungen. Über 900 °C wird das kristallisierte Glas fast vollständig monomineral. Es enthält nur Kristalle der Pyroxenzusammensetzung des Typs $n CaAl_2SiO_6 \cdot m CaFe_2SiO_6 \cdot p MgSi_2O_6 \cdot k CaSi_2O_6$. Die Gesteinsvitrokeramik besitzt eine gute Festigkeit und eine hohe thermische sowie chemische Beständigkeit.

Die Pyroxene stellen die wichtigste Gruppe der gesteinsbildenden Magnesium-Eisen-Silicate dar und sind in fast allen magmatischen Gesteinen als stabile Phase anzutreffen. Ihre starke Verbreitung in der Natur zeugt von ihrer hohen chemischen Be-

ständigkeit gegen Umwelteinflüsse. Pyroxene besitzen eine ausreichend hohe Härte (5 bis 5,5 nach *Mohs*) und eine hohe Hitzebeständigkeit.
Pyroxenvitrokeramiken werden auf der Basis des $CaO-MgO-SiO_2$-Systems unter Zusatz von Na_2O, Al_2O_3 und Fe_2O_3, MnO und anderen Komponenten hergestellt. Die Neigung des Diopsids zu einem breiten Isomorphismus erlaubt unterschiedlichen Kationen, sich leicht in das Kristallgitter einzubauen.
Gläser, aus denen Pyroxenvitrokeramiken unter Verwendung von Fluor als Kristallisationsinitiator hergestellt werden, haben folgende Zusammensetzung (in Masse-%): 66 bis 70 SiO_2, 15 bis 26 CaO, 8 bis 15 MgO mit einem Gehalt von 5 bis 7 Al_2O_3 und Na_2O und 5 Fe_2O_3 (über 100 %).
Die Hauptkristallphase, die sich während der Kristallisation dieser Gläser ausscheidet, stellt einen Pyroxenmischkristall auf Diopsidbasis dar, der praktisch in HCl unlöslich ist. Diese hohe Beständigkeit der Hauptkristallphase gegenüber Mineralsäuren bestimmte dann auch den Anwendungsbereich der Pyroxenvitrokeramiken. Die hohe chemische Beständigkeit in Verbindung mit einer ausreichend hohen mechanischen Festigkeit und guten dielektrischen Eigenschaften erlauben es den Pyroxenvitrokeramiken, erfolgreich mit den säurebeständigen Werkstoffen in der chemischen Industrie und den Dielektrika in der Isoliertechnik zu konkurrieren. Die geringe Schmelztemperatur der Gläser mit Pyroxenzusammensetzungen (1420 bis 1450 °C) und ein unkompliziertes Kristallisationsregime (einstufig mit einer maximalen Temperatur von 850 bis 870 °C) vereinfachen die Technologie für Pyroxenvitrokeramiken.
In den Arbeiten von *Žunina* wurde der Einfluß der Wärmevergangenheit auf den Kristallisationsverlauf von Gläsern der Pyroxenzusammensetzung gezeigt. Man stellte fest, daß es eine Verzögerung der Aufheizung des Gemenges um 2 bis 2,5 h im Temperaturbereich der Pyroxenbildung bei 1200 °C erlaubt, die Mineralbildungsprozesse zu intensivieren. Sie laufen bei einer geringeren Temperatur ab, als das nach der gewöhnlichen Glasschmelze der Fall ist.
Worin ist hierfür die Ursache zu sehen?
Es ist schon länger bekannt, daß die Temperatur der Wärmebehandlung eines Komponentengemisches, aus dem ein Glas hergestellt wird, und die Temperatur des Glasschmelzprozesses auf den Kristallisationsverlauf einen Einfluß haben. Dieser Fakt erhielt die Bezeichnung *Wärmevergangenheit*, der alle Etappen der Wärmebehandlung der Komponenten, die vor dem Erkalten der Glasschmelze ablaufen, zugeordnet werden. Die Wärmevergangenheit zeigt sich in Struktur-, Temperatur- und Zeiteinwirkungen. Bezogen auf gewöhnliche Gläser und Vitrokeramiken, kann man von Silicat- oder Alumosilicatstrukturen des einen oder anderen Typs (Pyroxen, Spodumen, Cordierit, Wollastonit u. a.) sprechen.
Das Grundstrukturelement aller Silicate ist der Silicium-Sauerstoff-Tetraeder. Die Tetraeder sind verschieden kombiniert und bilden so Kristallgitter der unterschiedlichsten Strukturen. Zu diesen Strukturen gehören die Inselstrukturen, die aus den isolierten (Olivin) und den Ringstrukturen (Melilith, Beryll) bestehen, die Kettenstrukturen (Pyroxene, Wollastonit), die Bandstrukturen (Amphibole), die Schichtstrukturen (Glimmer) und die Gerüststrukturen (Anorthit, Albit).
Bei der Erwärmung eines Komponentengemisches entstehen im Stadium der Silicatbildung Silicate der einen oder anderen Struktur. In den weiteren Stadien des Glasschmelzprozesses kommt es zum Aufschmelzen der Silicate und dann auch zu ihrer thermischen Zerstörung, in deren Ergebnis die komplizierten Strukturen bis zu den Silicium-Sauerstoff-Tetraedern und evtl. auch bis zu Ionen zerfallen. In dem Maße, wie die Temperatur und die Dauer der Temperatureinwirkung zunehmen, verstärkt sich die Zerstörung. Relativ leicht geht die Zerstörung von einfachen Strukturen (Insel- und Kettenstrukturen) vonstatten. Wesentlich schwerer ist dieser Prozeß bei

komplizierten Strukturen (z. B. Gerüststrukturen) durchführbar. Bekanntlich erhalten die Vertreter der Gerüststrukturen Albit und Quarz ihren anisotropen Zustand bis zur Schmelztemperatur und höher.
Aber auch die Kristallisation solcher Stoffe ist mit großen Schwierigkeiten verbunden. Albitgläser kristallisieren praktisch nicht, und noch schwerer ist ein B_2O_3-Glas in den kristallinen Zustand überführbar. Demzufolge können in einer Glasschmelze in Abhängigkeit von der Silicatstruktur, dem Niveau der Endtemperatur und der Schmelzdauer die einen oder anderen Relikte der Primärstruktur (Tetraeder, Ring- und Kettenteile u. a.) erhalten bleiben. Diese Überbleibsel treten bei Abkühlung als Kristallisationsinitiatoren auf, und ihre beschleunigende Wirkung ist um so stärker, je größer das Relikt und je einfacher die Struktureinheit des zukünftigen Kristalls ist.
Der polnische Wissenschaftler *Schleifer* führte Untersuchungen zur Kristallisation von Basalt, Feldspat und Gläsern (ohne Angabe der Zusammensetzungen) unter Verwendung von 10 bis 60 % Kupferhüttenschlacke als Katalysator durch. Hierbei wurde die Vermutung aufgestellt, daß die in der Schlacke enthaltenen kleinen Mengen von Metallen (Cobalt, Nickel, Blei, Zink, Titan, Zinn, Chrom u. a.) und auch die Sulfide (CuS, FeS, NiS, CoS) die Kristallisationsinitiatoren darstellen. Die Gemische wurden in Keramiktiegeln bei einer Temperatur von 1350 °C geschmolzen. Nur für das Gemisch von Feldspat mit 100 bis 20 % Schlacke überstieg diese Temperatur 1500 °C. Die erhaltenen Gläser waren gut geläutert, hatten eine schwarze Farbe und besaßen nur an einzelnen Stellen Mikrokristallbildungen. Sie wurden abgekühlt und dann 5 bis 60 min im Bereich von 600 bis 1200 °C kristallisiert. Es wurde festgestellt, daß eine Temperaturerhöhung oder eine Verlängerung der Temperung bis auf 5 h

Tabelle 52. Gemischzusammensetzungen und Eigenschaften der aus ihnen erhaltenen Materialien

Zusammensetzung in Masse- %			Dichte in $kg\,m^{-3}$		Mikrohärte in MPa		Temperatur in °C	
Glas	Gestein	Schlacke	Glas	Gesteinsvitrokeramik	Glas	Gesteinsvitrokeramik	der Kristallisation	der Erweichung
	Feldspat Sk							
40	30	30	2360	2500	4200	5553	1030	1050
						5838	1050	
20	40	40	2660	2800	4360	5506	960	1080
						5898	980	
						6152	1000	
	Basalt B							
100	0	0	2850	3130	5300	6000	900	—
						5342	1060	
80	10	10	2870	4300	4350	5600	960	1020
						5350	1030	
60	20	20	3080	4670	5000	5800	900	1065
						6000	1000	
40	30	30	3120	4300	5300	6130	930	1085
						6390	1030	
20	40	40	3240	4950	5600	6900	1030	1150
						5300	1080	
0	50	50	3870	5110	5600	6930	1080	1165
						5200	1100	

die Eigenschaften der kristallisierten Gläser nicht verbessert. In Tabelle 52 sind die Gemischzusammensetzungen und einige Eigenschaften vor und nach der Temperung angeführt. Die Erweichungstemperatur wurde mit einem Erhitzungsmikroskop visuell nach der Abrundung der Probenkonturen und die Dichte mit der Pyknometermethode bestimmt. Die Mikrohärte untersuchte man mit dem sowjetischen Mikrohärtemeßgerät PMT-3.

Wie aus Tabelle 52 ersichtlich ist, kann man eine erhöhte Festigkeit in der Regel bei Proben beobachten, die bei niederen Temperaturen ($<$1 000 °C) kristallisiert wurden. Das ist nicht zufällig, denn die Struktur von Proben, die unter 1 000 °C kristallisieren, ist feinkörnig und die über 1 000 °C grobkörnig.

Die Zusammensetzung der hergestellten Gesteinsvitrokeramiken liegt vorwiegend im System $CaO-MgO-Al_2O_3-SiO_2$. Die Resultate zeigen, daß die Verwendung von Kupferhüttenschlacken als katalytischer Zusatz möglich ist. Mit ihrer Hilfe werden Vitrokeramiken aus Gesteinen erhalten.

Dem tschechoslowakischen Wissenschaftler *Voldan* gelang es nicht, den Kristallisationsprozeß des Basalts durch die katalytischen Zusätze TiO_2, MgO und Cr_2O_3 zu verbessern. Die Festigkeitserhöhung war in diesem Fall unwesentlich. Positive Ergebnisse erhielt er bei der Kristallisation von sauren Gemischen der Phonolithe und des Granits. Das Gemisch dieser Gesteine (50 bis 75 %) und des Flußspats, des Kryoliths oder des Natriumsilicofluorids wurde zur Verringerung der Korrosion und der Fluorverflüchtigung bei 900 °C 2 h gesintert und danach bei 1 400 °C 5 bis 6 h und länger geschmolzen. Die Temperung der Gußstücke erfolgt bei 750 bis 850 °C. Bei der Kristallisation ändert sich die Farbe von blau-grün nach grau-gelb unter Bildung einer feinkristallinen Struktur. Die Festigkeit der kristallisierten Materialien ist um 30 bis 40 % höher als die Festigkeit von geschmolzenem Basalt und die Abriebfestigkeit um 15 bis 25 % niedriger.

Es wurde auch die Kristallisation von Gläsern mit Diopsidzusammensetzung (*Nikandrov*) untersucht. Die Gläser hatten folgende Zusammensetzung (in Masse-%): 52,5 SiO_2, 24,4 CaO, 17,5 MgO und 5,6 Al_2O_3. Ein Glas mit der stöchiometrischen Zusammensetzung des Diopsids $CaO \cdot MgO \cdot 2SiO_2$ zu erhalten, gelang nicht, da diese Schmelze beim Ausgießen spontan kristallisierte. Gläser dieser Zusammensetzung wurden nur bei Zusatz von bis zu 5 % Al_2O_3 erhalten.

Als Katalysatoren für Diopsidgläser wurden Silber, Kupfer, Cr_2O_3, TiO_2 und Apatit in einer Menge von 0,01 bis 5 % erprobt. Die besten Ergebnisse erreichte man mit Zusatz von TiO_2 und Fluorapatit. Silber war in diesen Gläsern nicht in der Lage, mit den Glaskomponenten stabile Verbindungen einzugehen, und schied sich während der Temperung in Form von mechanischen Einschlüssen mit einer Größe von 0,1 mm aus. Kupfer und Chrom bildeten im Glas eine Vielzahl von Sphärolithen und hatten keinen wesentlichen Einfluß auf die Diopsidausscheidung. Der Zusatz von TiO_2 führte zur Kristallisation von Diopsid, aber dieser Prozeß begann an der Oberfläche und pflanzte sich dann in das Probeninnere fort. Die Kristalle hatten die Form von langprismatischen Gebilden. Am effektivsten erwies sich der Zusatz von Fluorapatit. Er führte bei 960 °C und 1 h Haltezeit zur vollständigen Kristallisation des Glases. Die Struktur war ebenfalls nicht feinkörnig, sondern die Kristalle hatten die Form von radial strahlenförmigen Aggregaten mit einer Größe bis zu 2 mm.

Es wurden Versuche zur Kristallisation von Gläsern auf Perlitbasis unter Zusatz von Li_2O, Na_2O, Silber und Kupfer (*Budnikov, Azarov, Kešišjan*) durchgeführt. Nach ihrer Temperung bei 520 bis 540 °C und 1 h Halten sowie bei 770 °C und 2 h Halten wurden Gesteinsvitrokeramiken mit guten mechanischen Eigenschaften erhalten.

Im Tbilissier Forschungsinstitut für Baumaterialien (*Kutateladse* und *Verulašvili*) führte man Untersuchungen an Perliten der Paravaner Lagerstätte durch, um aus ihnen Gläser und Vitrokeramiken für die Elektrotechnik herzustellen. Der Perlit hatte folgende chemische Zusammensetzung (in Masse-%): 73,02 SiO_2, 0,12 TiO_2, 12,5 Al_2O_3, 0,9 Fe_2O_3, 0,14 MnO_2, 1,18 CaO, 0,4 MgO, 4,4 K_2O und 3,4 Na_2O. Der Glühverlust betrug 3,13 %. Auf der Basis von Perlit wurden unter Zusatz von Serpentinit, Dolomit und bei einigen Zusammensetzungen auch von Quarzsand (10 bis 20 Masse-%) und technischer Tonerde (3 bis 10 Masse-%) Gläser erhalten, die für die Herstellung von Gesteinsvitrokeramiken anwendbar sind. Als initiierender Zusatz wurden Flußspat oder Natriumsilicofluorid verwendet. Die bezüglich des Schmelz- und Kristallisationsverhaltens besten Gläser besaßen folgende Zusammensetzungen (in Masse-%): 52 bis 57 SiO_2, 8 bis 16 Al_2O_3, 0,5 bis 3 Fe_2O_3, 0 bis 0,3 Cr_2O_3, 7 bis 9 MgO, 12 bis 15 CaO, 0,3 bis 0,5 MnO, 0 bis 0,3 Nickel, 2 bis 4 K_2O, 2 bis 5 Na_2O und 4 bis 5 Chrom. Die Gläser wurden in einem Temperaturintervall von 600 bis 960 °C getempert. Die kristallisierten Materialien besaßen eine feinkristalline Struktur. Die auf einer Pilotanlage hergestellten Erzeugnisse entsprachen voll den Anforderungen, die an einen Kappenisolator gestellt werden.

Im Kiewer Polytechnischen Institut (*Žudro*) wurden auf der Grundlage eines 50- bis 80 %igen Talkschiefers der Kriwoi-Roger Lagerstätte unter Zusatz von Ton, Sand und Kaolin alkalifreie Gläser zur Herstellung von Gesteinsvitrokeramiken entwickelt. Die Gläser kristallisieren in einem Einstufentemperverfahren bei relativ niedrigen Temperaturen (850 °C) ohne Zusatz spezieller Initiatoren. Die Hauptkristallphasen stellen Pyroxene des Klinoenstatit- und Enstatittyps und in einer geringen Menge Magnetit und Magnesioferrit dar. Die Gesteinsvitrokeramiken besitzen eine Biegebruchfestigkeit von 160 MPa, eine Abriebfestigkeit von 0,02 g cm^{-2} und eine Mikrohärte von 11 GPa.

Im Kasachischen Chemisch-Technologischen Institut untersuchte man Tephroitbasalte für die Herstellung von Gesteinsvitrokeramiken (*Sulejmenov, Abduvaliev*). Die Zusammensetzung des Tephroitbasaltes war wie folgt (in Masse-%): 45,42 SiO_2, 15,68 Al_2O_3, 9,15 Fe_2O_3, 11,14 CaO, 6,66 MgO, 1,04 TiO_2, 4,44 R_2O und 0,32 SO_3. Der Glühverlust betrug 6,52 Masse-%. Es wurde festgestellt, daß man aus reinen Tephroitbasaltgläsern (ohne Keimbildner) Gesteinsvitrokeramiken durch einstufige, 3stündige Temperung bei 950 °C erhalten kann. Die Hauptkristallphase ist monokliner Pyroxen der Diopsid-Augit-Reihe, außerdem scheiden sich Magnetit und Plagioklas aus. Man untersuchte den Prozeß der katalytischen Kristallisation der Tephroitbasaltgläser unter Zusatz von unterschiedlichen Mengen von Initiatoren (in Masse-%): 0,5 bis 15 TiO_2, 0,5 bis 8 P_2O_5, 0,5 bis 8 NaF und 0,5 bis 11 Na_2SO_4 (gemeinsam mit Koks).

Titandioxid und Phosphorpentoxid in geringen Mengen verbessern die Kristallisationsfähigkeit der Tephroitbasaltgläser. Die Vergrößerung der Menge dieser Zusätze führt zu einer komplizierten Mineralbildung, die mit einer Entmischung und der Änderung des Koordinationszustandes einiger Kationen verbunden ist. So ruft der Zusatz von mehr als 5 Masse-% TiO_2 außer der Bildung der genannten Kristallphasen (monokliner Pyroxen, Magnetit, Anorthit) auch die Ausscheidung von Geikielith $MgTiO_3$ hervor, und bei weiterer Vergrößerung des TiO_2-Zusatzes (mehr als 8 Masse-%) kommt es zur Bildung einer Verbindung des Typs $4(MgO \cdot 2TiO_2) \cdot (Al_2O_3 \cdot TiO_2)$. In Gläsern, die 2 bis 4 Masse-% P_2O_5 enthalten, kristallisiert neben Pyroxen, Magnetit und Anorthit auch Gehlenit, und bei Zusatz von 6 bis 8 % P_2O_5 überwiegt der Apatit. Die unter Zusatz von TiO_2 und P_2O_5 erhaltenen Gesteinsvitrokeramiken besitzen eine Polymineral-Zusammensetzung und haben eine geringe Festigkeit.

Den besten Effekt auf den Verlauf der katalysierten Kristallisation zeigte von allen untersuchten Katalysatoren das Calciumfluorid. Bei Anwesenheit von 2 Masse-% CaF_2 wurden durch ein einstufiges Temperregime (950 °C und 10 bis 30 min Dauer) Gesteinsvitrokeramiken mit fast monomineraler Pyroxenzusammensetzung und homogener, feinkörniger Struktur erhalten. Gesteinsvitrokeramiken aus Tephroit-

basalten mit 2 Masse-% CaF_2 sind durch folgende Eigenschaftsparameter charakterisiert: Biegebruchfestigkeit 136 MPa, Mikrohärte 10 GPa, Abriebfestigkeit 0,037 g cm^{-2}, thermischer Ausdehnungskoeffizient $78{,}9 \cdot 10^{-7}$ K^{-1}, Erweichungstemperatur 980 °C, Säurebeständigkeit gegenüber konzentrierter Schwefelsäure 99,83 %, gegenüber Salzsäure 97,4 % und Beständigkeit gegenüber 35 %iger NaOH 92,5 %.
Ein kurzzeitiges Temperregime und relativ gute physikalisch-chemische Eigenschaften der hergestellten Werkstoffe bestimmen die ökonomische Zweckmäßigkeit der Produktion von billigen Gesteinsvitrokeramiken auf der Basis von Tephroitbasalten Kasachstans.

8. Struktur und Eigenschaften der Vitrokeramiken

Der Wert der Vitrokeramiken als neues Konstruktions- und Baumaterial besteht darin, daß sie im Vergleich zu anderen artverwandten Materialien (Gläsern, Keramiken u. a.) verbesserte Eigenschaften besitzen. Bei Betrachtung der Hauptbesonderheiten der Vitrokeramiken muß unterstrichen werden, daß in bezug auf einige Eigenschaften die Vitrokeramiken einzigartig unter den Materialien auf Mineralbasis sind. Zu diesen Besonderheiten der Vitrokeramiken kann man ohne Zweifel die thermischen Eigenschaften zählen. Unter den verschiedensten Klassen der natürlichen und künstlichen Werkstoffe gibt es wenige, bei denen der thermische Ausdehnungskoeffizient in den Grenzen von $-90 \cdot 10^{-7}$ bis $+300 \cdot 10^{-7}\,K^{-1}$ variierbar ist. Vitrokeramiken kann man in diesem Intervall mit jedem beliebigen Wert der thermischen Dehnung erhalten. Bis zur Entwicklung der katalysierten Kristallisation waren negative Werte des thermischen Ausdehnungskoeffizienten und auch ein Koeffizient von Null oder mit einem Wert, der größer als $130 \cdot 10^{-7}\,K^{-1}$ ist, praktisch unerreichbar. Deshalb stellte das optische Kieselglas ($\alpha = 5{,}7 \cdot 10^{-7}\,K^{-1}$) das einzige durchsichtige Material dar, das unter den Bedingungen starker Temperaturschwankungen einsatzfähig war. Einerseits ist den Spezialisten bekannt, mit welchen technologischen Problemen die Herstellung von optisch durchsichtigem Kieselglas großer Abmessungen verbunden ist und welche Kosten daraus für einige astrophysikalische Geräte entstehen. Andererseits ist die moderne Elektronikindustrie bei der Herstellung von vakuumdichten Lotverbindungen von Metallen und Dielektrika gezwungen, verschiedene technologische Kniffe anzuwenden, um unangepaßte Lotverbindungen dicht zu erhalten. Diese Verbindungen entstehen dann, wenn ein großer Unterschied zwischen der thermischen Ausdehnung des Metalls und des Dielektrikums besteht. Dieser Unterschied ist damit begründet, daß es sehr schwierig ist, ein Dielektrikum mit dem zu dem entsprechenden Metall passenden Ausdehnungskoeffizienten zu erhalten. Die gefährlichen Spannungen, die im Bereich unangepaßter Lotverbindungen entstehen, werden verringert durch

- Metallteile geringer Durchmesser und Dicken (Drähte, Folien),
- weiche Metalle, die durch ihre Duktilität die Spannungen im Dielektrikum abschwächen,
- vielschichtige Übergangslotverbindungen, so daß die endgültige Lotverbindung zwischen Metall und Dielektrikum angepaßt ist.

Die Vitrokeramiken besitzen auch in anderen Eigenschaften (mechanische, elektrische und chemische) eine Reihe von Vorteilen gegenüber bekannten Werkstoffen mit Mineralursprung (Anhang 4).
Die Hauptbesonderheit aller Vitrokeramiken besteht darin, daß es ihr Herstellungsverfahren erlaubt, in breiten Grenzen ihre Eigenschaften zu variieren. Hierbei kann man mit der katalysierten Kristallisation nicht nur eine gewünschte Eigenschaft verstärken, sondern sie auch abschwächen. In einigen Fällen ist eine solche Ab-

schwächung von sehr großem Nutzen. So scheiden sich nach Belichtung eines photosensiblen Glases bei Anwendung einer Maske und seiner darauffolgenden Temperung in den belichteten Bezirken Kristallphasen aus, deren chemische Beständigkeit verschwindend gering ist und die sich deshalb leicht in Flußsäure lösen. Dieses Verfahren erlaubt die Herstellung von Glassubstraten mit einfachen oder komplizierten Durchbrüchen mit einer Genauigkeit, die für mechanische Verfahren unerreichbar ist.

8.1. Mikrostruktur

Die Struktur der unterschiedlichsten Materialien bestimmt weitgehend ihre Eigenschaften. Vitrokeramiken haben eine feinkörnige, polykristalline Struktur. Eine ähnliche Struktur besitzen auch viele keramische Materialien, z. B. aus der Gruppe der gesinterten reinen Oxide.

Worin bestehen die Unterschiede zwischen der Vitrokeramikstruktur und der Struktur der feinkörnigen Keramik?

Erstens besteht ein Unterschied darin, daß die Größe der Kristallkörner der Vitrokeramiken um vieles kleiner ist als die in den keramischen Materialien. Gewöhnlich übersteigt die Kristallgröße in gesinterter Keramik 10 bis 20 μm. Eine Ausnahme stellt hier nur der Sinterkorund des Mikrolittyps dar, dessen Korngröße in den Grenzen von 1 bis 3 μm liegt. Die Kristallgröße in Vitrokeramiken ist jedoch nicht größer als 2 μm und bewegt sich in den Grenzen von 1 bis 0,02 μm. Demzufolge besitzen Vitrokeramiken eine wesentlich feinkörnigere Mikrostruktur mit einer Kristallgröße, die bei $^{1}/_{10}$ bis $^{1}/_{100}$ im Vergleich zu gewöhnlichen Keramiken liegt.

Die zweite Besonderheit der Vitrokeramiken besteht darin, daß in ihrer Struktur keine Poren, Hohlräume und andere grobe Volumendefekte, die für Keramiken charakteristisch sind, vorkommen. Die Kristalle der Vitrokeramiken, die während der Temperung in einer der Zusammensetzung entsprechenden, zusammenhängenden Umgebungsmatrix wachsen, stellen kristallografisch idealere Kristalle dar, als es die Kristalle in Keramiken sind, die im Ergebnis des Zusammenwachsens und des Diffusionsstofftransportes in einer Umgebungsmatrix mit großen Mengen an gasförmigen und anderen Einschlüssen entstehen. Durch die technologischen Besonderheiten der Formgebung enthalten keramische Materialien immer große Mengen von Einschlüssen in Form von Gasen, Wasser, Plastifikatoren u. a. Während der Sinterung bleiben sie trotz Schwindung erhalten, was dazu führt, daß die Keramik immer eine geschlossene und nicht selten sogar eine offene Porosität besitzt. Die wahre Porosität liegt nicht unter 5 bis 6 %, außer bei einigen Sonderfällen (Korundmikrolit), wo sie etwa 0,5 bis 1 % beträgt. Nur durch Heißpressen gelingt es in größerem Maße, diesen Defekt zu beseitigen. Die Möglichkeiten dieses Verfahrens sind aber technologisch noch sehr begrenzt (Erzeugnisabmessungen, komplizierte Ausrüstungen, hohe Produktionskosten).

Der Einfluß der Mikrostruktur auf die Eigenschaften ist aus den Angaben zur Biegebruchfestigkeit von Werkstoffen gleicher Phasenzusammensetzung, die einerseits durch keramische Verfahren und andererseits über die Kristallisation eines Glases erhalten wurden, gut ersichtlich (Tabelle 53).

Wenn man im einzelnen über die Mikrostruktur eines Werkstoffs spricht, so meint man Porosität, Größe, Zusammensetzung, Struktur und Orientierung der Kristalle, die Konzentration der Kristallphasen im Werkstoff und die Homogenität desselben. Diese Faktoren bestimmen die mechanischen, optischen, elektrischen, thermischen und chemischen Eigenschaften. Mit anderen Worten, alle Eigenschaften des polykristallinen Werkstoffs hängen von der Natur und Größe der Kristalle, ihrer Konzentration und Packungsdichte ab. Hierbei kann man aber nicht sagen, daß der eine

Tabelle 53. Festigkeiten von Keramiken und Vitrokeramiken gleicher Phasenzusammensetzung

Hauptphase	Biegebruchfestigkeit in MPa	
	Keramik	Vitrokeramik[9])
Cordierit	35...105	175
β-Spodumen	35...70	140
β-Eukryptit	14	112

[1]) Die Oberfläche der Vitrokeramikproben wurde vor der Untersuchung durch Schleifbehandlung geschwächt.

oder andere Faktor nur mit einer ganz besonderen Eigenschaft verbunden ist. So werden z. B. die mechanischen Eigenschaften durch alle Besonderheiten der Mikrostruktur bestimmt, obwohl Natur, Größe und Packungsdichte der Kristalle die größte Bedeutung für diese Eigenschaften besitzen. Für die optischen Eigenschaften haben hauptsächlich die Natur und die Größe der Kristalle Bedeutung. Dasselbe kann man auch über die elektrischen, thermischen und chemischen Eigenschaften sagen.

Polykristalline Körper enthalten außer den Volumendefekten (Poren, Hohlräume u. a.) immer Übergangsbereiche von einem Korn zum anderen. Diese Zwischenkristallschichten haben einen großen Einfluß auf die Endeigenschaften des polykristallinen Werkstoffs. Sie können unterschiedliche Volumina einnehmen. Im mechanischen Sinne stellen sie immer die schwächste Stelle dar, da genau hier der größte Teil der Volumendefekte konzentriert ist und sich auch hier die unterschiedlichsten Verunreinigungen ansammeln, die im Ergebnis des Wachstums der Hauptphase aus den Kristallen verdrängt werden. In dieser Übergangszone kommt es außerdem zu einer Spannungskonzentration, die durch die unterschiedlichen Wärmeausdehnungskoeffizienten der Kristalle und der Schichten entstehen. Bei mehrphasigen Strukturen bilden sich zusätzlich Spannungen an den Korngrenzen der unterschiedlichen Phasen. Solch ein Bildungsmechanismus der Übergangsbereiche zwischen den Kristallen ist für gesinterte, polykristalline Werkstoffe (z. B. für Keramiken aus reinen Oxiden) charakteristisch.

In Vitrokeramiken existieren auch Übergangsbereiche, aber sie enthalten keine Volumendefekte (Poren, Gase usw.), und ihre Besonderheit besteht darin, daß sie amorph sind und in der Regel eine andere Phasenzusammensetzung als die Kristalle besitzen.

In Übereinstimmung mit den schon oben angeführten Ansichten bildet sich die Struktur der Vitrokeramiken folgendermaßen. Zuerst entstehen Ansammlungen von Elementarteilchen (Kristallkeime). Der Grund für die Ausscheidung der Keime kann eine Mikroentmischung oder eine Ansammlung von gleichartigen Teilchen sein. Die Anzahl der entstehenden Keime hängt von der Konzentration der Teilchen, die sich als Tröpfchen oder Aggregate ausscheiden, und von den Temperbedingungen ab. Im ersten Stadium der Keimbildung ist die Größe der Keime anscheinend sehr klein und liegt unterhalb der Nachweisgrenze der gegenwärtigen Analyseverfahren (5 bis 10 Å). Wenn sich die Keime auf 50 bis 100 Å vergrößern, kann man sie z. B. mit dem Elektronenmikroskop beobachten. In diesem Stadium findet man immer tröpfchenförmige, sphärische Teilchen. Bleibt die Temperatur weiterhin gering, kann diese sphärische Teilchenform erhalten bleiben. In der Regel entstehen im Endstadium des Kornwachstums (etwa 0,5 bis 1 μm) eckige Formen, die mehr oder weniger langgezogen sind und abgeflachte Enden besitzen. Die Endform der Kristalle in einer Vitrokeramik hängt von vielen Faktoren ab, wie der Natur der sich bildenden Phase,

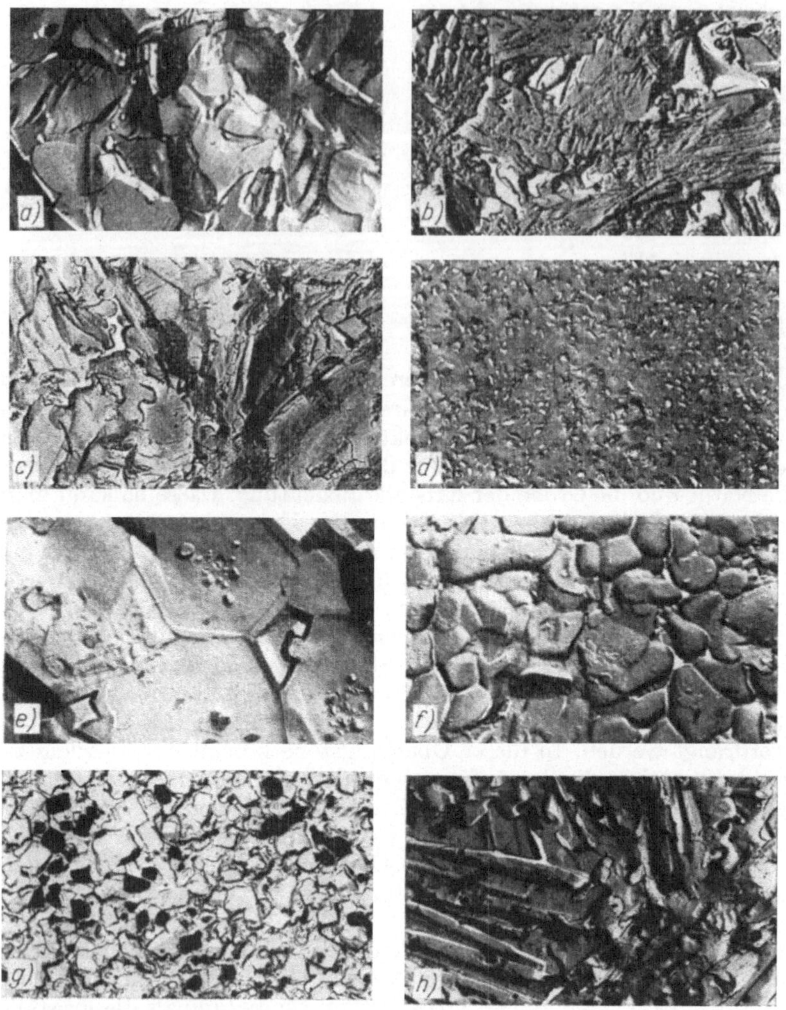

Bild 59. Mikrostruktur von Vitrokeramiken unterschiedlicher Zusammensetzung (Vergrößerung 7500fach); Hauptkristallphasen

a) Quarz, Spinell; *b*) Mullit, Spinell; *c*) Magnetit; *d*) Mischkristalle mit β-Quarzstruktur (Silica-O); *e*) β-Spodumen; *f*) Diopsid; *g*) Anorthit; *h*) Wollastonit

der Konzentration der Kristallkeime, der Zusammensetzung der Umgebungsmatrix, den theoretischen und anderen Wachstumsbedingungen. In Abhängigkeit davon können sich nadelförmige, sphärische und spitzwinklige Kristalle ausbilden (Bild 59). Kristalle in Vitrokeramiken sind immer ungeordnet verteilt, was eine Isotropie der Eigenschaften dieser Materialien bedingt.

Die Kristallphase in einer Vitrokeramik kann aus Kristallen einer oder mehrerer Arten bestehen. Die Kristallart wird durch die chemische Zusammensetzung des Glases sowie durch das Temperregime bestimmt und kann in Abhängigkeit davon unterschiedlich sein. Die Anzahl der Kristallarten, die sich in einem Glas bei seiner Kristallisation ausscheiden können, ist schon jetzt sehr groß (Anhang 1 und 2). Die am meisten genutzten und wichtigsten von ihnen sind Cordierit, β-Spodumen,

β-Eukryptit (und ihre Mischkristalle), Spinell, Rutil, Celsian, die Lithiumsilicate, Wollastonit, Anorthit u. a. Die Möglichkeit einer breiten Variation der Phasenzusammensetzung der Vitrokeramiken (sowohl im qualitativen als auch im quantitativen Sinne) stellt eine Besonderheit und einen Vorteil dieser Werkstoffe dar, die es erlauben, die Eigenschaften in der gewünschten Richtung zu ändern.
Es muß die besondere Rolle der Mischkristalle, die sich bei der Kristallisation einiger Gläser bilden, unterstrichen werden. Vor einigen Jahren wurde festgestellt (*Berger*, *Hummel* u. a.), daß sich die Kristalle einiger Alumosilicate der Struktur nach nicht von Quarz unterscheiden. In Verbindung damit wurde angenommen, daß sich die Kristalle durch Austausch von Si^{4+}-Ionen gegen Al^{3+}-Ionen auf den Gitterplätzen des Siliciumdioxidgitters und durch Besetzung der Zwischengitterplätze mit Kationen anderer Elemente bilden. Solche quarzähnlichen Mischkristalle zeichnen sich noch dadurch aus, daß sie ihrerseits dazu neigen, wiederum mit Quarz Mischkristalle zu bilden.
Diese Erscheinung wurde in der Praxis dazu benutzt, die Struktur des β-Quarzes bei Raumtemperatur zu stabilisieren. Bekanntlich besitzt diese Quarzmodifikation einen sehr geringen Wert der thermischen Ausdehnung ($\alpha = 5 \cdot 10^{-7}\ K^{-1}$), aber sie wandelt sich bei Abkühlung in die Tiefform, den α-Quarz, mit $\alpha = 150 \cdot 10^{-7}\ K^{-1}$ um. Wenn man dem Quarz Tonerde zufügt und die Besetzung der Zwischengitterplätze mit Ionen der entsprechenden Größe (Li^{+}, Mg^{2+}) absichert, unterscheidet sich die Struktur der Mischkristalle, die sich nach dem Schmelzen und der Kristallisation gebildet hat, nicht von der Struktur des β-Quarzes und ist bei Raumtemperatur stabil. Um die Stabilität der Struktur des β-Quarzes abzusichern, reicht bereits ein Kation auf acht Tetraeder. Eine vollständige Besetzung würde ein Kation auf zwei Tetraeder erfordern.
Mischkristalle mit der Struktur des β-Quarzes erhält man bei der Kristallisation eines Großteils der Gläser im System $MgO-Al_2O_3-SiO_2$ unter Zusatz von ZnO, Li_2O und BeO.

8.2. Phasenzusammensetzung

Wie schon dargestellt wurde, besteht eine Besonderheit der Vitrokeramiken darin, daß sie aus der Glasschmelze erhalten werden, bei deren Kristallisation ein mehr oder weniger vollständiger Übergang dieses Glases in den kristallisierten Zustand unter Bildung eines Werkstoffes mit mikrokristalliner Struktur möglich ist. Demzufolge stellt eine Vitrokeramik immer ein kristallisiertes Glas dar, wobei die Kristallisation selbstverständlich immer unvollständig ist. Es wäre möglich, daß man eine Glaszusammensetzung aus superreinen Komponenten auswählt und sie mit einer speziellen Temperung zur vollständigen Kristallisation bringt, in der Praxis ist das aber unmöglich.
Alle polykristallinen Werkstoffe stellen eine Anordnung von Kristallen mit unterschiedlicher kristallografischer Orientierung dar, die voneinander durch eine Kristallzwischenschicht getrennt sind. Die Vitrokeramik bildet hier keine Ausnahme, obwohl für ihre Herstellung eine besondere Technologie angewendet wird. Auch in ihr sind bei maximal möglichem Kristallisationsgrad die einzelnen Körner immer durch eine Übergangskristallzwischenschicht getrennt.
Vitrokeramik wird aus einem Glas hergestellt, bei dem ein mehr oder weniger großer Teil in Kristalle umgewandelt wird. Das Restglas stellt die Matrix dar, in der die Kristalle gleichmäßig verteilt sind. Die Zusammensetzung der Restglasphase unterscheidet sich in der Regel von der des Ausgangsglases, da aus ihr die entsprechenden Komponenten zur Bildung der Kristalle entnommen wurden.

Das Verhältnis von Glas zu Kristall kann in den Vitrokeramiken sehr unterschiedlich sein, von einigen Prozent Glasphase (bei technischen Vitrokeramiken) bis zu 50% (Vitrokeramiken auf der Basis von Industrieanfallstoffen und Gesteinen). Der Gehalt an Glasphase oder der Kristallisationsgrad einer Vitrokeramik hängt vom Kristallisationsregime ab und kann nach Ermessen des Experimentators in bekannten Grenzen variiert werden. Dadurch, daß die Vitrokeramik eine Kombination von Glas und Kristallen darstellt, hängen ihre Eigenschaften vom Verhältnis dieser zwei Phasen ab.

Welche der Phasen, die amorphe oder die kristalline, spielt die Hauptrolle für die Vitrokeramikeigenschaften? Es gibt zwei Ansichten. Eine davon, die am meisten verbreitet ist, geht davon aus, daß die Kristallphase bei der Herausbildung der Vitrokeramikeigenschaften die dominierende Rolle spielt, da es zu einem Anwachsen der Werte der unterschiedlichsten Eigenschaften erst im Ergebnis der Umwandlung eines Teils des Glases in Kristalle kommt. Der andere Standpunkt beruht darauf (*Watanabe* u. a.), daß ein unverletztes Glas mit einer frischen Oberfläche eine Festigkeit besitzt, die die Festigkeit dieses Werkstoffs im kristallisierten Zustand übersteigt. Hieraus wurde geschlußfolgert, daß die Eigenschaften der Vitrokeramik durch die Eigenschaften der amorphen und nicht der kristallinen Phase bestimmt werden. Das heißt mit anderen Worten, daß die Restglasphase der Träger der Vitrokeramikeigenschaften ist und daß von ihrem Gehalt und ihren Eigenschaften die Eigenschaften des polykristallinen Werkstoffs, wie es eine Vitrokeramik darstellt, abhängen.

Eine ähnliche Position vertritt auch *McMillan*. Er betrachtet eine Vitrokeramik als Kompositwerkstoff aus Glas und Kristall, in dem man die Rolle der Kristallphase nicht überschätzen sollte, da viele Eigenschaften der Vitrokeramik durch den Gehalt und die Zusammensetzung der Restglasphase bestimmt werden. Durch Änderung der Zusammensetzung und des Gehaltes der Glasphase kann man die Morphologie dieser Phase beeinflussen und einen wesentlichen, teilweise sogar entscheidenden, Einfluß auf die Festigkeits-, dielektrischen, thermischen, optischen und chemischen Eigenschaften der Vitrokeramik ausüben. *McMillan* bemerkte, daß einige allgemein bekannte Schwierigkeiten bei der Bestimmung des Gehaltes an Glasphase existieren. Die Anwendung der Elektronenmikroskopie ergibt nur dann befriedigende Resultate, wenn die Vitrokeramik selbst durchstrahlt wird. Das Abdruckverfahren erlaubt es nicht immer, die amorphe und die kristalline Phase zu unterscheiden. Befriedigende Ergebnisse erhält man durch das Auflösen der Glasphase in 0,1 n HF.

Die Morphologie der Glasphase hängt von ihrer Menge ab. Wenn wenig Kristalle vorhanden sind, bildet das Glas eine stetige Matrix. Bei Vergrößerung der Kristallanzahl bildet die Glasphase ein Netzwerk, in das die Kristalle eingelagert sind. Wenn noch weniger Glasphase enthalten ist, ist sie als dünne Schicht zwischen den Kristallen verteilt.

Williams schlug eine Methode zur Bestimmung der Phasenzusammensetzung einer Vitrokeramik vor, wonach die Vitrokeramik als Summe aus kristalliner und glasiger Phase betrachtet wird. Wenn man die Zusammensetzung und den Gehalt der kristallinen Phase kennt, kann man durch stöchiometrische Berechnungen die Zusammensetzung der Glasphase erhalten. Die Restglasphase kann in Abhängigkeit von der Ausgangszusammensetzung des Glases und von der Art der sich ausscheidenden Kristalle völlig unterschiedliche Zusammensetzungen besitzen. In Verbindung damit kann der Einfluß der Restglasphase auf die Eigenschaften der Vitrokeramik verschieden sein.

Der Einfluß der Glasphase auf die Festigkeit hängt von einer Reihe von Faktoren ab, vom Verhältnis der Wärmeausdehnungskoeffizienten der Phasen, von der Kristallgröße, vom Charakter zerstörender Risse, von den Werten der Elastizitätsmoduln der Phasen u. a. Ein Unterschied der Ausdehnungskoeffizienten der Kristalle und

des Glases kann in der Vitrokeramik zur Entstehung von mehr oder weniger großen Mikrospannungen führen. In Abhängigkeit von diesen Mikrospannungen können sich Bedingungen entwickeln, wo sich der Charakter der Zerstörung in den Vitrokeramiken ändert (inter- oder innerkristalliner Bruch). Wenn $\alpha_K < \alpha_G$ ist, erfahren das Glas und die Kristalle in radialer Richtung eine Druckspannung. Tangential entsteht im Glas eine Zug- und im Kristall eine Druckspannung. Bei $\alpha_K > \alpha_G$ bildet sich in beiden Phasen in radialer Richtung eine Zugspannung aus und tangential im Glas eine Druck- und im Kristall eine Zugspannung. Im ersten Fall verläuft die Zerstörungsebene durch die Glasphase und im zweiten durch die Kristalle.
McCollister bestimmte den Wert der Mikrospannungen an der Phasengrenze Glas – Kristall mit Hilfe der Doppelbrechung und stellte fest, daß in einer Vitrokeramik des Systems $Li_2O-Al_2O_3-SiO_2$ mit $\alpha_K = 6 \cdot 10^{-7}\,K^{-1}$ und $\alpha_G = 41 \cdot 10^{-7}\,K^{-1}$ die mittlere Mikrospannung 119 MPa beträgt. Bei einer anderen Vitrokeramik mit $\alpha_K = 195 \cdot 10^{-7}\,K^{-1}$ und $\alpha_G = 93 \cdot 10^{-7}\,K^{-1}$ hat diese Spannung einen Wert von 301 MPa. Der Bruch war im ersten Fall interkristallin und im zweiten innerkristallin.
Die Menge und die Größe der Kristalle können einen großen Einfluß auf die Festigkeit der Vitrokeramik haben. Man nimmt folgende Abhängigkeit der Festigkeit von der Korngröße d an:

$$\sigma = K\, d^{-0,5}$$

K Konstante.

Die Länge des zerstörenden Risses hängt auch von der Dispersion der Struktur ab, da Kristallgrenzen die Rißausbreitung bremsen. *McMillan* zeigte am Beispiel einer Lithium-Zink-Silicat-Vitrokeramik, daß bei einer Kristallgröße von 3,5 bis 6,5 μm die Rißlänge in der Glasphase 2,2 bis 8,3 μm beträgt. Er weist darauf hin, daß die Festigkeit dieser Vitrokeramik durch die Mikrorisse in der Glasphase bestimmt wird.
Die elektrischen Eigenschaften einer Vitrokeramik hängen davon ab, ob sich solche Komponenten, wie Alkalioxide und ihre Kombinationen, wenig bewegungsfähige Ionen, wie z. B. Pb^{2+}, Ba^{2+} u. a., in der Kristallphase oder in der Glasphase befinden. Es ist ein Verfahren bekannt, das den Kristallisationsfortschritt durch Messung der elektrischen Leitfähigkeit kontrolliert.
Der Einfluß der Glasphase auf die thermischen Eigenschaften drückt sich dadurch aus, daß sich mit Vergrößerung des Anteils an Glasphase die Scherfestigkeit verringert und das Kriechen erhöht. Die Glasphase wirkt sich auf die thermische Ausdehnung der Vitrokeramiken, die eine additive Größe ist, aus.

$$\alpha = [(\alpha_1 \mu_1 F_1/\varrho_1) + (\alpha_2 \mu_2 F_2/\varrho_2)]/[(\mu_1 F_1/\varrho_1) + (\mu_2 F_2/\varrho_2)]$$

μ *Poisson*sche Konstante
ϱ Dichte
F Masseanteile der Komponenten

Es wurde gezeigt, daß Berechnungen nach dieser Formel gut mit den experimentellen Ergebnissen übereinstimmen. Durch Änderung der Zusammensetzung und des Gehaltes der Phasen ist es möglich, in den schon genannten Grenzen jeden beliebigen Wert des Ausdehnungskoeffizienten zu erhalten.
Die optischen Eigenschaften der Vitrokeramiken hängen von der Kristallgröße und den Brechungsindizes von Kristall- und Glasphase ab. Die entscheidende Rolle für die Durchsichtigkeit der Vitrokeramiken spielen die Brechungsindizes, die bei der Glas- und Kristallphase fast gleich sein müssen. In diesem Falle können die Kornabmessungen größer als die Wellenlänge des sichtbaren Lichtes sein.
Die chemische Beständigkeit der Vitrokeramiken hängt in der Regel von der Zusammensetzung der Glasphase ab, obwohl es auch Ausnahmen gibt, wenn sich die Kristallphase in Säuren leichter löst als die Glasphase (Photoform).

8.3. Dichte

Die Dichte der Vitrokeramiken schwankt in sehr breiten Grenzen (von 2300 bis 6000 kg m^{-3}) und hängt von der Art der sich ausscheidenden Kristalle und dem Verhältnis der Endphasen (Kristall- und Glasphase) ab. Im folgenden sind Werte für die Dichte von Gläsern, Vitrokeramiken und Keramiken angeführt (in kg m^{-3}):

Glas	
Kieselglas	2200
Natron-Kalk-Silicatglas	2400...2550
hitzebeständiges Borosilicatglas	2230
Kristallglas	2850...4000
hochbleihaltiges Glas	5400...6200
Vitrokeramik	
$Na_2O-Al_2O_3-SiO_2-F$	2290...2370
$Li_2O-Al_2O_3-SiO_2-TiO_2$	2420...2570
$MgO-Al_2O_3-SiO_2-TiO_2$	2490...2680
$CaO-Al_2O_3-SiO_2-TiO_2$	2480...2800
$ZnO-Al_2O_3-SiO_2-TiO_2$	2990...3130
$BaO-Al_2O_3-SiO_2-TiO_2$	2960...5880
$PbO-Al_2O_3-SiO_2-TiO_2$	3500...6000
Keramik	
hochfestes Porzellan	2300...2500
Steatitkeramik	2500...2700
Forsteritkeramik	2700...2800
hochtonerdehaltige Keramik	3400...4000

Aus Glas mit ein und derselben Zusammensetzung kann man eine mehr oder weniger dichte Vitrokeramik erhalten. Das hängt nicht nur vom Kristallisationsgrad ab, sondern auch davon, daß ein und dieselbe Glaskomponente in unterschiedlichen Phasen und Verbindungen (oder verschiedenen Modifikationen einer Verbindung) vorkommen kann. So kann z. B. das Siliciumdioxid sowohl Bestandteil der Glasphase sein als auch Kristalle des Quarzes, Cristobalits oder irgendeines Silicates bilden. In all diesen Fällen unterscheidet sich die Dichte merklich, da α-Quarz die größte Dichte mit 2660 kg m^{-3} und Cristobalit die geringste Dichte mit 2330 kg m^{-3} besitzt.

Auf die Dichte hat auch die Restglasphase einen Einfluß. In der Regel vergrößert sich die Dichte der Vitrokeramik mit dem Anwachsen des Kristallisationsgrades des Glases. Man darf aber nicht vergessen, daß es eine Reihe von Zusammensetzungen gibt, die zur Herstellung von Vitrokeramiken angewendet werden, deren Dichte im glasigen Zustand größer als im kristallinen ist. Zu ihnen gehören z. B. Gläser der Cordieritzusammensetzung (Dichte des Glases: 2620 bis 2640 kg m^{-3}, Dichte des Cordierits: 2570 bis 2590 kg m^{-3}).

8.4. Mechanische Eigenschaften

Es wurde schon darauf hingewiesen, daß die Natur der Kristallphase und ihre Struktur einen großen Einfluß auf die Festigkeit der Vitrokeramiken haben. Eine Abschätzung der theoretischen Festigkeit auf der Basis der Arbeit, die zum Aufreißen der Atombindungen nötig ist, ergibt Werte von 10 bis 100 GPa. Die reale Festigkeit

von spröden Körpern bewegt sich in den Grenzen von 1 bis 1000 MPa, d. h., sie beträgt nur $^1/_{100}$ bis $^1/_{1000}$ der theoretischen.
Eine entsprechende Berechnung zeigt, daß die zerstörende Spannung in der Größenordnung von $\sigma = 0{,}1\ E$ liegt.
Für Gläser und kristalline Oxide wurden nur an dünnen Glasfasern und Whiskern des Aluminiumoxids Werte erreicht, die diesen σ-Werten nahe kommen. In Wirklichkeit erhält man für Gläser und Oxide Festigkeitswerte, die hundertmal kleiner sind, d. h. $\sigma = 0{,}001\ E$.
Welche Gründe gibt es für diesen erstaunlichen Festigkeitsverlust?
Die wahrscheinlichste und am meisten verbreitete Theorie zur Festigkeit von spröden Körpern ist die *Griffith*sche Theorie. Nach dieser Theorie sind der Grund für die große Differenz zwischen realer und theoretisch berechneter Festigkeit Oberflächendefekte und Mikrorisse auf der Oberfläche, die die Spannung konzentrieren und so den Widerstand des spröden Materials gegenüber einer zerstörenden Einwirkung abschwächen. Der Zerstörungsprozeß ist relativ kompliziert und hängt von einer Reihe von Faktoren ab, von denen viele bis heute noch nicht ganz geklärt sind.
Die *Griffith*sche Theorie erlaubt nur allgemeine Vorstellungen über die Erscheinungen, die die Zerstörung von spröden Körpern begleiten. Nach *Griffith* ist die zerstörende Spannung gleich der theoretischen Festigkeit, aber diese Spannung entsteht als Spannungsspitze im Bereich des Kerbgrundes des Mikrorisses schon bei relativ kleinen Belastungen der Probe. Die mittlere Belastung σ_m, die am Kerbgrund eines Risses mit einem Kurvenradius von der Größenordnung des Atomabstandes eine zerstörende Spannungsspitze bewirkt, die dem Wert der theoretischen Festigkeit entspricht, wird durch folgende Gleichung ausgedrückt:

$$\sigma_m = \sqrt{\gamma E/(2c)}$$

γ Oberflächenspannung
c Tiefe des Mikrorisses
E Elastizitätsmodul.

Die Risse müssen hierbei eine Länge von etwa 1 µm und einen Kerbradius von Atomgröße besitzen. Die Realität der *Griffith*schen Risse wurde durch zahllose Experimente bestätigt und kann als unanfechtbar gelten.
Die Existenz der Mikrorisse erklärt auch die Größenordnung der Festigkeit und ihren statistischen Charakter, da die Anzahl der Risse von der Größe der Oberfläche abhängt und die Wahrscheinlichkeit der Entstehung des gefährlichsten Risses in der gegebenen Probe durch die Gesetze der Statistik bestimmt wird.
Worin sind die Ursachen für die Bildung von Mikrorissen zu sehen?
Es ist bekannt, daß die Festigkeit von frisch hergestellten Glasproben etwas höher ist als bei denselben Proben nach einer gewissen Zeit. Diese Festigkeitsverringerung in Abhängigkeit von der Zeit kann man auch bei im Querschnitt kleinen Proben beobachten, wie sie die Glasfasern darstellen. Die Hauptgründe für die Entstehung der Risse sind mechanische Einwirkungen auf die Erzeugnisoberfläche bei der Lagerung oder im Einsatz sowie die chemische Wechselwirkung mit den unterschiedlichen Komponenten der Luft und anderen Stoffen. Andere Gründe, die für polykristalline Werkstoffe charakteristisch sind, können erhöhte Spannungen an den Korngrenzen durch unterschiedliche Ausdehnungskoeffizienten, thermische Spannungen in der Oberfläche, die bei Abkühlung des Erzeugnisses entstehen, u. a. sein.
Die an der Oberfläche entstandenen Risse wachsen unter dem Einfluß von Ermüdungserscheinungen, Korrosion und äußeren Spannungen solange an, bis sie die Zerstörung des Erzeugnisses hervorrufen. Die Struktur des Materials kann entweder dem Wachstum eines Risses entschieden entgegenwirken oder es umgedreht auch beschleunigen. So haben Poren einen starken Einfluß auf die Festigkeit. Bekanntlich

verdoppeln sich die Spannungen an einer sphärischen, isolierten Pore. *Ryškevič* errechnete, daß eine 10%ige Porosität des Materials seine Festigkeit auf die Hälfte verringert (im Vergleich zum Werkstoff mit einer Nullporosität). Die Korngröße hat einen Einfluß auf die Länge der *Griffith*schen Risse. Je kleiner das Korn ist, desto kürzer ist auch der Riß, da das Rißwachstum an der Korngrenze zum Stehen kommt. Hieraus folgt, daß die Größe der zur Zerstörung notwendigen Spannung mit Verringerung der Korngröße anwachsen muß, was man in der Praxis auch beobachten kann.

Außer dem bisher Angeführten haben in mehrphasigen Systemen Spannungen an den Phasengrenzen einen großen Einfluß auf die Festigkeit. Diese Spannungen entstehen durch den Unterschied der Wärmeausdehnung der einzelnen Phasen und können zur Bildung von Mikrorissen im Inneren des Materials führen, die, wie die Mikrorisse an der Oberfläche, das Material schwächen. Auch in diesem Fall hat die Korngröße einen entscheidenden Einfluß auf die Größe der Spannungen und die Rißlänge und demzufolge auch auf die Endfestigkeit des Werkstoffs. Es ist z. B. bekannt, daß sich Eukryptit und auch Aluminiumtitanat durch eine starke Anisotropie der Wärmedehnung auszeichnen, was zur Entstehung von großen inneren Spannungen in Materialien dieses Typs führt. Die Festigkeit von gesintertem β-Eukryptit und von β-Eukryptit, der durch eine katalysierte Kristallisation hergestellt wurde, unterscheiden sich fast um das Zehnfache. Dieses Anwachsen der Festigkeit ein- und desselben Materials, das sich nur durch die Größe der Kristalle unterscheidet, unterstützt die Annahme, daß die inneren Defekte mit Verringerung der Korngröße abnehmen.

Bei Abschätzung der Festigkeit ist es notwendig, auch die zweite Besonderheit der Vitrokeramikstruktur zu beachten, und zwar das Vorhandensein einer Glaszwischenschicht zwischen den Kristallen. Diese Zwischenschicht ist im Bereich höherer Temperaturen viskos, baut deshalb Spannungen, die an den Phasengrenzen entstehen, durch Relaxation ab und trägt so zur Erhöhung der Festigkeit des Materials bei.

8.4.1. Biegebruchfestigkeit

Die Biegebruchfestigkeit hängt von der Phasenzusammensetzung, den Temperbedingungen, dem Oberflächenzustand der Vitrokeramik und der Temperatur ab, bei der die Festigkeit bestimmt wird.

Phasenzusammensetzung

Die Zusammensetzung der sich bildenden Kristalle hängt von der chemischen Zusammensetzung des Glases und den Temperbedingungen dieses Glases ab. Im folgenden sind Werte für die Biegebruchfestigkeit von Vitrokeramiken unterschiedlicher Zusammensetzung (nach Angaben von *Stookey*) angeführt (in MPa):

$Li_2O-Al_2O_3-SiO_2-TiO_2$	114...124
$MgO-Al_2O_3-SiO_2-TiO_2$	121...260
$CaO-Al_2O_3-SiO_2-TiO_2$	122
$ZnO-Al_2O_3-SiO_2-TiO_2$	38...133
$CdO-Al_2O_3-SiO_2-TiO_2$	34...133
$SrO-Al_2O_3-SiO_2-TiO_2$	112
$BaO-Al_2O_3-SiO_2-TiO_2$	56... 65
$MnO-Al_2O_3-SiO_2-TiO_2$	73...151

Es ist ersichtlich, daß sich diese Vitrokeramiken in der chemischen Zusammensetzung nur durch unterschiedliche Netzwerkwandler (Li_2O, MgO usw.) unterscheiden. Das Glas mit Cordieritzusammensetzung ergibt Vitrokeramiken mit der höchsten Festigkeit. In ihm kristallisieren verschiedene Magnesiumverbindungen aus (Silicate, Alumosilicate, Aluminate u. a.). Die Gläser der anderen Zusammensetzungen ergeben weniger feste Vitrokeramiken.

Den Einfluß der Phasenzusammensetzung auf die Festigkeit zeigte *Stookey* am Beispiel einer Spodumenvitrokeramik. Die Festigkeit wurde an zylindrischen Stäben von 6 mm Durchmesser gemessen, deren Oberfläche 15 Minuten lang mit Siliciumcarbidpulver in einer Kugelmühle geschliffen wurde. Die Vitrokeramikproben mit β-Spodumen als Hauptphase besaßen eine Festigkeit von 125 bis 140 MPa, und die Proben, bei denen β-Eukryptit die Hauptphase war, entsprechend 70 bis 77 MPa, d. h., sie betrug nur etwa die Hälfte, was mit der Ausdehnungsanisotropie und den dadurch entstehenden Spannungen verbunden sein kann.

Aber nicht alle Gläser der $Li_2O-Al_2O_3-SiO_2$-Zusammensetzung bilden Spodumen oder Eukryptit. Bei verhältnismäßig geringem Gehalt an Al_2O_3 können sich in lithiumhaltigen Gläsern während der Kristallisation Lithiumsilicat und Quarz oder Cristobalit bilden. Nach Angaben von *McMillan* und *Partridge* besitzt dieses Glas folgende Zusammensetzung (in Masse-%): 78,5 SiO_2, 3,9 Al_2O_3, 12,1 Li_2O, 2,5 K_2O, 3 P_2O_5. Der thermische Ausdehnungskoeffizient beträgt $102 \cdot 10^{-7}\,K^{-1}$ und die Biegebruchfestigkeit 280 MPa.

Interessant ist auch ein anderes Beispiel des Einflusses der Phasenzusammensetzung auf die Festigkeit. Tauscht man in einem Glas der Zusammensetzung (in Mol-%): 91,5 ($SiO_2 + K_2O + Li_2O$), 1 P_2O_5 und 7,5 Al_2O_3 das Al_2O_3 gegen ZnO aus, kommt es zu folgender Änderung der Phasenzusammensetzung: Im Glas ohne ZnO stellen Mischkristalle des β-Spodumens und des Quarzes mit der Zusammensetzung $Li_2O \cdot Al_2O_3 \cdot 10\,SiO_2$ die Hauptphase dar, und als zweite Phase bildet sich Lithiumsilicat $Li_2O \cdot 2SiO_2$. Die Mischkristalle zerfallen nun in dem Maße, wie das Al_2O_3 gegen ZnO ausgetauscht wird. Als Hauptphase tritt Quarz auf, und der Gehalt des Lithiumdisilicats steigt. In Tabelle 54 ist der Charakter der Eigenschaftsänderung der Vitrokeramiken bei Austausch des Al_2O_3 gegen ZnO dargestellt.

Tabelle 54. Einfluß der Oxide von Zink und Aluminium auf die Vitrokeramikeigenschaften

Gehalt in Mol-%		Thermischer Ausdehnungskoeffizient α (20 bis 500 °C) in $10^{-7}\,K^{-1}$	Biegebruchfestigkeit in MPa	Elastizitätsmodul in GPa
ZnO	Al_2O_3			
0	7,5	50,4	140	—
1,5	6	52,5	134	71,5
3	4,5	62,1	134	98,5
4,5	3	108,6	196	99,4
6	1,5	118,4	201	123,2
7,5	0	126,6	276	151

Temperbehandlung

Die Menge der sich ausscheidenden Kristallphase und – in einer Reihe von Fällen – auch die Art hängen vom Regime der Temperbehandlung ab. Es kommt auch vor, daß in Frühstadien der Temperung Kristallphasen entstehen, die dem Werkstoff eine höhere Festigkeit verleihen als die Phase, die später entsteht. Nicht immer gelingt es, trotz Kenntnis der Art der sich dabei bildenden Phase, die Festigkeit dieser Phase mit der Festigkeit der entstehenden Vitrokeramik in Einklang zu bringen. Es bleibt die Frage unklar, welcher Gehalt an Glasphase optimal ist, um eine maximale

Festigkeit zu erhalten. Wird die Vitrokeramik dann die maximale Festigkeit besitzen, wenn der Gehalt an Glasphase auf Null gebracht wurde, oder existiert ein bestimmtes Verhältnis von Glas- zu Kristallphase, das für die Herstellung einer Vitrokeramik mit einer maximal möglichen Festigkeit am günstigsten ist? Die Antwort auf diese Fragen wird dadurch erschwert, daß bis jetzt noch keine einfache und zuverlässige Methode existiert, mit der man die quantitative Phasenzusammensetzung einer Vitrokeramik bestimmen kann.

Die einfache, logisch gerechtfertigte Annahme, daß für den Fall, wenn die sich ausscheidende Kristallphase fester als das Ausgangsglas ist, die Restglasphase auf ein Minimum gebracht werden muß, bestätigt sich nicht immer experimentell. Anscheinend hängt der Einfluß der Restglasphase auf die Festigkeit von vielen anderen Strukturbesonderheiten ab, die nicht so leicht zu analysieren sind.

Ein interessantes Ergebnis erhielten in dieser Beziehung *Watanabe* und Mitarbeiter bei der Untersuchung des Einflusses der Temperung auf die Festigkeit und Abriebfestigkeit einer Vitrokeramik mit folgender Zusammensetzung (in Masse-%): 80,8 SiO_2, 4 Al_2O_3, 12,4 Li_2O, 2,5 K_2O, 0,025 CeO_2, 0,015 SnO_2 und 0,18 AgCl. Aus dem Glas wurden dünne Stäbe mit einem Durchmesser von 1,27 bis 1,9 mm und einer Länge von 75 mm gezogen. Ein Ende dieser Stäbe wurde verschmolzen. Bei der darauffolgenden Temperung wurden die Proben (20 Proben für jede Temperung) eingebettet, um Deformationen auszuschließen. Für die Temperung wurden zwei grundsätzliche

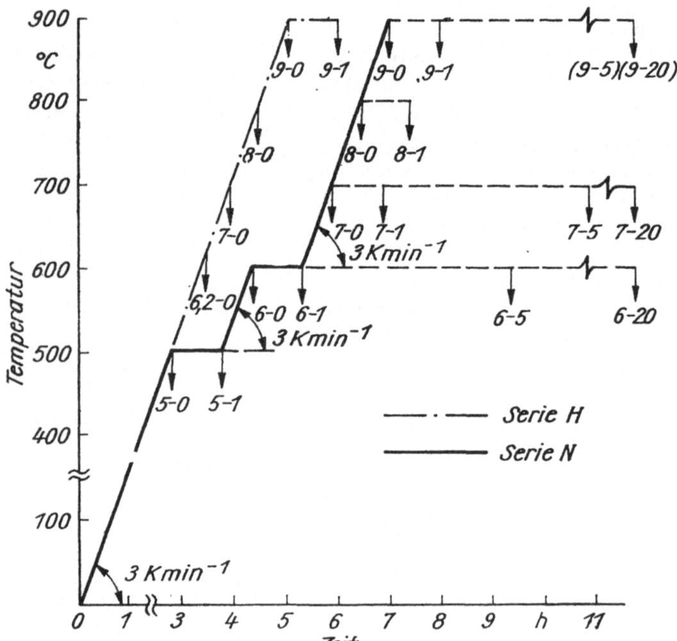

Bild 60. Temperregimes von Vitrokeramiken

Regimes benutzt (*H* und *N*), die in Bild 60 dargestellt sind. Die Ziffern im Bild haben folgende Bedeutung: Die erste entspricht der Temperatur und die zweite der Temperzeit in Stunden, z. B. 6—20 20 h Haltezeit bei einer Temperatur von 600 °C. Die Aufheizgeschwindigkeit wurde mit 3 K min^{-1} festgelegt und die nach diesen Temperregimes erhaltenen Gläser mit einem Sandstrahlgebläse bearbeitet und 15 bis 20 Stunden in einer Atmosphäre, die mit Wasserdampf angereichert war, gelagert

Tabelle 55. Festigkeit einer Vitrokeramik in Abhängigkeit vom Temperregime des Glases

Temperregime		Biegebruchfestigkeit in MPa		Festigkeitsverhältnis
Temperatur in °C	Haltezeit in h	geschliffene Proben (*a*)	ungeschliffene Proben (*b*)	*a*/*b*
frischgezogenes Glas		78	>560	0,14
500	0	76	>490	0,15
500	1	74	>490	0,15
600	0	73	487	0,15
600	1	96	357	0,27
600	20	116	—	—
700	0	115	246	0,47
700	20	136	—	—
800	0	133	183	0,72
900	0	169	267	0,63
900	5	183	225	0,81

(Alterung im Exsikkator). Danach ermittelte man die Festigkeit dieser Proben unter destilliertem Wasser (Vierpunktbelastung). Ein Teil der Proben wurde ohne Schleifbehandlung untersucht. In Tabelle 55 sind einige Festigkeitswerte der erhaltenen Proben angeführt.

Aus der Tabelle folgt, daß die Festigkeit eines Glases mit einer unbeschädigten Oberfläche größer ist als die Festigkeit dieses Glases im kristallisierten Zustand – unabhängig vom Temperregime. Mit anderen Worten, es stellte sich die reale Festigkeit des Glases durch den Kristallisationsprozeß nicht wieder ein, sondern sie verschlechterte sich immer mehr. Ein Glas mit einer unverletzten Oberfläche verhält sich bei der Temperung so, als ob sich in ihm gefährlichere Mikrorisse bilden würden. Die Erhöhung der Festigkeit der getemperten Proben mit einer durch das Schleifen verletzten Oberfläche kann zwei Gründe haben, entweder blockieren die sich ausbildenden Kristalle das Wachstum der Mikrorisse, die durch das Schleifen entstanden sind, oder die Festigkeit erhöht sich dadurch, daß die Festigkeit der Restglasphase in dem Maße, wie sich die Kristalle ausscheiden, immer mehr ansteigt.

Im Ergebnis dieser Arbeit wurde die Schlußfolgerung gezogen, daß die Kristallphase nicht der wichtigste Faktor für die Festigkeit ist und die entscheidende Rolle der Glasphase zukommt, die ihre Zusammensetzung während der Kristallisation ändert. Diese Schlußfolgerung ist strittig und erfordert eine genaue Überprüfung auch für Vitrokeramiken der anderen Typen. Einerseits existieren unter realen Bedingungen keine Gläser mit einer unverletzten Oberfläche, andererseits wissen wir nicht, in welchem Grad die innere Struktur eines Glases, in dem die Kristallbildung begonnen hat, defekt ist. Wird dieses Glas in der Festigkeit einem Glas mit einer unbeschädigten Oberfläche ähnlich, oder sinkt seine Festigkeit durch die an den Phasengrenzen unausweichlich entstehenden Spannungen? Auf diese und viele andere Fragen kann man nur durch Experimente eine Antwort erhalten, obwohl der Aufbau eines solchen sauberen Experimentes sehr schwierig ist.

Oberflächenzustand

Die Festigkeit des Glases hängt vom Oberflächenzustand ab. Wie aus Tabelle 55 ersichtlich ist, beträgt die Festigkeit eines Glases, dessen Oberfläche mit einem Schleifmittel behandelt wurde, nur 14 % der Festigkeit eines unbeschädigten Glases. Aus

dieser Tabelle ist auch zu ersehen, daß die Kristallisation von Gläsern mit beschädigter und unbeschädigter Oberfläche zur Annäherung ihrer Festigkeitswerte führt. Nach Angaben von *Phillips*, der Untersuchungen im System $Li_2O-ZnO-SiO_2$ durchführte, beträgt die mechanische Festigkeit von Vitrokeramiken nach einer Schleifbehandlung 80 % der Anfangsfestigkeit. Solch eine Oberflächenbehandlung führt bei einem Pyrex-Glas zu einer Festigkeitsverringerung um 45 %. Ein Anätzen der Oberfläche von Vitrokeramiken mit Flußsäure hat keinen Einfluß auf die Festigkeit dieser Materialien, aber das Anätzen von Glasproben und ihre darauffolgende Kristallisation ergaben eine wesentliche Festigkeitssteigerung.
In Tabelle 56 sind Festigkeitswerte von Vitrokeramiken auf der Grundlage von Gläsern angeführt, deren Oberfläche vor der Kristallisation bearbeitet wurde.

Tabelle 56. Einfluß der Oberflächenbearbeitung auf die Vitrokeramikfestigkeit

Oberflächenbearbeitung	Temperung	Festigkeitszuwachs
unbearbeitet	ungetempert	1
unbearbeitet	normales Regime	2,4
in HF geätzt	ungetempert	3,3
in HF geätzt	normales Regime	3,4
geschliffen	normales Regime	1,4

Verfahren zur Festigkeitssteigerung von Gläsern durch Anätzen der Oberflächenschicht, Härten und Änderung der Zusammensetzung der Oberfläche mit Hilfe verschiedener Methoden werden gegenwärtig breit angewendet. Diese Verfahren können auch für die Verfestigung von Vitrokeramiken angewendet werden.
Olcott und *Stookey* erhielten ein Patent für die Herstellung von Erzeugnissen mit einer halbkristallinen, druckvorverspannten Oberflächenschicht. In Tabelle 57 sind die

Tabelle 57. Zusammensetzungen, Temperregimes und Festigkeiten von Glaserzeugnissen mit halbdurchsichtiger, druckvorverspannter Oberflächenschicht

Parameter	Zusammensetzung							
	1	2	3	4	5	6	7	8
Gehalt, Masse-%								
SiO_2	53	55,2	59,5	59,3	61,3	59,3	50,9	58,6
Al_2O_3	35,2	34,8	29,9	29,3	28,4	27,1	35,4	31,3
Li_2O	9,8	10	8,2	8	7,8	7,9	8,8	6,1
TiO_2	2	—	2,4	2,4	2,5	2,4	—	—
Na_2O	—	—	—	1	—	—	1	—
B_2O_3	—	—	—	—	—	—	0,5	0,5
CaO	—	—	—	—	—	2,4	—	1
BaO	—	—	—	—	—	0,9	—	—
Temperung								
Temperatur, °C	800	820	820	780	820	810	810	800
Haltezeit, h	14	8	5	0,2	5,2	10	12	7
Biegebruchfestigkeit, MPa	392	440	525	371	448	350	364	420

Zusammensetzungen, das Temperregime und die Festigkeit der durchsichtigen oder halbdurchsichtigen Erzeugnisse, die nach diesem Verfahren hergestellt wurden, angeführt. Während der Temperung bilden sich in der Oberflächenschicht mikroskopische Kristalle des β-Eukryptits, die durch den Unterschied in der Wärmedehnung zum Glas eine Druckspannung in der Oberflächenschicht hervorrufen und so zu einer Festigkeitssteigerung des Erzeugnisses führen.
Beall und Mitarbeiter führten die Kristallisation und eine darauffolgende Verfestigung von Vitrokeramiken durch, die eine Kristallphase mit der Struktur des β-Quarzes enthielten. In Tabelle 58 sind die Zusammensetzungen der hergestellten Vitrokeramiken angegeben. Als Keimbildner wurden TiO_2, ZrO_2 und beide gemeinsam (über 100 %) angewendet. Der thermische Ausdehnungskoeffizient dieser Werkstoffe änderte sich im Temperaturintervall von 0 bis 300 °C von $+50 \cdot 10^{-7}$ bis $-20 \cdot 10^{-7} K^{-1}$.

Tabelle 58. Chemische Zusammensetzungen verfestigter Vitrokeramiken

Zusammensetzung	Gehalt in Masse-%						
	SiO_2	Al_2O_3	MgO	ZnO	Li_2O	ZrO_2	TiO_2
1	75	18	3	—	4	4	—
2	70,5	21	4	2	2,5	4	—
3	70	22	6	—	2	5	—
4	65	25	10	—	—	10	—
5	74	19,5	4,5	—	2	4	—
6	70	18	—	10	2	6	—
7	60	29	11	—	—	—	9
8	55	32	13	—	—	—	10
9	73	19,5	—	4	3,5	3	1

Die Proben enthielten in den Frühstadien der Kristallisation als Hauptphase Hochquarzmischkristalle. Entsprechend den weiteren Phasenumwandlungen kann man diese Vitrokeramiken in zwei Gruppen einteilen. Zur ersten Gruppe gehören Vitrokeramiken, in denen die Mischkristalle bei Erwärmung Spinell und β-Quarz bilden, und zur zweiten Gruppe Vitrokeramiken, deren Mischkristalle bei Erwärmung in β-Spodumen übergehen, der einen kleinen thermischen Ausdehnungskoeffizienten besitzt. Die erste Gruppe schließt alle Zusammensetzungen des Systems $ZnO-MgO-Al_2O_3-SiO_2$ und auch den Großteil der Zusammensetzungen des Systems $Li_2O-ZnO-MgO-Al_2O_3-SiO_2$ mit weniger als 2,5 Masse-% Li_2O ein. Zur zweiten Gruppe gehören alle Zusammensetzungen mit einem Gehalt von über 2,5 Masse-% Li_2O.
Hochquarz, der sich bei der Temperung der Materialien der ersten Gruppe bildet, wandelt sich bei Abkühlung oft in α-Quarz um. Im Ergebnis erhält man eine Vitrokeramik mit einem hohen thermischen Ausdehnungskoeffizienten. Die Materialien der zweiten Gruppe besitzen dagegen einen kleinen Wärmeausdehnungskoeffizienten. Es wurde auch festgestellt, daß viele Vitrokeramiken, die als Hauptkristallphase β-Quarzmischkristalle enthalten, durchsichtig sein können.
Die Vitrokeramiken der in Tabelle 58 angeführten Zusammensetzungen wurden durch Ionenaustausch verfestigt, indem man sie für einige Stunden in die entsprechende Schmelze eintauchte. Für diese Schmelzen wurden Li_2SO_4 unter Zusatz einer geringen Menge von K_2SO_4, das zur Verringerung der Schmelztemperatur der Salze und zur Verbreiterung des Temperaturintervalls der Verarbeitbarkeit diente, und auch Gemische von KCl und K_2SO_4 verwendet. Vor der Verfestigung wurden die Proben mit

Tabelle 59. Herstellungsbedingungen, Biegebruchfestigkeit und Phasenzusammensetzungen von chemisch verfestigten Vitrokeramiken

Zusammensetzung	Salzschmelze	Temperregime		Austauschmechanismus	Biegebruchfestigkeit	Phasenzusammensetzung[1])
		Temperatur in °C	Haltezeit in h		in MPa	
2	90 % Li_2SO_4 – 10 % K_2SO_4	800	4	$2Li^+ \rightleftharpoons Mg^{2+}$	210	1; 2
3	90 % Li_2SO_4 – 10 % K_2SO_4	800	4	$2Li^+ \rightleftharpoons Mg^{2+}$	385	1; 2
5	90 % Li_2SO_4 – 10 % K_2SO_4	850	4	$2Li^+ \rightleftharpoons Mg^{2+}$	315	1; 2
5	52 % KCl – 48 % K_2SO_4	780	4	$K^+ \rightleftharpoons Li^+$	315	1; 2
8	90 % Li_2SO_4 – 10 % K_2SO_4	850	8	$2Li^+ \rightleftharpoons Mg^{2+}$	1085	1; 3

[1]) *1* β-Quarz-Mischkristall; *2* tetragonales Zirkondioxid; *3* Magnesiumdititanat

einem Durchmesser von 6,5 mm und einer Länge von 100 mm in einer Kugelmühle einer 15minütigen Schleifbehandlung unterzogen. Die Ergebnisse der chemischen Verfestigung sind in Tabelle 59 angeführt.

Untersuchungstemperatur

Für die Verwendung von Vitrokeramiken in modernen Maschinen und Geräten, die bei erhöhten Temperaturen arbeiten, ist es notwendig, ihre Festigkeit in Abhängigkeit von der Temperatur zu kennen. In Bild 61 ist der Einfluß der Untersuchungstemperatur auf die Festigkeit einer amerikanischen Vitrokeramik (Pyroceram 9606), die auf der Basis eines Glases im System $MgO-Al_2O_3-SiO_2$ unter Zusatz von TiO_2 als Katalysator erhalten wurde, dargestellt. Die Hauptphase bildet Cordierit, außerdem ist eine geringe Menge an Cristobalit enthalten. Aus dem Diagramm ist ersichtlich, daß die Festigkeit von Pyroceram 9606 sogar bei 800 °C noch relativ hoch ist, d. h. bei einer Temperatur, wo ein Cordieritglas schon vollständig auseinanderläuft.

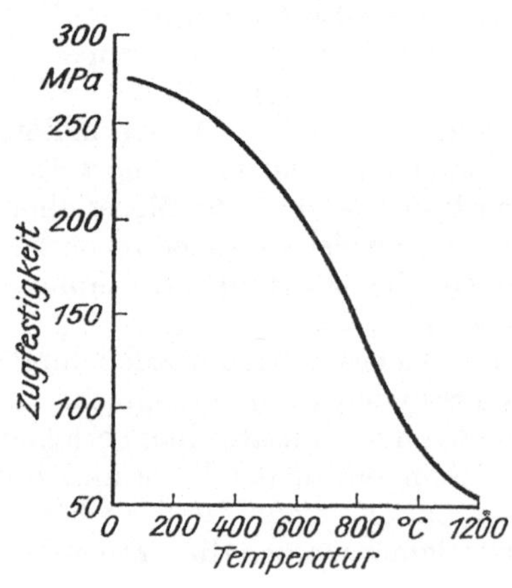

Bild 61. Einfluß der Temperatur auf die mechanische Festigkeit von Pyroceram 9606

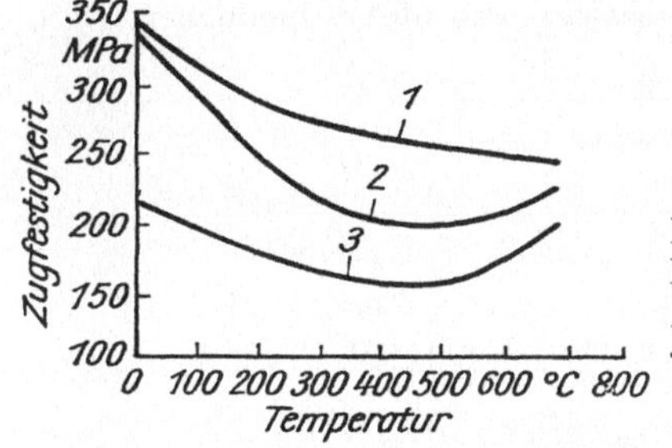

Bild 62. Einfluß der Temperatur auf die Festigkeit von Vitrokeramiken
1 $Li_2O—Al_2O_3—SiO_2$; *2* $Li_2O—ZnO—Al_2O_3—SiO_2$; *3* $Li_2O—ZnO—SiO_2$

Einige Vitrokeramiken besitzen eine eigenartige Temperaturabhängigkeit der Festigkeit. Das drückt sich durch ein Festigkeitsminimum bei einer bestimmten Temperatur und durch eine Festigkeitserhöhung bei höheren Temperaturen aus (Bild 62).
Eine ähnliche Erscheinung kann man bei einigen Gläsern und Keramiken beobachten. So zeigt eine Korundkeramik (95 % Al_2O_3) ein Festigkeitsminimum im Bereich von 400 bis 500 °C. Es gibt Angaben, daß gewöhnliche Gläser diese Effekte bei einer Temperatur von etwa 200 °C besitzen. Man nimmt an, daß diese Erscheinung bei den Gläsern zwei Ursachen haben kann, einerseits schwächen sich bei Temperaturerhöhung die Atombindungen ab, und andererseits werden die Mikrorisse weniger gefährlich, da sie sich durch die Aktivierung der Ionendiffusion abrunden. Die Überlagerung dieser beiden Mechanismen ruft dann im Endresultat ein Festigkeitsminimum hervor. Mit steigender Temperatur erhöht sich die Festigkeit wieder.
Es sind auch andere Erklärungen hierzu möglich. Zum Beispiel kann die Festigkeitsminderung mit der Bildung eines Mikrorisses durch unterschiedliche Ausdehnungskoeffizienten der glasigen und kristallinen Phasen zusammenhängen. Hierbei wird die Situation etwas komplizierter, wenn sich in der Vitrokeramik einige Kristallphasen mit unterschiedlichen Ausdehnungskoeffizienten ausscheiden.

8.4.2. Elastizitätsmodul

Der Elastizitätsmodul der Vitrokeramiken hängt davon ab, welche Kristallphase sich in ihnen bildet. Er ist immer größer als beim Ausgangsglas. Das stimmt mit der Erfahrung überein, daß der Elastizitätsmodul von Gläsern im allgemeinen unter dem Elastizitätsmodul von polykristallinen Werkstoffen liegt. Im folgenden sind Werte des Elastizitätsmoduls für unterschiedliche Werkstoffe angeführt (in GPa):

Vitrokeramiken	74...140
Kieselglas	73,5
Fensterglas	70
Pyrexglas	66,5
Sinterkorund	370
hochtonerdehaltige Keramik	280...350
gesinterter Periklas	210
gesintertes Berylliumoxid	315
Elektroporzellan	67
Steatitkeramik	70

Der Charakter der Änderung des Elastizitätsmoduls von Vitrokeramiken in Abhängigkeit von den in ihnen enthaltenen Kristallphasen ist in Tabelle 60 dargestellt.
Der Elastizitätsmodul ist unmittelbar mit den Größen der Zwischenatomkräfte des Kristallgitters verbunden. Diese wechselseitige Verbindung wird in Bild 63 illustriert; der E-Modul steigt mit der Schmelztemperatur der Werkstoffe an.

Tabelle 60. Elastizitätsmoduln und Phasenzusammensetzungen unterschiedlicher Vitrokeramiken

Vitrokeramiktyp	E-Modul, in GPa	Kristallphasen
Pyroceram		
9606	121,5	Cor, Cri, R
9608	87,5	Mischkristall von Sp und Qu
$Li_2O-Al_2O_3-SiO_2$	106	Sp, LS
$Li_2O-MgO-SiO_2$	96,5	Qu, LS
$Li_2O-ZnO-SiO_2$		
wenig ZnO	88	LS, Cri, Qu
viel ZnO	74	Cri, LZS
$Li_2O-ZnO-Al_2O_3-SiO_2$	84	Mischkristall von Sp und Qu, LS

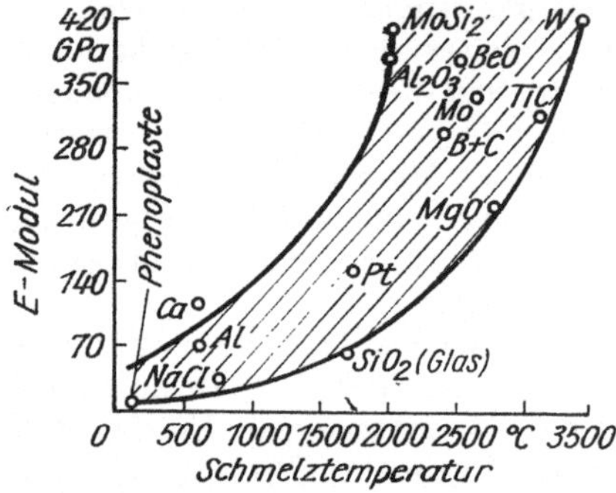

Bild 63. Verhältnis zwischen den Werten des Elastizitätsmoduls und der Schmelztemperatur bei unterschiedlichen Materialien

Man sollte hierbei beachten, daß der Elastizitätsmodul eine additive Größe ist. So stellt z. B. der gewichtete Mittelwert der Elastizitätsmoduln der Phasen, aus denen ein mehrphasiges System besteht, den Wert des Elastizitätsmoduls dieses Systems dar. Deshalb kann man bei Kenntnis der Elastizitätsmoduln der einzelnen Phasen des Werkstoffs den Wert des E-Moduls für das Kompositsystem errechnen. Hieraus ergibt sich die Möglichkeit der Beeinflussung des Elastizitätsmoduls des Werkstoffes durch Steuerung der entsprechenden Phasen. Der Elastizitätsmodul hängt auch von der Porosität des Materials ab, durch deren Vergrößerung sich der Modul wesentlich verringert. Mit wachsender Temperatur werden die Wechselwirkungskräfte zwischen den Teilchen eines Festkörpers durch die Wärmeausdehnung abgeschwächt, was jedoch nur einen geringen Einfluß auf den Elastizitätsmodul hat, der sich bis zum Übergang in den Bereich der unumkehrbaren Verformung der Probe nur unbedeutend verringert.

Der Einfluß der Temperatur auf den Elastizitätsmodul unterschiedlicher Vitrokeramiken ist in Bild 64 dargestellt. Hier kann man zwei entgegengesetzte Effekte beobachten. Ein Zusammensetzungspaar besitzt auf der Kurve der Abhängigkeit des Elastizitätsmoduls von der Temperatur ein Maximum, das andere Paar ein Minimum. Diese Effekte befinden sich in einem Temperaturbereich um etwa 200 °C und sind anscheinend mit Phasenübergängen verbunden. Für die Zusammensetzungen Nr. *1* und *2* stellt Cristobalit die Hauptphase dar, der bekanntlich im Temperaturbereich von 220 bis 270 °C einen $\alpha \rightleftharpoons \beta$-Übergang besitzt (in Abhängigkeit von Fremdstoffen). Bei den Zusammensetzungen Nr. *3* und *4* kann man den minimalen Wert des Elastizitätsmoduls wahrscheinlich bei einer Temperatur von etwa 570 °C beobachten, wo Quarz von der α- in die β-Form übergeht.

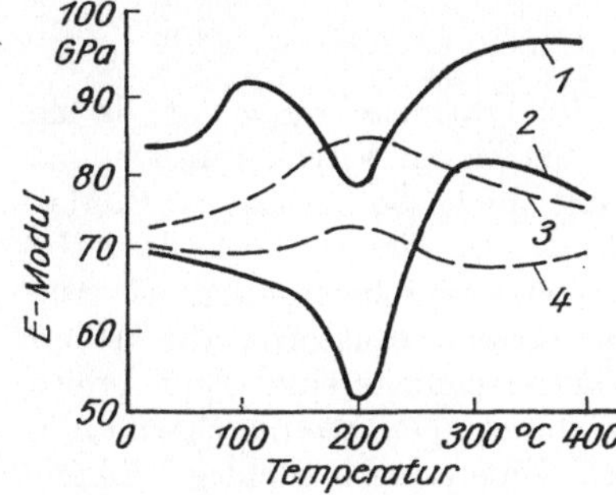

Bild 64. Einfluß der Temperatur auf den Elastizitätsmodul unterschiedlicher Vitrokeramiken

1 Li_2O—ZnO—SiO_2 (geringer ZnO-Gehalt); *2* Li_2O—ZnO—SiO_2 (hoher ZnO-Gehalt); *3* Li_2O—ZnO—Al_2O_3—SiO_2; *4* Li_2O—ZnO—Al_2O_3—SiO_2

8.4.3. Härte

Die Härte ist eine überaus wichtige Eigenschaft, da sie einerseits mit der Festigkeit des Materials verbunden ist, und andererseits hauptsächlich deshalb, weil sie die Fähigkeit des Werkstoffs bestimmt, einem Verschleiß durch Reibung, unter anderem auch durch Schleifeinwirkung, zu widerstehen.
Es gibt einige unterschiedliche Methoden zur Bestimmung der Härte: durch Eindrücken einer Spitze, Kugel oder eines Zylinders, durch Kratzen, durch Bohren, durch Schleifen usw. Man muß jedoch anmerken, daß die genaueste Methode zur Bestimmung der Härte von spröden Werkstoffen die Messung der Mikrohärte ist. Eine praktische Bedeutung hat zweifelsohne die Methode zur Untersuchung der Verschleißfestigkeit eines Materials durch Einwirkung eines Schleifmittels. Obwohl sich diese Methode von der Genauigkeit her nicht mit dem Mikrohärteverfahren vergleichen läßt, ergibt sie doch die Möglichkeit, die für die Praxis notwendigen Vergleichswerte der unterschiedlichen Materialien zu erhalten. Andere Verfahren zur Bestimmung der Härte, wie z. B. die Kratzmethode nach *Martens*, das Härtebestimmungsverfahren mit großen Belastungen nach *Rockwell* und *Brinell*, sind für spröde Materialien ganz und gar nicht anwendbar. In Tabelle 61 sind Mikrohärtewerte von einigen Vitrokeramiken und anderen Werkstoffen angeführt.

Tabelle 61. Mikrohärtwerte einiger Vitrokeramiken und anderer Werkstoffe

Werkstoff	Belastung auf der Kegelspitze in g	Mikrohärte (nach *Knoop*) in MPa
9606 *(Pyroceram)*	100	6980
	500	6190
9608 *(Pyroceram)*	100	7030
	500	5880
Vycorglas	100	5320
	500	4770
Pyrexglas	100	4810
	500	4420
hochtonerdehaltige	100	18800
Keramik (93 % Al_2O_3)	500	15300

8.5. Thermische Eigenschaften

Die wichtigste Eigenschaft aus dieser Gruppe stellt die Wärmedehnung dar, da sie einen wesentlichen Einfluß auf einige andere Charakteristika der Vitrokeramiken hat und eine große Rolle bei ihrer praktischen Anwendung spielt. So besitzen z. B. Materialien mit einer thermischen Ausdehnung von Null oder einem Wert, der sehr nahe an diesen herankommt, eine ideale Temperaturwechselbeständigkeit. Die moderne Technik benötigt in vielen Fällen Konstruktionswerkstoffe, die neben der Hitzebeständigkeit unempfindlich gegenüber Thermoschocks sind. Eine breite technische Anwendung finden unterschiedliche Lotverbindungen, wo die thermische Ausdehnung ebenfalls eine große Bedeutung besitzt. Eine andere wichtige Eigenschaft der Konstruktionswerkstoffe ist ihre Hitzebeständigkeit, die den Einsatz dieser Werkstoffe bei hohen Temperaturen sichert.
In einigen Bereichen der Technik muß man bei der Verwendung von Vitrokeramiken auch ihre Wärmeleitfähigkeit beachten. So verbessert eine erhöhte Wärmeabfuhr die Temperaturwechselbeständigkeit des Erzeugnisses und erhöht die Möglichkeit, den Werkstoff für den Wärmeaustausch einzusetzen.

8.5.1. Wärmedehnung

Das Volumen eines kristallinen Stoffes und die Änderung dieses Volumens bei Temperaturerhöhung werden durch die Struktur des Kristallgitters bestimmt. Die Volumenvergrößerung eines Körpers bei Erwärmung erfolgt durch Vergrößerung der Schwingungsamplituden der Atome oder Ionen, aus denen das Gitter eines Stoffes besteht. Die absolute Größe der Wärmedehnung hängt von der Struktur des Gitters und von der Festigkeit der Atombindungen ab.
Kristalle mit kubischem Gitter besitzen in allen kristallografischen Achsen gleiche Wärmedehnung. Gitter anderer Typen haben achsabhängige unterschiedliche Ausdehnungen. Beispiele für anisotrope Kristalle sind in Tabelle 62 angegeben. Eine besonders große Ausdehnungsanisotropie findet man in Materialien mit Schichtstruktur, bei denen durch den starken Unterschied der Bindungen in den verschiedenen Richtungen die Ausdehnung entlang den Schichten wesentlich geringer ist als senkrecht zu ihnen (Graphit, Calcit u. a.). Tabelle 63 zeigt die mittleren linearen thermischen Ausdehnungskoeffizienten einiger Kristalle, die man in Vitrokeramiken antreffen kann.

Tabelle 62. Thermische Ausdehnungskoeffizienten von anisotropen Kristallen

Kristall	α in 10^{-7} K^{-1}		Kristall	α in 10^{-7} K^{-1}	
	⊥ zur c-Achse	∥ zur c-Achse		⊥ zur c-Achse	∥ zur c-Achse
Al_2O_3	83	90	$CaCO_3$	−60	250
Al_2TiO_5	−26	115	SiO_2 (Quarz)	140	90
$3Al_2O_3 \cdot 2SiO_2$	45	57	$NaAlSi_3O_8$		
TiO_2	68	83	(Albit)	40	130
$ZrSiO_4$	37	62	C (Graphit)	10	270

Bei der Analyse der Wärmedehnung von Vitrokeramiken muß man Erscheinungen auseinanderhalten, die einerseits für den glasigen Zustand des Stoffes und anderer-

Tabelle 63. Lineare thermische Ausdehnungskoeffizienten einiger in Vitrokeramiken vorkommender Kristallphasen

Kristall	Temperaturbereich in °C	α in 10^{-7} K^{-1}
β-Eukryptit $Li_2O \cdot Al_2O_3 \cdot 2SiO_2$	20...700	−90
	20...1000	−64
Aluminiumtitanat $Al_2O_3 \cdot TiO_2$	25...1000	−19
Cordierit $2MgO \cdot 2Al_2O_3 \cdot 5SiO_2$	100...200	6
	25...700	26
β-Spodumen $Li_2O \cdot Al_2O_3 \cdot 4SiO_2$	20...1000	9
Celsian $BaO \cdot Al_2O_3 \cdot 2SiO_2$	20...100	27
Anorthit $CaO \cdot Al_2O_3 \cdot 2SiO_2$	100...200	45
Klinoenstatit $MgO \cdot SiO_2$	100...290	78
Magnesiumtitanat $MgO \cdot TiO_2$	25...1000	79
Forsterit $2MgO \cdot SiO_2$	100...200	94
Wollastonit $CaO \cdot SiO_2$	100...200	94
Lithiumdisilicat $Li_2O \cdot 2SiO_2$	20...600	110
Quarz SiO_2	20...100	112
	20...300	132
	20...600	237
Cristobalit SiO_2	20...100	125
	20...300	500
	20...600	271
Tridymit SiO_2	20...100	175
	20...200	250
	20...600	144

seits für den kristallinen Zustand charakteristisch sind. Eine für Glas typische Ausdehnungskurve ist in Bild 65a dargestellt. Hierauf sind deutlich einige charakteristische Punkte zu erkennen, die mit T_1, T_2 und T_3 bezeichnet sind. Bis zur Temperatur T_1 ist die Ausdehnung fast linear, wodurch der Ausdehnungskoeffizient praktisch konstant bleibt. Diese Temperatur entspricht einer Viskosität von ungefähr 10^{12} Pa s, d. h., sie befindet sich in der Nähe der Transformations- oder Glasbildungstemperatur T_g (dem Übergang der unterkühlten Flüssigkeit in einen Festkörper). Bei weiterer Erwärmung kommt es im Temperaturbereich von $T_1 - T_2$ zu einem starken Anstieg in der Wärmedehnung. Dieser Bereich erhielt die Bezeichnung Anomalitätsintervall, da sich in diesem Bereich der Großteil der Eigenschaften sehr schnell ändert. Der Charakter der Temperaturabhängigkeit der Ausdehnung ändert sich ab T_2.

Eine Erwärmung im Bereich von $T_2 - T_3$ ergibt erneut einen linearen Verlauf der Abhängigkeit der Ausdehnung von der Temperatur, was einer annähernden Konstanz des Ausdehnungskoeffizienten entspricht. Die Temperatur T_3 entspricht einer Viskosität, bei der es zur Erweichung des Glases kommt (Temperatur T_t). Die wahre Erweichungstemperatur eines Glases liegt immer etwas höher, da die Temperatur T_3 durch eine dilatometrische Messung bei einem wenn auch geringen Druck auf die Probe erhalten wird. Deshalb wird in der Literatur dieser Umstand gewöhnlich umschrieben und der Begriff »*dilatometrische Erweichungstemperatur*« verwendet.

Es muß darauf hingewiesen werden, daß die Wärmedehnungen eines im Kühlofen abgekühlten und eines gehärteten Glases ihre Besonderheiten haben, wie das aus Bild 66 ersichtlich ist. Hieraus folgt, daß sich das Verhalten eines Glases im anomalen Bereich in Abhängigkeit von seiner Wärmevergangenheit ändert. Ein gut abgekühltes Glas befindet sich im Gleichgewichtszustand. Bei einem gehärteten Glas

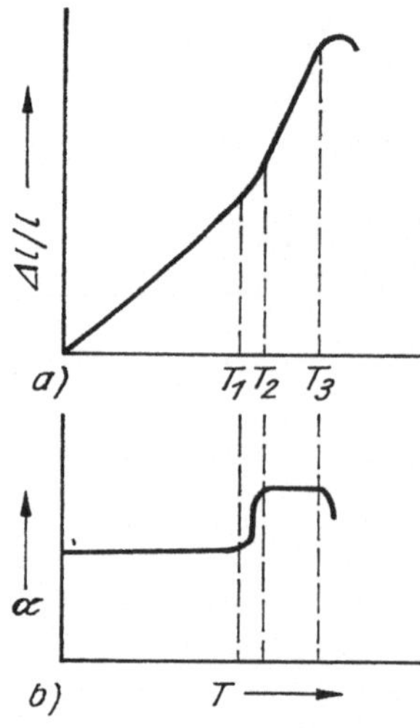

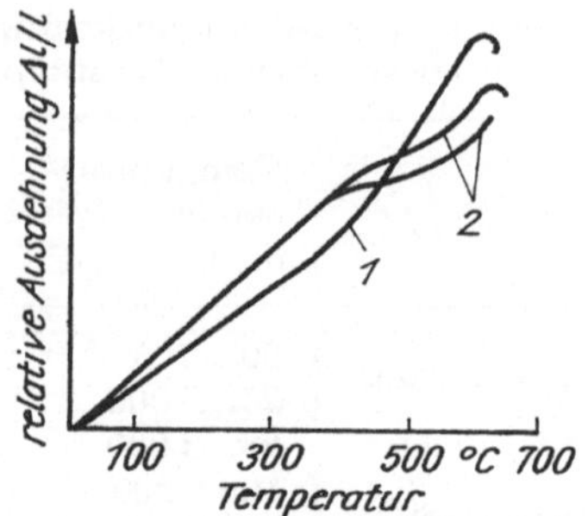

Bild 66. Wärmedehnungskurven von Gläsern
1 im Kühlofen abgekühlt; *2* gehärtet

Bild 65. Wärmedehnung (*a*) und linearer thermischer Ausdehnungskoeffizient (*b*) eines Glases in Abhängigkeit von der Temperatur

wird diese Gleichgewichtsstruktur nicht erreicht. Deshalb laufen in ihm bei Erwärmung bis T_g Relaxationsprozesse ab, die auf der Ausdehnungskurve als Abbiegungen und Plateaus sichtbar werden.

Die Wärmedehnung von mehrphasigen polykristallinen Werkstoffen besitzt auch ihre Spezifik. Ein glaskristalliner Körper besteht aus Kristallen und Glas. Wenn die Ausdehnungskoeffizienten der Komponenten solch eines Mehrphasensystems unterschiedlich sind, ziehen sich bei Abkühlung die Komponenten verschieden zusammen. Dieses Zusammenziehen wird durch die Verbindung der Komponenten untereinander behindert. Im Ergebnis dessen entstehen an den Phasengrenzen Mikrospannungen, die proportional der Differenz zwischen den theoretisch möglichen und den real erreichten Druckspannungen sind.

Mikrospannungen, die sich an den Phasengrenzen durch unterschiedliche Ausdehnungskoeffizienten oder durch eine Ausdehnungsanisotropie einer im polykristallinen Material vorhandenen Phase entwickeln, können zur Bildung von gefährlichen Mikrorissen führen. Eine Folge davon ist die Hysterese der Wärmedehnung polykristalliner Werkstoffe. Diese Erscheinung ist besonders deutlich bei Graphit ausgebildet, der eine starke Ausdehnungsanisotropie besitzt.

In Bild 67 ist die Wärmedehnung von polykristallinem TiO_2 dargestellt, in dem sich beim Abkühlen nach dem Brennprozeß Mikrorisse bilden, die gegenüber den einzelnen TiO_2- Kristallen zu einer Verringerung des mittleren Ausdehnungskoeffizienten dieses Materials führen. Bei Erwärmung können sich die Mikrorisse untereinander verbinden und damit eine ungewöhnlich kleine Ausdehnung bei niederen Temperaturen hervorrufen. Die Risse können sich an den Phasengrenzen und auch in den Kristallen selbst bilden. Am meisten beobachtete man aber Risse an den Grenzen. Es wurde festgestellt, daß die Spannungen, die an den Phasengrenzen entstehen, der Korngröße

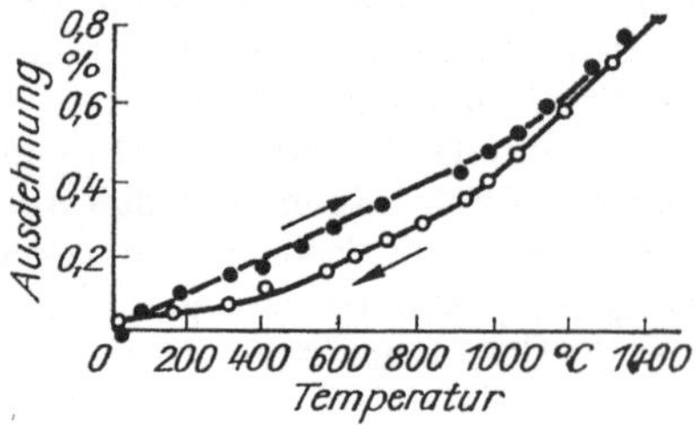

Bild 67. Durch Mikrorisse entstandene Hysterese der thermischen Ausdehnung des polykristallinen TiO_2

Tabelle 64. Chemische und Phasenzusammensetzungen von Vitrokeramiken mit unterschiedlichen Ausdehnungskoeffizienten

Parameter	Zusammensetzung							
	1	2	3	4	5	6	7	8
Gehalt, Masse-%								
SiO_2	57,2	68	54,5	70,7	45,8	56	82,3	59,2
Al_2O_3	28,7	21,4	34,5	18,1	25,3	20	—	—
ZnO	—	—	—	—	—	—	—	27,1
MgO	2,7	—	—	—	17,8	15	3,7	—
Li_2O	8,4	3,8	5,5	2,6	—	—	11	9
K_2O	—	—	—	—	—	—	—	2
TiO_2	—	5,7	5,5	4,8	11,1	9	—	—
P_2O_5	3	—	—	—	—	—	3	2,7
thermischer Ausdehnungskoeffizient α, 10^{-7} K^{-1}	−38,7	−9,8	1,1	5,1	22,6	56	145	160
Kristallphase	Eu	Eu	Eu	Eu, Cor, R	Cor, MT	Cor MT, R, Cri	Qu LS	Cri, LZS

proportional sind. Deshalb sind die Spannungen, die sich bei kleinen Kristallen ausbilden, wie sie für die Mikrostruktur der Vitrokeramiken charakteristisch sind, auch sehr klein.

In Tabelle 64 sind nach Angaben von *McMillan* und *Stookey* eine Reihe von Zusammensetzungen mit unterschiedlichen Ausdehnungskoeffizienten und den in ihnen enthaltenen Kristallphasen angeführt.

Der lineare thermische Ausdehnungskoeffizient eines polykristallinen Materials entspricht dem Mittelwert der algebraischen Summe der Ausdehnungskoeffizienten der verschiedenen Phasen, aus denen das System besteht. Bei der Berechnung sind die elastischen Eigenschaften dieser Phasen zu beachten. Der Wert dieses Koeffizienten kann sich ändern, wenn sich in der Vitrokeramik Mischkristalle bilden. So können β-Spodumen und β-Eukryptit eine Reihe von Mischkristallen mit Quarz bilden. Hierbei nimmt der Ausdehnungskoeffizient bei einem Verhältnis $Li_2O:Al_2O_3:SiO_2$ von 1:1:6, 1:1:8 und 1:1:10 nach Angaben von *Hummel* die entsprechenden Werte $5 \cdot 10^{-7}$ K^{-1}, $3 \cdot 10^{-7}$ K^{-1} und $5 \cdot 10^{-7}$ K^{-1} an.

Der resultierende Ausdehnungskoeffizient hängt vom quantitativen Verhältnis der Phasen und insbesondere von der in der Vitrokeramik verbliebenen Menge an Glasphase ab. Außerdem haben polymorphe Umwandlungen einen Einfluß auf die Temperaturabhängigkeit dieses Koeffizienten. So ist die Anwesenheit von Cristobalit in der Vitrokeramik als Hauptphase mit einer merklichen Änderung des Verlaufs der Ausdehnungskurve im Bereich 200 bis 250 °C verbunden. Quarz führt zu analogen Änderungen bei einer Temperatur von etwa 573 °C. Man sollte nicht vergessen, daß die hierbei in der Vitrokeramik ablaufenden Volumenänderungen sehr stark sind.

Der Übergang $\alpha \rightleftharpoons \beta$-Cristobalit führt zu einer Volumenänderung von ungefähr 5 % und der $\alpha \rightleftharpoons \beta$-Quarz-Übergang von 2 %. Es wurde festgestellt, daß eine Vitrokeramik, die Quarz enthält, fester ist als eine mit Cristobalit.

Bild 68 zeigt die Ausdehnungskurven von Vitrokeramiken, die Cristobalit und Quarz enthalten, und von einer Vitrokeramik ohne Cristobalit und Quarz. Dieses Diagramm

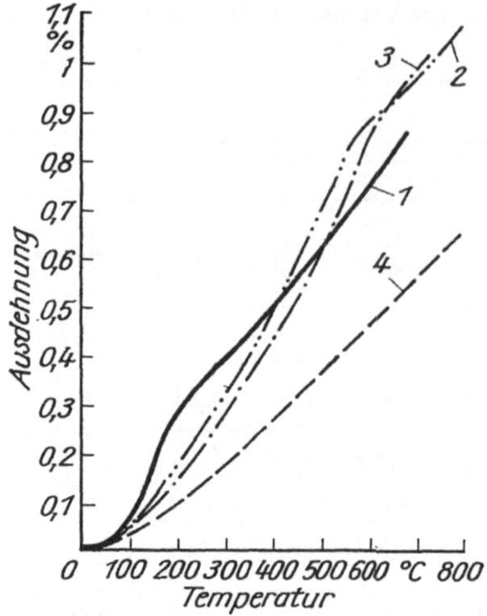

Bild 68. Thermische Ausdehnung von Vitrokeramiken in Abhängigkeit von der Phasenzusammensetzung

1 Cristobalit; *2*, *3* Quarz; *4* weder Cristobalit noch Quarz enthaltende Vitrokeramik

widerspiegelt auch den Einfluß des Temperregimes auf die Natur der Endphase. Die Kurven *1* und *3* entsprechen ein und derselben Ausgangszusammensetzung des Glases, nur mit dem Unterschied, daß das Siliciumdioxid im Fall *1* durch das veränderte Temperregime zu Cristobalit und im Fall *3* zu Quarz kristallisiert. Bei einem entsprechenden Regime kann man auch eine Vitrokeramik mit einer gemischten Quarz-Cristobalit-Struktur erhalten.

Im Moskauer Chemisch-Technologischen Institut »*D. I. Mendeleev*« wurden Versuche zur Regulierung der Wärmedehnung nach der Kombinationsmethode durchgeführt (*Bontch-Osmolovskaja*). So wurden z. B. Pulver eines Glases ($\alpha = 104 \cdot 10^{-7}\,K^{-1}$) und einer Vitrokeramik ($\alpha = 24 \cdot 10^{-7}\,K^{-1}$) in unterschiedlichen Verhältnissen gemischt und dann gesintert. Dabei erhielt man Materialien mit einem Ausdehnungskoeffizienten, der zwischen α_{Gl} und α_V liegt und von der Zusammensetzung abhängt (Tabelle 65).

Tabelle 65. Thermische Ausdehnungskoeffizienten und Zusammensetzungen von glaskristallinen, nach der Kombinationsmethode erhaltenen Materialien

Materialzusammensetzung in Masse-%		α in $10^{-7}\,K^{-1}$
Glas	Vitrokeramik	
95	5	87,6
90	10	75,5
80	20	67,9
70	30	58,1
60	40	49,9

8.5.2. Temperaturbeständigkeit

Die Temperaturbeständigkeit oder die Fähigkeit, eine Erwärmung bis zu einer bestimmten Temperatur ohne Deformation zu überstehen, hängt von der Phasenzusammensetzungen der Vitrokeramiken ab. Beim Vorhandensein einer großen Menge von Glasphase (>10 %) wird die Temperaturbeständigkeit einer Vitrokeramik anscheinend durch die Zusammensetzung dieser Glasphase bestimmt. Demzufolge muß man, um die Temperaturbeständigkeit zu erhöhen, die Bildung der kristallinen Phase mit der höchsten Schmelztemperatur sichern und den Anteil an Glasphase so gering wie möglich halten.

Nach Angaben von *Stookey* haben Vitrokeramiken im System $MgO-Al_2O_3-SiO_2-TiO_2$ eine Deformationstemperatur in den Grenzen von 1 275 bis 1 370 °C, wobei diese Temperatur mit Vergrößerung des Al_2O_3-Gehaltes wächst. Im folgenden wird der Einfluß von geringen Mengen an Zusätzen auf die Deformationstemperatur einer Vitrokeramik gezeigt. Diese besteht aus (in Masse-%): 43,5 SiO_2, 17,4 Al_2O_3, 26,1 ZnO, 8,7 TiO_2 und 4,3 Zusätze (MgO, CaO, BaO oder PbO).

MgO	1125 °C
CaO	1100 °C
BaO	1025 °C
PbO	875 °C

Diese Zusätze gingen anscheinend hauptsächlich in die Glasphase ein und verringerten die Temperaturbeständigkeit der Vitrokeramik. Die Deformationstemperaturen der Vitrokeramiken sind wesentlich höher als bei den Gläsern, aber sehr viel geringer als bei gesinterten, reinen Oxiden.

In Tabelle 66 sind einige Zusammensetzungen von Vitrokeramiken und ihre dilatometrischen Erweichungstemperaturen angegeben.

Tabelle 66. Glaszusammensetzungen und Erweichungstemperaturen der aus ihnen hergestellten Vitrokeramiken

Parameter	Zusammensetzung					
	1	2	3	4	5	6
Gehalt, Mol-%						
SiO_2	71	71	71	71	75	50
Al_2O_3	—	6	6	6	5	10
ZnO	—	—	—	6	—	—
MgO	—	—	6	—	—	40
Li_2O	29	23	17	17	20	—
Erweichungstemperatur, °C						
Glas	500	530	550	575	515	805
Vitrokeramik	850	980	950	970	1000	1000

8.5.3. Temperaturwechselbeständigkeit

Die Temperaturwechselbeständigkeit ist bekanntlich um so größer, je höher die Festigkeitsgrenzen des Materials und je geringer der Elastizitätsmodul sowie der thermische Ausdehnungskoeffizient sind. Dadurch, daß die Vitrokeramiken eine erhöhte Festigkeit besitzen, haben sie auch eine erhöhte Temperaturwechselbeständigkeit. Wenn die Vitrokeramik außerdem noch einen geringen Ausdehnungskoeffizienten besitzt, wächst die Temperaturwechselbeständigkeit weiter an. So verträgt z. B. eine Vitrokeramik mit einem Ausdehnungskoeffizienten von etwa 5 bis $10 \cdot 10^{-7}\ K^{-1}$ einen Thermoschock von 700 °C. In Tabelle 67 ist der Einfluß der genannten Parameter auf die Temperaturwechselbeständigkeit von Vitrokeramiken und

Tabelle 67. Beständigkeit von Vitrokeramik und Glas gegenüber einem Thermoschock

Material	Thermischer Ausdehnungskoeffizient α in 10^{-7} K^{-1}	TWB in K	Biegebruchfestigkeit in MPa	E-Modul, in GPa
Vitrokeramikzusammensetzung				
1	156,9	130	175	70
2	127,5	160	280	88
3	64,9	215	154	84
4	55,5	285	196	78,5
Glas	92	140	112	70

Gläsern dargestellt. Es ist ersichtlich, daß der Wert des linearen Ausdehnungskoeffizienten die Hauptrolle bei der Zerstörung durch Temperaturwechsel spielt. So erwies sich, daß die Vitrokeramik Nr. *2* eine größere Temperaturwechselbeständigkeit besitzt als die Vitrokeramik Nr. *1*, obwohl die Festigkeit der zweiten um 60 % höher ist.

Die Temperaturwechselbeständigkeiten von Pyroceram 9606 und Sinterkorund (99 % Al_2O_3) betragen nach der Formel

$$\Delta T = \sigma (1 - \mu)/(E \alpha)$$

entsprechend 396 und 210 K. Hierbei haben Pyroceram 9606 und der Sinterkorund folgende Werte: $\sigma = 182$ bzw. 315 MPa, $\alpha = 57 \cdot 10^{-7}$ bzw. $73 \cdot 10^{-7}$ K^{-1}, $E = 121$ bzw. 280 GPa und $\mu = 0{,}25$ bzw. 0,32.

8.5.4. Wärmeleitfähigkeit

Die Wärmeleitfähigkeit von Vitrokeramiken ist größer als bei Gläsern, aber geringer als bei einigen gesinterten Oxiden.

Vitrokeramiken bestehen aus einer oder mehreren Kristallphasen. Im Unterschied zur Keramik besitzen sie keine Poren, die auf die Wärmeleitfähigkeit wirken. Die Wärmeleitfähigkeit von zweiphasigen Körpern hängt von den Besonderheiten ihrer Mikrostruktur, vom Verhältnis und der Verteilung der Phasen ab. So kann man z. B. in einem Gemisch aus Magnesiumoxid und Forsterit folgendes beobachten. Bei einem Gehalt von 60 % Forsterit stellt dieser eine kontinuierliche Phase dar, in der Magnesiumoxidteilchen verteilt sind. Wenn das Magnesiumoxid in einer Menge von mehr als 80 % enthalten ist, tauschen Magnesiumoxid und Forsterit die Rollen. Ersteres bildet die kontinuierliche Phase, in der Forsterit verteilt ist. Zwischen diesen Grenzzusammensetzungen befinden sich Zwischenstrukturen.

In Bild 69 ist die Wärmeleitfähigkeit des Systems Si—SiC dargestellt, das sich bei Sättigung einer Siliciumschmelze mit Kohlenstoff bildet. Außerdem ist die Wärmeleitfähigkeit des Systems Al_2O_3—Glas aufgetragen. Im System Si—SiC ist Silicium, das eine höhere Wärmeleitfähigkeit besitzt, die kontinuierliche Phase. Die Mikrostruktur des Systems Al_2O_3—Glas besitzt einen Zwischencharakter, und seine Wärmeleitfähigkeit entspricht dieser Mikrostruktur.

Im folgenden sind Werte der Wärmeleitfähigkeit bei 100 °C von unterschiedlichen Werkstoffen angeführt (in W m^{-1} K^{-1}):

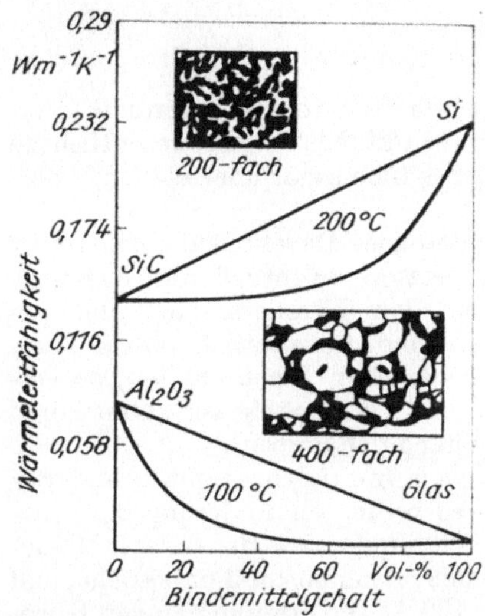

Bild 69. Wärmeleitfähigkeit und Mikrostruktur von Proben im System Si—SiC und Al_2O_3-Silicatglas

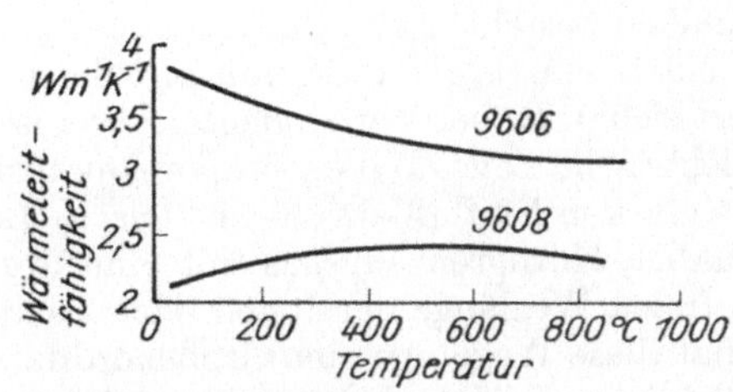

Bild 70. Abhängigkeit der Wärmeleitfähigkeit von der Temperatur für Pyroceram 9606 und 9608

Vitrokeramiken	
$Li_2O-ZnO-SiO_2$ (30 % ZnO)	2,18
$Li_2O-ZnO-SiO_2$ (5 % ZnO)	2,8
$Li_2O-ZnO-Al_2O_3-SiO_2$	2,93
$Li_2O-Al_2O_3-SiO_2$ (20 % Li_2O)	5,44
Gläser	
Kieselglas	2,01
Pyrexglas	1,67
Natrium-Calcium-Silicatglas	1,46
Keramiken	
Porzellan	1,37
Mullit	1,86
Thoriumdioxid	10,47
Spinell	15,07
Korund	30,14
Periklas	37,68
Graphit	180,03
Berylliumoxid	219,81

Man muß berücksichtigen, daß die Wärmeleitfähigkeit der Gläser mit Temperaturerhöhung zu- und bei Keramiken abnimmt.

Den Einfluß der Temperatur auf die Wärmeleitfähigkeit von Pyroceram 9606 und 9608 zeigt Bild 70. Bei Pyroceram 9606 (große Menge Kristallphase) verringert sich die Wärmeleitfähigkeit – wie bei den Keramiken – mit wachsender Temperatur. Pyroceram 9608 hat einen ungewöhnlichen Verlauf der Wärmeleitfähigkeitskurve. Zuerst vergrößert sich die Wärmeleitfähigkeit, durchläuft ein Maximum im Bereich von 450 bis 500 °C und beginnt danach, sich zu verringern.

8.6. Elektrische Eigenschaften[1])

Die allseitige Untersuchung der elektrischen Eigenschaften von Vitrokeramiken erlaubt es, ihre Anwendungsgebiete in der Elektrotechnik/Elektronik wesentlich zu erweitern, und macht die Vitrokeramiken in einigen Fällen sogar unersetzlich, wobei sie die Keramik verdrängen.

Die Vitrokeramiken sind, wie die Keramik auch, heterogene Dielektrika, die aus einer glasigen und einer kristallinen Phase bestehen, letztere eventuell aus mehreren Kristallarten. Ein wichtiger Unterschied zwischen den Vitrokeramiken und den Keramiken besteht darin, daß die ersten nicht porös sind. Bekanntlich hat die Porosität einen sehr großen Einfluß auf die unterschiedlichsten Eigenschaften, so verringert sich z. B. bei Vorhandensein von isolierten und gleichmäßig verteilten Poren die elektrische Leitfähigkeit proportional zur Erhöhung der Porosität.

Einen starken Einfluß auf die elektrische Leitfähigkeit von polykristallinen Materialien haben Korngrenzen, was mit einer durch diese bedingten Änderung der mittleren freien Weglänge der Ionen oder Elektronen verbunden ist. Bei Ionenleitfähigkeit hat diese Weglänge eine Größenordnung, die dem Atomabstand entspricht, und bei Elektronenleitfähigkeit ist sie maximal 100 bis 150 Å. Die Streuung an den Korngrenzen ist im Vergleich zur Streuung im Kristallgitter sehr klein, ausgenommen Kristalle mit einer Größe unter 0,1 μm und dünne Zwischenkristallschichten. Hieraus kann man schlußfolgern, daß die Korngröße den Wert der elektrischen Leitfähigkeit wenig beeinflußt.

Einen wesentlichen Einfluß auf die elektrische Leitfähigkeit haben Verunreinigungen und die Änderung der Zusammensetzung an den Phasengrenzen. Verunreinigungen führen zwischen den Kristallen zur Bildung einer Glasphase. Die Gesamtleitfähigkeit hängt von der elektrischen Leitfähigkeit jeder einzelnen Phase ab.

8.6.1. Elektrischer Widerstand

Elektrischer Oberflächenwiderstand

Die elektrische Oberflächenleitfähigkeit hat eine große Bedeutung für Erzeugnisse, die als Isolatoren eingesetzt werden. Sie erhöht sich sowohl bei Feuchtigkeitseinwirkung als auch bei Vorhandensein von Alkalien in der Isolatorzusammensetzung. In Tabelle 68 sind Werte des spezifischen elektrischen Oberflächenwiderstandes von verschiedenen Werkstoffen bei 70 % relativer Luftfeuchtigkeit angegeben. Aus der Tabelle ist ersichtlich, daß Vitrokeramiken des Systems $Li_2O-ZnO-SiO_2$ sogar im Bereich relativ hoher Temperaturen einen großen Oberflächenwiderstand besitzen.

Elektrischer Volumenwiderstand

Gläser und Vitrokeramiken besitzen vorwiegend Ionenleitfähigkeit. Aber bei Halbleitergläsern und -vitrokeramiken geht die Leitfähigkeit in Elektronenleitfähigkeit über.

Der Ionencharakter der elektrischen Volumenleitfähigkeit ist mit dem Vorhandensein von beweglichen Alkaliionen (Na^+, K^+, Li^+) verbunden, die das Niveau der Leitfähigkeit bestimmen. Die Leitfähigkeit hängt sowohl vom Ionentyp als auch von der

[1]) Dieser Abschnitt wurde von Dr.-Ing. *M. N. Pavluškin* geschrieben.

Tabelle 68. Spezifischer Oberflächenwiderstand verschiedener Werkstoffe

Werkstoff	Temperatur in °C	Spezifischer Oberflächenwiderstand in Ω m
Vitrokeramik des Systems $Li_2O-ZnO-SiO_2$	20	10^{14}
	100	$10^{13,4}$
	300	$10^{8,2}$
	500	$10^{6,1}$
	700	$10^{5,3}$
Borosilicatglas	20	$10^{9,7}$
Natrium-Calcium-Silicat-Glas	20	$10^{7,7}$
glasiertes Elektroporzellan	20	10^{12}

Tabelle 69. Elektrischer Widerstand eines Glases im System $Li_2O-ZnO-SiO_2$ und der aus ihm hergestellten Vitrokeramik

Temperatur	lg des Volumenwiderstandes	
in °C	Glas	Vitrokeramik
20	9,1	13,5
100	7,6	11,4
200	4,1	9,5
300	2,4	7,3
400	1,4	5,7

Konzentration dieses Ions ab. Um das Ion zu bewegen, ist es notwendig, eine Energiebarriere zu überwinden, deren Größe im Glas geringer ist als im Kristall. Hieraus folgt, daß der Übergang eines alkalihaltigen Glases in den kristallinen Zustand zu einem Anwachsen des Volumenwiderstandes führt. Tabelle 69 zeigt die Änderung der Leitfähigkeit bei der Umwandlung eines $Li_2O-ZnO-SiO_2$-Glases in eine Vitrokeramik.

Die Änderung des spezifischen Volumenwiderstandes von alkalifreien Vitrokeramiken unterscheidet sich prinzipiell von der beobachteten Widerstandsänderung bei Alkalivitrokeramiken. Die Verringerung des spezifischen elektrischen Volumenwiderstandes ist in diesem Fall mit der Bildung von Kristallphasen verbunden, die einen geringeren Widerstand als das Ausgangsglas besitzen, und mit der Entstehung eines gewissen Anteils an Elektronenleitfähigkeit. Ein hoher Kristallisationsgrad, der zur Verstärkung des Kontaktes zwischen den Kristallen und damit zur Bildung von geschlossenen Strombahnen über die Kristalle führt, kann die Ursache für eine Elektronenleitfähigkeit sein. Einige Werte zum Vergleich der elektrischen Leitfähigkeit von Vitrokeramiken, Gläsern und Keramiken sind in Tabelle 70 zusammengestellt.

Der Wert der elektrischen Leitfähigkeit von Gläsern und auch von Kristallen ändert sich stark mit wachsender Temperatur. Demzufolge ändert sich auch die elektrische Leitfähigkeit von Werkstoffen, die diese Phasen enthalten. Bild 71 zeigt den Volumenwiderstand in Abhängigkeit von der Temperatur für drei verschiedene Vitrokeramiken, wobei der Knick auf der Kurve Nr. *3* mit dem Übergang von α- in β-Cristobalit im Bereich von 220 bis 270 °C und möglicherweise auch mit einer Erleichterung der Diffusion für Lithiumionen durch die verhältnismäßig stark aufgelockerte Struktur des β-Cristobalitgitters verbunden ist.

Tabelle 70. Elektrische Widerstände von Vitrokeramiken, Gläsern und Keramiken

Werkstoff	lg des Volumenwiderstandes bei				
	20 °C	200 °C	400 °C	600 °C	800 °C
Vitrokeramik im System					
$Li_2O-Al_2O_3-SiO_2$	11,7	6,5	3,3	2,1	—
$LiO_2-ZnO-SiO_2$ (ZnO-5 %)	13,5	9,5	5,7	3	1,7
$Li_2O-ZnO-SiO_2$ (ZnO-30 %)	11,8	—	4,7	2,7	2,2
$Li_2O-ZnO-PbO-SiO_2$	—	8,9	6,5	—	—
Gläser					
Natrium-Calcium-Silicat-Glas	—	4,9	2,2	0,7	—
Alkali-Blei-Silicat-Glas	—	9	4,9	1,9	0,5
Borosilicatglas mit geringen elektrischen Verlusten	—	7,8	4,8	2,4	—
Kieselglas	16	11	7	6	4,5
Keramik					
Korundkeramik (95 % Al_2O_3)	13,3	9,9	7,3	5,8	4,9
hochfestes Porzellan	11,7	6,6	3,5	2,2	—

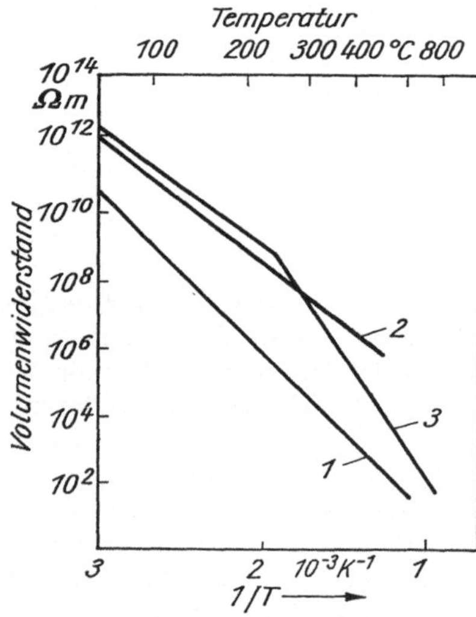

Bild 71. Abhängigkeit des Volumenwiderstandes von der Temperatur für einige Vitrokeramiken

1 $Li_2O-Al_2O_3-SiO_2$; *2* $Li_2O-ZnO-PbO-SiO_2$ (ZnO und PbO zusammen etwa 15 %); *3* $Li_2O-ZnO-SiO_2$ (etwa 15 % ZnO)

8.6.2. Dielektrische Verluste

Als dielektrischer Verlust wird die Energie bezeichnet, die durch die Bewegung der verschiedenartigen Strukturelemente eines Dielektrikums freigesetzt wird. Diese Verluste sind nur durch die Polarisationsarten bedingt, die zur Umwandlung der elektromagnetischen Energie in Wärmeenergie führen.

Die *Leistung*, die je Zeiteinheit in einer Volumeneinheit des Dielektrikums in Wärme umgesetzt wird, kann man nach folgender Gleichung berechnen:

$$W = E_0^2 f \varepsilon' \tan\delta / (1{,}8 \cdot 10^{12})$$

E_0 maximale, auf das Dielektrikum wirkende Feldstärke
f Frequenz des Feldes
ε' Dielektrizitätskonstante bei der Frequenz f
$\tan\delta$ Tangens des Verlustwinkels.

Quantitativ wird die Wechselwirkung des elektromagnetischen Feldes mit dem Dielektrikum durch die Dielektrizitätskonstante ε und den Tangens des dielektrischen Verlustwinkels $\tan \delta$ ausgedrückt. Diese Größen sind zur Einschätzung der dielektrischen Eigenschaften eines Werkstoffes ausreichend. Da Vitrokeramiken aus einer glasigen und einer kristallinen Phase bestehen, besitzt jede von ihnen ihren Anteil am Wert der Dielektrizitätskonstante und des Verlustwinkels.
Die Verluste in einem Ionendielektrikum (unabhängig von seiner Struktur) setzen sich aus der Summe von vier Bestandteilen zusammen:

1. Leitungsverluste, die bei Normaltemperatur und nur bei geringen Frequenzen (10 bis 10^2 Hz) auftreten,
2. Dipolrelaxationsverluste, die mit der thermischen Ionenpolarisation verbunden sind,
3. Deformationsverluste, die bei Normaltemperatur ab 10^7 Hz entstehen und ein Maximum im Bereich von 10^{12} bis 10^{13} Hz besitzen, sowie
4. Resonanzverluste, die durch Schwingungen des Ionennetzwerkes bedingt sind und bei Normaltemperatur im Bereich von sehr hohen Frequenzen (ab 10^9 bis 10^{10} Hz) mit einem Maximum bei 10^{12} bis 10^{13} Hz auftreten.

Die Leitungs- und Relaxationsverluste werden oft unter dem Begriff Migrationsverluste zusammengefaßt.
Im Mikrowellenbereich sind bei einem Großteil der kristallinen Verbindungen die Deformations-, Relaxations- und Resonanzverluste gering, wodurch die Glasphase in den Vitrokeramiken die Hauptquelle der dielektrischen Verluste darstellt. Auf das Niveau der dielektrischen Verluste haben auch Strukturdefekte der Kristallphase, besonders bei der Bildung von Mischkristallen, einen großen Einfluß.
Es wurde festgestellt, daß bei Gläsern eine Wechselwirkung zwischen den dielektrischen Verlusten und dem elektrischen Widerstand existiert. Sowohl die Verluste als auch die elektrische Leitfähigkeit wachsen mit Konzentrationserhöhung und der Beweglichkeit der Alkaliionen in der Reihenfolge $Rb^+ \rightarrow K^+ \rightarrow Na^+ \rightarrow Li^+$. Die Glasstruktur und das Vorhandensein von großen Kationen (Barium, Blei), die die Hohlräume zwischen den Atomen blockieren und damit ein Hindernis für die Wanderung der Alkaliionen darstellen, beeinflussen die Beweglichkeit der Alkaliionen und demzufolge auch die Verluste.
Die Einschätzung der Ursachen für die Verluste in Vitrokeramiken wird dadurch kompliziert, daß in ihnen außer der Kristallphase eine Restglasphase mit einer unbekannten Zusammensetzung vorhanden ist. Die dielektrischen Verluste in Einkristallen sind gering und hängen hauptsächlich von Verunreinigungen ab. Je weniger Restglasphase in einer Vitrokeramik vorhanden ist und je weniger Alkaliionen sich in dieser Phase befinden, desto geringer sind die Verluste. Neben der chemischen Zusammensetzung beeinflußt auch die Einsatztemperatur die dielektrischen Verluste der Vitrokeramiken. In Tabelle 71 ist die Änderung der dielektrischen Verluste einer Vitrokeramik im System $Li_2O-Al_2O_3-SiO_2$ und des Glases, aus dem sie hergestellt wurde, bei steigender Temperatur angegeben. Die Messungen wurden bei 1 MHz durchgeführt.
Tabelle 72 zeigt zum Vergleich den Tangens des dielektrischen Verlustwinkels von Vitrokeramiken, Gläsern und Keramiken, der bei 20 °C und einer Frequenz von 1 MHz gemessen wurde. Die Streuung der dielektrischen Eigenschaften von Vitrokeramiken eines Systems wird durch die Art und Menge der sich ausscheidenden Kristallphasen bestimmt.
Mit Vergrößerung der Frequenz verändern sich die dielektrischen Verluste (Bild 72). Vitrokeramiken der Systeme *1* und *2* besitzen im Frequenzbereich von 10^6 bis 10^8 Hz

Tabelle 71. Dielektrische Verluste eines Glases und einer auf dieser Basis hergestellten Vitrokeramik in Abhängigkeit von der Temperatur

Temperatur in °C	$\tan \delta$	
	Glas	Vitrokeramik
25	0,04	0,0018
50	0,0562	0,0039
70	0,0835	0,0071
100	0,145	0,0087
120	0,205	0,0101
140	0,425	0,0147

Tabelle 72. Dielektrische Eigenschaften von Vitrokeramiken, Gläsern und Keramiken

Werkstoff	$\tan \delta$	Dielektrizitätskonstante ε
Vitrokeramik des Systems		
$Li_2O-Al_2O_3-SiO_2-TiO_2$	0,0050...0,047	6,3...9
$MgO-Al_2O_3-SiO_2-TiO_2$	0,0015...0,02	5,6...8,3
$BaO-Al_2O_3-SiO_2-TiO_2$	0,0004...0,003	7...9
$SrO-Al_2O_3-SiO_2-TiO_2$	0,0003...0,0015	7,5...9
$BaO-SiO_2$	0,0012	7
$ZnO-Al_2O_3-SiO_2$	0,0012...0,025	5,4...6,5
Gläser		
Kieselglas	0,0003	3,8
Borosilicatglas	0,0006	4
Natrium-Calcium-Silicat-Glas	0,009	7,2
Keramik		
Korundkeramik (95 % Al_2O_3)	0,0004	8,8
Steatitkeramik	0,0013	5,9
Forsteritkeramik	0,0003	6,3

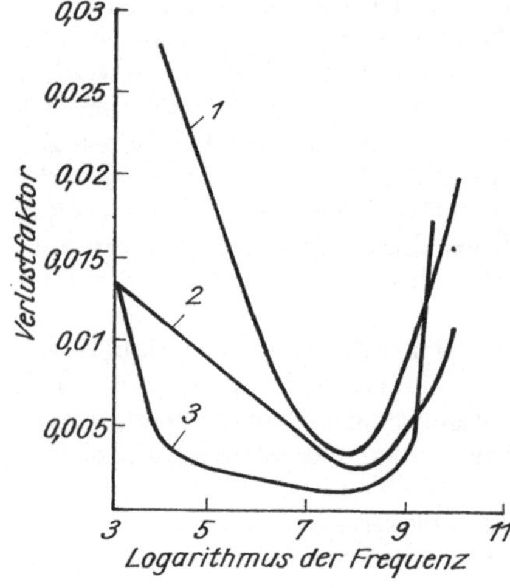

Bild 72. Abhängigkeit des Verlustfaktors $\varepsilon \cdot \tan \delta$ von der Frequenz für unterschiedliche Vitrokeramiken

1 $Li_2O-Al_2O_3-SiO_2$; *2* $Li_2O-ZnO-SiO_2$; *3* $Li_2O-ZnO-PbO-SiO_2$

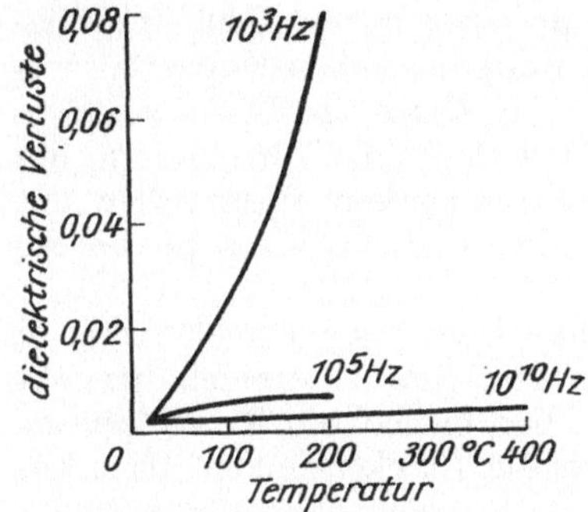

Bild 73. Abhängigkeit der dielektrischen Verluste $\tan\delta$ einer Vitrokeramik im System $Li_2O-ZnO-SiO_2$ von der Temperatur bei unterschiedlichen Frequenzen

minimale Verluste, und die Vitrokeramik des Systems *3* im Frequenzbereich 10^4 bis 10^9 Hz. Der Einfluß von Temperatur und Frequenz auf die dielektrischen Verluste sind gemeinsam in Bild 73 dargestellt.

8.6.3. Dielektrizitätskonstante

Die Dielektrizitätskonstante ist eine relative Größe, die angibt, um wievielmal die absolute Dielektrizitätskonstante größer ist als die Dielektrizitätskonstante des Vakuums. Sie wird durch das Verhältnis $\varepsilon = \varepsilon_1/\varepsilon_0$ ausgedrückt.
Bei einem Großteil der Vitrokeramiken hängt die Dielektrizitätskonstante nur wenig von der Frequenz ab.
Unter realen Bedingungen hat die Einsatztemperatur der Vitrokeramik einen gewissen Einfluß auf die dielektrischen Eigenschaften. Die dielektrischen Eigenschaften von kristallinen Dielektrika werden hauptsächlich durch die Ionen- und Elektronenpolarisation bestimmt. In Gläsern überwiegen die Polarisation, die mit der Deformation des Glasnetzwerkes verbunden ist, und die Resonanzpolarisation. Die Änderung der Dielektrizitätskonstante mit der Temperatur wird quantitativ durch den Wert des Temperaturkoeffizienten der Dielektrizitätskonstante TK_ε bestimmt, dessen Vorzeichen von der Polarisationsart, die im Stoff vorherrscht, abhängt.

- Dielektrika mit vorwiegend Ionenpolarisation ($TK_\varepsilon > 0$) und
- Dielektrika mit stark ausgeprägter Ionen- und Elektronenpolarisation ändern das Vorzeichen von TK_ε bei bestimmten Temperaturen.

Der Großteil der kristallinen Dielektrika und ausnahmslos alle Gläser besitzen einen positiven TK_ε.
Eine Verringerung der Dielektrizitätskonstante bei Temperaturerhöhung kann man bei den Sauerstoffverbindungen beobachten, deren Zentralionen eine große Ladung, einen kleinen Ionenradius und Edelgaskonfiguration besitzen und die aus Atomen mit einer unaufgefüllten vorletzten Elektronenschale bestehen (Perowskit, Rutil).
Der Bedarf an Werkstoffen mit temperaturstabilen dielektrischen Eigenschaften wächst ständig. Es wurden Herstellungsverfahren für Vitrokeramiken entwickelt, die eine temperaturunabhängige Dielektrizitätskonstante bis 1000 °C besitzen. Das wurde durch Kompensation des positiven TK_ε der Hauptkristallphase und der Restglasphase durch den negativen TK_ε des Rutils erreicht, dessen Menge durch die Ausgangszusammensetzung des Glases und das Temperregime zur Kristallisation dieses Glases reguliert wird.
Gewöhnliche Vitrokeramiken besitzen einen verhältnismäßig geringen Wert der Dielektrizitätskonstante (s. Tab. 72) und können deshalb nicht für die Herstellung

von Kondensatoren genutzt werden. Werkstoffe mit einer hohen Dielektrizitätskonstante werden als Dielektrika für Kondensatoren mit einer hohen Kapazität verwendet. Hierbei sollte man jedoch beachten, daß hohe Werte der Dielektrizitätskonstante die Energieverluste vergrößern und daß deshalb zur Verringerung der Verluste, besonders bei hohen Frequenzen, die Anwendung von Werkstoffen mit einem kleinen Wert des Tangens des dielektrischen Verlustwinkels notwendig wird.

Es wurden spezielle Vitrokeramiken mit einem hohen Gehalt an ferroelektrischen Phasen entwickelt. Die Dielektrizitätskonstante dieser Vitrokeramiken erreicht Werte von 2000. $BaTiO_3$, $NaNbO_3$, $Cd(NbO_3)_2$ u. a. stellen hierbei die Kristallphasen dar. In Tabelle 73 sind die ε-Werte bei 25 °C und 1 kHz für Vitrokeramiken mit unterschiedlichen ferroelektrischen Phasen angeführt.

Für Vitrokeramiken mit Bariumtitanat beträgt die *Curie*temperatur, bei der ε die maximale Größe annimmt, 120 °C. Es wurde festgestellt, daß eine geringe Menge ZnO die *Curie*temperatur dieser Vitrokeramik bis auf 15 °C verringert. Die Zugabe dieses und anderer Zusätze wird zur Herstellung von Vitrokeramiken für Kondensatoren verwendet.

Tabelle 73. Dielektrische Eigenschaften von Vitrokeramiken mit ferroelektrischen Kristallphasen

Ferroelektrische Phasen in Vitrokeramiken	Dielektrizitätskonstante der Vitrokeramik	tan δ ($\cdot 10^{-2}$)
Bariumtitanat	30...2000	0,5...4
Natriumniobat, Cadmiumniobat	375...590	2,1...2,4
Wolframoxid	2100	120
Natriumniobat, Bleiniobat	214	1,4
Bariumzirkonat, Bleizirkonat, Cadmiumzirkonat	161	1

8.6.4. Elektrische Durchschlagfestigkeit

Diese Eigenschaft bestimmt die Fähigkeit eines Dielektrikums, die Einwirkung eines starken elektrischen Feldes ohne Zerstörung und Verlust der Isolationseigenschaften zu überstehen. Die Zerstörung des Dielektrikums beim Erreichen einer Grenzfeldstärke wird als elektrischer Durchschlag bezeichnet.

Es werden zwei Arten von Durchschlägen unterschieden, elektrischer und Wärmedurchschlag, obwohl es in der Praxis nicht leicht ist, sie zu unterscheiden. Der elektrische Durchschlag entspricht einem Zustand, bei dem unter dem Einfluß des Feldes die elastischen Bindungen zwischen den Teilchen zerstört werden und es zu einem lawinenartigen Elektronenfluß kommt, der zur Zerstörung des Dielektrikums führt. Der Wärmedurchschlag ist mit einer örtlichen Erwärmung verbunden, die durch längere Einwirkung eines elektrischen Feldes entsteht. Dabei erhöhen sich die Leitfähigkeit, die dielektrischen Verluste und die Temperatur, was ein Aufschmelzen und den Durchschlag des Dielektrikums hervorruft. Bei Gläsern unterscheidet man außerdem noch den elektrochemischen Durchschlag, der sich durch eine langwährende Einwirkung eines elektrischen Gleichfeldes herausbildet. Dieses Gleichfeld ruft unumkehrbare Änderungen der Glaszusammensetzungen (Elektrolyse) hervor.

Der Einfluß der Temperatur und der Einwirkungsdauer des Feldes auf das Dielek-

Tabelle 74. Elektrischer Wärmedurchschlag und spezifischer elektrischer Widerstand von Gläsern mit unterschiedlichem Natriumoxidgehalt

Parameter	Glas mit Na_2O-Gehalt von			
	10,8 %	5,1 %	3,5 %	0,9 %
Durchschlagspannung, V m^{-1}	$9 \cdot 10^8$	$11{,}2 \cdot 10^8$	$9{,}2 \cdot 10^8$	$9{,}9 \cdot 10^8$
Temperatur des Wärmedurchschlages, °C	−150	−125	−60	+150
spezifischer elektrischer Widerstand bei 200 °C, Ω m	$2 \cdot 10^6$	$6 \cdot 10^6$	$1{,}25 \cdot 10^7$	$2{,}5 \cdot 10^{12}$

trikum hängt davon ab, wie diese Faktoren seine Leitfähigkeit verändern, was wiederum durch die Zusammensetzung bestimmt wird. Bei geringen Temperaturen hat die Zusammensetzung nur einen geringen Einfluß auf die Durchschlagsspannung, aber die Temperatur des Auftretens eines Wärmedurchschlages wird wesentlich durch den Gehalt an Alkalioxiden (d. h. durch den spezifischen elektrischen Widerstand) bestimmt. Tabelle 74 zeigt Wärmedurchschlagswerte von einigen Gläsern mit einem unterschiedlichen Gehalt an Natriumoxid.

Auf Bild 74 ist der Temperatureinfluß auf die elektrische Durchschlagfestigkeit verschiedener Gläser dargestellt. Die Untersuchungen wurden mit Silberelektroden durchgeführt (Probendicke 25 μm).

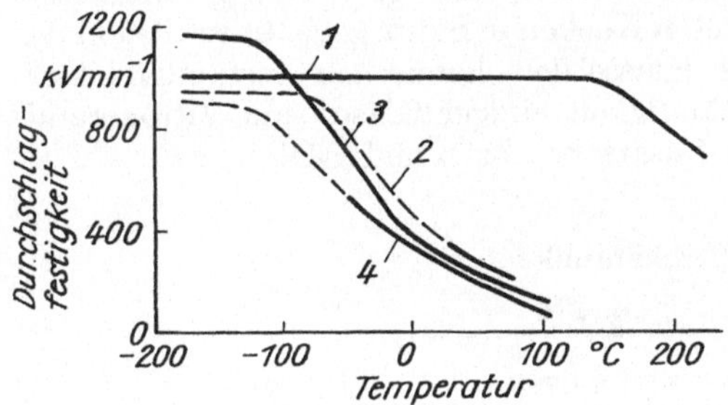

Bild 74. Einfluß der Temperatur auf die elektrische Durchschlagfestigkeit verschiedener Gläser

1 Philips-18 ($4 \cdot 10^{-15}$); *2* Pyrex ($8 \cdot 10^{-10}$); *3* Philips-08 ($1{,}7 \cdot 10^{-9}$); *4* Thüringer Glas ($5 \cdot 10^{-9}$)
(In Klammern sind die Werte für $1/\varrho$ bei 200 °C angegeben)

Im folgenden sind Werte der Durchschlagspannung bei 20 °C und 50 Hz für verschiedene Vitrokeramiken und Werkstoffe angeführt (nach *McMillan*; in kV mm^{-1}):

Vitrokeramiken

$Li_2O-ZnO-SiO_2$ (5 % ZnO)	47
$Li_2O-ZnO-SiO_2$ (30 % ZnO)	38
$Li_2O-ZnO-PbO-SiO_2$	28
Glas	10...30
Keramiken	
Elektroporzellan	25
Korundkeramik (95 % Al_2O_3)	14...23

8.7. Chemische Beständigkeit

Die Beständigkeit der Vitrokeramiken gegenüber aggressiven Medien (Säuren, Laugen u. a.) hängt von der Beständigkeit der kristallinen und amorphen Phasen ab, aus denen eine Vitrokeramik besteht. Auf die chemische Beständigkeit wirkt auch die Mikrostruktur des Materials. So besitzt z. B. ein dichtes, nicht poröses Material bei gleicher Phasenzusammensetzung im Verhältnis zu einem weniger dichten und porösen Material eine höhere chemische Beständigkeit.

Für die Beständigkeit der Vitrokeramiken hat die chemische Zusammensetzung des Ausgangsglases, von der die Art der sich ausscheidenden Kristalle und die Besonderheiten der Restglasphase abhängen, die größte Bedeutung. Die chemischen Eigenschaften der Vitrokeramiken sind zur Zeit noch unzureichend erforscht, um verallgemeinernde Aussagen zu treffen. Aber man kann auch auf die Vitrokeramiken die bekannte Regel anwenden, daß die chemische Beständigkeit eines Mehrphasenmaterials um so höher ist, je größer diese Beständigkeit bei den einzelnen Komponenten (Oxiden) und ihren Verbindungen ist, aus denen dieses Material besteht. Hieraus folgt, daß eine hohe Konzentration von solchen Komponenten, wie sie die Alkalioxide darstellen, immer zu einer Verringerung der chemischen Beständigkeit der Vitrokeramik führt.

Ein Zusatz von Al_2O_3, ZnO, ZrO_2 u. a. in die Vitrokeramikzusammensetzung ruft eine Erhöhung der chemischen Beständigkeit hervor.

Die chemische Beständigkeit einiger Minelbitzusammensetzungen (System Feldspat—Diopsid) ist in Tabelle 75 angeführt (nach *Löcsei*). Sie wurde durch Kochen von Proben, die eine Oberfläche von 50 bis 80 cm² besaßen, in 10- und 20 %igen Säuren und in einer 10 %igen basischen Lösung bestimmt. Es ist ersichtlich, daß sich die spezifische Menge der gelösten Vitrokeramik mit der Zeit verringert. Dabei wurde festgestellt, daß die Vitrokeramik nach 48 bis 60 h Kochen in Säure gegenüber allen in der Tabelle angeführten Reagenzien die erste Klasse der chemischen Beständigkeit erreichte. Bild 75 zeigt die chemische Beständigkeit einiger Gläser und Vitrokeramiken des Systems $Li_2O—Al_2O_3—SiO_2$ unter Zusatz von ZrO_2 und P_2O_5.

Tabelle 75. Chemische Beständigkeit von Vitrokeramiken im System Feldspat-Diopsid

Reagens	Konzentration in %	Gelöste Vitrokeramikmenge in g m^{-2}	
		nach 24 h	nach 48 h
HCl	10	1,94	0,1
	20	6,53	0,26
H_2SO_4	10	7,47	1,58
	20	4,5	1,34
HNO_3	10	12,34	4,58
	20	16,27	5,69
NaOH	10	13,97	3,22

Interessante Resultate wurden bei der Untersuchung der Einwirkung verschiedener aggressiver Gase auf Vitrokeramiken erhalten. So wurde z. B. folgendes beim Studium der Korrosionsfestigkeit verschiedener Materialien gegenüber Chlorverbindungen

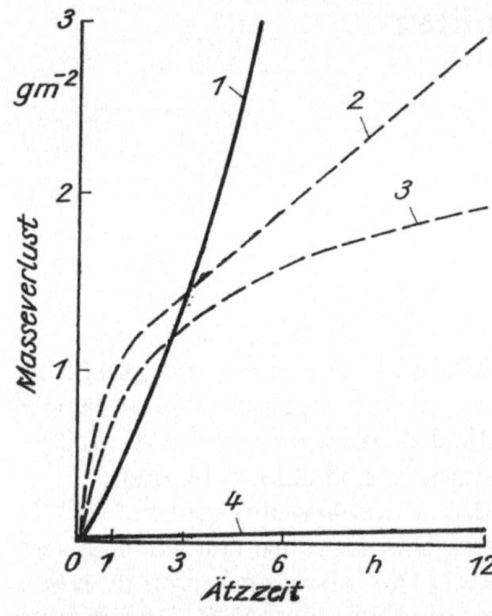

Bild 75. Löslichkeit von Vitrokeramiken und Ausgangsgläsern in 5 %iger HCl bei 90 °C

1, 2, 3 Gläser; 4 aus diesen Gläsern hergestellte Vitrokeramiken

festgestellt. Die Proben von 14 Metallen und Legierungen (Chrom, Nickel, eine Legierung auf Nickelbasis, eine Legierung auf Titanbasis, nichtrostender Stahl, Legierungen auf der Basis von Kupfer und auf der Basis von Niob) widerstanden nicht der Einwirkung von Titantetrachlorid.

Eine Reihe von technischen Vitrokeramiken aus der UdSSR-Produktion (K-24, 224-18 u. a.) besitzen sowohl eine hohe Korrosionsfestigkeit gegenüber trockenem und feuchtem Chlor, Dämpfen der Salzsäure, des Titantetrachlorids, des Siliciums, des Kohlenstoffs und des Zirkons als auch gegenüber Dämpfen der Tetrachloride des Tantals und des Niobs. Die Untersuchungen wurden bei Temperaturen bis 800 °C durchgeführt. Hier verdient der Umstand Beachtung, daß die Phasenzusammensetzung des Werkstoffs die Hauptrolle spielt. So sind die Schlackenvitrokeramik und der Basalt in einer trockenen Chloratmosphäre bei 800 °C unbeständig.

Auf der Grundlage der Untersuchungen wurde die Schlußfolgerung gezogen, daß einige technische Vitrokeramiken für die Herstellung von Laborausrüstungen und von Pilotanlagen für Arbeiten mit aggressiven Gasen verwendbar sind.

9. Anwendungsgebiete der Vitrokeramiken und Schlackenvitrokeramiken

Vitrokeramiken gibt es noch nicht lange, und deshalb sind ihre Anwendungsgebiete, wie das bei jedem neuen Material ist, noch nicht endgültig festgelegt. Diese Gebiete erweitern sich aber jedes Jahr in dem Maße, wie die Informationen über die Vitrokeramikeigenschaften einem immer größeren Spezialistenkreis bekannt werden.
In der Technik ist das eine normale Erscheinung, daß ein neues Material in Gebiete eindringt, wo seine Effektivität offensichtlich wird. Das Durchsetzen eines neuen Materials in der Praxis benötigt bekanntlich viel Zeit. Die Vitrokeramiken erwiesen sich für die verschiedensten Einsatzgebiete als so nützlich, daß ihre Anwendung schon jetzt in der Elektronik, im Gerätebau, in der Raketentechnik usw. bemerkbar wird.
Außer den traditionellen Hindernissen auf dem Weg der Anwendungsverbreiterung der Vitrokeramiken spielt auch noch der Umstand eine nicht geringe Rolle, daß für die Herstellung vieler Vitrokeramiken relativ teure Komponenten (Li_2O, ZnO, TiO_2 u. a.) verwendet werden müssen und daß zur Zeit einige wichtige Elemente der Technologie, die mit der kontinuierlichen Massenproduktion und ihrer Automatisierung (Einbeziehung der Formgebung und Kristallisation in die Taktstraßen) verbunden sind, noch nicht endgültig beherrscht werden. Diese »Kinderkrankheiten« der Vitrokeramikproduktion werden zweifelsohne überwunden, und dann stehen der breiten Anwendung von Vitrokeramikprodukten keine ökonomischen Hindernisse mehr im Wege.
Die verschiedenen Vitrokeramiken unterscheiden sich durch ihre thermischen, mechanischen, elektrischen, chemischen und optischen Eigenschaften. Bezogen auf diese Eigenschaften, werden im folgenden kurz einige Beispiele für die Anwendung von Vitrokeramiken beschrieben. Diese Klassifikation ist sehr willkürlich, da auch eine andere Unterteilung der Anwendungsgebiete, z. B. nach Industriezweigen (Elektronik, Maschinenbau u. a.) oder nach den Hauptanwendungsgebieten (Konstruktionselemente, Bauwesen, Haushalt usw.), möglich ist. Die Unzulänglichkeiten der angewendeten Klassifikation werden noch deutlicher, wenn man berücksichtigt, daß viele Technikgebiete Vitrokeramiken benötigen, bei denen nicht nur eine Eigenschaft besonders ausgeprägt ist, sondern mehrere. So muß z. B. eine Raketenspitze eine hohe Temperaturwechselbeständigkeit, hohe mechanische Festigkeit, geringe dielektrische Verluste und eine gute Korrosionsbeständigkeit besitzen.
In der gegenwärtigen Entwicklungsetappe der Vitrokeramiken kann auch eine solche willkürliche Klassifikation von Nutzen sein, da sie dem Leser hilft, eine Vorstellung darüber zu erhalten, wo Vitrokeramiken bereits angewendet werden und wo sie noch Anwendung finden können.

9.1. Vitrokeramiken

9.1.1. Nutzung der thermischen Eigenschaften

Die thermischen Eigenschaften der Vitrokeramiken erlauben es, sie für unterschiedliche Konstruktionselemente anzuwenden, wo bestimmte Werte der thermischen Ausdehnung, der Temperaturwechselbeständigkeit, der Temperaturbeständigkeit und der Wärmeleitfähigkeit benötigt werden. Die Verbindung von geforderten thermischen Eigenschaften mit verbesserten mechanischen und chemischen Parametern macht es möglich, aus Vitrokeramiken Wärmetauscher, Labor- und Haushaltsgeschirr, Kontrollstäbe für die Kerntechnik, Pumpenteile, temperaturwechselbeständige Rohre, Gehäuse für elektronische Bauelemente, Teile von Raketentriebwerken, Zusammensetzungen für Hochtemperaturlotverbindungen usw. herzustellen.

Wärmetauscher

Vitrokeramiken werden in Wärmetauschern verwendet, da sie bei hohen Temperaturen eine hohe Korrosionsbeständigkeit besitzen. Gewöhnlich werden in Wärmetauschern Rohre eingesetzt, aber vor einigen Jahren wurde in den USA eine effektivere wabenförmige Konstruktion für Wärmetauscher aus Pyroceram entwickelt. Diese Wärmetauscher bestehen aus untereinander verlöteten, ebenen und gewellten Tafeln, zwischen denen sich Kanäle mit dreieckigem Querschnitt bilden (Kanalhöhe 1 bis 5 mm, Stärke der Zwischenwände 0,12 bis 0,14 mm). Diese Tafeln werden nach folgender Pulvertechnologie hergestellt: Aufsprühen der Glassuspension auf eine elastische, organische Unterlage, Bildung der gewellten Tafeln, die im Wechsel mit ebenen Tafeln übereinandergelegt werden, Sinterung und Kristallisation, wobei die organische Trägerschicht ausbrennt. Das für diese Hochtemperaturgaswärmetauscher verwendete Pyroceram besitzt im Bereich 25 bis 300 °C einen Ausdehnungskoeffizienten α von $-2 \cdot 10^{-7}\ K^{-1}$, ist chemisch beständig, verfügt über eine hohe Wärmekapazität und kann für längere Zeit bei Temperaturen bis 1100 °C eingesetzt werden. Die wabenförmige Konstruktion kann auch für Infrarotheizer und als Katalysatorträger in der chemischen Technologie eingesetzt werden.

Labor- und Haushaltsgeschirr

Laborgeschirr und auch Geschirr für die Speisenzubereitung muß, außer daß es chemisch beständig ist, einen plötzlichen Temperaturwechsel vertragen, d. h., es muß temperaturwechselbeständig sein. Dieser Anforderung entsprechen Vitrokeramiken mit einem geringen Ausdehnungskoeffizienten, die außerdem noch eine höhere Festigkeit als Pyrexgläser besitzen. Die erhöhte Härte der Vitrokeramiken bestimmt außerdem ihre besonderen Vorzüge als Geschirr zur Speisenzubereitung, da dies zusätzliche Vorteile bei der Reinigung und Anwendung dieses Geschirrs schafft. Es wurden spezielle Vitrokeramikzusammensetzungen für die Herstellung von Haushaltsgeschirr entwickelt. In den USA wird dieses Geschirr aus Pyroceram 9608 hergestellt, das folgende Zusammensetzung besitzt (in Masse-%): 70,0 SiO_2, 17,6 Al_2O_3, 2,7 Li_2O, 2,6 MgO, 1,3 ZnO, 1,0 As_2O_3 und 4,8 TiO_2. Geschirr aus diesem Pyroceram ist nicht beständig gegenüber der Bildung von dunklen Flecken nach mehrmaliger Speisenzubereitung.

Es wurde festgestellt, daß eine hohe Beständigkeit gegenüber der Verfärbung durch Zersetzungsprodukte der Speisen möglich ist, wenn sich TiO_2 in Form von Anatas- und nicht von Rutilkristallen ausscheidet. Das wird durch den Zusatz von MgO bis zu 2,5 Masse-% gefördert. Eine hierfür vorgeschlagene Zusammensetzung enthält (in Masse-%): 67,5 SiO_2, 20,5 Al_2O_3, 3,6 Li_2O, 1,7 MgO, 1,2 ZnO, 4,8 TiO_2 und 0,25 As_2O_3. Das Glas wird bei 1550 bis 1600 °C geschmolzen. Nach der Formgebung wird das Erzeugnis nach folgenden Regimes kristallisiert: 4 h bei 800 °C und 2 h bei 1000 °C. Nach der Temperung sind in der Vitrokeramik β-Spodumen-Mischkristalle (80 %), Spinell und Anatas (<5 %) als Kristallphasen enthalten. Die Kristallgröße beträgt etwa 1 μm. Die Neigung dieser Vitrokeramik zur Bildung von Flecken beträgt $^1/_5$ gegenüber Pyroceram 9608.

Für Laborzwecke werden Becher, Verdampfungsschalen und andere Gefäße, die sich durch hohe Hitzebeständigkeit und Temperaturwechselbeständigkeit auszeichnen, aus Vitrokeramiken hergestellt.

Kontrollstäbe für die Kerntechnik

Für die Herstellung von Kontrollstäben für Kernreaktoren werden Werkstoffe benötigt, die sich durch einen hohen thermischen Ausdehnungskoeffizienten ($\alpha > 100 \cdot 10^{-7}\,K^{-1}$), hohe Hitzebeständigkeit sowie die Fähigkeiten, eine hermetische Lötverbindung mit Stahl zu bilden und langsame Neutronen mit einer Energie von $1{,}6 \cdot 10^{-10}$ J zu absorbieren, auszeichnen. Diesen Forderungen entsprechen Vitrokeramiken, die auf der Basis von Gläsern der Systeme $CdO-In_2O_3-SiO_2$ und $CdO-In_2O_3-B_2O_3$ erhalten wurden. Kontrollstäbe können auch aus borhaltigem Stahl hergestellt werden, aber sie sind schwer, da in diese Stäbe nur geringe Bormengen, die die langsamen Neutronen absorbieren, eingeführt werden können.
In ein Glas jedoch kann man nicht nur B_2O_3 in großen Mengen einführen, sondern auch solche Oxide, wie Cadmiumoxid und Indiumoxid, die ebenfalls eine hohe Neutronenabsorption aufweisen. Die Hitzebeständigkeit von Gläsern mit diesen Oxiden ist jedoch unzureichend. Vitrokeramiken auf ihrer Basis erfüllen aber den gesamten Komplex der aufgeführten Anforderungen. Sie besitzen in erster Linie eine hohe Absorptionsfähigkeit für Neutronen und eine hohe Hitzebeständigkeit.
Der thermische Ausdehnungskoeffizient ändert sich im Temperaturbereich von 20 bis 500 °C für Boratvitrokeramiken von $105 \cdot 10^{-7}$ auf $148 \cdot 10^{-7}\,K^{-1}$ und für Silicatvitrokeramiken von $65 \cdot 10^{-7}$ auf $100 \cdot 10^{-7}\,K^{-1}$. Ein hoher thermischer Ausdehnungskoeffizient ist deshalb notwendig, da die Stäbe für ihren Einsatz in dünne Stahlummantelungen eingeschlossen werden und der Kontakt zwischen Stab und Mantel bei Temperaturänderung erhalten bleiben muß.
Vitrokeramiken auf der Basis der genannten Zusammensetzungen besitzen eine hohe Deformationstemperatur. Sie beträgt für Boratvitrokeramiken 750 bis 850 °C und für Silicatvitrokeramiken 850 bis 1000 °C.
Die Vitrokeramiken sind gegenüber radioaktiver Strahlung stabil und bilden keine Reaktionsprodukte, die die Stahlmäntel zerstören könnten. Die Berechnung der Koeffizienten der Neutronenabsorption und ihrer Cadmiumäquivalente, d. h. der Cadmiumschichtdicke, die denselben Absorptionsgrad wie eine Schichtdickeneinheit der Vitrokeramik besitzt, zeigte, daß die Vitrokeramiken für die Absorption von langsamen Neutronen doppelt so effektiv sind wie borhaltiger Stahl. Sie können also den gleichen Absorptionsgrad bei einer geringenren Dicke der Sektion absichern. Hieraus ist ersichtlich, daß die Anwendung von Vitrokeramiken in bezug auf die Masse und die Kosten der Konstruktion ökonomisch ist.

Pumpenteile

Vitrokeramiken kann man für die Herstellung von allen Teilen einer Pumpe, die für den Transport von heißen und aggressiven Flüssigkeiten vorgesehen ist, einsetzen. Gegenwärtig benutzt man sie für die Auskleidung von Pumpen und zur Herstellung von Rotoren. Im Vergleich mit nichtrostendem Stahl besitzen die Vitrokeramikerzeugnisse eine höhere Abriebfestigkeit.

Temperaturwechselbeständige Rohre

Eine hohe Temperaturwechselbeständigkeit, Festigkeit, Härte und chemische Beständigkeit erlauben es, Vitrokeramikrohre und -stäbe in der chemischen Industrie und der Erdölraffination für den Einsatz in aggressiven Flüssigkeiten bei hohen Temperaturen zu benutzen. Vitrokeramikrohre werden außerdem in Wärmetauschern eingesetzt, in denen ein großes Temperaturgefälle und hohe Drücke herrschen. Rohre werden mit einem Durchmesser von 3 bis 100 mm und einer Länge bis zu 3 m gefertigt. Sie werden durch kontinuierliche Ziehverfahren aus kontinuierlich arbeitenden Glasschmelzwannen hergestellt.

Gehäuse für elektronische Bauelemente

Die Verbindung einer geringen Gasdurchlässigkeit mit guten mechanischen, thermischen und elektrischen Eigenschaften erlaubt es, die Vitrokeramiken für die Herstellung von unter Vakuum stehenden elektronischen Bauelementen, die für den Einsatz bei hohen Umgebungstemperaturen vorgesehen sind, einzusetzen. Vitrokeramiken lassen sich gut sowohl mit hitzebeständigen Metallen (Wolfram und Molybdän) als auch mit Borosilicat- und Bleiborosilicatgläsern verlöten. Vitrokeramikgehäuse sind gegenüber der Einwirkung von Gasen, Reagenzien und radioaktiver Strahlung mit einer Intensität bis zu 10^{22} Neutronen/m^2 beständig. Die Standzeit von Versuchsmustern der Vitrokeramikgehäuse bei 500 °C betrug 1500 h und bei 400 °C 5684 h.

Teile von Raketentriebwerken

Vitrokeramiken sind durch ihre hohe chemische Beständigkeit, Festigkeit und Härte Werkstoffe, die für die Herstellung von Teilen der Raketentriebwerke (z. B. Düsen) eine große Perspektive besitzen. Vitrokeramikerzeugnisse lassen sich mit Metallteilen dank ihren ähnlichen Ausdehnungskoeffizienten verbinden. Beim Einsatz solcher Teile führt eine Temperaturänderung nur zu unwesentlichen Änderungen der Abmessungen.

Hitzebeständige Überzüge auf Metallen

Hitzebeständige Vitrokeramiküberzüge, die Metalle gut benetzen, werden für den Schutz von Erzeugnissen aus weichen und nichtrostenden Stählen und aus Inconel verwendet. Im Vergleich mit gewöhnlichem emailliertem Stahl erhöht sich die Einsatztemperatur eines Stahles mit Vitrokeramiküberzug von 260 auf 980 °C. Durch Änderung der Glaszusammensetzung kann man Überzüge mit unterschiedlichen physikalisch-chemischen Eigenschaften erhalten und ihre Hitzebeständigkeit bis auf 1370 °C erhöhen.

Die Technologie des Auftragens der Überzüge besteht aus zwei Etappen. Auf die Erzeugnisoberfläche wird eine Grundschicht eines kristallisierenden Glases aufgetragen, das mit dem Metall chemisch reagiert und so eine gute Adhäsion sichert. Dann wird die Deckschicht eines kristallisierenden Glases aufgetragen, die gegen Korrosion beständig ist und sich fest mit der Grundschicht verbindet. Beide Schichten werden als Suspension oder Schlicker eines fein aufgemahlenen Glases auf das Metall gebracht und bis zum Schmelzen erwärmt. Nach der Temperung erhält man einen Vitrokeramiküberzug, der Kristallphasen in einer Menge von 20 bis 50 % enthält.

Hochtemperaturlötverbindungen

Die wichtigsten Parameter, die den Anwendungsbereich der glaskristallinen Lote bestimmen, sind Viskosität, Wärmedehnung und Temperaturwechselbeständigkeit. Lote müssen ein gemäßigtes Fließverhalten besitzen und die zu verlötenden Teile gut benetzen. Glaskristalline Lote können zum Verlöten sowohl unterschiedlicher Gläser miteinander, mit Keramiken und Vitrokeramiken als auch von Metallen untereinander benutzt werden.

Glaskristalline Lote unterscheiden sich von Glasloten durch eine hohe Temperaturwechselbeständigkeit, eine höhere mechanische Festigkeit und Härte und durch eine fast lineare Wärmedehnung bis zur Erweichungstemperatur. Die Anwendung von glaskristallinen Loten schließt eine Deformation der Erzeugnisse während des Lotprozesses aus. Die Zusammensetzungen von Gläsern für glaskristalline Lote befinden sich in den Systemen $PbO-ZnO-B_2O_3$ und $ZnO-B_2O_3-SiO_2$.

Astrooptik

Für astronomische Spiegel werden Gläser mit einer geringen thermischen Dehnung verwendet (Kiesel- und Borosilicatgläser). Am besten eignen sich für die Einsatzgebiete Spodumenvitrokeramiken. Solche Vitrokeramiken können eine Nullausdehnung besitzen, sind durchsichtig und entsprechen auch den anderen Anforderungen der Astrooptik. Aus der Vitrokeramik »Zerodur« wurden astronomische Spiegel mit einem Durchmesser bis zu 4 m und einer Masse von 15 t und mehr hergestellt.
Das Ausgangsglas wurde drei Wochen lang in einem Wannenofen bei einer Temperatur von 1600 °C bis zur vollständigen Homogenität geschmolzen. Die Schmelze (27 t) wurde langsam in eine feuerfeste Form gegossen. Der heiße Gießling wurde dann in einen Ofen umgesetzt, wo er drei Monate lang bis auf Zimmertemperatur abkühlte. Danach wurde er in den Kristallisationsofen gebracht und einige Monate mit einer Geschwindigkeit von 0,1 K h^{-1} erwärmt. Bei der Kristallisation bilden sich im Ausgangsglas Kristalle mit Hochquarzstruktur, die Oxide des Siliciums, Aluminiums, Lithiums, Magnesiums und Zinks enthielten und eine Größe von etwa 500 Å besaßen, was die Durchsichtigkeit der Vitrokeramik bestimmt.

9.1.2. Nutzung der mechanischen Eigenschaften

Die mechanischen Eigenschaften der Vitrokeramiken machen es möglich, sie in verschiedenen Konstruktionen anzuwenden, wo hohe Festigkeit, Härte und Abriebfestigkeit gefordert werden. Die Verbindung der genannten Eigenschaften mit einer hohen chemischen Beständigkeit erlaubte es, die Vitrokeramiken für die Herstellung von Gleitlagern, Pumpen, Teilen von Verbrennungsmotoren, Wandplatten, Fadenführern von Textilmaschinen, Mörsern, Pistillen, Mühlenauskleidungen, Mahlkörpern, Spinndüsen für synthetische Fasern, Bremsbelägen usw. zu verwenden.

Gleitlager

Lager aus Vitrokeramik zeichnen sich durch hohe Festigkeit, Abriebfestigkeit, eine hohe chemische Beständigkeit und die Fähigkeit aus, bei hohen Temperaturen ihre Härte beizubehalten. Bei der mechanischen Bearbeitung der Vitrokeramiken erhält man eine glatte Oberfläche. Gleitlager aus Vitrokeramik in Verbindung mit Metallegierungen arbeiten ohne Schmierung zufriedenstellend bei Temperaturen von 540 bis 980 °C, wo gewöhnliche Metallager zerstört werden. Vitrokeramiklager können auch in aggressiven Flüssigkeiten oder Dämpfen bei hohen Temperaturen eingesetzt werden, wobei die heißen, aggressiv wirkenden Säuren bei ihnen das Schmiermittel ersetzen können.
Während ihres Einsatzes werden die Vitrokeramiklager nach und nach durch Abnutzung zerstört. Das ist besonders für die Fälle wichtig, wo es nicht zu einem plötzlichen Stillstand der Maschine kommen darf.

Architektur und Bauwesen

Vitrokeramiken besitzen eine besonders große Perspektive als Material für den Wohnungs- und Industriebau. Festigkeit, Härte und Feuerbeständigkeit sichern die Möglichkeit, die Vitrokeramiken für die Herstellung von hängenden, selbsttragenden Fassadenplatten, von Zwischenwänden, von Fliesen für die Wandverkleidung, von Platten für Straßen und Fußwege, für die Balkonverkleidung, für Treppen, für die Herstellung von Welldächern, Sanitäranlagen und anderen Bauelementen zu verwenden.

Gewalzte Vitrokeramik kann mit einem Metallnetz armiert werden. Farbige Glasuren auf einer oder beiden Seiten einer gewalzten Vitrokeramik erlauben die Herstellung von dekorativen Platten zur Verkleidung von Metrostationen, farbigen Fußwegplatten, architektonischen Elementen u. a.

Textilindustrie

In der Textilindustrie können Vitrokeramiken für die Herstellung von Fadenführern in Textilmaschinen und von Spinndüsen für die Produktion von synthetischen Fasern eingesetzt werden. Dieser Anwendungsbereich ist durch die hohe Festigkeit und Abriebfestigkeit der Vitrokeramikerzeugnisse bedingt.

Unterwasserbauten

Für die Durchführung von ozeanografischen Untersuchungen bis zu einer Tiefe von 9200 m ist in den USA geplant, den Rumpf eines unbemannten Tiefseeunterwasserbootes aus Vitrokeramik herzustellen. Vitrokeramik wurde deshalb als Rumpfmaterial ausgewählt, da diese Werkstoffe eine große Druckfestigkeit (>21 GPa), die mit steigender Tauchtiefe zunimmt, und eine hohe chemische Beständigkeit gegenüber Meerwasser besitzen. Das Boot erhält durch die geringe Masse der Vitrokeramik eine gute Schwimmfähigkeit.
Aus Vitrokeramik kann man auch sphärische Schwimmer für Versuchsplattformen mit Geräten des geodätischen und des Küstendienstes herstellen. Diese Plattformen werden mit Ketten in 30 m Tiefe verankert.

Andere Anwendungsbereiche der Vitrokeramiken

Vitrokeramiken können als Bindemittel für Schleifpulver bei der Produktion von Schleifkörpern verwendet werden und dadurch das gebräuchliche amorphe Bindemittel ersetzen. Eine große Härte, Abriebfestigkeit und eine hohe Schlagzähigkeit gestatten es, Mörser, Pistillen, Mühlenauskleidungen und Mahlkörper sowie auch stoßgesicherte Fassungen für edelsteinbesetzte Schneidwerkzeuge herzustellen.
Vitrokeramiken mit einer geringen Wärmedehnung können für die Herstellung von Präzisionslehren, Ständern von Maschinen der spanabhebenden Metallverarbeitung und von anderen Erzeugnissen eingesetzt werden, deren Abmessungen bei Temperaturänderung konstant bleiben müssen. Im speziellen werden aus Vitrokeramik astronomische Spiegel für Teleskope hergestellt, die die Fähigkeit besitzen, ein und denselben Kurvenradius unabhängig von der Umgebungstemperatur beizubehalten.

9.1.3. Nutzung der elektrischen Eigenschaften

Vitrokeramiken verfügen über einen wertvollen Komplex von elektrischen Eigenschaften, die breite Möglichkeiten für ihre Nutzung in verschiedenen Industriezweigen eröffnen. Vitrokeramiken können für die Herstellung von Isolatoren, Vakuumröhren, gedruckten Schaltungen, verkappten Schaltkreisen, Kondensatoren, Spitzen für lenkbare Raketen und zur Lösung von Problemen der Miniaturisierung von elektronischen Ausrüstungen eingesetzt werden.

Isolatoren

Vitrokeramiken besitzen einen großen Volumen- und Oberflächenwiderstand, eine hohe elektrische Durchschlagfestigkeit und mechanische Festigkeit. Diese Eigenschaften in Verbindung mit einer glatten Erzeugnisoberfläche, die nicht glasiert werden muß, verleihen den Vitrokeramiken eine größere Perspektive als Isolatorwerkstoff als dem Porzellan.

Es können Isolatoren mit einfacher Form und auch in speziellen Konstruktionen, die Vitrokeramik-Metall-Verbindungen einschließen, hergestellt werden. Als Beispiele sind hermetische ölundurchlässige Isolatoren für Transformatoren und verschiedenartige Großisolatoren zu nennen. Durch die ähnlichen Werte der Wärmeausdehnungskoeffizienten erhält man gute Verbindungen mit Metallteilen, wodurch die im Isolator bei Temperaturänderung entstehenden Spannungen gering bleiben.

Lotverbindungen

Um eine isolierende Schicht um die Elektrodendurchführungen zu schaffen, werden Lotverbindungen der Metalle mit Glas, Keramik und Vitrokeramik angewendet. Vitrokeramiken besitzen durch ihre elektrischen (geringe dielektrische Verluste bei hohen Frequenzen und hohen Temperaturen, hoher Volumen- und Oberflächenwiderstand) und physikalischen Eigenschaften (Möglichkeit der Variation des Ausdehnungskoeffizienten in weiten Grenzen, Gasundurchlässigkeit) eine Reihe von Vorteilen gegenüber Glas und Keramik.

Lotverbindungen von Vitrokeramik mit Metallen werden durch zwei Verfahren hergestellt:

1. Auf die Vitrokeramik wird eine Metallschicht aufgebracht, an die die Metallelektrode angelötet wird.
2. Erst wird das Glas mit dem Metall verlötet, und dann wird es kristallisiert.

Die Standzeit spezieller Lotverbindungen beträgt bei einer Temperatur von 400 °C 5000 h. Ihre Temperaturwechselbeständigkeit liegt bei 750 K. Sie sind gegenüber radioaktiver Strahlung beständig. Vitrokeramiken können unterschiedliche Metalle isolieren: Eisen-Nickel-Legierungen, verschiedene Stähle (kohlenstoffarme eingeschlossen) und Kupfer. Die zur Isolation von kohlenstoffarmen Stählen verwendeten Vitrokeramiken besitzen eine hohe Durchschlagfestigkeit und können für die Produktion von Hochspannungsisolatoren eingesetzt werden. Vitrokeramiken, die man für die Kupferisolation verwendet, haben geringe dielektrische Verluste und werden in elektronischen Bauelementen benutzt. Die Möglichkeit, mit Vitrokeramiken Stahl und Kupfer zu isolieren, ist besonders wertvoll, da diese Metalle in der Elektrotechnik/Elektronik breit angewendet werden.

Gedruckte Schaltungen

Werkstoffe, die für die Herstellung von gedruckten Schaltungen angewendet werden, müssen gute elektrische Eigenschaften, eine hohe Festigkeit und eine hohe Beständigkeit gegenüber hohen Temperaturen besitzen. Sie dürfen sich nicht verziehen oder andere Veränderungen während ihres Einsatzes zeigen. Diesen Anforderungen entsprechen Leiterplatten auf der Basis von Vitrokeramiken und Photovitrokeramiken.

Leiterplatten aus Photovitrokeramik für gedruckte Schaltungen werden in elektronischen Militärausrüstungen, Halbleiterbauelementen und Mikroschaltkreisen, in Raketenlenksystemen und in kosmischen Flugapparaten verwendet. Die Zahl der Durchbrüche auf 1 cm² der Leiterplatte kann bis zu einigen Zehntausend betragen. Die stromführende Kupferschicht wird durch elektrolytische Abscheidung auf die Platte aufgetragen, wobei die Haftfestigkeit des metallischen Überzuges auf der Photovitrokeramik sehr hoch ist. Die Kupferschicht kann auch auf der Innenfläche eines Durchbruches abgeschieden werden, was es erlaubt, relativ leicht beide Seiten der Leiterplatten miteinander zu kontaktieren. Ein besonderer Vorteil der gedruckten Schaltungen auf Photovitrokeramikbasis besteht in der Möglichkeit, die Bauelemente der Schaltung mehrmals an- und abzulöten, ohne daß der Metallüberzug beschädigt wird. Ein originelles Verfahren zur Beschichtung von Vitrokeramik-

platten mit einer Kupferschicht ist die Temperung des Erzeugnisses unter reduzierenden Bedingungen. Dazu werden in die Zusammensetzung der Vitrokeramik 0,5 bis 7,5 % Kupferoxid eingeführt. Während der Kristallisation bildet sich auf der Erzeugnisoberfläche eine Kupfermetallschicht mit einer bestimmten Dicke. Die Adhäsion des Metallfilmes auf dem Vitrokeramiksubstrat ist so groß, daß es mechanisch nicht gelingt, das Metall zu entfernen. Für die Herstellung der Leiterzüge wird das normale Ätzverfahren angewendet. Vitrokeramikerzeugnisse mit einem derartigen Überzug können in beliebiger Form erzeugt werden; das sichert ihre breite Anwendung in den unterschiedlichsten elektronischen Bauelementen.
Gedruckte Schaltungen auf Vitrokeramikbasis können auch wesentlich dickere Leiterzüge besitzen. In diesem Fall wird auf das heiße Glas eine Folie des entsprechenden Metalls (Nickel, Kupfer oder Silber) aufgelegt und festgepreßt. Danach wird die Platte auf Kristallisationstemperatur erwärmt und das Glas in eine Vitrokeramik überführt.

Verkappte Schaltkreise

Vitrokeramiküberzüge für Leiterzüge besitzen eine Reihe von Vorteilen gegenüber organischen Materialien, da sie es erlauben, die Leiterbahnen vollständig von äußeren Einflüssen (Feuchtigkeit, Temperatur und Druck) abzuschirmen. Für die Überzüge werden Zusammensetzungen von photosensiblen Vitrokeramiken verwendet. Die Leiter aus hitzebeständigen Metallen werden zwischen zwei Vitrokeramikplatten gelegt, in die Vertiefungen eingeätzt wurden, die der Größe und Form der Leiter entsprechen. Bei Erwärmung der Platten bis etwa 850 °C bildet sich durch Diffusion und Verlötung der Platten ein monolithisches Erzeugnis. Wenn die Leiterzüge jedoch aus Metallen mit einer niedrigen Schmelztemperatur gefertigt werden, wird das geschmolzene Metall nach der Bildung des Monolithen in die Hohlräume gegossen.

Kondensatoren

Wie schon weiter oben angeführt wurde, kann man in Vitrokeramiken Kristallphasen ausscheiden, die ferroelektrische Eigenschaften und eine hohe Dielektrizitätskonstante besitzen. Werkstoffe mit derartigen Eigenschaften werden zur Herstellung von Kondensatoren eingesetzt. Für dieses Gebiet haben die Vitrokeramiken gegenüber der Keramik eine Reihe von Vorteilen.
In technologischer Hinsicht zeichnen sie sich dadurch aus, daß man durch kontinuierliche Ziehverfahren dünne Filme erhalten kann. Demgegenüber ist die Herstellung von dünnen Keramikschichten sehr arbeitsaufwendig. Eine charakteristische Eigenschaft der Vitrokeramikfilme ist ihre hohe Kapazität je Volumeneinheit. Bei der Montage von Kondensatoren werden zwischen die Glasfilme stromleitende Metallschichten gelegt. Danach werden diese Pakete bis auf die Erweichungstemperatur des Glases erwärmt, die Glasränder miteinander verschmolzen und die Temperatur bis auf die Kristallisationstemperatur angehoben. Kondensatoren mit Vitrokeramikzwischenschichten sind durch relativ geringe dielektrische Verluste, eine hohe Durchschlagfestigkeit und einen hohen elektrischen Widerstand charakterisiert.

Raketenspitzen für lenkbare Raketen

Um die in der Spitze einer lenkbaren Rakete gelegenen Geräte vor der Einwirkung der Umgebungsatmosphäre zu schützen, verwendet man spezielle Verkleidungen, die als Raketenspitze bezeichnet werden. Der Werkstoff für die Spitzen muß folgenden Anforderungen genügen:

- gute Durchlässigkeit für Radiowellen (d. h., $\tan \delta$ muß klein sein),
- konstante elektrische Eigenschaften, woraus sich die Forderung nach einer ab-

soluten Dickenkonstanz über die gesamte Spitze ergibt, da ansonsten die Radiowellen gestreut werden,
- hohe Temperaturwechsel- und Hitzebeständigkeit, da es beim Eintauchen in dichtere Atmosphärenschichten zu einer starken Aufheizung kommt,
- Widerstandsfähigkeit gegenüber starken aerodynamischen Belastungen und Vibrationen,
- hohe mechanische Festigkeit,
- Beständigkeit gegen Erosion beim Flug durch eine Regenzone, da die Regentropfen, die sich in bezug auf den Flugkörper mit einer sehr hohen Geschwindigkeit bewegen, beim Zusammenstoß mit ihm eine starke zerstörende Wirkung haben können.

Eine große Bedeutung besitzen auch eine geringe Masse des Erzeugnisses, angemessene Kosten und die Möglichkeit einer Massenproduktion.
Als Materialien für Raketenspitzen werden glasfaserverstärkte Plaste, hochtonerdehaltige Keramik und Vitrokeramik verwendet. Die Anwendung der glasfaserverstärkten Plastespitzen ist gegenwärtig begrenzt, da sie beim Eintauchen in die dichteren Atmosphärenschichten zerstört werden. Die hochtonerdehaltige Keramik entspricht nahezu allen angeführten Forderungen. Es ist aber sehr schwierig, bei der Produktion dieser Erzeugnisse durch die große Schwindung die genauen Abmessungen einzuhalten. Bei Verwendung von Vitrokeramiken kann man die Schwierigkeiten, die mit der Formgebung der Erzeugnisse, der Einhaltung der genauen Abmessungen und der Reproduzierbarkeit der Eigenschaften verbunden sind, umgehen.
Die Einfachheit der Herstellungstechnologie von Vitrokeramikraketenspitzen eröffnet ihnen breite Anwendungsgebiete. Um die genauen Abmessungen über die gesamte Länge der Spitze einzuhalten, wird die Spitze mechanisch bearbeitet. Da die Vitrokeramik eine große Härte besitzt, wird die Spitze noch im glasigen Zustand bearbeitet. Nach der Kristallisation werden die Innen- und Außenflächen der Spitze zusätzlich geschliffen, um Form, Wanddicke und Länge des Erzeugnisses auf die vorgegebenen Maße zu bringen. Im Hinblick auf die hohe Homogenität der Eigenschaften und die Einhaltung der genauen Abmessungen im Herstellungsprozeß der Erzeugnisse ist diese Endfeinbearbeitung unbedeutend.
In den USA setzt man für die Produktion der Raketenspitzen eine Vitrokeramik auf der Basis einer Magnesium-Alumo-Silicat-Zusammensetzung mit TiO_2 als Katalysator ein, die Cordierit als Hauptkristallphase enthält. Vitrokeramiken dieser Art besitzen geringe dielektrische Verluste, eine hohe Temperaturwechselbeständigkeit, mechanische Festigkeit und Widerstandsfähigkeit gegenüber der Regenerosion.
Eine Besonderheit dieser Vitrokeramikerzeugnisse besteht in der großen Homogenität der dielektrischen Eigenschaften, die hauptsächlich durch die gleichmäßige Verteilung der winzigen Kristalle bedingt und durch gewöhnliche keramische Verfahren schwer zu erreichen ist. Außerdem ist es möglich, für das Ausgangsglas einen hohen Homogenitätsgrad und eine hohe Reproduzierbarkeit der Eigenschaften durch genaueste Beachtung der Technologie der Glasherstellung zu garantieren.

Teile für elektronische Bauelemente

Die Verbindung von ausgezeichneten elektrischen Eigenschaften mit der Einfachheit der Herstellung von Erzeugnissen mit komplizierter Konfiguration und unterschiedlichen Abmessungen eröffnet breite Anwendungsmöglichkeiten für die Vitrokeramiken in elektronischen Bauelementen. Als Beispiel kann die Verwendung von Vitrokeramiken für den Innenaufbau einer Elektronenröhre dienen. Im Vergleich mit dem

bis heute angewendeten Glimmer zeichnet sich die Vitrokeramik durch eine höhere chemische Beständigkeit aus.
Vitrokeramiken werden auch in dem sich schnell entwickelnden Bereich der Miniaturisierung von elektronischen Bauelementen als Substrate für im Vakuum aufgedampfte Mikroschaltkreise eingesetzt.

9.2. Schlackenvitrokeramiken

Bis Ende 1978 wurden in der UdSSR etwa 10 Mill. m^2 gewalzte Schlackenvitrokeramik in Form von Platten und Tafeln hergestellt und im Industrie-, Städte- und Landwirtschaftsbau sowie zum Schutz von Ausrüstungen vor aggressiven und abrasiven Einwirkungen eingesetzt.
Gewalzte Schlackenvitrokeramik kann in Form von Platten mit ebenso großen Abmessungen wie Flachglas hergestellt werden. Das sichert die Anwendung der Platten für Elemente im Bauwesen und für Anlagen, wo größere Abmessungen (500 × 500 mm und mehr), als sie bisher gebräuchliche Platten und Fliesen (Keramik für Verkleidungen und Auskleidungen, Schmelzsteine) aufwiesen, gefragt sind. Sie ermöglichen es damit, die Kosten für die Anfertigung der Verkleidungen, die Fugenanzahl und den Materialverbrauch für die Wasserisolation zu verringern.
Bisher durchgeführte technische Untersuchungen und experimentelle Ergebnisse erlauben es, folgende Hauptanwendungsgebiete der Schlackenvitrokeramiken zu definieren:

- Fassadenverkleidung von Wohn-, Industrie- und Gesellschaftsbauten unter Verwendung von gewalzter Schlackenvitrokeramik kleiner und großer Abmessungen,
- Innenwandverkleidungen von Gesellschafts- und Industriebauten,
- Zwischenwände in Industriegebäuden,
- Fußböden von Industrie-, einigen Gesellschafts- und Wohngebäuden, von einzelnen Spezialbauten, ebenso Formteile, wie Rinnen, Simse, Scheuerleisten u. ä.,
- Dachabdeckungen unter Anwendung von gewellten und flachgewalzten Schlackenvitrokeramiken,
- Auskleidung von unterschiedlichen Gefäßen, Trögen, Rinnen, Bunkern, Schleusen in der chemischen, kohle- und erzfördernden Industrie, der Kokschemie und anderen Industriezweigen,
- Rohre mit einem Durchmesser bis 500 mm,
- Hochspannungsisolatoren,
- Materialien für den Wärmeschutz und Konstruktionswerkstoffe.

Dank der Kombination der wertvollen physikalisch-chemischen Eigenschaften finden Schlackenvitrokeramiken in vielen Zweigen der Volkswirtschaft eine breite Anwendung: in der chemischen, metallurgischen, Zement- und Lebensmittelindustrie, im Bergbau, im Industrie-, Gesellschafts- und Wohnungsbau.

Anwendung der Schlackenvitrokeramiken im Ausland

Nach dem englischen Patent Nr. 986 289 sind die Anwendungsgebiete der Schlackenvitrokeramiken (englische Bezeichnung: slagceram) sehr breit. Aus slagceram können Rohre, Platten, Treppenstufen, Straßenbeläge und Platten bzw. Fliesen für Innen- und Außenverkleidungen hergestellt werden. Erzeugnisse aus slagceram können mit einem Metallnetz armiert werden.
Die Möglichkeit der Herstellung von langen Rohrsektionen erlaubt es, die Anzahl der Stöße im Vergleich mit analogen keramischen Erzeugnissen zu verringern. Der be-

sondere Vorteil von Platten für Straßenbeläge aus slagceram gegenüber Betonplatten besteht darin, daß slagceram keine zeitlichen Volumenänderungen besitzt. Es erlaubt somit, die Anzahl der Plattenstöße zu verringern und eine festere und ebenere Oberfläche zu erhalten. Einer der besten Straßenbeläge ist ein Belag nach »*Schleifpapierart*«. Dieser Belag wird folgendermaßen hergestellt. Die Platte wird noch im glasigen Zustand mit zerkleinerten Schlackenvitrokeramikstückchen einer bestimmten Größe bedeckt. Im darauffolgenden Temperprozeß kristallisiert das Glas, und es entsteht eine feste Verbindung der Vitrokeramikstücke mit der Platte.
Slagceram kann man auch für die Herstellung von rauhen Stahlplatten verwenden, wobei die Schlackenvitrokeramikstückchen in die heiße Stahloberfläche eingedrückt werden, dabei bis auf eine bestimmte Tiefe eindringen und bei Abkühlung im Stahl festgepreßt werden. Wegen seiner Undurchlässigkeit und seiner Beständigkeit gegenüber Oxydation ist es möglich, slagceram in Form von speziellen Blöcken für Kühlsysteme zu verwenden, wo man flüssige Luft oder Säuren als Kühlmittel einsetzt. Die Korrosionsbeständigkeit erlaubt eine schnelle Säuberung von Kesselstein oder von Zunder mit konzentrierten Säuren.
Die Kombination von slagceram und Metallene rmöglicht die Herstellung von duktilen Erzeugnissen.
Ein Verbunderzeugnis aus Gummi und slagceram besitzt Härte, eine hohe Abriebfestigkeit und hohe Elastizität.
Schaumslagceram (poröse Schlackenvitrokeramik) stellt ein gutes Wärmeisolations- und Baumaterial dar, das für den Bau von Pontons, Anlegestellen, Brücken, Überwasser- und Unterwasserbauten eingesetzt werden kann. Im Industrie- und Landbauwesen kann man slagceram für den Bau von Lagern, Elevatoren, Bunkern u. a. anwenden.
Slagceram kann als Material für die Herstellung von Gießkokillen für Metallerzeugnisse benutzt werden. Es ist möglich, aus ihm Schleifmaterialien herzustellen. Die Erzeugnisoberfläche wird dafür chemisch behandelt, um die Restglasphase zu lösen, wodurch die Kristalle freigelegt werden. Einen analogen Effekt kann man durch Sandstrahlbehandlung der Oberfläche erreichen.
Erzeugnisse aus slagceram können geschweißt werden. Die Teile werden angefast, und in die Vertiefung wird Schlackenglas gegossen. Danach wird die Schweißnaht getempert.
Im angeführten Patent sind noch andere mögliche Anwendungen für slagceram-Erzeugnisse angegeben: Fliesen und Platten für Verkleidungszwecke, abriebfeste Platten für die Auskleidung von Rinnen für den Sand- und Kokstransport, temperaturbeständige Steine (z. B. für Trockner), geriffelte Wände und Dachmaterialien (Platten und Schiefer), Abflußrohre und -rinnen, Eisenbahnschwellen, temperaturwechselbeständige Fußböden (z. B. in metallurgischen Betrieben), säurebeständige Materialien (z. B. Ätzwannen, Fußbodenfliesen), Sanitäreinrichtungen (Waschbecken, Wannen u. ä.), Mahlteller, Kokillen, Wasser- und Erdölbehälter, Zaunpfähle, Sohlbänke, Treppenstufen und -geländer, Rohrleitungen für abrasive Materialien, Stempel in Bergwerken, Tunnelverkleidungen, Wellenbrecher (an der Küste), Dämme, tragende Bauziegel (hohle und kompakte), Isolatoren für Telefonleitungen und elektrische Freileitungen, Masten für E-Leitungen der Eisenbahn, Zylinderblöcke von Autos, Feuerroste, Büchsen, Flaschen, Muffeln, Aufsätze für Sandstrahlgebläse, Komponenten von Betonfundamenten, Ventilatorflügel für den Einsatz unter heißen und staubigen Bedingungen.

Chemische Industrie

Der größte Teil der chemischen Produktion ist mit aggressiven Medien, Reibung, Druck, hohen Temperaturen u. a. verbunden. Die in dieser Industrie verwendeten

Tabelle 76. Mechanische und chemische Eigenschaften einer Schlackenvitrokeramik und einer Keramik

Eigenschaft	Schlackenvitro-keramik	Säurebeständige Keramik
Druckfestigkeit, MPa	700...900	250...400
statische Biegebruch-festigkeit, MPa	90...130	12...90
chemische Beständigkeit gegenüber 96 %iger H_2SO_4, %	99,8	92...99
Wasseraufnahme, %	0	3...12

Materialien (unterschiedliche Betone, Keramiken, säurebeständige Steine u. a.) entsprechen nicht immer den an sie gestellten Anforderungen (Tabelle 76).
Die chemische Beständigkeit und das Fehlen einer Wasserabsorption sind wertvolle Eigenschaften der Schlackenvitrokeramiken. Deshalb ist es angebracht, in Gebäuden mit chemisch aggressiven Produktionsbedingungen, einer erhöhten Feuchtigkeit, offenen Naßprozessen und in Räumen, wo besondere sanitärhygienische Bedingungen gefordert werden, usw. Anlagen aus Schlackenvitrokeramik einzusetzen.
Dank seiner hohen Laugen- und Säurebeständigkeit verwendet man die Schlackenvitrokeramik zur Auskleidung von Gefäßen für aggressive Medien, wie z. B. Aluminiumsulfat, Salz- und Salpetersäure, Kupfersulfatlösung, Natriumchloridpulpe u. a., ebenso auch für Wandverkleidungen und Fußböden in Produktionshallen und Aufenthaltsräumen. Beim Legen von Fußböden aus Schlackenvitrokeramik wird erst eine geklebte, bituminöse, geteerte oder polymere Wasserisolation durchgeführt. Danach wird auf den Fußboden die Unterschicht aufgetragen, die entweder aus einem Zementmörtel der Marke M 300, einer Wasserglaslösung mit Verfestiger (Furfurylalkohol), einer heißen Bitumenmastix oder einer Lösung auf Basis von Polyester- oder Epoxidharz bestehen kann. Die Fugen zwischen den Platten werden mit Epoxidharz oder Zementmörtel abgedichtet.
Platten aus Schlackenvitrokeramik werden als Korrosionsschutz von Fundamenten in Chemiebetrieben verwendet. Der Aufbau des Korrosionsschutzes eines Fundamentes einer Absorptionskammer ist in Bild 76 dargestellt.
Die bisherigen Erfahrungen bei der Auskleidung von Kesseln für Salz-, Schwefel- und Salpetersäure in einem Blei-Zink-Kombinat zeigen die sehr guten Eigenschaften der Schlackenvitrokeramiken als säurebeständiger Werkstoff. Eine Antikorrosionsauskleidung ist auf Bild 77 zu sehen.
Positive Ergebnisse wurden auch bei der Auskleidung der Paletten mit Schlackenvitrokeramik für die Spülung des Latex (flüssiger Kautschuk) erhalten. Die Standzeit dieser Paletten ist jetzt viermal größer als bei den früher verwendeten Fußbodenfliesen und Bitumen.

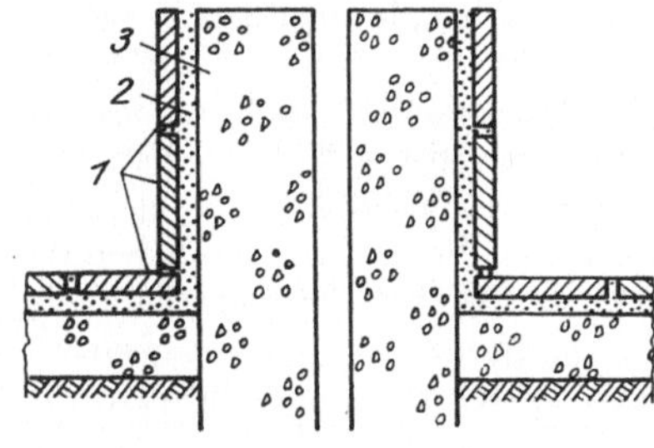

Bild 76. Fundament einer Absorptionskammer
1 Schlackenvitrokeramikplatten; 2 Diabaszwischenschicht; 3 Beton

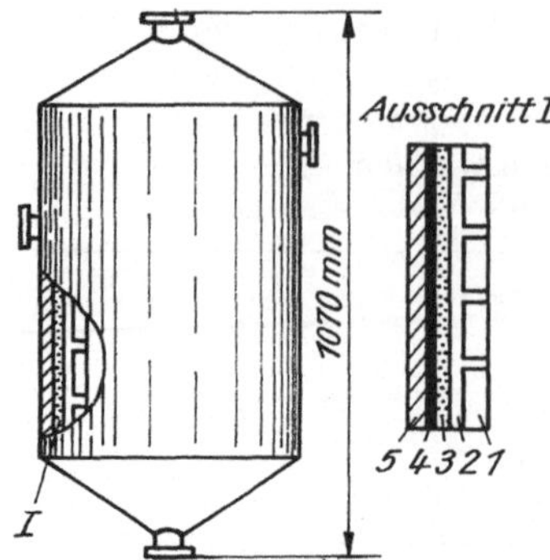

Bild 77. Korrosionsschutz eines Metallapparates

1 Schlackenvitrokeramikplatten mit Grundschicht (EP-0010 mit Andesit); *2* chemisch beständige Unterschicht; *3* Grundschicht (flüssiges Bindemittel); *4* zwei Schichten Polyisobutylen (Marke RSG) mit Kleber Nr. 88; *5* mit dem Sandstrahlgebläse und der Lösung R-4 vorbehandelte Metalloberfläche

Fliesen aus Schlackenvitrokeramik werden erfolgreich für Kanäle, Ventilationsschächte, Fußböden und Scheuerleisten unter den aggressiven Bedingungen der galvanischen Technologie eingesetzt. Jahrelang wurden für diese Einsatzfälle Materialien verwendet, die nach 3 bis 5 Monaten ausgewechselt werden mußten. Fliesen aus Schlackenvitrokeramik waren noch nach sechs Monaten Einsatz weiter anwendungsfähig.

Kohle- und Erzbergbau

Im Kohlebergbau verwendet man die Schlackenvitrokeramik in den Aufbereitungsanlagen für die Auskleidung des oberen Teils der Hydrozyklone, für Wannen, Tröge, Trennmaschinen, Kratzförderer, Pyramidenabsatzbecken in den Flotationsanlagen, Klassierungs- und Entwässerungssiebe, Becherhebewerke, Rinnen und Verdichtungstrichter, d. h. überall da, wo eine bestimmte Abriebfestigkeit gefordert wird. Wie Industrieerprobungen zeigten, erhöht die Anwendung von Schlackenvitrokeramik die Standzeit der Konusse von Hydrozyklonen in den Kohleaufbereitungsanlagen um das 8- bis 12fache im Vergleich zu Stahlkonussen.

Industrie-, Wohnungs- und Gesellschaftsbauten

Die Untersuchungen von Schlackenvitrokeramikanlagen zeigten, daß diese Materialien im Bauwesen verwendet werden können. Im Industrie-, Wohnungs- und Gesellschaftsbau wird die gewalzte Schlackenvitrokeramik als Wandverkleidung von Produktionshallen, Aufenthaltsräumen und Lagerhallen, für Fußböden sowie zur Verkleidung von Gebäude- und Maschinenfundamenten eingesetzt.
Geschliffene und polierte Schlackenvitrokeramikplatten können anstelle von Marmor und Granit bei Monumentalbauten (Denkmäler, Kulturpaläste, Erholungsheime u. a.) verwendet werden.

Fußböden aus Schlackenvitrokeramik, die für den Industriebau bestimmt sind, haben einige technische Vorteile gegenüber Fußböden aus gewöhnlichen silicatischen und verschiedenartigen polymeren Materialien: hohe Abriebfestigkeit, geringe Staubabgabe, glatte Oberfläche, mechanische Festigkeit, chemische Beständigkeit, reinigungsfreundlich, geringe Fugenzahl usw.
Die Standzeit von Schlackenvitrokeramikfußböden in Industriebauten kann mit 30 bis 45 Jahren, ausgehend von der Abriebfestigkeit, und mit 15 bis 25 Jahren für die Säurebeständigkeit angenommen werden (für keramische Fliesen beträgt sie entsprechend 20 bis 25 und 8 bis 10 Jahre). Der Einsatz von Schlackenvitrokeramikfußböden ist für Hallen mit starken Schlagbelastungen (Hallen mit Transportmitteln auf Raupenkettenbasis, bei Arbeiten mit dem Vorschlaghammer u. ä.) unzulässig.
Als Beispiel für die erfolgreiche Anwendung der Schlackenvitrokeramik können die

Erfahrungen des Uglitcher Uhrenwerkes angeführt werden, wo der Fußboden einer der Hauptabteilungen (der Produktionsabteilung für die Rubinsteine) vollständig mit Schlackenvitrokeramikplatten ausgelegt ist. Schlackenvitrokeramikfußböden entsprechen rein äußerlich den Anforderungen einer hohen Produktionskultur, bilden absolut keinen Staub, sind leicht zu reinigen, leicht zu montieren und billig. In einer Reihe von Betrieben und in anderen Gebäuden, z. B. im Kaufhaus »Moskva« und im Flughafengebäude »Scheremetjewo«, bestehen die Fußböden aus Schlackenvitrokeramik.

Dachabdeckungen aus Schlackenvitrokeramik (ebene Schlackenvitrokeramikplatten) für Industriebauten haben folgende Vorteile: gute Wasserundurchlässigkeit, keine Verwerfungen, keine Wasserabsorption, chemische Beständigkeit, gute Adhäsion zu bituminösen Dachmaterialien. Die Standzeit der Dächer mit Schlackenvitrokeramikplatten beträgt nach Angaben des Zentralen Wissenschaftlichen Forschungsinstituts für Industriebauten 20 bis 39 Jahre; das entspricht der Standzeit von Dächern aus Metalltafeln.
Bei Anwendung von weißen, ebenen Schlackenvitrokeramikplatten für die Dachabdeckung von Industriebauten können bis zu 70 % der direkten Sonneneinstrahlung reflektiert werden. Demgegenüber reflektieren Dächer aus gewöhnlichen Materialien nur 30 % der Sonneneinstrahlung. Außer den weißen Schlackenvitrokeramikplatten kann man auch schwarze Platten für die Dächer einsetzen, was wesentlich ökonomischer ist, und auch Wellschlackenvitrokeramik, die eine Form analog den Asbestzementplatten besitzt.

Wände aus Schlackenvitrokeramik in Industrie-, Gesellschafts- und Wohnungsbauten werden angewendet als

- Innenverkleidung von leichten, hängenden, dreischichtigen Tafeln, die für Gebäude mit erhöhter Feuchtigkeit oder aggressiver Umgebung vorgesehen sind (Plattengröße 6 × 1,2 m),
- innere Zwischenwände in Räumen mit aggressiver Umgebung oder wenn eine Hermetisierung der Räume notwendig ist,
- Verkleidung von Innenwänden mit Schlackenvitrokeramikfliesen bzw. -platten in Räumen mit aggressiven Flüssigkeiten, erhöhten sanitär-hygienischen und ästhetischen Anforderungen,
- Verkleidung von Fassadenflächen bei der Großblock- und der Ziegelbauweise.

Schlackenvitrokeramikplatten werden als Verkleidung von geklebten Sandwichplatten mit einer Wärmedämmschicht oder in einem starren Skelett benutzt. In Metallskeletten kann gewalzte Schlackenvitrokeramik – ebenso wie Stemalit (Typenbezeichnung für sowjetisches emailliertes Glas) in analogen Konstruktionen – für den Bau von Wohnhochhäusern, Verwaltungsbauten und kulturellen Einrichtungen empfohlen werden. Die Montage der Platten erfolgt analog den Stemalittafeln.
Die Kombination von weißer, schwarzer und gefärbter Schlackenvitrokeramik ermöglicht es, eine hohe architektonische Qualität im Bauwesen zu erhalten, sichert die Wasserundurchlässigkeit der Gebäude und ihre Langlebigkeit. Beispiele für Fassadenverkleidungen von Gebäuden mit Schlackenvitrokeramik zeigen die Bilder 78, 79, 80.

Andere Anwendungsbereiche für Schlackenvitrokeramiken

In der Leicht- und Lebensmittelindustrie wendet man Schlackenvitrokeramiken für das Auslegen von Fußböden und für die Wandverkleidung von Produktionshallen

Bild 78. Verwendung von Schlackenvitrokeramik asymmetrischer Form für die Verkleidung eines Gebäudesockels

Bild 79. Ausstellungshalle der metallurgischen Industrie auf der Allunionsausstellung in Moskau (Fassade mit gewalzter Schlackenvitrokeramik verkleidet)

Bild 80. Fassade des Verwaltungsgebäudes des Werkes »Avtosteklo« (mit gewalzter Schlackenvitrokeramik verkleidet)

der Bierproduktion, in Webereien u. a., aber auch für Aufenthaltsräume, Foyers und Kantinen an. Schlackenvitrokeramikrohre, die sich durch eine hohe Beständigkeit gegenüber aggressiven Medien und eine hohe Abriebfestigkeit auszeichnen, finden eine breite Anwendung in verschiedenen Industriezweigen. In der Steine-und-Erden-, der metallurgischen und Zementindustrie setzt man Schlackenvitrokeramik zur Auskleidung von Bunkern und Rinnen, bei der Klassierung und beim Transport der Materialien ein.
Gewalzte Schlackenvitrokeramik wird erfolgreich in Hühnerfarmen als Unterlage benutzt. In der elektrotechnischen Industrie verwendet man Isolatoren aus Schlackenvitrokeramik, die den technischen Anforderungen entsprechen und die eine gute Beständigkeit unter den Bedingungen des Einsatzes für 10-kV-Freileitungen haben.
Das Anwendungsgebiet der Schlackenvitrokeramikerzeugnisse kann nach bisherigen Untersuchungen wesentlich erweitert werden. Experimentelle Arbeiten und Versuche an Industrieanlagen zeigten, daß es möglich ist, aus Schlackenvitrokeramik Platten mit beliebigen Konturen für die Auskleidung von Anlagen, Scheuerleisten, Aufsätze für Spülspritzen, Teile von Rektifikationskolonnen und andere Erzeugnisse herzustellen.

Befestigung der Schlackenvitrokeramiken

Bei der komplexen Lösung der Aufgabe zur Anwendung von Schlackenvitrokeramikkonstruktionen spielt die Entwicklung von Verfahren zur Befestigung der gewalzten Schlackenvitrokeramik an Elemente aus anderen Materialien eine wichtige Rolle.
Beim *Auslegen von Fußböden* können als Materialien für eine verbindende Schicht zwischen Schlackenvitrokeramikfußböden und Untergrund Zementmörtel, eine Wasserglaslösung mit Furfurylalkohol, heiße Bitumenmastix, ein Kleber auf der Basis von Epoxid- und Polyesterharzen sowie des Furfurolacetonmonomers verwendet werden. Die Bindeschicht muß in Abhängigkeit vom Verwendungszweck des Fußbodens ausgewählt werden.
Es wurde festgestellt, daß bei Schlackenvitrokeramikfliesen für eine Bindeschicht aus Zementmörtel mindestens M 300 zu verwenden ist. Je größer der Zementanteil ist und je länger befeuchtet wird, desto höher sind die mechanische Festigkeit des Fußbodens bei Schlageinwirkung und der Widerstand gegenüber dem Ablösen der Fliesen von der Bindeschicht.
Verwendet man eine Wasserglaslösung als verbindende Zwischenschicht für den Schlackenvitrokeramikbelag, ist es möglich, den Fußboden ohne Hydroisolation zu legen, was die Festigkeit der Fußbodenbeläge um das Sieben- bis Achtfache erhöht.
Bei der *Befestigung der Schlackenvitrokeramik als Fassaden- und Trennwandverkleidung für Industrie-, Gesellschafts- und Wohnungsbauten* verwendet man für die Verkleidung der Innenseiten von Außenwänden und von Trennwänden mit Schlackenvitrokeramikplatten Pasten auf der Basis von Wasserglas. Die Maximalhöhe der Platten darf 1 000 mm nicht übersteigen. Zementmörtel kann für die Befestigung der Schlackenvitrokeramik an Außenwänden nur für Platten mit einer Maximalgröße von 150×150 mm² benutzt werden.
Bei der Verkleidung von Fassaden wird empfohlen, Schlackenvitrokeramik in Form von Platten bzw. Tafeln großer Abmessungen einzusetzen, die in spezielle Halterahmen eingesetzt werden, wobei die Halterungskonstruktion der Platten eine freie Verformung der Verkleidung bei der Einwirkung verschiedener Einsatzfaktoren (Temperaturänderung, Schrumpfungserscheinungen u. a.) zulassen muß. Es besteht die Möglichkeit, die Außenseiten von dreischichtigen oder von Keramsit-Beton-Wärmedämmplatten mit Schlackenvitrokeramik zu verkleiden, deren Tafeln mit einer Paste aus Wasserglas befestigt werden (Plattengröße $3 \times 1{,}2$ m²). Untersuchungen von Schlackenvitrokeramikplattenfragmenten zeigten, daß sie eine ausreichend hohe

Festigkeit und Steifheit besitzen und damit als hängende und selbsttragende Konstruktionen eingesetzt werden können.

Bei der *Befestigung von Auskleidungen in Anlagen* wird ein Bindemittel verwendet, das durch den Charakter des auf die Auskleidung einwirkenden aggressiven Mediums bedingt ist.

Als Bindemittel für den Korrosionsschutz von Anlagen im Bauwesen durch Schlackenvitrokeramikplatten können Pasten auf der Basis von Wasserglas, Epoxidharz ED-2 und Furfurolacetonmonomer, ebenso auch Pasten auf der Basis des Harzes ED-5 und des Furfurolacetonmonomers, des Harzes IKAS-1 u. a. angewendet werden.

Als Beispiel kann man anführen, daß bei Einwirkung von Mineralsäuren, den Salzen dieser Säuren oder sauren Gasen und auch bei zeitweiliger Einwirkung von Wasser Silicatpasten auf der Basis von Wasserglas (Natrium- oder Kaliumwasserglas) mit einem Andesit- oder Diabasfüllstoff eingesetzt werden können. Bei einem heißen, aggressiven Medium (bis 90 °C) sowie einem basischen oder sauren Medium bei Normaltemperatur wird eine Klebepaste auf der Grundlage von Epoxidharz oder eines Gemisches aus Epoxidharz ED-5 mit Furfurolacetonmonomer empfohlen. Als Füllstoff benutzt man Andesitmehl, gemahlenen Koks, Titandioxid u. a.

Anlagen

Anlage 1. Eigenschaften einiger in den Vitrokeramiken vorkommender Minerale

Mineral	Klasse, Struktureinheit, Typ	Formel	Dichte in kg m^{-3}	Schmelztemperatur in °C	Linearer thermischer Ausdehnungskoeffizient α in 10^{-7} K^{-1}	Härte	Dielektrizitätskonstante	In welchen Materialien anzutreffen
1	2	3	4	5	6	7	8	9
Alamosit	Silicate, kettenförmig	$PbO \cdot SiO_2$[1]) $Pb_3[Si_3O_9]$[2])	6490	764	—	4,5	—	Vitrokeramik
Albit	Silicate, Gerüststruktur	$Na_2O \cdot Al_2O_3 \cdot 6\,SiO_2$ $Na[AlSi_3O_8]$	2610 bis 2630	1100...1250	46	6	—	Glas, Vitrokeramik
Alumotitanat	—	$Al_2O_3 \cdot TiO_2$ Al_2TiO_5	3620	1890	−19 (25...1000 °C)	—	—	Vitrokeramik
Anatas	Oxide	β-TiO_2	3900	895...935	—	5,5...6	48	Email, Vitrokeramik
Anorthit	Silicate, Gerüststruktur	$CaO \cdot Al_2O_3 \cdot 2\,SiO_2$ $Ca[Al_2Si_2O_8]$	2740 bis 2760	1550	40	6...6,5	6,9	Glas, Vitrokeramik, Schlackenvitrokeramik
Anosovit	—	$TiO_2 \cdot Ti_2O_3$ $TiTi_2O_5$	>4190	—	—	—	—	Vitrokeramik
Augit	Silicate, kettenförmig	$Ca(Mg, Fe^{2+}, Al, Fe^{3+}) \cdot [(Si, Al)_2O_6]$	3180 bis 3480	1391	50	5...6	6,9...10,3	Schlacken, Schmelzsteine, Vitrokeramik
Baddeleyit	Oxide	ZrO_2	5600	2700	—	6,5	—	Vitrokeramik, Email
Brookit	Oxide	TiO_2	4140	1560	—	5,5...6	78	Vitrokeramik, Email

(Fortsetzung Anlage 1)

1	2	3	4	5	6	7	8	9
Celsian	Silicate, Gerüststruktur	$BaO \cdot Al_2O_3 \cdot 2SiO_2$ $Ba[Al_2Si_2O_8]$	3100 bis 3390	1640	27 (20...100 °C)	5	—	Vitrokeramik
α-Cordierit	Silicate, ringförmig	$2MgO \cdot 2Al_2O_3 \cdot 5SiO_2$ $MgO_2Al_3[AlSi_5O_{18}]$	2530	1470	−6 (100...200 °C) 26 (25...700 °C)	7...7,5	7	Vitrokeramik
α-Cristobalit	Oxide, Gerüststruktur	SiO_2	2270 bis 2350	1710	125 (20...100 °C) 500 (20...300 °C) 271 (20...600 °C)	6...7	—	Glas, Vitrokeramik
Diopsid	Silicate, kettenförmig	$CaO \cdot MgO \cdot 2SiO_2$ $CaMg[Si_2O_6]$	3270	1391	50	5...6	10	Schlackenvitrokeramik, Vitrokeramik, Schmelzsteine
Enstatit	Silicate, kettenförmig	β-$MgO \cdot SiO_2$ $Mg_2[Si_2O_6]$	3100 bis 3300	1450...1557	78 (100...200 °C)	5,5	—	Schlackenvitrokeramik, Vitrokeramik
β-Eukryptit	Silicate,	$Li_2O \cdot Al_2O_3 \cdot 2SiO_2$ $Li[(Al, Si)O_4]$				6,5	—	Vitrokeramik
	Gerüststruktur	$LiAl[SiO_4]$	2670	1388	−86	6	—	Vitrokeramik
β-Eukryptit	Silicate	$Li_2O \cdot Al_2O_3 \cdot 2SiO_2$						
	– Gerüstruktur (hexagonal),	$Li[(Al,Si)O_4]$	2640	1388	−86 (20...700 °C)	6,5	—	Vitorkeramik
	– inselförmig (orthorhombisch)	$LiAl[SiO_4]$	2352	1388	−64 (20...1000 °C)	6	—	Vitrokeramik

(Fortsetzung Anlage 1)

Mineral	Klasse, Struktureinheit, Typ	Formel	Dichte in kg m^{-3}	Schmelztemperatur in °C	Linearer thermischer Ausdehnungskoeffizient α in 10^{-7} K^{-1}	Härte	Dielektrizitätskonstante	In welchen Materialien anzutreffen
1	2	3	4	5	6	7	8	9
Fluorit, Flußspat	Halogenide	CaF_2	3180	1360	160	4	6,8	Schlackenvitrokeramik, Vitrokeramik
Forsterit	Silicate, inselförmig	$2MgO \cdot SiO_2$ $Mg_2[SiO_4]$	3200	1890	106	6,5...7	—	Schlackenvitrokeramik, Schlacken
Gehlenit	Silicate, schichtförmig	$2CaO \cdot Al_2O_3 \cdot SiO_2$ $Ca_2Al[(Al, Si)O_7]$	3040	1590	—	5...6	25	Schlackenvitrokeramik, Vitrokeramik
Geikielith	Oxide (Korundstruktur)	$MgO \cdot TiO_2$ $MgTiO_3$	4050	1630	79 (25...1000 °C)	5...6	—	Vitrokeramik
Hämatit	Oxide (Korundstruktur)	$\alpha \cdot Fe_2O_3$	5200	1350	—	5	25	Schlackenvitrokeramik, Schmelzsteine
Hedenbergit (bildet eine kontinuierliche Mischkristallreihe mit Diopsid)	Silicate, kettenförmig	$FeO \cdot CaO \cdot 2SiO_2$ $CaFe^{2+}[Si_2O_6]$	3540	1391	—	5,5...6	9	Schlackenvitrokeramik

(Fortsetzung Anlage 1)

1	2	3	4	5	6	7	8	9
Klinoen-statit	Silicate, kettenförmig	α-$MgO \cdot SiO_2$ $Mg_2[Si_2O_6]$	3200	1577	—	6	—	Vitrokeramik, Schlackenvitro-keramik
Korund	Oxide	Al_2O_3	4000	2050	86	9	11...13,2	Vitrokeramik
Lithium-disilicat	Silicate, (Struktur unerforscht)	$Li_2O \cdot 2SiO_2$ $Li_2Si_2O_5$	2450	1032	110 (20...600 °C)	—	—	Vitrokeramik
Lithium-silicat	Silicate, kettenförmig	$Li_2O \cdot SiO_2$ $Li_4[Si_2O_6]$	2480	1202	—	—	—	Vitrokeramik
Magnesio-ferrit	Oxide, (Spinellstruk-tur AB_2O_4)	$MgO \cdot Fe_2O_3$ $MgFe_2O_4$	4500	1580...1610	—	6...6,5	—	Schmelzsteine, Schlackenvitro-keramik
Magnetit	Oxide, (Spinellstruk-tur AB_2O_4)	$FeO \cdot Fe_2O_3$ $FeFe_2O_4$	5170	1590	70	5,5...6,5	33,7...81	Schmelzsteine, Schlackenvitro-keramik, Vitrokeramik
Mikroklin	Silicate, Gerüststruktur	$K_2O \cdot Al_2O_3 \cdot 6SiO_2$ $K[AlSi_3O_8]$	2550	1170...1520	—	6	5,6...10,8	Vitrokeramik
Mullit	Aluminium-silicate, bandförmig	$3Al_2O_3 \cdot 2SiO_2$ $Al[Al_xSi_{2-x}O_{5,5-0,5x}]$	3000	1810	53	—	—	Vitrokeramik
Perowskit	Oxide	$CaO \cdot TiO_2$ $CaTiO_3$	4010	1970	110	5,5	170	Schlackenvitro-keramik
Petalit	Silicate, Gerüststruktur	$Li_2O \cdot Al_2O_3 \cdot 8SiO_2$ $Li[AlSi_4O_{10}]$	2420	—	—	6,5	—	Vitrokeramik

(Fortsetzung Anlage 1)

Mineral	Klasse, Struktureinheit, Typ	Formel	Dichte in kg m^{-3}	Schmelztemperatur in °C	Linearer thermischer Ausdehnungskoeffizient α in 10^{-7} K^{-1}	Härte	Dielektrizitätskonstante	In welchen Materialien anzutreffen
1	2	3	4	5	6	7	8	9
Pseudowollastonit	Silicate, ringförmig	α-$CaO \cdot SiO_2$ $Ca_3[Si_3O_9]$	2900	1540	—	5	—	Schlackenvitrokeramik, Schlacken
α-Quarz (Niedertemperaturform)	Oxide, Gerüststruktur	SiO_2	2650	1470	120	7	4,2...5	Vitrokeramik, Glas, Gesteine
β-Quarz (Hochtemperaturform)	Oxide, Gerüststruktur	SiO_2	2530	1470	−5	7	—	Vitrokeramik, Glas
Rutil	Oxide	α-TiO_2	4230	1825	78	6...6,5	89...173	Vitrokeramik, Schlackenvitrokeramik, Email
Sapphirin	strukturell den Spinellen ähnlich, ungeordnete Struktur	$4\,MgO \cdot 5\,Al_2O_3$ $2\,SiO_2$	3400 bis 3600	1475	82	7,5	—	Vitrokeramik
Silica-K (Keatit-β-Spodumen-Mk)	Silicate, kettenförmig	Keatitstruktur	—	—	—	—	—	Vitrokeramik

(Fortsetzung Anlage 1)

1	2	3	4	5	6	7	8	9
Silica-O (β-Quarz-β-Eukryptit-Mk)	Silicate, Gerüststruktur	Struktur des β-Quarzes (Hochquarz)	—	—	—	—	—	Vitrokeramik
Sphen (Titanit)	Silicate, inselförmig	$CaO \cdot TiO_2 \cdot SiO_2$ $CaTi[SiO_4]O$	3400 bis 3600	1382	—	5...5,5	4...6,6	Vitrokeramik, Schlackenvitrokeramik
Spinell	Oxide, Spinellgruppe (AB_2O_4)	$MgO \cdot Al_2O_3$ $MgAl_2O_4$	3550	2135	88	8	6,8	Vitrokeramik, Schlackenvitrokeramik, Schlacken
β-Spodumen	Silicate, kettenförmig	$Li_2O \cdot Al_2O_3 \cdot 4SiO_2$ β-$Li[(Al, Si)_2O_6]$	errechnet: 2380 gemessen: 2350	1380	9 (20...1000 °C)	6...7	8,6...10,4	Vitrokeramik
α-Tridymit	Oxide, Gerüststruktur	SiO_2	2270	1670	175 (20...100 °C) 250 (20...200 °C) 144 (20...600 °C)	7	—	Glas, Vitrokeramik
Wollastonit	Silicate, kettenförmig	β-$CaO \cdot SiO_2$ β-$Ca_3[Si_3O_9]$	2920	1540	94 (100...200 °C)	4,5...5	62	Vitrokeramik, Schlackenvitrokeramik, Glas
Zirkon	Silicate, inselförmig	$ZrO_2 \cdot SiO_2$ $Zr[SiO_4]$	4660 bis 4700	1800	42	7,5	12; 8,6; 3,6...5,2	Vitrokeramik

[1]) Oxidschreibweise; [2]) Strukturformel; Mk Mischkristall

Anlage 2. Röntgenografische und strukturelle Angaben einiger in Vitrokeramiken vorkommender Minerale

Mineral	Kristallsystem	Äußeres Erscheinungsbild der Kristalle	Gitterparameter, in Å	Gitterabstände (in Å) und relative Intensitäten der Hauptbeugungspeaks; d/I
1	2	3	4	5
Alamosit	monoklin	Fasern	$a:b:c = 1{,}375:1:0{,}924$ $\beta = 95° 50'$	3,58/100; 3,36/100; 5,82/80
Albit	triklin	Tafeln nach (010) oder Prismen	$a = 8{,}23$; $b = 13$; $c = 7{,}25$ $\alpha = 94° 3'$; $\beta = 116° 20'$; $\gamma = 88° 9'$	3,18/100; 3,75/30; 3,21/30
Alumotitanat	orthorhombisch	Tafeln nach (010) oder Prismen	$a = 9{,}60$; $b = 9{,}63$; $c = 3{,}60$	2,66/100; 1,60/100; 4,74/80
Anatas	tetragonal	Pyramiden, Tafeln nach (001)	$a = 3{,}78$; $c = 9{,}51$ $z = 4$	3,51/100; 1,89/90; 2,37/50
Anorthit	triklin	brikettförmig, Tafeln nach (010)	$a = 8{,}17$; $b = 12{,}87$; $c = 7{,}11$ $\alpha = 93° 47'$; $\beta = 116° 39'$; $\gamma = 90° 33'$	3,21/100; 3,19/90; 4,05/80
Anosovit	orthorhombisch	—	$a = 3{,}747$; $b = 9{,}465$; $c = 9{,}715$	3,46/100; 2,70/100; 1,85/100
Augit	monoklin	Prismen	$a:b:c = 1{,}09:1:0{,}058$ $\beta = 105° 50'$	1,41/100; 1,32/80; 1,07/100
Baddeleyit	monoklin	unterschiedlich, gewöhnlich Zwillinge	$a = 5{,}22$; $b = 5{,}27$; $c = 5{,}38$ $\beta = 99° 28'$	3,16/100; 2,84/80; 2,62/70
Brookit	orthorhombisch	Plättchen, Prismen, seltener Pyramiden	$a = 5{,}446$; $b = 9{,}184$; $c = 5{,}145$ $z = 8$	3,22/100; 2,87/60; 2,45/80

(Fortsetzung Anlage 2)

1	2	3	4	5
Celsian	monoklin	kurzprismatische Kristalle oder Plättchen nach (010), Zwillinge	$a = 8{,}63$; $b = 13{,}1$; $c = 7{,}29$ $\beta = 115° 9'$	3,29/100; 2,97/100; 3,99/70
Cordierit	orthorhombisch (pseudohexagonal)	hexagonale Plättchen, Zwillingsbildung	$a = 17{,}1$; $b = 9{,}7$; $c = 9{,}4$	3,03/100; 3,13/90; 3,37/70
β-Cristobalit	kubisch	Oktaeder, Nadeln, Gerüstformen	$a = 7{,}13$ $z = 8$	4,15/100; 2,53/90; 1,64/70
Diopsid	monoklin	Prismen, öfter Zwillinge	$a = 9{,}73$; $b = 8{,}91$; $c = 5{,}25$ $z = 4$ $\beta = 105° 50'$	2,98/100; 3,23/80; 2,94/70
Enstatit	orthorhombisch	kurze Prismen oder Plättchen nach (100) und (010), Zwillingsbildung	$a = 18{,}23$; $b = 8{,}80$; $c = 5{,}18$ $z = 16$	3,17/100; 2,87/80; 2,49/50
β-Eukryptit	hexagonal	feinkörnige Aggregate	$a = 5{,}27$; $c = 5{,}55$ $z = 3$	3,52/100; 1,92/50; 1,65/35
		Skalenoeder	$a = 13{,}54$; $c = 9{,}01$	—
	orthorhombisch	—	$a = 8{,}37$ $\alpha = 107° 52'$	—
Fluorit, Flußspat	kubisch	Würfel oder Oktaeder	$a = 5{,}46$ $z = 4$	1,93/100; 3,15/67; 1,65/50
Forsterit	orthorhombisch	Kristalle parallel zur c-Achse etwas verlängert, gewöhnlich gut ausgebildete Flächen nach (110), (010) und (021)	$a = 4{,}76$; $b = 10{,}21$; $c = 5{,}98$ $z = 4$	2,49/100; 2,44/100; 1,74/100
Gehlenit	tetragonal	Körner, Tafeln, Prismen	$a = 7{,}69$; $c = 5{,}08$	2,85/100; 1,75/100; 3,07/50

(Fortsetzung Anlage 2)

Mineral	Kristallsystem	Äußeres Erscheinungsbild der Kristalle	Gitterparameter, in Å	Gitterabstände (in Å) und relative Intensitäten der Hauptbeugungspeaks; d/I
1	2	3	4	5
Geikielith	hexagonal	—	$a = 5{,}07$; $c = 13{,}95$	2,72/100; 2,22/80; 2,53/57
Hämatit	hexagonal	Rhomboeder oder Basisplättchen	$a = 5{,}0345$; $c = 13{,}749$	2,69/100; 2,51/80; 1,69/80
Hedenbergit	monoklin	—	$a = 9{,}85$; $b = 9{,}02$; $c = 5{,}26$ $z = 4$ $\beta = 104° 20'$	2,98/100; 3,23/80; 2,94/70
Klinoenstatit	monoklin	kurzprismatische Kristalle oder Tafeln nach (100), Zwillinge nach (100)	$a = 8{,}618$; $b = 8{,}825$; $c = 5{,}186$ $\beta = 180° 21'$	2,87/100; 2,97/90; 1,60/80
Korund	hexagonal-skalenoedrisch	hexagonale Pyramiden mit Basisfläche	$a = 4{,}76$; $c = 13$	1,60/100; 2,08/84; 2,55/50
Lithiumdisilicat	orthorhombisch	rechteckige Tafeln mit drei zueinander senkrecht stehenden Spaltbarkeitsebenen	$a = 5{,}80$; $b = 14{,}66$; $c = 4{,}81$ $z = 4$	3,67/100; 3,75/33; 1,98/24
Lithiumsilicat	tetragonal	nadelförmige Kristalle	$a = 9{,}39$; $c = 5{,}92$	4,70/100; 2,72/74; 1,57/30
Magnesioferrit	kubisch	Oktaeder, öfter in Form kompakter Massen oder Körner	$a = 8{,}838$ $z = 8$	2,52/100; 1,47/100; 1,60/80
Magnetit	kubisch	Oktaeder oder Dodekaeder	$a = 8{,}39$ $z = 8$	2,45/100; 2,09/70; 2,99/60

(Fortsetzung Anlage 2)

1	2	3	4	5
Mikroklin	triklin	kurzprismatische Zwillinge	$a = 8{,}44$; $b = 13$; $c = 7{,}21$ $\alpha = 90° 7'$; $\beta = 115° 50'$; $\gamma = 89° 55'$ $z = 4$	3,24/100; 4,21/60; 3,83/40
Mullit	orthorhombisch	Prismen	$a = 7{,}549$; $b = 7{,}681$; $c = 2{,}884$	3,38/100; 2,20/40; 3,41/75
Perowskit	pseudokubisch und orthorhombisch	Würfel, Oktaeder	$a = 7{,}59$ bis $7{,}71$	2,70/100; 1,91/100; 1,56/100
Petalit	monoklin	Tafeln nach (001) und (010) oder verlängert entlang a	$a = 11{,}76$; $b = 5{,}14$; $c = 7{,}62$ $\beta = 112° 4'$	3,73/100; 3,65/100; 3,50/40
Pseudowollastonit	triklin (pseudo-orthorhombisch)	pseudohexagonale Plättchen oder leistenförmige Kristalle mit negativer Verlängerung	$a = 6{,}90$; $b = 11{,}78$, $c = 19{,}65$ $\alpha = 90°$; $\beta = 90° 48'$; $\gamma = 119° 18'$	3,20/100; 2,79/80; 1,96/80
α-Quarz (Niedertemperaturform)	hexagonal-trigonal-trapezoedrisch	Prismen, öfter Zwillinge	$a = 4{,}903$;$c = 5{,}393$ $z = 3$	3,34/100; 4,24/50; 1,81/90
β-Quarz (Hochtemperaturform)	hexagonal-trapezoedrisch	—	$a = 4{,}99$; $c = 5{,}45$ $z = 3$	3,42/100; 1,85/90; 1,57/80
Rutil	tetragonal	prismatische, oft nadelförmige Kristalle, Vertikalschraffur	$a = 4{,}58$; $c = 2{,}95$ $z = 2$	3,24/100; 1,689/100; 2,48/80
Sapphirin	monoklin	Tafeln nach (010) mit wenigen prismatischen Flächen	$a = 11{,}26$; $b = 14{,}46$; $c = 9{,}95$ $\beta = 125° 20'$	2,01/100; 2,97/70; 2,44/60
Silica-K	tetragonal	Bipyramiden, gut ausgebildet	$a = 7{,}50$; $c = 9{,}03$ $c/a = 1{,}20 : 1$ (ändert sich in großen Grenzen)	3,38/100...3,53/100; 4,32/40...4,55/20; 3,85/358; 3,17/10

(Fortsetzung Anlage 2)

Mineral	Kristallsystem	Äußeres Erscheinungsbild der Kristalle	Gitterparameter, in Å	Gitterabstände (in Å) und relative Intensitäten der Hauptbeugungspeaks; d/I
1	2	3	4	5
Silica-O	hexagonal	kornförmige Aggregate	$a = 5{,}200$; $c = 5{,}345$ (ändert sich in großen Grenzen)	3,38/100...3,53/100; 4,32/40...4,55/20
Sphen	monoklin	keilförmige Kristalle mit nach (001) und (111) ausgebildeten Flächen, Tafeln, Prismen	$a = 6{,}55$; $b = 8{,}7$; $c = 7{,}43$ $\beta = 119° \, 43'$ $z = 4$	3,20/100; 2,59/100; 2,98/90
Spinell	kubisch	Oktaeder, Zwillinge nach (111)	$a = 8{,}103$ $z = 8$	2,41/100; 1,41/80; 2,01/80
β-Spodumen	tetragonal	Zwillingsbildung nach (100), Durchwachsung nach (111) (rosettenförmig)	$a = 7{,}53$; $b = 9{,}15$	3,46/100; 1,88/60; 1,62/50
α-Tridymit	hexagonal (>117 °C) orthorhombisch (870...1 470 °C)	sechseckige Plättchen, keilförmige Zwillinge nach (001)	$a = 5$; $c = 8{,}26$ $a = 9{,}88$; $b = 17{,}1$; $c = 16{,}3$ $z = 64$	4,39/100; 4,12/100; 3,73/90
Wollastonit	triklin	oft in Form von Tafeln nach (100) oder (001)	$a = 7{,}94$; $b = 7{,}32$; $c = 7{,}07$ $\alpha = 90° \, 03'$; $\beta = 95° \, 17'$; $\gamma = 102° \, 28'$	2,97/100; 3,83/80; 3,52/40
Zirkon	tetragonal	Prismen zusammen mit Pyramiden	$a = 6{,}61$; $b = 6{,}01$ $z = 4$	3,30/100; 4,44/70; 2,52/85

Anmerkung: In Abhängigkeit von der Wärmebehandlung und der Glaszusammensetzung können sich die chemische Zusammensetzung und die Gitterparameter der Mischkristalle in weiten Grenzen ändern.

Anlage 3. Haupteigenschaften der Schlackenvitrokeramiken und einiger anderer Werkstoffe

Parameter	Schlacken-vitrokeramik	Fensterglas	Beton	Grauguß	Elektro-technisches Porzellan	Schmelz-gegossener Basaltstein
1	2	3	4	5	6	7
linearer thermischer Ausdehnungskoeffizient α, 10^{-7} K^{-1}	65...85	89	100	100	—	80...100
Erweichungstemperatur, °C	950	550...570	—	—	—	1050
Temperaturwechselbeständigkeit, K	200...250	100	—	—	—	—
Dichte, kg m^{-3}	2600...2800	2500	2200...2600	7100...7800	2500	2900...3000
statische Biegebruchfestigkeit, MPa	90...130	70	—	280	55	47...80
Druckfestigkeit, MPa	700...900	600...700	5...60	800...1000	—	250...500
Abriebfestigkeit, g cm^{-2}	0,015...0,025	0,5...0,6	—	—	0,1...0,25	0,02...0,08
Verschleißfestigkeit, s mm^{-3}	182	—	—	—	12,5	105
Elastizitätsmodul, GPa	93	60...70	—	100...130	—	—
Mikrohärte, GPa	8,1...8,4	4...6	—	2	5	—
Schlagzähigkeit, kJ m^{-2}	4,4...5,9	2	2...4,5	10...20	2	—
Wärmeleitfähigkeit, W m^{-1} K^{-1}	1,16...1,30	0,88	0,77	45,35	—	—
spezifische Wärmekapazität, kJ kg^{-1} K^{-1}	0,71...0,84	0,84	0,84	0,50	—	—
spezifischer elektrischer Volumenwiderstand bei 20 °C, Ω m	$10^{14}...10^{15}$	$10^{11}...10^{12}$	—	—	$10^{12}...10^{13}$	—
Dielektrizitätskonstante bei 20 °C und 50 Hz	6,5...7,5	6,5...7,5	—	—	6...8	—
Tangens des dielektrischen Verlustwinkels bei 20 °C und 50 Hz	0,028	—	—	—	0,04	—
chemische Beständigkeit, %						
gegenüber 96 %iger H_2SO_4	99,8	—	—	—	—	99,8
gegenüber 20 %iger HCl	98...99,8	—	—	—	—	98,5
gegenüber 35 %iger NaOH	74,7...90	—	—	—	—	98,5
Wasseraufnahme, %	0	0	—	0	2...6	0,16

Anlage 4. Eigenschaften von Vitrokeramiken, Keramiken und Metallen

Parameter	Technische Vitrokeramiken	Undurchsichtiges Pyroceram		Photoceram	Glas		Keramik		Metall	
		9606	9608		Kieselglas	Fensterglas	Aluminiumoxid	Steatit $MgO \cdot SiO_2$	Aluminium, 99 %ig, geglüht	nichtrostender Stahl, geglüht
1	2	3	4	5	6	7	8	9	10	11
linearer thermischer Ausdehnungskoeffizient α, 10^{-7} K^{-1}	−50 bis +300	57	2...20	100...104	5,5	89	73	81,5...99	256	95
Erweichungstemperatur, °C	900...1500	1250 bis 1 350	1 250	700...900	1 584	550...570	1 700 bis 1 745	1 349	—	—
Temperaturwechselbeständigkeit, K	150...1000	400	—	—	800...1 000	100	200	—	—	—
Dichte bei 20 °C, kg m^{-3}	2 400...5 800	2 600 bis 2 610	2 500 bis 2 600	2 390 bis 2 460	2 200	2 500	3 400 bis 4 000	2 500 bis 2 700	2 710	7 930
Biegebruchfestigkeit, MPa	100...350	140...224	114	140...250	110	70	280...350	140	—	—
Elastizitätsmodul, GPa	75...140	121...125	87,5	70...95	73,5	70	280...370	70	70	203
Wärmeleitfähigkeit bei 20 °C, W m^{-1} K^{-1}	1,04...6,28	3,05 bis 3,64	1,55 bis 1,96	2,35	1,34	0,88	21,8...30,1	2,60...2,72	221,9	217,7
spezifische Wärmekapazität bei 200 °C, kJ kg^{-1} K^{-1}	0,71...1,17	0,77 bis 0,79	0,79	0,87	0,737	0,84	0,76		0,96 (100 °C)	0,49 (100 °C)
elektrischer Volumenwiderstand lg ϱ_v, Ω m										
bei 20 °C	8...16	—	—	13,5	16	11	13,3	—	12	—
bei 250 °C	5...9	8	6,1	—	10	4,4	12	—		—

(Fortsetzung Anlage 4)

1	2	3	4	5	6	7	8	9	10	11
Dielektrizitatskonstante bei 20 °C										
bei 10^6 Hz	5...10	5,58 bis 5,62	6,78	5,2...5,6	3,78	7,2	8,81	5,9	—	—
bei 10^{10} Hz	4,5...12	5,45 bis 5,53	6,54	—	3,78	6,71	8,79	5,8	—	—
dielektrischer Verlustwinkel tan δ bei 20 °C										
bei 10^6 Hz	0,0004 bis 0,05	0,0015 bis 0,0024	—	0,0062	0,0002	0,009	0,0004	0,0013	—	—
bei 10^{10} Hz	0,0004 bis 0,02	0,0003	0,0068	—	0,00017	0,017	0,0015	0,0014	—	—

Literaturverzeichnis

Appen, A. A.: Chimija stekla, L., 1973

Beljankin, D. S.; Lapin, V. V.; Toropov, N. A.: Fiziko-chimičeskie sistemy silikatnoj technologii. M., 1954

Bereshnoj, A. I.: Sitally i fotositally. M., 1966

Betechtin, A. G.: Kurs mineralogii. M., 1951

Bokij, G. B.: Kristallochimija. M., 1960

Bojarinov, A. I.; Kafarov, V. V.: Metody optimizacii v chimičeskoj technologii. M., 1975

Budnikov, P. P.; Ginstling, A. M.: Reakcii v smesjach tverdych veščestv. M., 1964

Vinčell, A. N.; Vinčell, G.: Optičeskaja mineralogija. M., 1953

Danilov, V. I.: Stroenie i kristallizacija shidkostej. Kiev, 1956

Epifanov, G. I.: Fizika tverdogo tela. M., 1965

Esin, O. A.; Gel'd, P. V.: *Fizičeskaja* chimija pirometallurgičeskich processov, Sverdlovsk 1962, č. 1; 1966, č. 2

Katalisirovannaja regulirnemaja kristallizacija stekol litii aljumosilikatnoj sistemy. Pod red. *V. V. Vargina*. M.-L., 1964, č. 1; L., 1971, č. 2

Shunina, L. A., Kuzimenkov, M. I., Jaglov, V. N.: Piroksenovye sitally. Minsk, 1974

Kingeri, U.: Vvedenie v keramiku. M., 1967

Kuznecov, V. D.: Kristally i kristallizacija. M., 1953

Kukolev, G. V.: Chimija kremnija i fizičeskaja chimija silikatov. M., 1966

McMillan, P. U.: Steklokeramika. M., 1967

Pavluškin, N. M.: Spečennyj korund. M., 1959

Pavluškin, N. M.: Osnovy polučenija sitallov. M., 1967, č. 1/2

Pavluškin, N. M.; Sentjurin, G. G.; Chodakovskaja, R. Ja.: Praktikum po technologii stekla i sitallov. M., 1970

Rawson, H.: Neorganičeskie stekloobrazujuščie sistemy. M., 1970

Sbornik trudov po stekloobraznomu sostojaniju. M.-L., 1963. Katalizirovannaja kristallizacija stekla. Vyp. 1

Steklo. Spravočnik/Pod. red. *N. M. Pavluškina*. M., 1973

Stekloobraznoe sostojanie. Trudy IV Vsesojuznogo soveščanija. M.-L., 1965

Strukturnye prevraščenija v steklach pri povyšennych temperaturach. L.-M., 1965

Tammann, G.: Stekloobraznoe sostojanie. L.-M., 1935

Technologija stekla/Pod. red. *I. I. Kitajgorodskogo*. M., 1967

Toropov, N. A.; Barzakovskij, V. P.: Vysokotemperaturnaja chimija silikatov i drugich okisnych sistem. M.-L., 1963

Tykačinskij, I. D.: Proektirovanie i sintes stekol i sitallov s sadannymi svojstvami. M., 1977

Chodakovskaja, R. Ja.: Chimija titanosodershaščich stekol i sitallov. M., 1978

Šlakositally. M., 1970

Javlenija likvacii v steklach /*M. S. Andreev, O. V. Mazurin, E. A. Poraj-Košic* i dr. L., 1974

Symposium on nucleation and crystallization in glass and melts. Ohio, 1962

Tooley, F. V.: Handbook of Glassmanufacture. New-York, 1960. V. II

Vogel, W.: Struktur und Kristallisation der Gläser. Leipzig, 1965

Sachwörterverzeichnis